国家职业技能等级认定培训教材
国家基本职业培训包教材资源

车 工

（初级）

本书编审人员

主　编　李继承
副主编　宋小春　陈柳朴
编　者　宁丰美　甘志坚　吴振通　杨仲伟　郭柳林
　　　　陈海凡　曾祥菹　张炳培　洪耿松　林广平
　　　　林金盛

 中国人力资源和社会保障出版集团

中国劳动社会保障出版社　中国人事出版社

图书在版编目（CIP）数据

车工：初级 / 人力资源社会保障部教材办公室组织编写．-- 北京：中国劳动社会保障出版社：中国人事出版社，2022
 国家职业技能等级认定培训教材
 ISBN 978-7-5167-5479-5

Ⅰ.①车… Ⅱ.①人… Ⅲ.①车削–职业技能–鉴定–教材 Ⅳ.①TG51

中国版本图书馆 CIP 数据核字（2022）第 202883 号

中国劳动社会保障出版社 出版发行
中国人事出版社
（北京市惠新东街 1 号 邮政编码：100029）

*

北京市科星印刷有限责任公司印刷装订　　新华书店经销
787 毫米 × 1092 毫米　16 开本　24.75 印张　393 千字
2022 年 12 月第 1 版　　2022 年 12 月第 1 次印刷
定价：69.00 元

营销中心电话：400-606-6496
出版社网址：http://www.class.com.cn

版权专有　　侵权必究

如有印装差错，请与本社联系调换：（010）81211666
我社将与版权执法机关配合，大力打击盗印、销售和使用盗版图书活动，敬请广大读者协助举报，经查实将给予举报者奖励。
举报电话：（010）64954652

前　言

　　为加快建立劳动者终身职业技能培训制度，大力实施职业技能提升行动，全面推行职业技能等级制度，推进技能人才评价制度改革，促进国家基本职业培训包制度与职业技能等级认定制度的有效衔接，进一步规范培训管理，提高培训质量，人力资源社会保障部教材办公室组织有关专家在《车工国家职业技能标准（2018年版）》（以下简称《标准》）制定工作基础上，编写了车工国家职业技能等级认定培训教材（以下简称等级教材）。

　　车工等级教材紧贴《标准》要求编写，内容上突出职业能力优先的编写原则，结构上按照职业功能模块分级别编写。该等级教材共包括《车工（基础知识）》《车工（初级）》《车工（中级）》《车工（高级）》《车工（技师）》5本。《车工（基础知识）》是各级别车工均需掌握的基础知识，其他各级别教材内容分别包括各级别车工应掌握的理论知识和操作技能。

　　本书是车工等级教材中的一本，是职业技能等级认定推荐教材，也是职业技能等级认定题库开发的重要依据，已纳入国家基本职业培训包教材资源，适用于职业技能等级认定培训和中短期职业技能培训。

　　本书在编写过程中得到等单位的大力支持与协助，在此一并表示衷心感谢。

人力资源社会保障部教材办公室

目 录 CONTENTS

培训模块一　轴类工件加工

 培训项目1　工艺准备 ··· 3
  培训单元1　普通车床的基本操作 ··· 3
  培训单元2　常用车刀的选择、刃磨与装夹 ································· 38
 培训项目2　工件加工 ··· 69
  培训单元1　短光轴的车削 ·· 69
  培训单元2　台阶轴的车削 ·· 101
 培训项目3　精度检验与误差分析 ··· 114
  培训单元1　简单轴类精度检验 ·· 114
  培训单元2　简单轴类的加工误差分析 ···································· 125

培训模块二　套类工件加工

 培训项目1　工艺准备 ··· 131
  培训单元1　麻花钻的刃磨及选用 ··· 131
  培训单元2　内孔车刀的刃磨及选用 ·· 138
 培训项目2　工件加工 ··· 141
  培训单元1　钻孔、扩孔、铰孔 ·· 141
  培训单元2　车孔 ·· 155
 培训项目3　精度检验与误差分析 ··· 173
  培训单元1　简单套类零件精度检验 ·· 173
  培训单元2　简单套类零件的加工误差分析 ······························ 182

培训模块三　圆锥面加工

 培训项目1　工艺准备 ··· 187
  培训单元1　识读圆锥工件零件图 ··· 187
  培训单元2　圆锥面的计算与调整 ··· 192

培训项目2　工件加工……199
　　　培训单元1　用转动小滑板法加工圆锥面……199
　　　培训单元2　用偏移尾座法加工圆锥面……214
　　　培训单元3　用宽刃车刀法加工圆锥面……222
　　培训项目3　精度检验与误差分析……233
　　　培训单元1　圆锥面的精度检验……233
　　　培训单元2　圆锥面的加工误差分析……249

培训模块四　特形面加工

　　培训项目1　工艺准备……253
　　　培训单元　成形车刀刃磨与装夹……253
　　培训项目2　工件加工……260
　　　培训单元1　用双手控制法加工特形面……260
　　　培训单元2　用成形车刀加工特形面……282
　　培训项目3　精度检验与误差分析……292
　　　培训单元1　特形面的精度检验……292
　　　培训单元2　特形面的加工误差分析……304

培训模块五　螺纹加工

　　培训项目1　工艺准备……307
　　　培训单元1　普通螺纹的标注与计算……307
　　　培训单元2　普通螺纹车刀的刃磨……314
　　　培训单元3　板牙和丝锥的使用……327
　　培训项目2　工件加工……332
　　　培训单元1　普通螺纹的车削……332
　　　培训单元2　攻螺纹和套螺纹……361
　　培训项目3　精度检验与误差分析……380
　　　培训单元1　普通螺纹的精度检验……380
　　　培训单元2　普通螺纹的加工误差分析……388

培训模块 一
轴类工件加工

培训项目 1 工艺准备

培训单元1　普通车床的基本操作

→ 熟悉普通车床的结构和功能。
→ 能根据安全规程操作车床。

一、车床简介

1. 认识车床

金属切削机床是用切削的方法，将金属毛坯加工成机器零件的一种机器，是机械制造业中的主要加工设备。车床是用于进行车削加工的机床。通常由工件旋转完成主运动，而由刀具沿平行或垂直于工件旋转轴线的方向移动完成进给运动。

车床在金属切削机床中占有重要的地位，占金属切削机床总台数的20%～35%。以下是车床的常见类型：

（1）卧式车床。该车床主轴水平布置，转速和进给量调整范围大，主要用于车削圆柱面、圆锥面、端面、螺纹、成形面和切断等。卧式车床的使用范围广，生产效率低，适于单件、小批量生产，如图1-1-1所示。

图 1-1-1　卧式车床

（2）立式车床。该车床主轴垂直布置，工件装夹在水平面内旋转的工作台上，刀架在横梁或立柱上移动，适用于加工回转直径较大、较重、难以在卧式车床上安装的工件，如图 1-1-2 所示。

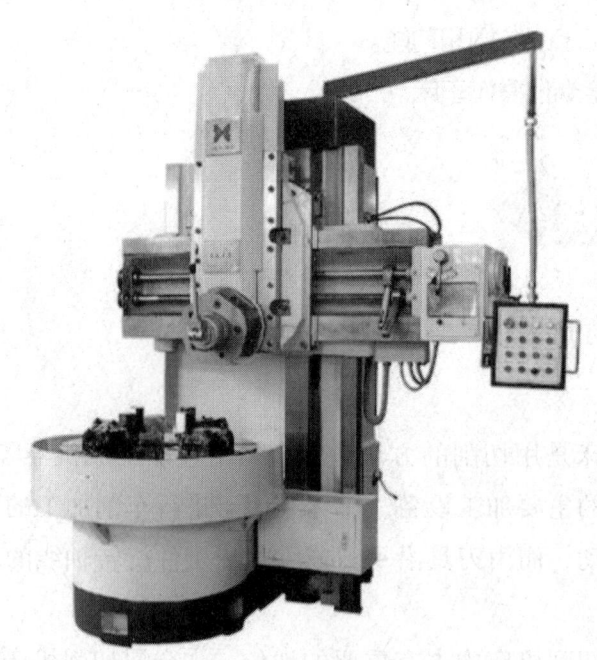

图 1-1-2　立式车床

（3）落地车床。落地车床又称花盘车床、端面车床或地坑车床。该车床无床身、尾架及丝杠，适用于车削 $\phi 800 \sim \phi 4\,000$ mm 的直径大、长度短、质量较轻的盘形、环形工件或薄壁筒形等工件，如图 1-1-3 所示。

图 1-1-3　落地车床

（4）转塔车床。车床上具有回转轴线与主轴轴线垂直或倾斜的转塔刀架，另外还带有横刀架，又称六角车床，如图 1-1-4 所示。该车床刀架上安装多把刀具，在工件一次装夹中，可依次使用不同刀具完成多种车削工序，适用于形状较复杂工件的成批生产。

图 1-1-4　转塔车床

2. 车床型号代号的含义

如图 1-1-5 所示为 CA6140 型车床，该型号各代号的意义如下。

图 1-1-5　CA6140 车床

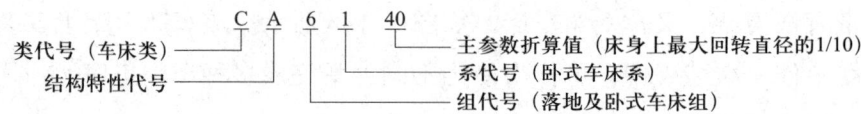

第一位（字母）：类代号，C 表示车床类。

第二位（字母）：结构特性代号，没有统一代号规定。一般用 A 表示在老式原型车床上做出结构性的改变，如本例中 CA6140 是在原 C6140 基础上做出结构性改变，车床主要技术参数保持不变。也有的用此位字母代表生产厂家代号，例如，CA6132 为沈阳机床厂，CY6132 为云南机床厂。而车床型号 CA6140A 是在 CA6140 车床的基础上的第一次重大改进，最后一位字母 A 为机床重大改进顺序号。

第三位（数字）：组代号，6 表示落地及卧式车床组。

第四位（数字）：系代号，1 表示卧式车床系。

第五、六位（数字）：主参数折算值，即机床规格，40 表示床身上最大回转直径为 400 mm。

（1）机床的类代号。机床的类代号以机床名称的汉语拼音第一个字母大写来表示，如字母 C 为"车床"的"车"字汉语拼音的首字母大写。机床其他类代号以此类推，读法按其汉语拼音读音，见表 1-1-1。

表 1-1-1　机床的类代号

类别	车床	钻床	镗床	磨床			齿轮加工机床	螺纹加工机床	铣床	刨插床	拉床	锯床	其他机床
代号	C	Z	T	M	2M	3M	Y	S	X	B	L	G	Q
读音	车	钻	镗	磨	二磨	三磨	牙	丝	铣	刨	拉	割	其

（2）机床的通用特性代号。机床通用特性代号用大写的汉字拼音字母表示，它代表机床具有的特色功能。例如，"高精度"用"G"表示，"数控"用"K"表示。在机床型号中通用特性代号排在机床类代号的后面，见表 1-1-2。

表 1-1-2　机床的通用特性代号

通用特性	高精度	精密	自动	半自动	数控	加工中心（自动换刀）	仿形	轻型	加重型	柔性加工单元	数显	高速
代号	G	M	Z	B	K	H	F	Q	C	R	X	S
读音	高	密	自	半	控	换	仿	轻	重	柔	显	速

（3）机床的组、系代号。机床按用途、性能、结构相近或有派生关系分为若干组。每类机床划分为十个组，每个组又划分为十个系，用两位阿拉伯数字表示，位于类代号或通用特性代号、结构特性代号之后，第一位数字代表组别，第二位数字代表系，见表 1-1-3。

（4）机床的主参数。机床的主参数规格常用折算值（主参数乘以折算系数）表示，位于系代号之后。车床主参数及折算系数见表 1-1-3。

（5）机床的重大改进顺序号。机床的特性及结构有重大改进和提高时，按其改进的次序分别用大写字母 A、B、C、D、…表示机床的重大改进顺序号，附在机床型号的末尾，以区别原机床型号。

表 1-1-3　车床的组、系、主参数

组		系			主参数
代号	名称	代号	名称	折算系数	名称
0	仪表小型车床	0	仪表台式精整车床	1/10	床身上最大回转直径
		1			
		2	小型排刀车床	1	最大棒料直径

续表

组		系			主参数
代号	名称	代号	名称	折算系数	名称
0	仪表小型车床	3	仪表转塔车床	1	最大棒料直径
		4	仪表卡盘车床	1/10	床身上最大回转直径
		5	仪表精整车床	1/10	床身上最大回转直径
		6	仪表卧式车床	1/10	床身上最大回转直径
		7	仪表棒料车床	1	最大棒料直径
		8	仪表轴车床	1/10	床身上最大回转直径
		9	仪表卡盘精整车床	1/10	床身上最大回转直径
1	单轴自动车床	0	主轴箱固定型自动车床	1	最大棒料直径
		1	单轴纵切自动车床	1	最大棒料直径
		2	单轴横切自动车床	1	最大棒料直径
		3	单轴转塔自动车床	1	最大棒料直径
		4	单轴卡盘自动车床	1/10	床身上最大回转直径
		5			
		6	正面操作自动车床	1	最大车削直径
		7			
		8			
		9			
2	多轴自动、半自动车床	0	多轴平行作业棒料自动车床	1	最大棒料直径
		1	多轴棒料自动车床	1	最大棒料直径
		2	多轴卡盘自动车床	1/10	卡盘直径
		3			
		4	多轴可调棒料自动车床	1	最大棒料直径
		5	多轴可调卡盘自动车床	1/10	卡盘直径
		6	立式多轴半自动车床	1/10	最大车削直径
		7	立式多轴平行作业半自动车床		最大车削直径

续表

组		系			主参数
代号	名称	代号	名称	折算系数	名称
2	多轴自动、半自动车床	8			
		9			
3	回轮、转塔车床	0	回轮车床	1	最大棒料直径
		1	滑鞍转塔车床	1/10	卡盘直径
		2	棒料滑枕转塔车床	1	最大棒料直径
		3	滑枕转塔车床	1/10	卡盘直径
		4	组合式转塔车床	1/10	最大车削直径
		5	横移转塔车床	1/10	最大车削直径
		6	立式双轴转塔车床	1/10	最大车削直径
		7	立式转塔车床	1/10	最大车削直径
		8	立式卡盘车床	1/10	卡盘直径
		9			
4	曲轴及凸轮轴车床	0	旋风切削曲轴车床	1/100	转盘内孔直径
		1	曲轴车床	1/10	最大工件回转直径
		2	曲轴主轴颈车床	1/10	最大工件回转直径
		3	曲轴连杆轴颈车床	1/10	最大工件回转直径
		4			
		5	多刀凸轮轴车床	1/10	最大工件回转直径
		6	凸轮轴车床	1/10	最大工件回转直径
		7	凸轮轴中轴颈车床	1/10	最大工件回转直径
		8	凸轮轴端轴颈车床	1/10	最大工件回转直径
		9	凸轮轴凸轮车床	1/10	最大工件回转直径
5	立式车床	0			
		1	单柱立式车床	1/100	最大车削直径
		2	双柱立式车床	1/100	最大车削直径
		3	单柱移动立式车床	1/100	最大车削直径

续表

组		系		主参数	
代号	名称	代号	名称	折算系数	名称
5	立式车床	4	双柱移动立式车床	1/100	最大车削直径
		5	工作台移动单柱立式车床	1/100	最大车削直径
		6			
		7	定梁单柱立式车床	1/100	最大车削直径
		8	定梁双柱立式车床	1/100	最大车削直径
		9			
6	落地及卧式车床	0	落地车床	1/100	最大工件回转直径
		1	卧式车床	1/10	床身上最大回转直径
		2	马鞍车床	1/10	床身上最大回转直径
		3	轴车床	1/10	床身上最大回转直径
		4	卡盘车床	1/10	床身上最大回转直径
		5	球面车床	1/10	刀架上最大回转直径
		6	主轴箱移动型卡盘车床	1/10	床身上最大回转直径
		7			
		8			
		9			
7	仿形及多刀车床	0	转塔仿形车床	1/10	刀架上最大车削直径
		1	仿形车床	1/10	刀架上最大车削直径
		2	卡盘仿形车床	1/10	刀架上最大车削直径
		3	立式仿形车床	1/10	最大车削直径
		4	转塔卡盘多刀车床	1/10	刀架上最大车削直径
		5	多刀车床	1/10	刀架上最大车削直径
		6	卡盘多刀车床	1/10	刀架上最大车削直径
		7	立式多刀车床	1/10	刀架上最大车削直径
		8	异型多刀车床	1/10	刀架上最大车削直径
		9			

续表

组		系		主参数	
代号	名称	代号	名称	折算系数	名称
8	轮、轴、辊、锭及铲齿车床	0	车轮车床	1/100	最大工件直径
		1	车轴车床	1/10	最大工件直径
		2	动轮曲拐销车床	1/100	最大工件直径
		3	轴颈车床	1/100	最大工件直径
		4	轧辊车床	1/10	最大工件直径
		5	钢锭车床	1/10	最大工件直径
		6			
		7	立式车轮车床	1/100	最大工件直径
		8			
		9	铲齿车床	1/10	最大工件直径
9	其他车床	0	落地镗车床	1/10	最大工件回转直径
		1			
		2	单能半自动车床	1/10	刀架上最大车削直径
		3	气缸套镗车床	1/10	床身上最大回转直径
		4			
		5	活塞车床	1/10	最大车削直径
		6	轴承车床	1/10	最大车削直径
		7	活塞环车床	1/10	最大车削直径
		8	钢锭模车床	1/10	最大车削直径
		9			

二、车床的组成及传动系统

1. 车床各部分的组成及作用

以 CA6140A 型卧式车床为例，如图 1-1-6 所示，车床主要组成如下。

（1）主轴箱。主轴箱固定在床身左边，用来支承主轴并带动主轴做旋转运动，主轴再通过卡盘带动工件按照规定的转速旋转，实现主运动，同时把运动传给进给系统；主轴是空心的，便于穿过长的工件；主轴前端的锥孔可以用来安装顶尖，主轴前端的圆锥面可以用来安装卡盘和拨盘，以便装夹工件。

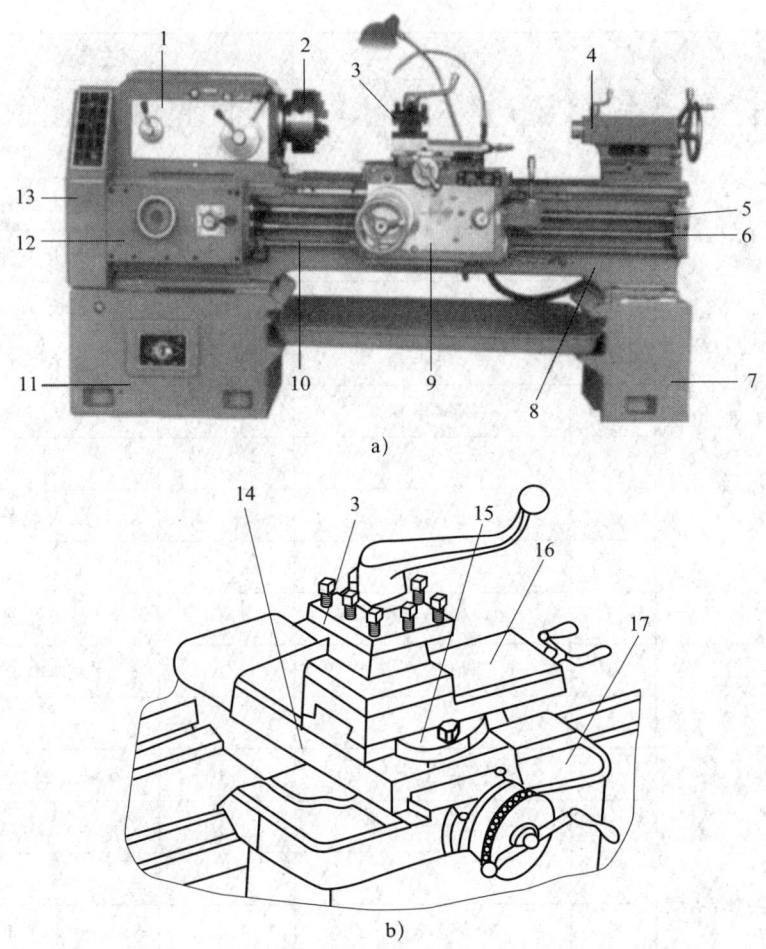

图 1-1-6　CA6140A 型卧式车床外形

1—主轴箱　2—卡盘　3—刀架　4—尾座　5—丝杠　6—光杠　7—床脚
8—床身　9—溜板箱　10—操纵杆　11—床脚　12—进给箱
13—交换齿轮箱　14—中滑板　15—转盘　16—小滑板　17—床鞍

（2）卡盘。卡盘用来夹持工件并带动工件一起转动。

（3）滑板。滑板包括床鞍、中滑板、小滑板、转盘。

1）床鞍：它与溜板箱连接，可沿床身导轨做纵向移动，其上面有横向导轨。

2）中滑板：可沿床鞍上的导轨做横向移动。

3）转盘：它与中滑板用螺钉紧固，松开螺钉便可在水平面内扳转任意角度。

4）小滑板：它可沿转盘上面的导轨做纵向短距离移动，当将转盘偏转若干角度后，可使小滑板做斜向进给，以便车锥面。

（4）刀架。固定在小滑板上，可同时装夹四把车刀。松开锁紧手柄，即可转动方刀架，把所需要的车刀更换到工作位置上。

（5）尾座。尾座位于床身的尾座导轨上，用于安装后顶尖以支承工件，或安装钻头、铰刀等刀具进行孔加工。尾座主要由套筒、尾座体、底座等几部分组成。转动手轮，可调整套筒伸缩一定距离，并且尾座还可沿床身导轨纵向推移至所需位置，以适应不同工件加工的要求。

（6）床身。床身是车床的基础件，在床身上安排着车床的各个主要部件。它的作用是支撑各主要部件，并使它们在工作时保持准确的相对位置。

（7）丝杠。丝杠能带动床鞍做纵向移动，用来车削不同螺距的螺纹。丝杠是车床中主要精密件之一，一般不用丝杠自动进给，以便长期保持丝杠的精度。

（8）光杠。光杠用来把进给箱的运动传递给溜板箱，使刀架上车刀按照方向要求做纵向或横向进给运动。

（9）操纵杆。操纵杆是车床的控制机构，在操纵杆左端和溜板箱右侧各装有一个操纵杆手柄，通过操作操纵杆手柄可控制车床主轴正转、反转或停车。

（10）溜板箱。溜板箱位于刀架的底部，把丝杠和光杠的传动传给滑板部分，通过操作溜板箱外面的手轮和手柄，经滑板部分使车刀做纵向或横向走刀。光杠用于一般的车削，丝杠只用于车螺纹。溜板箱中设有互锁机构，使两者不能同时使用。

（11）进给箱。进给箱固定在床身的左前侧，用来改变进给量。主轴经交换齿轮箱传入进给箱的运动，通过移动进给箱变速手柄来改变进给箱中滑动齿轮的啮合位置，便可使光杆或丝杆获得不同的转速。

（12）交换齿轮箱，又称挂轮箱。交换齿轮箱用来搭配不同齿数的齿轮，以获得不同的进给量。主要用于车削不同种类的螺纹。

（13）床脚。床脚支承安装在车床床身上的各个部件。床脚的地脚螺栓将整台车床固定在工作场地上，而其上的调整垫块可以使床身调整到水平状态。

2. 车床的传动系统

机床中把电动机的旋转运动转化为工件和车刀运动的一系列部件和机构称为传动系统，把运动经过的传动机构称为传动路线，如图1-1-7和图1-1-8所示。

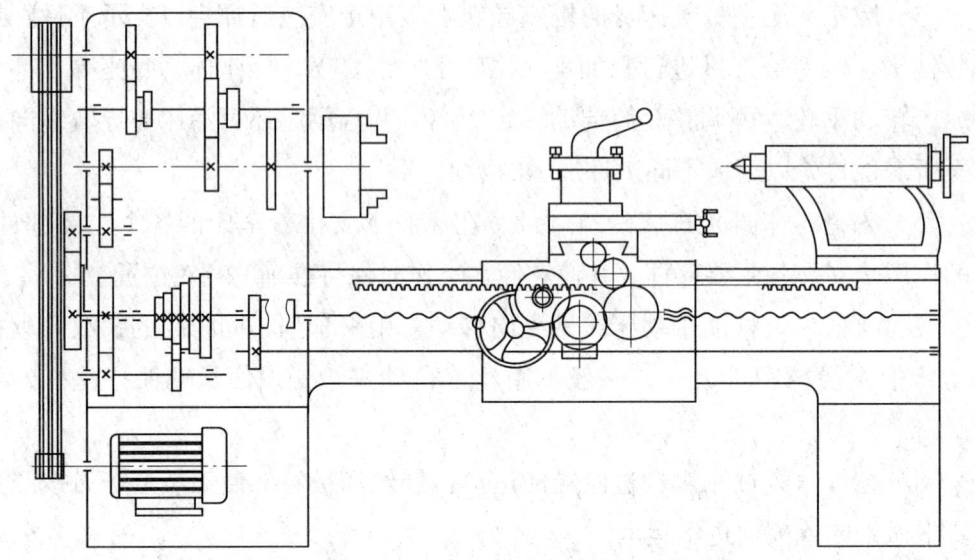

图 1-1-7　CA6140A 型车床的传动机构示意图

机床的主运动是工件的高速旋转运动。机床的进给运动是车刀或滑板的纵向或横向直线运动。操作者通过传动系统控制主运动和进给运动，按照要求完成所需要的切削加工，如图 1-1-8 所示。

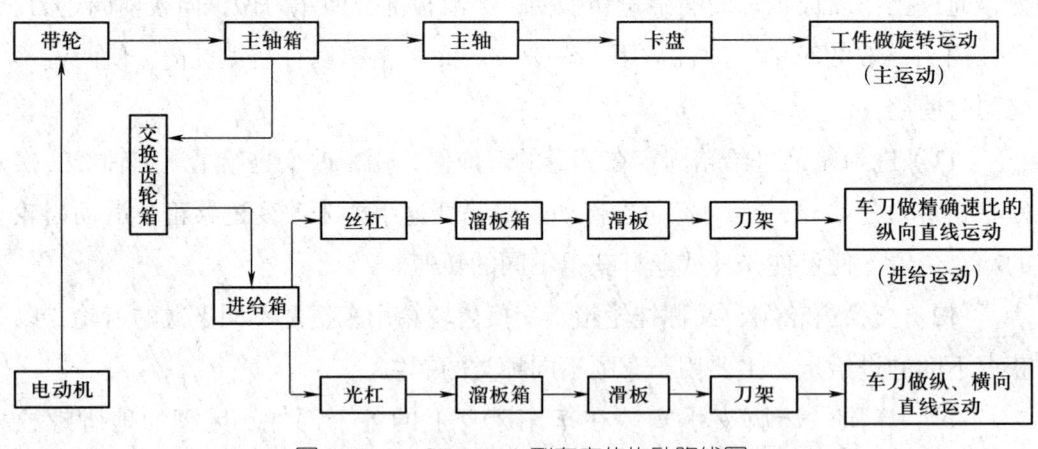

图 1-1-8　CA6140A 型车床的传动路线图

主运动是通过电动机驱动带轮，把运动输入到主轴箱，通过变速机构的变速齿轮使主轴得到不同的转速，再经卡盘（或夹具）带动工件旋转。进给运动则是由主轴箱齿轮把旋转运动通过交换齿轮传给进给箱变速后由丝杠（或光杠）驱动溜板箱、床鞍、滑板、刀架，从而控制车刀的运动轨迹完成车削各种表面的工作。

三、车床切削的基本知识

1. 切削运动

车削时,为了切除多余的金属,必须使工件和车刀产生相对运动。按运动的作用分,切削运动包括主运动和进给运动两个基本运动,如图1-1-9所示。

(1)主运动。主运动是直接切除工件上的切削层,使之转变为切屑,从而形成工件新表面的运动。车削时,工件的旋转运动是主运动。通常主运动的速度较高,消耗的切削功率较大。

(2)进给运动。进给运动是使新的切削层不断投入切削的运动。进给运动沿着所要形成的工件表面运动,进给速度较低,功率消耗也较少。

(3)工件上形成的表面。车削时,工件上会形成已加工表面、过渡表面和待加工表面,如图1-1-9所示。

1)已加工表面:工件上经车刀车削后形成的新表面。

2)过渡表面:工件上由切削刃正在切削的那部分表面。

3)待加工表面:工件上即将被切除的表面。

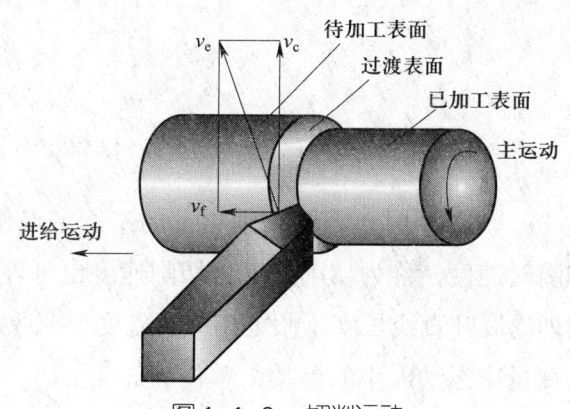

图1-1-9 切削运动

2. 切削用量三要素

切削用量是表示主运动及进给运动大小的参数,是背吃刀量、进给量和切削速度三者的总称,故又把这三者称为切削用量的三要素。

(1)背吃刀量 a_p。工件上已加工表面和待加工表面间的垂直距离称为背吃刀量,如图1-1-10所示。背吃刀量是每次进给时车刀切入工件的深度。

车外圆时,背吃刀量可用下式计算:

$$a_p = \frac{d_w - d_m}{2}$$

式中 a_p——背吃刀量，mm；

d_w——工件待加工表面直径，mm；

d_m——工件已加工表面直径，mm。

（2）进给量（f）。工件每转一周，车刀沿进给方向移动的距离称为进给量，是衡量进给运动大小的参数，如图 1-1-11 所示，单位为 mm/r。根据进给方向的不同，进给量又分为纵向进给量和横向进给量两种。纵向进给量是指沿车床床身导轨方向的进给量，横向进给量是指垂直于车床床身导轨方向的进给量。

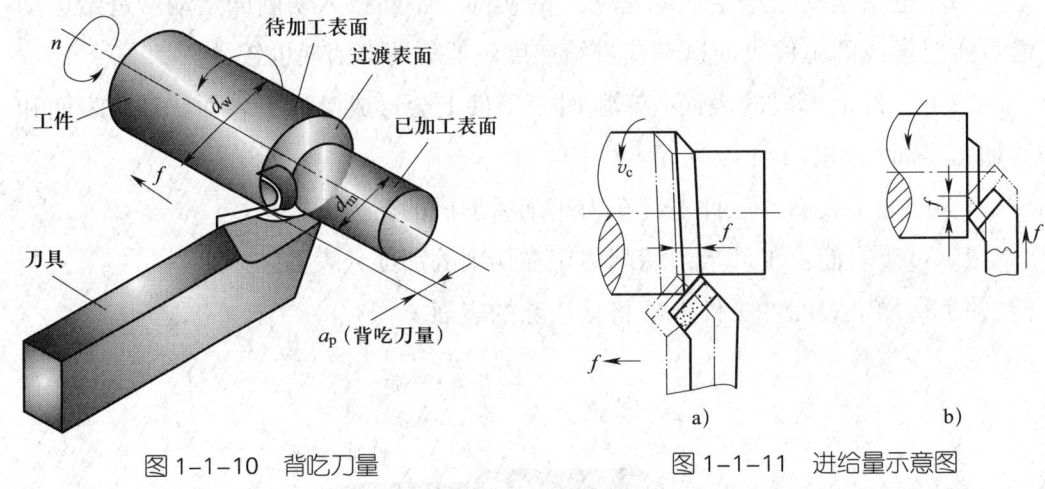

图 1-1-10 背吃刀量

图 1-1-11 进给量示意图
a）纵向进给量 b）横向进给量

（3）切削速度（v_c）。车削时，刀具切削刃上的某选定点相对于待加工表面在主运动方向上的瞬时速度，称为切削速度。切削速度也可理解为车刀在 1 min 内车削工件表面的理论展开直线长度（假定切屑没有变形或收缩），如图 1-1-12 所示。切削速度是衡量主运动大小的参数，单位为 m/min。

切削速度可用下式计算：

$$v_c = \frac{\pi d n}{1\,000}$$

式中 v_c——切削速度，m/min；

d——工件（或刀具）的直径（一般取最大直径），mm；

n——车床主轴转速，r/min。

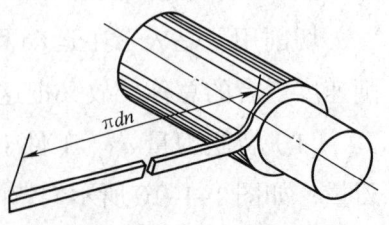

图 1-1-12 切削速度示意图

3. 切削用量的选择原则

切削用量的合理选取对加工精度、加工费用和生产效率有很大的影响。刀具材料、被加工材料、刀具几何角度等都会影响切削用量的选择，合理选取切削用量，能充分发挥车刀的切削性能和车床的功能，在保证加工质量的前提下，获得较高的生产率和较低的加工成本。切削用量三要素中影响刀具寿命最大的是切削速度，其次是进给量，影响最小的是背吃刀量。

（1）以粗、精车为依据进行选取。在粗加工时应优先考虑用大的背吃刀量，最后选用合理的切削速度；半精加工时和精加工时首先要保证加工精度和表面质量，同时要兼顾必要的刀具寿命和生产效率，因此，多选用较小的背吃刀量和进给量，在保证合理刀具寿命前提下确定合理的切削速度。

（2）以切削用量单项为依据进行选取。

1）背吃刀量的选择：按照零件的加工余量确定，分为粗加工、半精加工和精加工。

2）进给量的选择：在刀杆的强度和刚度、刀片强度、机床功率和转矩许可的情况下，选取较大的值。

3）切削速度的选择：在背吃刀量和进给量确定的情况下，选择一定刀具寿命下的切削速度，最后根据工件的直径求出车床主轴转速。

四、车床润滑

1. 车床的润滑系统与润滑要求

（1）车床的润滑系统。车床的润滑情况良好是保证车床的加工精度和正常操作的必要前提。如图 1-1-13 所示，标出各润滑点的位置，润滑部位的要求用数字标注，其含义为：

②——表示该润滑部位使用的是 2 号钙基润滑脂。

㊻——表示该润滑部位使用的是 L-AN46 全损耗系统用油。

$\frac{46}{7}$——分子数字表示润滑油类别（示例为 L-AN46 全损耗系统用油），分母数字表示两班制工作时换（加）油的间隔时间（示例为 7 天）。

$\frac{46}{15}$ 和 $\frac{46}{50}$——分子表示 L-AN46 全损耗系统用油，分母表示两班制工作时换（加）油的间隔时间分别为 15 天和 50 天。

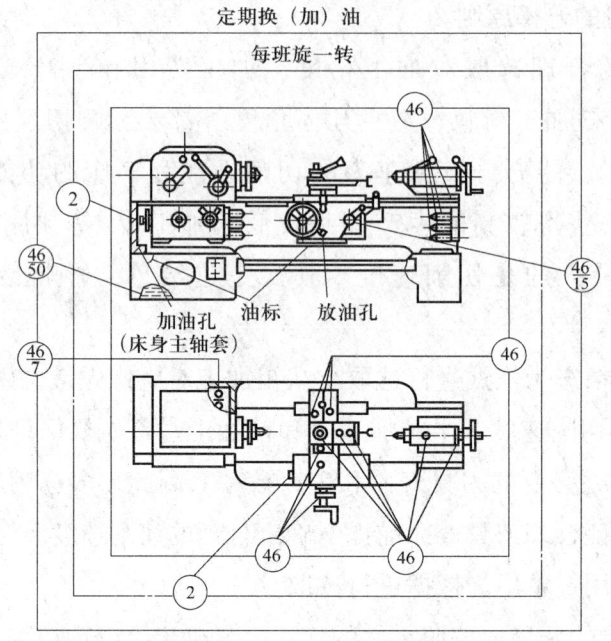

图 1-1-13　CA6140A 型卧式车床各润滑点的位置及润滑要求

（2）车床的润滑要求。为了保证车床正常的运转及延长其使用寿命，保证工件的加工质量和提高生产率，应注意车床的日常维护与保养。车床的摩擦部位必须进行润滑，润滑时要求做到：

1）定期检查各润滑部位，保持良好的润滑状态。

2）每班工作结束后清扫车床各部位，并给各储油槽加油。

3）每班工作前要检查各油泵输油系统是否正常。若出现故障，应立即检查原因，待查明原因修复后再启动车床。

4）要经常检查油质，保证其使用良好、未变质等。

5）在换油时，应先将废油放尽，然后用煤油把箱体内部冲洗干净，再注入新润滑油。注油时应用滤网过滤，且油面不应低于油标的中线。

6）要定期进行机械精度的检验和调整，以减小各运动部件间的几何误差。

7）要定期检查各电气装置，而且电气装置应摆放整齐，固定可靠，以保证安全。

2. 润滑剂的种类

润滑剂，简单地说是介于两个相对运动的物体之间，减少因接触而产生的摩擦与磨损的物质。润滑剂最重要的功能是减少摩擦与磨损，但在不同的应用上除具备这两项最重要的润滑功能外，还具备防锈、冷却、清洗和防止污染等功能。润滑油与润滑脂都是润滑剂的一种。

润滑剂根据来源不同，有矿物性润滑剂（如全损耗系统用油）、植物性润滑剂（如蓖麻油）和动物性润滑剂（如牛脂）。此外，还有合成润滑剂，如硅油、脂肪酸酰胺、油酸、聚酯、合成酯、羧酸等。

润滑剂根据润滑材料存在的状态可分为气体润滑剂、油状液体的润滑油、油脂状半固体的润滑脂以及固体润滑剂。

常用的润滑气体是空气，可用于空气轴承等。在某些情况下也用氢、氮、一氧化碳、水蒸气等润滑。气体黏度很小，对温度变化不敏感，但承载能力小，仅用于超高速、轻载的场合。

液体润滑剂种类繁多，包括矿物油、合成油、动植物油、水基液体等。

固体润滑剂是用于减小两相对运动表面上摩擦和磨损的固体粉末。常用的固体润滑剂有石墨、二硫化钼、聚四氟乙烯、尼龙、氮化硼、氟化石墨等。固体润滑剂主要应用于要求苛刻的工况，如重载（重型机械和金属冷挤压模具等）、高温（炼钢杠械、核反应堆支架等）、超高真空（航天器中的机械等）、超低温（液氢、液气输送泵等）、强辐照（核反应堆等）、强腐蚀（化工设备等）、污染（纺织机械、造纸机械等）、安装后工作人员不便接近（核能机械、飞机的密封部件等）、要求环境非常清洁（食品、医疗、制药机械等）等场合。

润滑脂俗称黄油，主要由矿物油（或合成润滑油）和稠化剂调制而成，用于不宜使用润滑油的轴承、齿轮等部位，起润滑和密封作用，也用于金属表面，起填充空隙和防锈作用。

3. 车床的润滑方式

（1）浇油润滑。通常用于外露的滑动表面，如床身导轨面和滑板导轨面等，如图 1-1-14 所示。

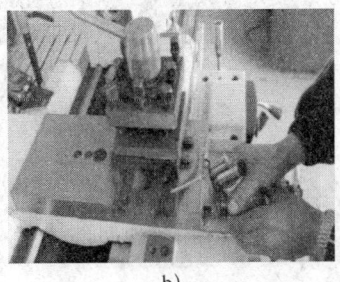

图 1-1-14　浇油润滑

a）床身导轨面　b）小滑板导轨面　c）中滑板导轨面

（2）溅油润滑。通常用于密封的箱体中，如车床的主轴箱，它利用齿轮转动把润滑油溅到油槽中，然后输送到各处进行润滑，如图 1-1-15 所示。

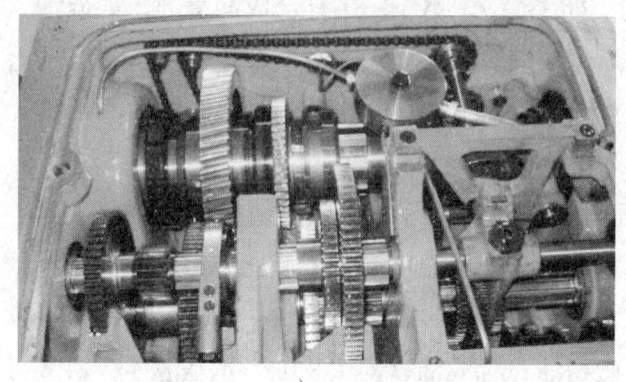
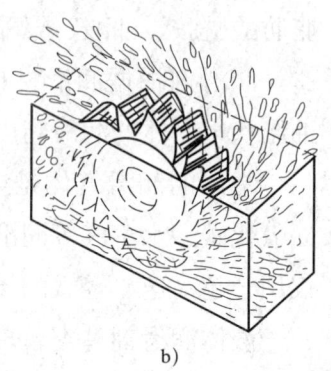

图 1-1-15　溅油润滑
a）实物图　b）示意图

（3）油绳导油润滑。这种润滑方式通常用于车床进给箱和溜板箱的油池中，利用毛线吸油和渗油的能力，把机油慢慢地引到所需要的润滑处，如图 1-1-16 所示。

（4）弹子油杯注油润滑。这种润滑方式通常用于尾座和滑板手柄转动的轴承处的润滑，如图 1-1-17a~图 1-1-17d 所示。注油时，以油嘴把弹子按下去（见图 1-1-17e），然后滴入润滑油。使用弹子油杯注油可防尘防切屑。

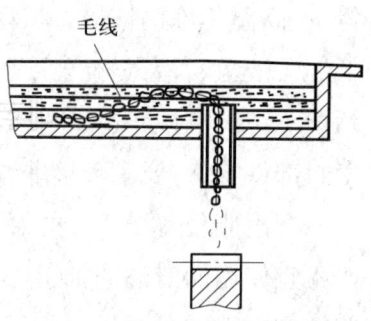

图 1-1-16　油绳导油润滑

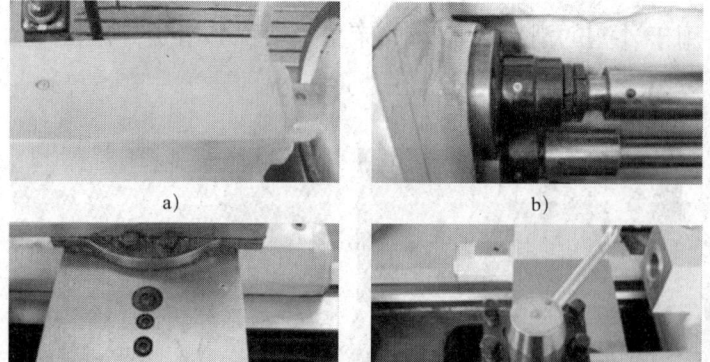
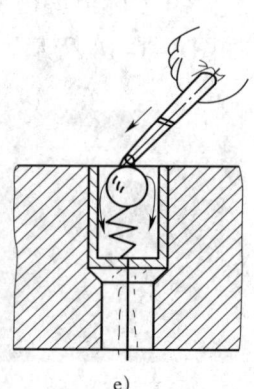

图 1-1-17　弹子油杯注油润滑
a）尾座　b）丝杠　c）中滑板　d）刀架　e）把弹子按下去

（5）润滑脂杯润滑。这种润滑方式通常用于车床交换齿轮箱中间轴的润滑。使用时，先在润滑脂杯中装满润滑脂，当拧进油杯盖时，润滑脂就挤进轴承套内，比加润滑油方便。使用润滑脂润滑的另一特点是：存油期长，不需要每天加油，如图1-1-18所示。

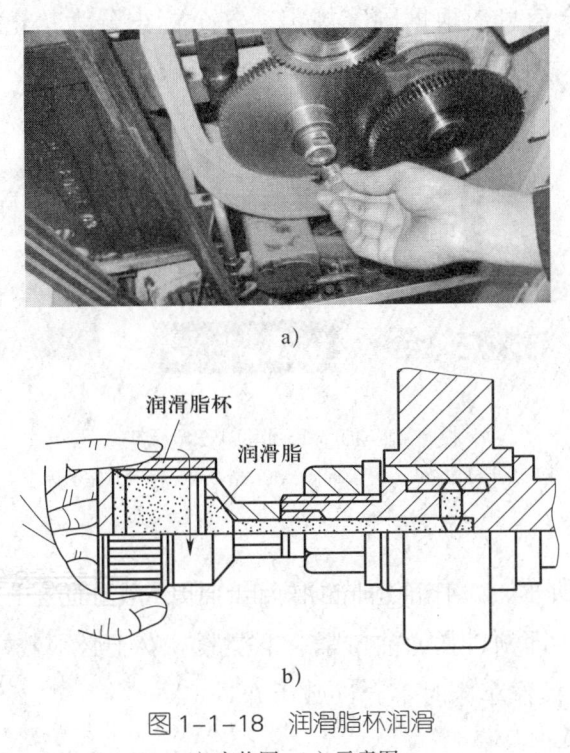

图 1-1-18　润滑脂杯润滑
a）实物图　b）示意图

（6）油泵输油润滑。这种润滑方式通常用于转速高且润滑油需要量大的机构润滑，如车床的主轴箱一般都采用油泵输油润滑，如图1-1-19所示。

图 1-1-19　油泵输油润滑

五、安全常识

1. 安全标志

安全标志是由安全色、几何图形和图形符号构成的，用以表示禁止、警告、指令和提示等安全信息。根据国家规定，安全标志分为禁止标志、警告标志、指令标志和提示标志四大类型，如图1-1-20所示。

图1-1-20　车间常见安全标志

a）禁止标志　b）警告标志　c）指令标志　d）提示标志

2. 安全着装

如图1-1-21所示，工作前应先穿好工作服，戴好防护眼镜。工作服的穿着应做到"三紧"，即领口紧、袖口紧、下摆紧。女士必须戴好防护帽，将长发或辫子纳入帽内。操作车床时不允许戴手套。

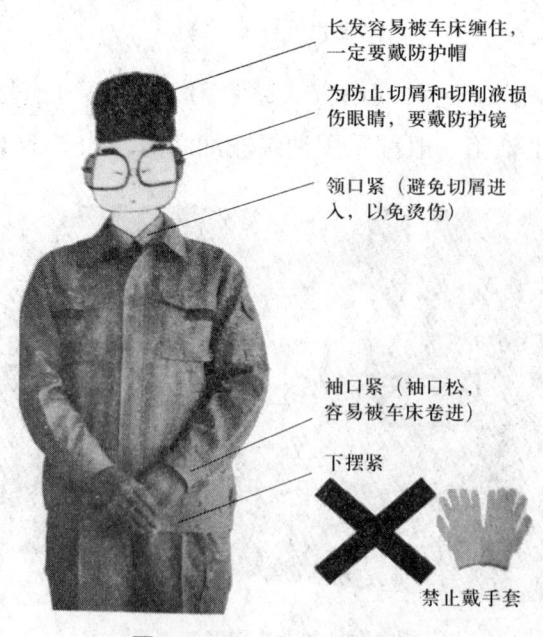

图1-1-21　安全着装要领

六、车床安全操作规程

1. 文明生产

（1）车床启动前，应检查车床各部分机构是否完好，各传动手柄、变速手柄位置是否正确，以防启动时因突然撞击而损坏车床。

（2）车床启动后，应使主轴低速空转 1~2 min，使润滑油散布到各需要之处（冬天更为重要），等车床运转正常后才能开始工作。

（3）工作中需要主轴变速时，必须先停车；变换进给箱手柄位置要在低速时进行；使用电气开关的车床不准用正、反车作紧急停车，以免打坏齿轮。

（4）不允许在卡盘及床身导轨上敲击或校直工件，床面上不准放置工具和工件。

（5）装夹较重的工件时，应该用木板保护床面，下班时若工件不卸下，则应用千斤顶支承。

（6）车刀磨损后要及时刃磨。用磨钝的车刀继续切削会增加车床负荷，甚至损坏车床。

（7）车削铸铁工件及气割下料的工件时，导轨上的润滑油应擦去，工件上的型砂杂质应清除干净，以免磨坏床面导轨。

（8）使用切削液时，要在车床导轨上涂上润滑油。冷却泵中的切削液应定期更换。

（9）下班前，应清除车床上及车床周围的切屑和切削液，擦净后按规定在应加油部位加上润滑油。

（10）每件工具应放在固定位置，不可随便乱放。

（11）爱护量具，保持清洁，用后擦净、涂油、放入尺盒内并及时归还工具室。

2. 安全操作注意事项

（1）需穿工作服，戴袖套。根据安全需要，可穿戴安全防护帽、劳保鞋、降噪耳塞等劳动保护用品。

（2）操作车床需戴防护眼镜，注意头部与工件不能靠得太近。

（3）为确保安全，操作人员进入车间不准嬉戏打闹、不准做与工作无关的事情。

（4）操作车床前应检查各传动部位是否正常，并按要求加润滑油，发现异常情况应立即停机检查并汇报处理。

（5）加工零件时，严禁戴手套进行操作，操作时注意力要集中，不准多人同时操作一台车床。

（6）车床运转时，严禁用手触摸各转动部位。

（7）车床未完全停止时，不准用手进行刹车。

（8）必须在停机的状态下用铁钩或刷子清除切屑，不准用手拉或嘴吹的方式清除，同时严禁用纱布擦正在旋转的工件。

（9）装拆工件后，卡盘扳手应及时拿下。

（10）换刀时，刀架要远离工件、卡盘和尾座。

（11）严禁在车床运转时测量工件，或在旋转工件的上方互相传递物品。

（12）更换和调整交换齿轮箱中的齿轮时必须切断电源。

操作技能　机床的操作与保养

一、工作准备

1. 安全标志。

2. 安全着装。

3. CA6140A 车床。

4. 工具、量具。

（1）工具：垫片、刀架钥匙、卡盘钥匙、一字旋具、十字旋具、内六角扳手、划针、磁性表座、铜皮、油枪、棉纱等。

（2）量具：游标卡尺、钢直尺、百分表等。

二、操作程序

1. 车床启动操作

（1）检查车床各变速手柄是否处于空挡位置、离合器是否处于正确位置、操纵杆手柄是否处于中间停止状态，确认无误后方可开机。合上车床电源的总开关，操作车床，如图 1-1-22 所示。

（2）按下床鞍上的绿色启动按钮，使电动机启动（红色为急停按钮），如图 1-1-23 所示。

图 1-1-22　车床电源总开关
1—车床照明开关　2—车床电源总开关
3—车床切削液开关

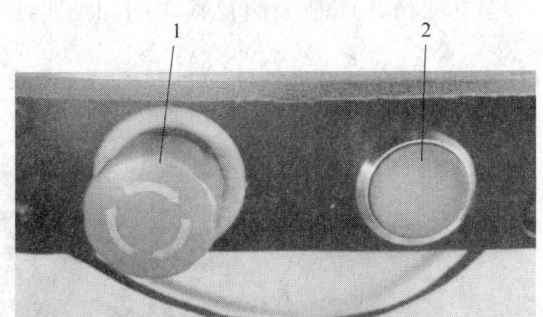

图 1-1-23　启动、急停按钮
1—急停按钮　2—启动按钮

（3）溜板箱右侧的操纵杆手柄有向上、中间、向下三个挡位，分别使主轴实现正转、停止和反转。调整转速为低速（200 r/min 以下），用操纵杆手柄控制主轴进行正、反转和停车的练习，如图 1-1-24 所示。

图 1-1-24　操纵杆手柄

向上提起操纵杆手柄启动车床使主轴正转；拨动操纵杆手柄回到中间位置停止车床；再向下压下操纵杆手柄，启动车床使主轴反转；最后拨动操纵杆手柄回到中间位置停止车床，主轴停止转动。

（4）按下床鞍上的红色急停按钮，使电动机停止转动。

（5）工作完成后，要确认各手柄处于空挡位置，方可关闭车床电源总开关，并拉下本车床电源的电闸开关。

2. 车床主轴的变速操作

主轴箱各控制手柄及其作用如图 1-1-25 所示。

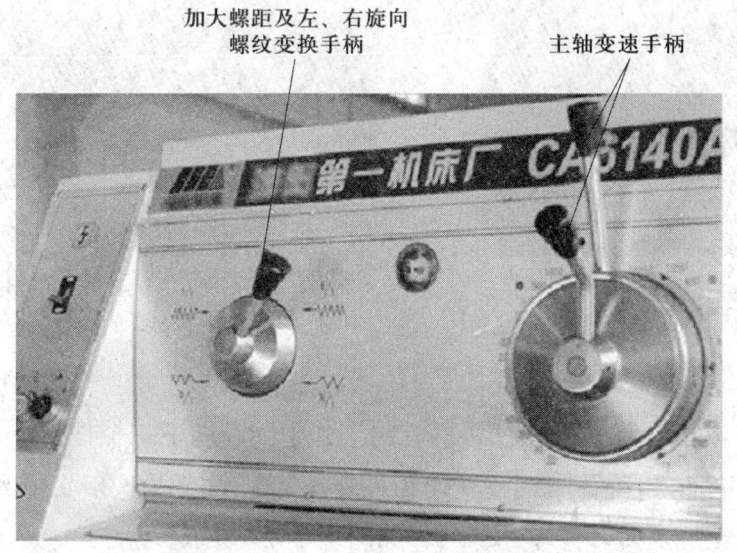

图 1-1-25　主轴箱各控制手柄及其作用

CA6140A 型车床主轴变速，通过改变主轴箱正面右侧主轴变速手柄两个叠套的手柄位置来控制。前面的手柄有六个挡位，每个挡位有四级转速，若要选择其中某一转速，可通过后面的手柄来控制。后面的手柄除有两个空挡外，还有四个挡位，只要将手柄位置拨到其所显示的颜色与前面手柄所处挡位上的转速所标示的颜色相同的挡位即可。

主轴箱正面左侧的手柄是加大螺距及左、右旋向螺纹变换手柄。它有四个挡位：左上挡位为车削左旋向螺纹，右上挡位为车削右旋向螺纹，左下挡位为车削左旋向加大螺距螺纹，右下挡位为车削右旋向加大螺距螺纹。

（1）操纵主轴箱右侧主轴变速手柄练习。调整主轴转速分别为 16 r/min、450 r/min、1 400 r/min，主轴转速挡位确认后启动车床，操纵杆手柄向上提起使主轴正转，并观察主轴转动情况。

提示：

每次进行主轴转速调整必须停车，车床主轴在运转时不许变速，防止出现安全事故，如图1-1-26所示。

图1-1-26 在运转时不许变速

（2）操纵主轴箱正面左侧加大螺距及左、右旋向螺纹变换手柄练习。将该手柄分别拨到车削左、右旋向螺纹的挡位，左、右旋向加大螺距螺纹挡位。

3. 车床进给箱的操作（变换进给量及螺距）

车削加工表面质量的优劣，很大程度上取决于工件每转一转刀具向切削方向移动的距离，即进给量，单位mm/r。

（1）进给箱各控制手轮、手柄及其作用，如图1-1-27所示。

图1-1-27 进给箱各控制手轮、手柄及其作用
1—螺距及进给量调整手轮 2—红点 3—螺纹种类及丝杆、光杆变换手柄

CA6140A型车床进给箱正面左侧有一个手轮，手轮上方有一个红点，选择的挡位要与红点对正，共有八个挡位（1、2、3、4、5、6、7、8）。进给箱正面右侧有一个前后套装的手轮和手柄（圆形的为手轮，长形的为手柄），后面的手柄有A、B、C、D四个挡位，是螺纹种类及丝杠、光杠变换手柄；前面的手轮有Ⅰ、Ⅱ、Ⅲ、Ⅳ四个挡位，这四个挡位与左侧手轮的八个挡位相配合，用以调整螺距及进给量。

实际操作时，应根据加工要求查找进给箱油池盖上面的螺纹和进给量调配表（见图1-1-28），来确定手轮和手柄的具体位置。当进给箱正面右侧套装的前面的手轮处于正上方时，是第Ⅴ挡，此时交换齿轮箱的运动不经进给箱变速，而是与丝杠直接相连。

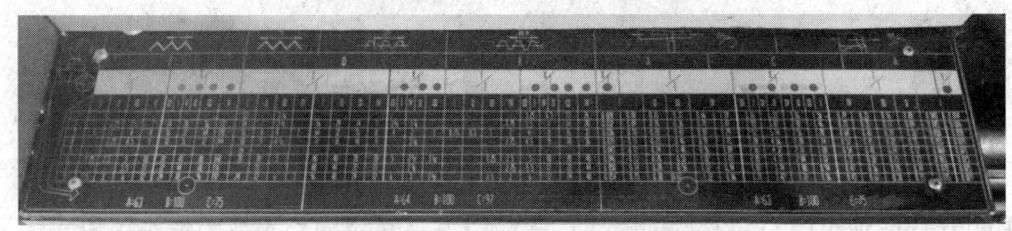

图1-1-28　车床上的螺纹和进给量调配表

（2）进给箱和交换齿轮箱的操作步骤

1）确认车床在主轴停止转动状态且主轴变速手柄处在空挡位置。

2）打开交换齿轮箱保护外壳，检查并确定交换齿轮箱内两组交换齿轮的位置是否正确后，合上交换齿轮箱保护外壳。

3）调整主轴转速为100~300 r/min，低速运转。

4）启动车床，根据进给箱上面的螺纹和进给量调配表调进给量分别为0.1 mm、0.19 mm、0.38 mm、0.05 mm，螺距分别为1.5 mm、2.5 mm、4 mm、6 mm。每操作一个数值后观察丝杆或光杆的旋转速度。

4. 车床的润滑（各润滑点加油操作）

（1）主轴箱内的零件用油泵循环润滑或飞溅润滑。箱内润滑油一般3个月更换一次。主轴箱体上有一个油标，若发现油标内无油输出，说明油泵输油系统有故障，应立即停车检查断油的原因，待修复后才能开动车床，如图1-1-29所示。

（2）进给箱内的齿轮和轴承，除了用齿轮飞溅润滑外，在进给箱上部还有用于油绳导油润滑的储油槽，每班应给该储油槽加一次油，如图1-1-30所示。

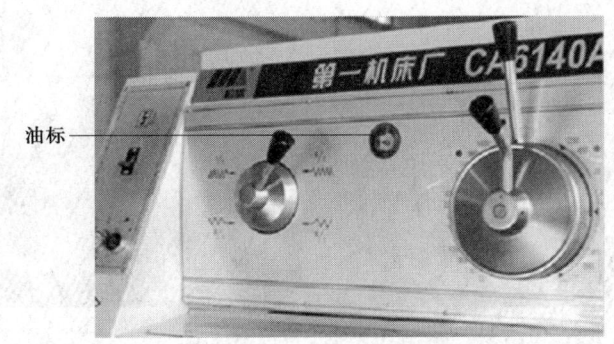

图 1-1-29 主轴箱润滑

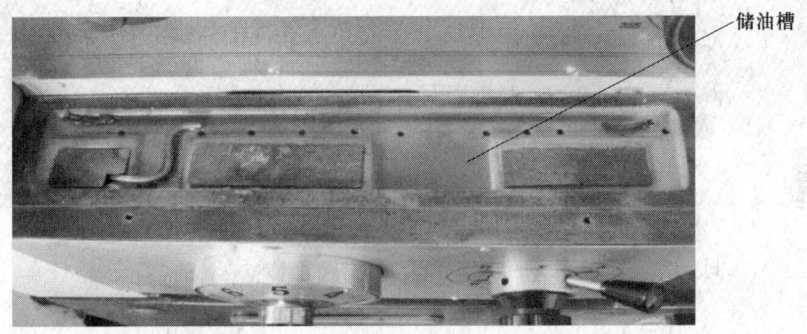

图 1-1-30 进给箱润滑

（3）交换齿轮箱中间齿轮轴的轴承需润滑脂杯润滑，每班润滑一次，7天加一次2号钙基润滑脂，如图1-1-31所示。

图 1-1-31 交换齿轮箱的润滑

（4）尾座和中、小滑板手柄及光杠、丝杠、刀架这些转动部位需用弹子油杯注油润滑，每班润滑一次，如图1-1-32所示。

（5）床身导轨、中滑板导轨、小滑板导轨在工作前后都要擦净，用油枪加油润滑。

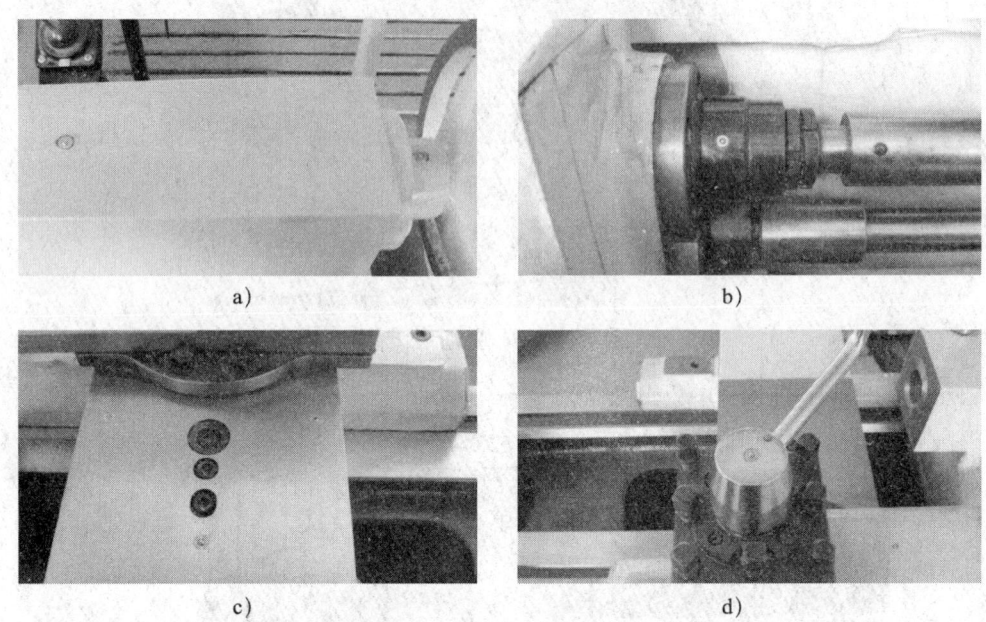

图 1-1-32 车床转动部位润滑
a）尾座 b）丝杠 c）中滑板 d）刀架

5. 卡盘拆装

（1）自定心卡盘的运动结构。将卡盘扳手的方榫插入卡盘外壳圆柱面的方孔1中，按顺时针方向旋转，使小锥齿轮2驱动大锥齿轮3背面的平面螺纹4，卡爪5背面的螺纹与平面螺纹相旋合，从而驱动三个卡爪同时沿径向运动夹紧，按逆时针方向旋转则松开工件，如图1-1-33所示。

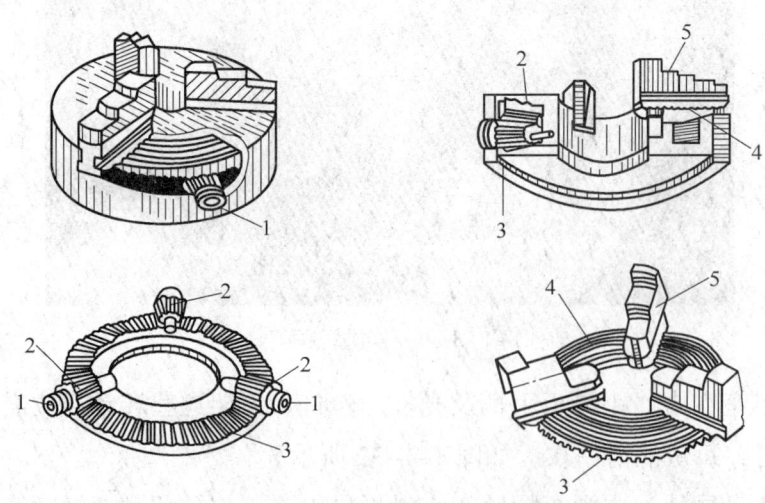

图 1-1-33 自定心卡盘自动定心示意图
1—方孔 2—小锥齿轮 3—大锥齿轮 4—平面螺纹 5—卡爪

（2）装配卡盘前应切断车床电源，并将卡盘和连接盘的配合表面擦干净涂上机油，在靠近主轴处的床身导轨上垫上一块木板，以防装配卡盘时卡盘突然掉下来，使导轨面受到意外撞击而损伤。

（3）用一根比主轴通孔直径稍小的硬木棒穿入卡盘中，将卡盘抬到连接盘端面，将棒料端插入主轴通孔内，另一端伸在卡盘外。

（4）CA6140A型车床主轴前端结构及连接形式如图1-1-34所示。

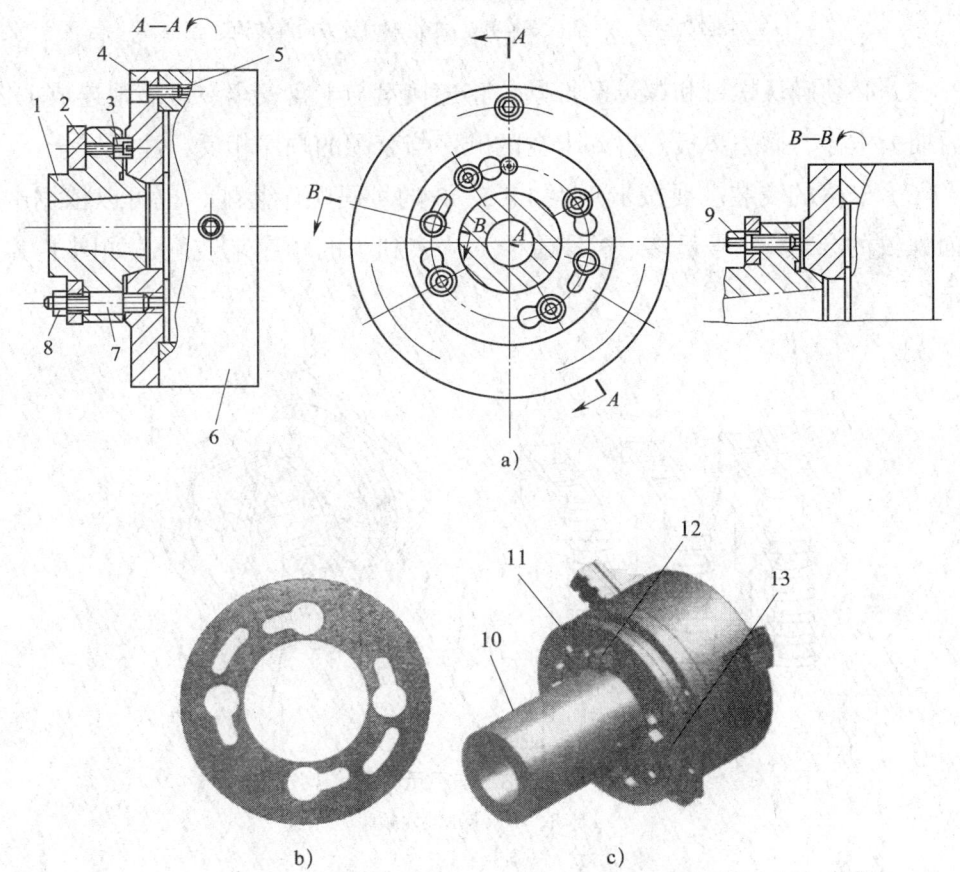

图1-1-34　CA6140A型车床主轴前端结构及连接形式
a）内部结构　b）锁紧盘　c）外形图
1、10—主轴　2—锁紧盘　3—端面键　4—连接盘　5、9、13—螺钉　6—卡盘　7、11—螺栓　8、12—螺母

操作方法：连接时，首先按逆时针方向旋转锁紧盘，使锁紧盘上的大孔对准主轴法兰上的螺栓孔，如图1-1-35a所示。然后将三爪背面的4个螺栓对准主轴法兰上的螺栓孔插入（圆柱形定位销应对准主轴后端面的定位孔），如图1-1-35b所示。插入后迅速沿顺时针方向旋转锁紧盘，使锁紧盘上的圆弧形卡槽卡入螺栓上的螺母之间，最后上2个螺钉和4个螺母，如图1-1-35c所示。

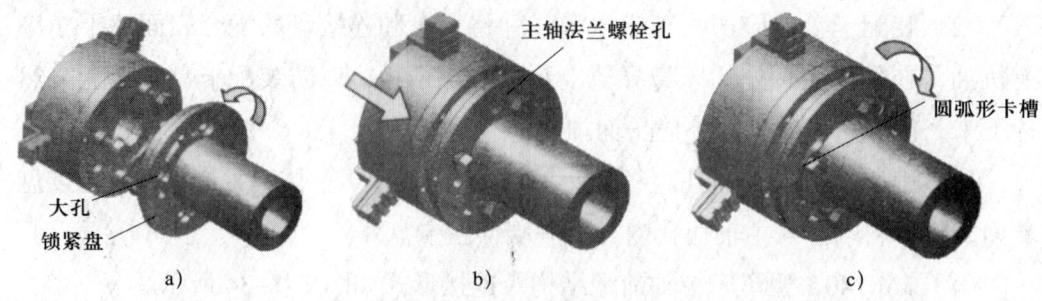

图 1-1-35 连接盘连接操作方法

a）对准螺栓孔　b）插入螺栓孔　c）沿顺时针方向旋转锁紧盘

（5）必须确认螺钉和螺母已拧紧，将连接盘与卡盘安全、可靠地连成一体，然后抽去木棒、撤去垫板。拆卸卡盘的顺序与装配的顺序相反，注意安全。

（6）卡爪的安装。要按卡爪上1、2、3的号码顺序装配，也可以依据卡爪端面螺纹的牙数（1号最多、3号最少）从多到少的顺序来装配，如图1-1-36所示。

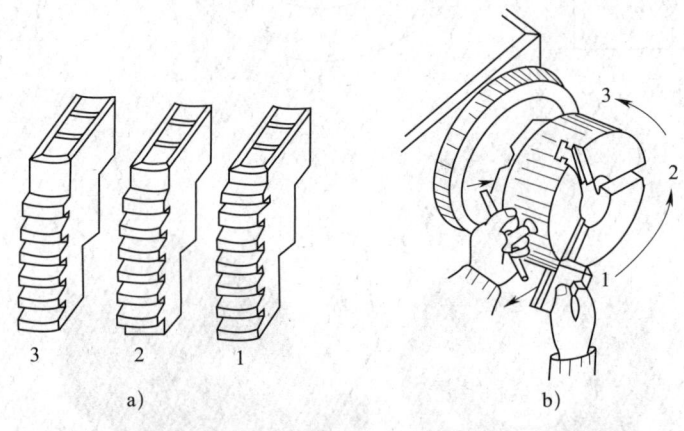

图 1-1-36　卡爪示意图

a）卡爪　b）卡爪装入顺序

6. 床鞍的调整和保养

床鞍移动的平稳性决定工件的加工质量，应认真调整使其达到规定指标。床鞍安装在床身的导轨上，床鞍与导轨之间的间隙过大，将会直接影响零件的加工精度。

（1）床鞍的结构。CA6140A车床床鞍的结构如图1-1-37所示，它可沿床身的导轨做纵向直线运动。床鞍的

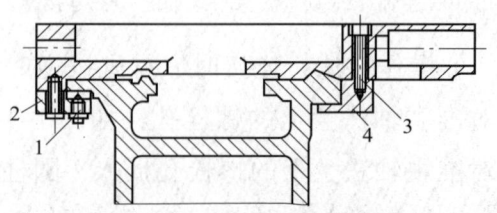

图 1-1-37　床鞍结构示意图

1—外侧螺钉　2—后压板　3—内侧螺钉　4—前压板

下导轨面与床身导轨面经过良好配制并装有前、后压板,使其与床身做滑动配合。

(2)床鞍的调整步骤

1)切断车床电源,清洁导轨后,将床鞍移至导轨中间。

2)拧松床鞍内侧和外侧螺钉。

3)用塞尺检查床鞍与导轨间隙,通过调整后压板上的调节螺钉,使压板镶条与床身导轨保持适当间隙,一般应小于 0.04 mm。

4)以用手能平稳摇动床鞍为宜,摇动床鞍感觉平稳、均匀、轻便即可,调整后将床鞍内侧螺钉和外侧螺钉锁紧。

7. 中滑板的调整和保养

当出现中滑板手柄空程太大时,会影响工件的加工精度和表面粗糙度值,需要调整中滑板丝杠与螺母的间隙或更换新的丝杠和螺母。

(1)中滑板的结构。中滑板丝杠与螺母的结构如图 1-1-38 所示。它由前螺母 1 和后螺母 6 两部分组成,分别由螺钉 2 和 4 紧固在中滑板 5 的底部,中间被楔块 8 隔开。当由于磨损而使丝杠 7 与螺母牙侧之间的间隙过大时,应对其进行调整。

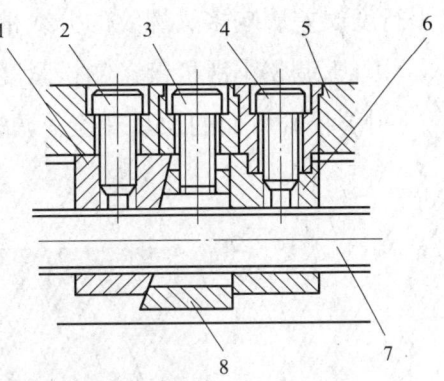

图 1-1-38 中滑板丝杠与螺母的结构
1—前螺母 2、3、4—螺钉 5—中滑板
6—后螺母 7—丝杠 8—楔块

(2)中滑板丝杠与螺母间隙的调整

1)将前螺母 1 上的紧固螺钉 2 拧松,但不要卸下来。

2)拧紧螺钉 3,使楔块 8 向上拉,依靠斜面的作用将前螺母 1 向左边推移,从而减小丝杠与螺母牙侧之间的间隙。

3)调整后,用手摇动中滑板手柄,要求摇动灵活,反转时的空行程在 1/20 转以内。

4)对各部分进行清洁、加油和保养,调整好后应把螺钉 2 拧紧。

(3)镶条的调整。为了调整导轨磨损后的间隙,可用导轨间带斜度的镶条来调整,如图 1-1-39 所示。

1)松开后面的顶紧螺栓,调整前面的限位螺栓。

2)同时在全部行程上应使中滑板手柄摇动灵活,无明显的阻滞现象。

图 1-1-39 镶条调整

3）对各部分进行清洁、加油和保养，调整合适后紧固后面的顶紧螺栓。

8. 小滑板的调整和保养

调整小滑板的移动松紧度及其与主轴的平行度，这对加工质量有一定的影响。在工作中，小滑板移动的直线度误差影响切削圆锥素线的直线度误差。调整小滑板镶条的松紧度可以控制移动直线度误差。小滑板移动时与主轴轴线的平行度误差影响多头螺纹的分线精度。

（1）调整小滑板镶条的松紧度

1）松开后面的顶紧螺栓，调整前面的限位螺栓，如图 1-1-40 所示。

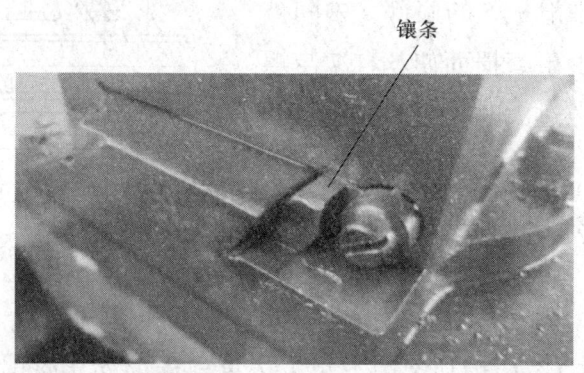

图 1-1-40 调整小滑板镶条

2）同时在全部行程上应使小滑板手柄摇动灵活，无明显阻滞现象。

3）对各部分进行清洁、加油和保养，调整合适后紧固后面的顶紧螺栓。

（2）调整小滑板移动时与主轴轴线的平行度

1）利用已车好的棒料外径（其锥度应在 0.02 mm/100 mm 以内），校直小滑板导轨在有效行程内，对床身导轨的平行度，小滑板导轨的校直方法如图 1-1-41 所示。

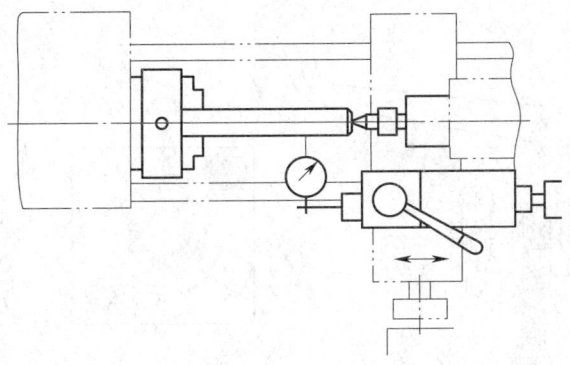

图 1-1-41　小滑板导轨的校直方法

2）将百分表表架安装在刀架上，使百分表测头在水平方向与工件外圆接触。

3）手摇小滑板移动，误差应不超过 0.02 mm/100 mm。

4）若有超差，应松开转盘的前、后螺钉进行微调，直至符合要求为止。

5）对各部分进行清洁、加油和保养，最后紧固转盘的前、后螺钉。

9. 刀架的拆卸及组装

如图 1-1-42 所示是 CA6140A 卧式车床刀架外形，如图 1-1-43 所示是卧式车床的刀架结构。

拆卸时，沿逆时针方向转动手柄 4，使手柄和内花键齿轮套 2 从中心轴 6 的螺纹上松开并拆卸。取下刀架体 1、弹簧 3、外花键齿轮套 5 等零件，其他零件不必拆卸即可清洗。

如图 1-1-44 所示的刀架已经处于拆卸状态，将刀架拆卸后，放在煤油中擦拭干净，并重新进行组装。

上述零件清洗后，用油石对刀架体底平面及圆锥定位销 7 的毛边进行修光。

图 1-1-42　CA6140A 卧式车床刀架外形

10. 尾座的调整和保养

尾座与主轴同轴度误差的大小直接影响加工质量。尾座外形如图 1-1-45 所示。

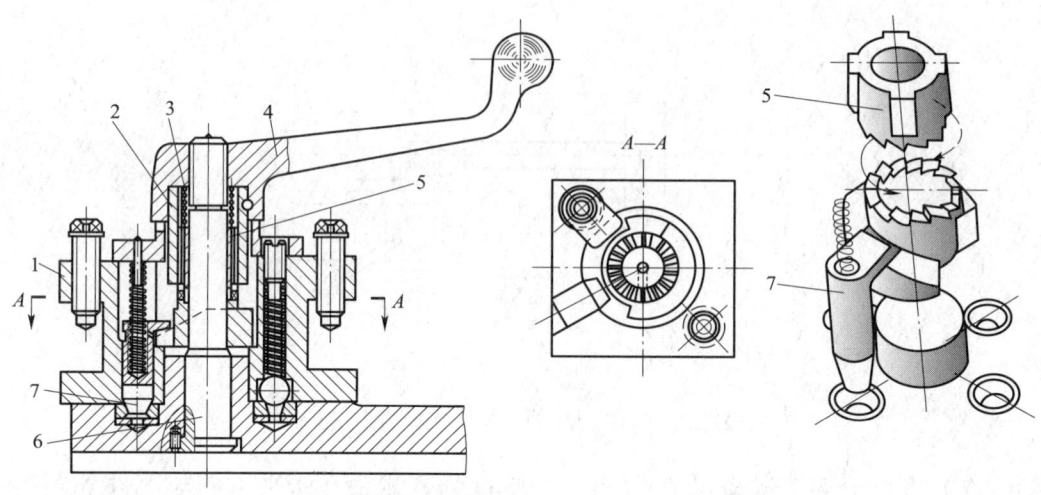

图 1-1-43 刀架的结构

1—刀架体 2—内花键齿轮套 3—弹簧 4—手柄 5—外花键齿轮套 6—中心轴 7—圆锥定位销

图 1-1-44 刀架的拆卸状态

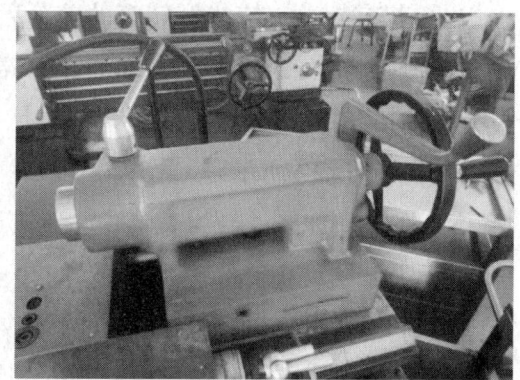

图 1-1-45 尾座外形

（1）尾座的结构。如图 1-1-46 所示为 CA6140A 型车床尾座结构示意图。尾座体 1 安装在尾座底板 2 上，整个尾座可用手沿床身导轨做纵向移动。在螺杆 3 上有锁紧螺母 7，拉紧压板 4，使尾座固定在床身导轨上的任一位置，用以承受较大的轴向作用力。也可拉动快速锁紧手柄 11，提起锁紧拉杆 6，锁紧拉杆将锁紧杠杆 5 锁紧，利用杠杆原理顶紧压板 4，使尾座固定。

尾座体 1 可沿尾座底板 2 的横向导轨做横向移动，以便调整与主轴轴线的同轴度或车削小锥度的长工件。它是利用两个调整螺钉 8，对装配在尾座底板 2 上的调偏螺母 9 旋入不同长度来调节和确定尾座体 1 的不同位置的，其最大横向行程的调整量为 15 mm。圆螺母 10 用于调节尾座锁紧和放松的间隙量，以便对尾座各部分进行清洁、加油和保养。

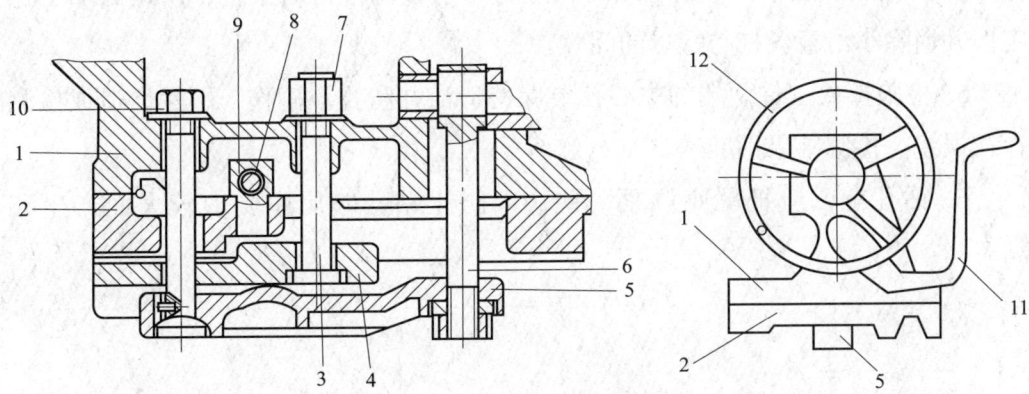

图1-1-46 CA6140A型车床尾座结构示意图
1—尾座体 2—尾座底板 3—螺杆 4—压板 5—锁紧杠杆 6—锁紧拉杆 7—锁紧螺母
8—调整螺钉 9—调偏螺母 10—圆螺母 11—快速锁紧手柄 12—手轮

（2）采用检验棒的方法进行尾座调整

1）先车削固定顶尖（60°），再利用两顶尖安装检验棒。

2）将装在磁性表座的百分表的测头水平接触检验棒的圆柱表面。

3）移动床鞍，观察百分表表针的变化，判断尾座偏移情况。

4）根据变化情况调整尾座两侧的横向偏移调整螺钉，直至达到技术要求为止。

（3）采用车削的方法进行尾座调整

1）车削固定顶尖（60°）。

2）采用两顶尖的方法车削长轴（200~300 mm）。

3）用千分尺测量工件两端直径，调整尾座的横向偏移量。如工件右端（靠近尾座端）直径大、左端（靠近卡盘端）直径小，尾座应向操作者方向移动；如工件右端直径小、左端直径大，尾座的移动方向则相反。

三、注意事项

1. 车床保养主要内容是清洗、润滑和进行必要的调整。

2. 主轴正、反转切换要在主轴停止转动后进行，避免因连续转换操作使瞬间电流过大而发生电器故障。

3. 在导轨端面处必须有羊毛毡制成的刮板，以清除切屑、灰尘等杂物。如摇动床鞍感觉有阻滞，应先检查导轨面有无损伤，并请机修人员修理。

4. 利用小滑板车削（尤其是粗加工）圆锥工件时，应将小滑板调整得略松些，以提高工作效率。车削螺纹时，应将小滑板调整得略紧些，以提高加工稳定性并消除小滑板丝杠与螺母的间隙。

5. 检验棒或工件两端的中心孔要保持清洁并防止被碰伤，不然会造成检测存在误差，检测结果不准确。

6. 钻孔前，应把尾座调紧一些，以防止钻孔时尾座受力较大而产生移动。

培训单元 2　常用车刀的选择、刃磨与装夹

- 能根据工件材料和加工性质选择刀具材料。
- 能对 90°、45°、75°外圆车刀及切断刀进行刃磨和装夹。
- 能选择和使用车削轴类工件的可转位车刀。

一、常用刀具材料

车刀切削部分在车削过程中承受着很大的切削力和冲击力，并且在很高的温度下工作，连续地经受着强烈的摩擦，所以车刀切削部分的材料必须具备的基本性能是：较高的硬度，较好的耐磨性，足够的强度，较好的耐热性、韧性和导热性，良好的工艺性和经济性。目前，车刀切削部分常用的材料有高速钢和硬质合金两大类。

1. 高速钢

高速钢又称锋钢、风钢或白钢，是在合金钢中加入了钨、铬、钒、钼等合金元素的高合金工具钢。高速钢有良好的综合性能，其强度和韧性是现有刀具材料中较高的。高速钢的制造工艺简单，容易刃磨出锋利的切削刃，锻造、热处理变形小，目前在制造复杂的刀具中占有主要地位。与硬质合金相比，高速钢的最大优点是可加工性好，可锻造成各种坯件，如图 1-1-47 所示。高速钢的抗弯强度、冲击韧性是硬质合金的 6~10 倍。经过仔细研磨，高速钢刀具切削刃钝圆半径可以小于 15 μm，其磨削性能也好。但高速钢耐热性比硬质合金差，不宜用于高速切削。

高速钢按其用途和性能可分为普通高速钢和高性能高速钢。

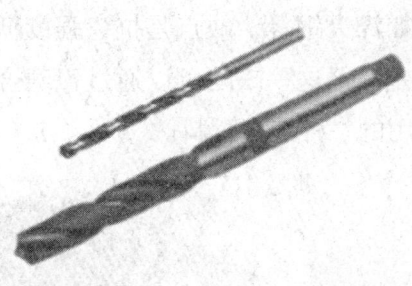

图 1-1-47 高速钢

（1）普通高速钢可分为钨系普通高速钢和钨钼系普通高速钢。

1）钨系普通高速钢最常见的牌号为 W18Cr4V，其特点是耐热温度可达到 620 ℃，常温硬度为 62~65 HRC，强度可达到 315~340 MPa，磨削性能较好，但碳化物分布不均匀，韧性较差。W18Cr4V 高速钢目前在国内使用最广泛，主要用于制造铰刀、钻头、铣刀和其他刀具等。

2）钨钼系普通高速钢常见的牌号为 W6Mo5Cr4V2，其强度、韧性和高温塑性与 W18Cr4V 相比较高，硬度和耐热性与 W18Cr4V 相近，但磨削性能稍差，常用于制造热轧钻头和冲击力较大的刀具。

（2）高性能高速钢是在普通高速钢中增加一些碳、钒、钴、铝等元素冶炼而成的，提高了普通高速钢的耐磨性和耐热性，可加工一些特殊材料。

1）高碳高速钢。这种高速钢是在普通高速钢的基础上，提高钢中的碳的质量分数（0.9%~1%）。常见的高碳高速钢牌号为 95W18Cr4V，热处理后硬度高达 67~68 HRC，耐磨性和耐热性高于普通的高速钢，但它的强度和韧性低于普通高速钢W18Cr4V，主要用于切削不锈钢、钛合金以及奥氏体材料的刀具。

2）高钒高速钢。常见的牌号为W12Cr4V4Mo，其特点是耐磨性好，硬度比W18Cr4V高，但磨削性能较差，一般用于制造形状简单而耐磨性好的特殊刀具。

3）超硬高速钢。热处理后硬度可达到66~67 HRC，耐磨性和耐热性高于W18Cr4V，磨削性能较好，耐冲击性和强度比较低，主要用于加工高温合金、超硬钢、奥氏体不锈钢等难加工材料刀具。

2. 硬质合金

硬质合金是由难熔材料高硬度金属碳化物和金属粘结剂按粉末冶金工艺制成的刀具材料，如图1-1-48所示。硬质合金的耐热性较高，能达到850~1 000 ℃，切削速度是高速钢的4~10倍，能加工高速钢刀具不能加工的难车削材料，如淬火钢等，缺点是抗弯强度低，怕机械振动、怕冲击，韧性差，制造工艺性差，但这一缺陷可以通过刃磨合理的切削角度来弥补，因此是在刀具上广泛使用的一种车刀材料。

图1-1-48　硬质合金车刀

硬质合金是目前应用最广泛的一种车刀材料。根据国家标准《硬质合金牌号　第1部分：切削工具用硬质合金牌号》(GB/T 18376.1—2008)，切削工具用硬质合金牌号按使用领域的不同可分为六类，分别以字母P、M、K、N、S、H表示。各个类别为满足不同的使用要求，根据切削工具用硬质合金材料的耐磨性和韧性的不同，分成若干个组，用01、10、20等两位数字表示组号。必要时，可在两个组号之间插入一个补充组号，用05、15、25等表示。切削工具用硬质合金的类别、基本成分、性能及使用领域见表1-1-4。

表 1-1-4 切削工具用硬质合金的类别、基本成分、性能及使用领域

组别		基本成分	性能		使用领域
类别	分组号		耐磨性	韧性	
P	01	以 TiC、WC 为基，以 Co（Ni+Mo、Ni+Co）作粘结剂的合金/涂层合金	↑	↓	长切屑材料的加工，如钢、铸钢、长切屑可锻铸铁等的加工
	10				
	20				
	30				
	40				
M	01	以 WC 为基，以 Co 作粘结剂，添加少量 TiC（TaC、NbC）的合金/涂层合金	↑	↓	通用合金，用于不锈钢、铸钢、锰钢、可锻铸铁、合金钢、合金铸铁等的加工
	10				
	20				
	30				
	40				
K	01	以 WC 为基，以 Co 作粘结剂，或添加少量 TaC、NbC 的合金/涂层合金	↑	↓	短切屑材料的加工，如铸铁、冷硬铸铁、短切屑可锻铸铁、灰口铸铁等的加工
	10				
	20				
	30				
	40				
N	01	以 WC 为基，以 Co 作粘结剂，或添加少量 TaC、NbC 或 CrC 的合金/涂层合金			有色金属、非金属材料的加工，如铝、镁、塑料、木材等的加工
	10				
	20				
	30				
S	01	以 WC 为基，以 Co 作粘结剂，或添加少量 TaC、NbC 或 TiC 的合金/涂层合金			耐热和优质合金材料的加工，如耐热钢，含镍、钴、钛的各类合金材料的加工
	10				
	20				
	30				
H	01	以 WC 为基，以 Co 作粘结剂，或添加少量 TaC、NbC 或 TiC 的合金/涂层合金			硬切削材料的加工，如淬硬钢、冷硬铸铁等材料的加工
	10				
	20				
	30				

二、刀具的基本角度

1. 车刀的组成

车刀由刀头和刀柄两部分组成。刀柄又称夹持部分,负责将车刀装夹在刀架上。刀头又称切削部分,负责切削工作。刀头又由"三面两刃一尖"(前面、后面、副后面、主切削刃、副切削刃、刀尖)组成,如图1-1-49所示。

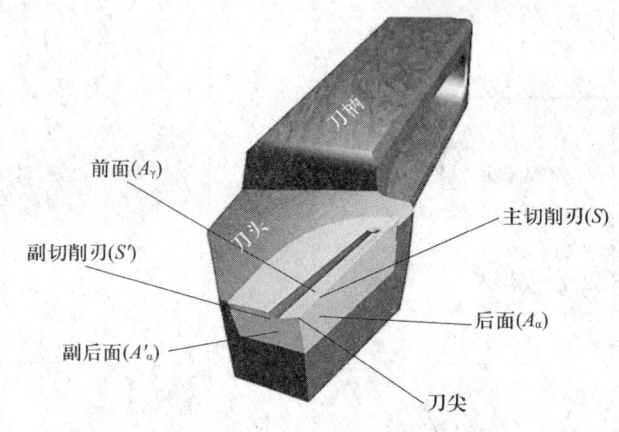

图1-1-49 车刀刀头结构图

(1)前面(A_γ)。刀具上切屑流过的表面称为前面。

(2)后面(A_α)。刀具上与工件上切削中产生的表面相对的表面称为后面。

(3)副后面(A'_α)。刀具上同前面相交形成副切削刃的后面称为副后面。

(4)主切削刃(S)。刀具上前面与后面的交线称为主切削刃,它负责主要的切削工作。

(5)副切削刃(S')。刀具上前面与副后面的交线称为副切削刃,它配合主切削刃完成切削工作,并形成已加工表面。

(6)刀尖。主切削刃和副切削刃交汇处的一小段切削刃称为刀尖。为了提高刀尖强度并延长车刀使用寿命,多将刀尖磨成圆弧或直线形过渡刃,如图1-1-50所示。

(7)修光刃。副切削刃靠近刀尖处的一小段平直的切削刃称为修光刃,切削时起修光已加工表面的作用。装刀时,必须使修光刃与进给方向平行,且修光刃长度必须大于进给量,才能起到修光作用,如图1-1-51所示。

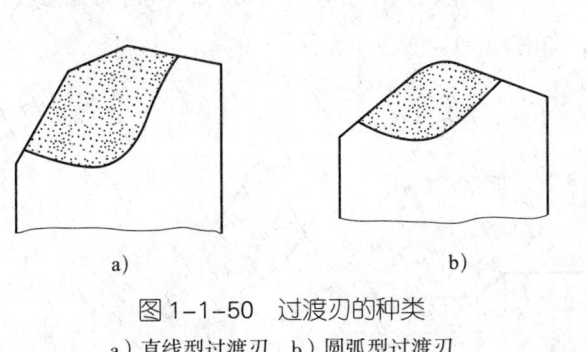
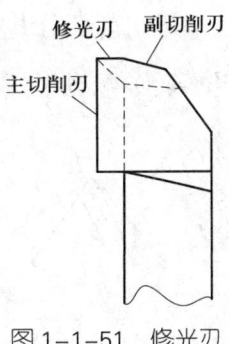

图 1-1-50 过渡刃的种类
a）直线型过渡刃 b）圆弧型过渡刃

图 1-1-51 修光刃

2. 刀具的基本角度

（1）刀具角度参考系。刀具要从工件上切除余量，就必须使它的切削部分具有一定的切削角度。为定义、规定不同角度，适应刀具在设计、制造及工作时的多种需要，需选定适当组合的基准坐标平面作为参考系。

刀具静止参考系是用于定义刀具设计、制造、刃磨和测量时几何参数的参考系，其主要坐标平面有基面 p_r、切削平面 p_s、正交平面（主剖面）p_o，如图 1-1-52 所示。

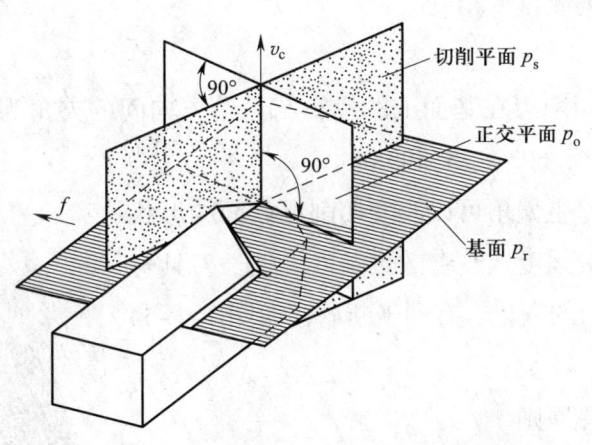

图 1-1-52 测量车刀角度的三个基准坐标平面

1）基面 p_r。通过主切削刃上某选定点，垂直于该点主运动方向的平面称为基面。基面平行于刀杆底面。

2）切削平面 p_s。通过主切削刃上某选定点，与主切削刃相切并垂直于基面的平面。切削平面垂直于刀杆底面。

3）正交平面 p_o。通过主切削刃上某选定点，并同时垂直于基面和切削平面的平面，也称主剖面。

车刀切削部分共有6个独立的基本角度：前角 γ_o、后角 α_o、副后角 a'_o、主偏角 κ_r、副偏角 κ'_r 和刃倾角 λ_s，如图 1-1-53 所示。

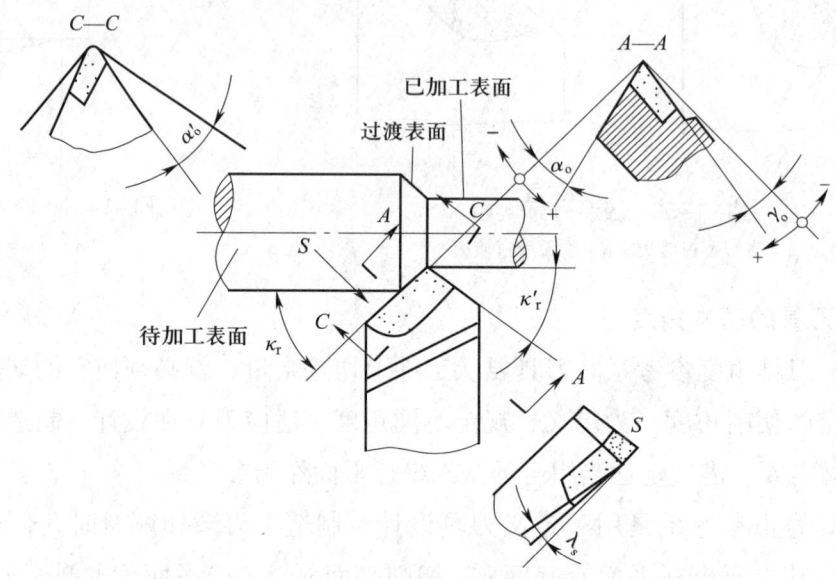

图 1-1-53 车刀的主要角度

（2）在基面内测量的角度

1）主偏角 κ_r

①定义。主切削刃在基面上的投影与进给方向间的夹角为主偏角。常用车刀的主偏角有 45°、60°、75° 和 90°。

②主要作用。主偏角可以改变切削层截面的形状和参数，提高刀具强度，改善散热条件，延长刀具寿命，影响切削分力的变化，有利于断屑，如图 1-1-54 所示。

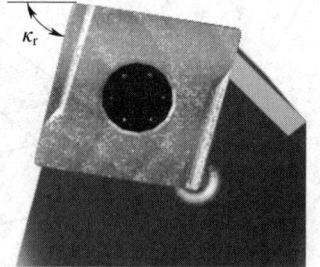

图 1-1-54 主偏角

③主偏角选择原则

工件方面：加工工件的台阶，必须选取 $\kappa_r \geqslant 90°$。加工中间切入的工件表面时，一般选用 $\kappa_r=45°\sim60°$。要根据工件的刚性和材料选择主偏角，工件的刚性高或工件的材料较硬时，应选取小的主偏角；反之，应选取较大的主偏角。

刀具方面：背吃刀量大、进给量大的车刀，应选取较大的主偏角。

工艺方面：工艺系统刚性较差时，应选取较大的主偏角（$\kappa_r=75°\sim90°$）；工艺系统刚性较好时，应选取较小的主偏角（$\kappa_r=10°\sim45°$）；单件或小批量加工，应选取 $\kappa_r=90°$ 或 $\kappa_r=45°$。

主偏角为 90° 的车刀称为 90° 车刀，又称偏刀，偏刀一般分为左偏刀和右偏刀。偏刀放平时，切削刃在左边的偏刀为左偏刀，车削外圆时，左偏刀由左向右车削工件；偏刀放平时，切削刃在右边的偏刀为右偏刀，车削外圆时，右偏刀由右向左车削工件。

2）副偏角 κ_r'

①定义。副切削刃在基面上的投影与背离进给方向间的夹角为副偏角。

②主要作用。副偏角可减小副切削刃与已加工表面间的摩擦。减小副偏角，可减小工件的表面粗糙度值，但副偏角也不能太小，否则会使背向力增大，如图 1-1-55 所示。

副偏角一般采用 $\kappa_r'=6°\sim8°$。

精车时，如果在副切削刃上刃磨修光刃，则取 $\kappa_r'=0°$。

加工中间切入的工件表面时，副偏角应取 $\kappa_r'=45°\sim60°$。

③副偏角选择原则

工件方面：工件刚性较差，应选取较大的副偏角；工件材料强度、硬度较高时，应选取较小的副偏角（$\kappa_r'=4°\sim6°$）。

刀具方面：外圆车刀，一般取 $\kappa_r'=6°\sim10°$；精加工车刀，应取更小的值；切断刀或切槽刀，取 $\kappa_r'=1°\sim2°$。

工艺方面：工件系统刚性较差时，取较大的值。

3）刀尖角 ε_r

①定义。主、副切削刃在基面上投影间的夹角为刀尖角。

②主要作用。刀尖角影响刀尖强度和散热性，如图 1-1-56 所示。

主偏角 κ_r、副偏角 κ_r' 和刀尖角 ε_r 三者之间的角度关系：

$$\kappa_r+\kappa_r'+\varepsilon_r=180°$$

图 1-1-55 副偏角

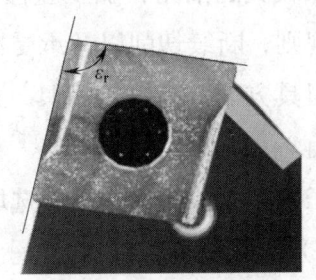
图 1-1-56 刀尖角

（3）在正交平面内测得的角度

1）前角 γ_o。

①定义。前面和基面的夹角为前角。

②主要作用。适当的前角能够使车刀锋利，切削力小，切削层材料变形小，产生的切削热小，刀具的寿命提高，有利于断屑以及提高加工精度和表面结构质量，如图1-1-57所示。

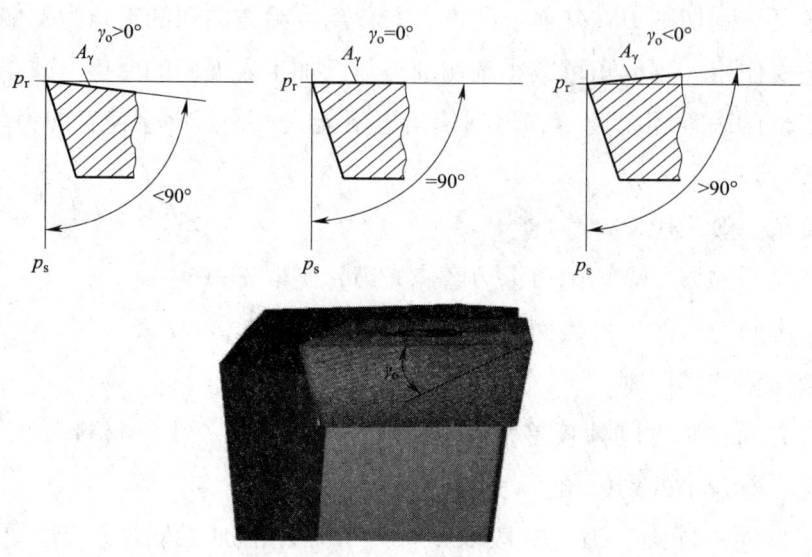

图1-1-57 前角

前角正、负值的规定：

$\gamma_o > 0°$，前面 A_γ 与切削平面 p_s 之间的夹角小于90°时。

$\gamma_o = 0°$，前面 A_γ 与切削平面 p_s 之间的夹角等于90°时。

$\gamma_o < 0°$，前面 A_γ 与切削平面 p_s 之间的夹角大于90°时。

③前角选取原则

工件方面：工件材料强度、硬度低，应选取较大的前角；加工塑性材料，应选取较大的前角；加工脆性材料，应选取较小的前角；毛坯表面有硬皮，形状不规则，断续切削以及承受冲击载荷时，应选取较小的前角。

刀具方面：高速钢刀具，应选取较大的前角；硬质合金刀具，应选取较小的前角。

工艺方面：粗加工，应选取较小的前角；精加工，应选取较大的前角。

2）后角 α_o。

①定义。后面与切削平面之间的夹角为后角。

②主要作用。适当的后角能够减小刀具后面与工件表面之间的摩擦，并配合前角改变切削刃的锋利、强度以及散热条件，提高刀具的寿命和已加工表面的质量。后角正、负值的规定如图 1-1-58 所示。

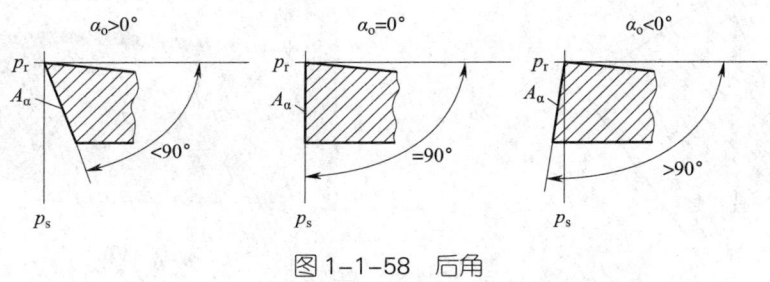

图 1-1-58　后角

$\alpha_o>0°$，后面 A_α 与基面 p_r 之间的夹角小于 90° 时。

$\alpha_o=0°$，后面 A_α 与基面 p_r 之间的夹角等于 90° 时。

$\alpha_o<0°$，后面 A_α 与基面 p_r 之间的夹角大于 90° 时。

③后角选取原则

工艺方面：粗加工，应选取较小的后角；精加工，应选取较大的后角。

工件方面：加工塑性材料，应选取较大的后角；加工脆性材料，应选取较小的后角。

3）楔角 β_o

①定义。前面和后面之间的夹角为楔角。

②主要作用。影响刀头截面积的大小，从而影响刀头的强度，如图 1-1-59 所示。

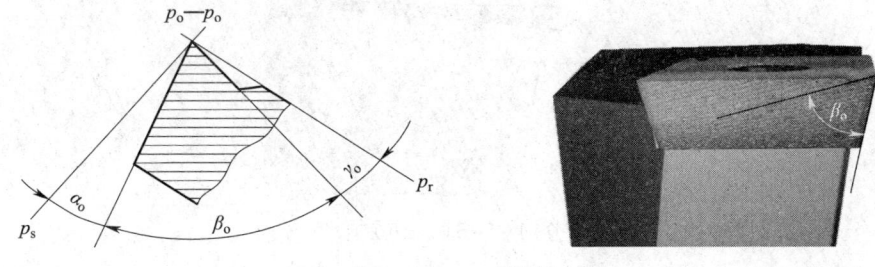

图 1-1-59　楔角

前角 γ_o、后角 α_o、楔角 β_o 三者之间的角度关系：

$$\gamma_o+\alpha_o+\beta_o=90°$$

4）副后角 α'_o

①定义。副后面和副切削平面之间的夹角为副后角。

②主要作用。适当的副后角能够减小车刀副后面和工件已加工表面间的摩擦,如图1-1-60所示。

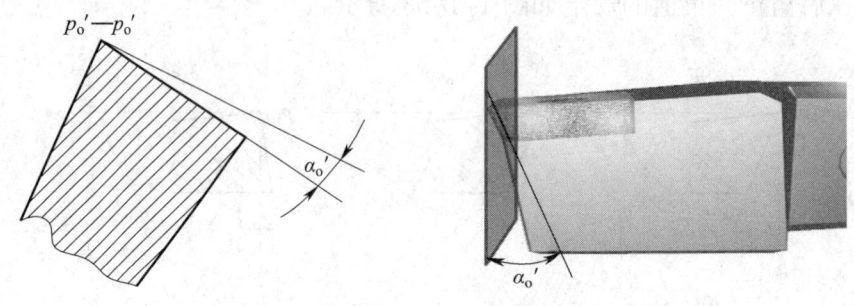

图1-1-60 副后角

副后角 α_o' 一般磨成与后角 α_o 相等,但是对于切断刀,为了保证刀具的强度,副后角应取较小值,一般为 $\alpha_o'=1°\sim2°$。

(4)在切削平面内测量的角度:刃倾角 λ_s。

1)定义。主切削刃与基面间的夹角为刃倾角。

2)主要作用。控制排屑方向,当刃倾角为负值时,可增大刀头强度,并在车刀受冲击时保护刀尖,如图1-1-61所示。

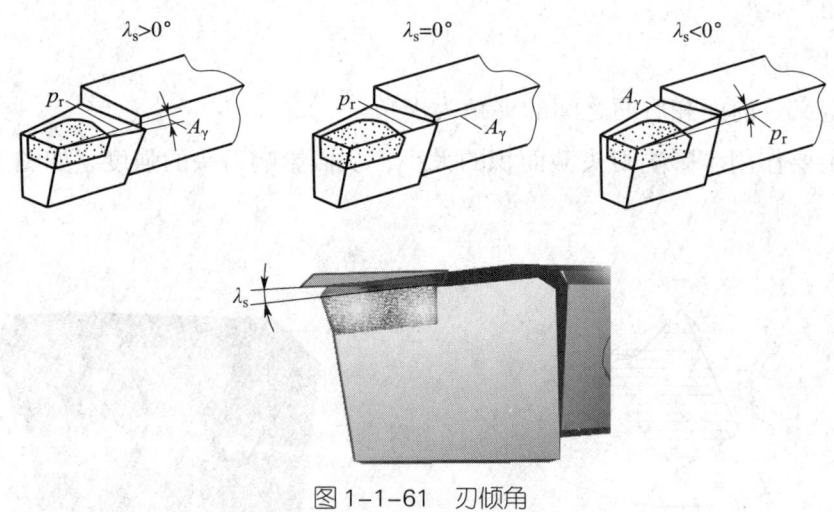

图1-1-61 刃倾角

刃倾角正、负值的规定:

$\lambda_s>0°$,刀尖位于主切削刃 S 的最高点。

$\lambda_s=0°$,主切削刃 S 和基面 p_r 平行。

$\lambda_s<0°$,刀尖位于主切削刃 S 的最低点。

车削时的排屑情况(见图1-1-62):

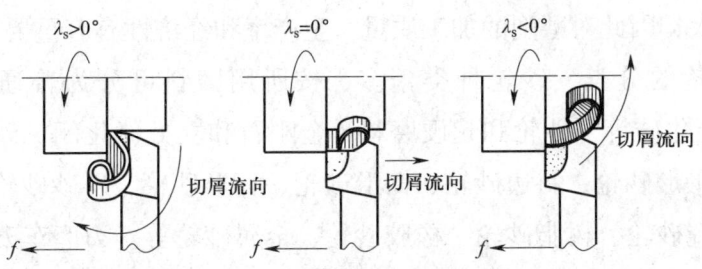

图 1-1-62　不同角度刃倾角的切屑流向

$\lambda_s>0°$，切屑排向工件的待加工表面方向，切屑不易擦伤已加工表面，车出工件的表面粗糙度值小。

$\lambda_s=0°$，切屑基本上沿垂直于主切削刃的方向排出。

$\lambda_s<0°$，切屑排向工件的已加工表面方向，容易划伤已加工表面。

3）刃倾角选择的原则

工件方面：一般钢件和灰铸铁的粗车，应选取 $\lambda_s=0°\sim5°$；精车，应选取 $\lambda_s=-5°\sim0°$；淬硬钢车削，应选取 $\lambda_s=5°\sim12°$；钢、铝车削，应选取 $\lambda_s=-5°\sim10°$；工件刚性较差时，应选取 $\lambda_s=-3°\sim5°$。

工艺方面：有冲击负荷或断续切削时，应选取 $\lambda_s=5°\sim15°$。

三、砂轮机的操作

1. 砂轮机的结构组成

砂轮机是用来刃磨各种刀具、工具的常用设备，由电动机、砂轮、机座、托架和防护罩等部分组成，如图 1-1-63 所示。

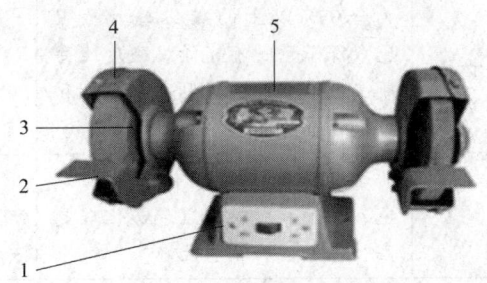

图 1-1-63　砂轮机的结构
1—机座　2—托架　3—砂轮　4—防护罩　5—电动机

2. 砂轮的选择

砂轮是磨削加工中最主要的一类磨具。砂轮是在磨料中加入粘结剂，经压坯、干燥和焙烧而制成的多孔体。由于磨料、粘结剂及制造工艺不同，砂轮的特性差别很大，因此对磨削的加工质量、生产率和经济性有着重要影响。

（1）砂轮的分类。砂轮种类繁多，按所用磨料可分为普通磨料［刚玉（Al_2O_3）和碳化硅等］砂轮和超硬磨料（金刚石和立方氮化硼）砂轮；按砂轮形状可分为平形砂轮、斜边砂轮、筒形砂轮、杯形砂轮、碟砂砂轮等；按粘结剂可分为陶瓷砂轮、树脂砂轮、橡胶砂轮、金属砂轮等。刃磨车刀常用氧化铝砂轮和碳化硅砂轮，具体见表1-1-5。

表1-1-5 刃磨车刀常用的砂轮种类

砂轮种类	颜色	性能	适用场合
氧化铝	白色	磨粒韧性好，比较锋利，硬度较低，自锐性好	刃磨高速钢车刀、硬质合金车刀的刀杆部分
碳化硅	绿色	磨粒的硬度高，刃口锋利，但脆性较大	刃磨硬质合金车刀

（2）砂轮的特性。砂轮的特性由磨料、粒度、硬度、粘结剂、形状及尺寸等因素来决定，具体见表1-1-6。

表1-1-6 常见磨料的分类、名称、代号、特性及用途

类别	名称	代号	特性	用途
氧化物系	棕刚玉	A（GZ）	含91%～96%的氧化铝。棕色，硬度高，韧性好，价格便宜	磨削碳钢、合金钢、可锻铸铁、硬青铜等
	白刚玉	WA（GB）	含97%～99%的氧化铝。白色，比棕刚玉硬度高、韧性低，自锐性好，磨削时发热少	精磨淬火钢、高碳钢、高速钢及薄壁零件
碳化物系	黑色碳化硅	C（TH）	含95%以上的碳化硅。呈黑色或深蓝色，有光泽。硬度比白刚玉高，性脆而锋利，导热性和导电性良好	磨削铸铁、黄铜、铝、耐火材料及非金属材料
	绿色碳化硅	GC（TL）	含97%以上的碳化硅。呈绿色，硬度和脆性比黑色碳化硅更高，导热性和导电性好	磨削硬质合金、光学玻璃、宝石、玉石、陶瓷，珩磨发动机气缸套等
超硬磨料系	人造金刚石	D（JR）	无色透明或淡黄色、黄绿色、黑色。硬度高，比天然金刚石性脆。价格比其他磨料贵很多倍	磨削硬质合金、宝石等高硬度材料
	立方氮化硼	CBN（JLD）	立方型晶体结构，硬度略低于金刚石，强度较高，导热性能好	磨削、研磨、珩磨各种既硬又韧的淬火钢和高钼钢、高钒钢、高钴钢、不锈钢

3. 砂轮机的安全操作

（1）新安装的砂轮必须经严格检查。在使用前要检查砂轮外表有无裂纹，可用硬木轻敲砂轮检查其声音是否清脆，如果有碎裂声必须重新更换砂轮。

（2）在试转合格后才能使用。新砂轮安装完毕，先点动或低速试转，若无明显振动，再改用正常转速，空转 10 min 以上，情况正常后才能使用。

（3）安装后必须保证装夹牢靠，运转平稳。砂轮机启动后，应在砂轮旋转平稳后再进行刃磨。

（4）砂轮旋转速度应小于允许的线速度，过高会爆裂伤人，过低又会影响刃磨质量。

（5）若砂轮跳动明显，应及时修整。平形砂轮一般可用砂轮刀在砂轮上来回修整，杯形细粒度砂轮可用金刚石笔或硬砂条修整。

（6）刃磨结束后应关闭砂轮机电源。

（7）刃磨车刀时，操作者应站立在砂轮机的侧面，以防砂轮碎裂时，碎片飞出伤人，还可防止砂粒飞入眼中。刃磨车刀时应双手握车刀，两肘夹紧腰部，这样可以减小刃磨时的抖动。但刃磨时不能用力过大，以免打滑伤手。

（8）刃磨时，车刀应放在砂轮的水平中心，刀尖略微上翘 3°～8°，车刀接触砂轮后应做左方向水平移动；车刀离开砂轮时，刀尖需向上抬起，以免砂轮碰伤已磨好的刀刃。

（9）刃磨时须戴防护眼镜，操作者应站立在砂轮机的侧面，一台砂轮机以一人操作为好。

（10）使用平形砂轮时，应尽量避免在砂轮的端面上刃磨。

（11）刃磨高速工具钢车刀时，应及时冷却，以防刀刃退火，致使硬度降低。而刃磨硬质合金车刀时，则不能浸水冷却，以防刀片因骤冷而崩裂。

（12）刃磨时，砂轮旋转方向必须由刃口向刀体方向转动，以免使刀刃出现锯齿形缺陷。

四、切屑的种类及断屑措施

1. 切屑的种类

按形成机理，切屑有带状、挤裂状、单元状和崩碎状四种形态，如图 1-1-64 所示，切屑的比较见表 1-1-6。

图 1-1-64 切屑的种类
a）带状切屑　b）挤裂状切屑　c）单元状切屑　d）崩碎状切屑

（1）带状切屑。带状切屑外形呈带状，与前面接触的底面光滑，外表面较粗糙。通常加工塑性金属材料，切削厚度较小，切削速度较高，进给量较小，刀具前角较大时得到带状切屑。虽然形成带状切屑的切削过程平稳，但易缠绕在工件或刀具上，会划伤工件表面、损伤刀具甚至伤人。为了清除方便，人们常常将带状切屑转变成螺卷屑或长紧卷屑。

（2）挤裂状切屑。其外形与带状切屑相似，但变形程度比带状切屑大。加工塑性金属材料，切削厚度较大，切削速度较低，进给量较大，刀具前角较小时得到挤裂状切屑。在形成挤裂状切屑的过程中，切削力波动较大，切削过程中产生一定的振动，已加工表面较粗糙。

（3）单元状切屑。加工塑性较差的金属材料时，在挤裂状切屑基础上，切削厚度进一步增大，切削速度和前角进一步减小，使剪切裂纹进一步扩展而断裂成粒状的单元状切屑。

以上三种切屑，只有在加工塑性材料时才会得到。其中，形成带状切屑的切削过程最平稳，在形成单元状切屑的过程中，切削力波动最大。在生产中最常见的是带状切屑。

（4）崩碎状切屑。切削铸铁等脆性金属材料时，由于材料的塑性差、抗拉强度低，切削层往往未经塑性变形就产生了脆性崩裂，形成不规则的崩碎状的切屑。

切屑的比较见表 1-1-7。

表 1-1-7 切屑的比较

名称	带状切屑	挤裂状切屑	单元状切屑	崩碎状切屑
简图				
形态	带状，底面光滑，背面较粗糙	节状，底面光滑有裂纹，背面呈锯齿状	粒状	不规则块状颗粒
变形	剪切滑移尚未达到断裂程度	局部剪切应力达到断裂强度	剪切应力完全达到断裂强度	未经塑性变形即被挤裂
形成条件	加工塑性金属材料，切削速度较高，进给量较小，刀具前角较大	加工塑性金属材料，切削速度较低，进给量较大，刀具前角较小	工件材料硬度较高，韧性较低，切削速度较低	加工硬脆金属材料，刀具前角较小
影响	切削过程平稳，表面粗糙度值小，妨碍切削工作，应设法断屑	切削过程欠平稳，已加工表面较粗糙	切削力波动较大，切削过程不平稳，已加工表面粗糙	切削力波动大，有冲击，已加工表面很粗糙，易崩刀

2. 影响断屑的主要因素

为使切削过程正常进行，切屑必须折断。切屑在切削过程中受到较大变形（基本变形）后，其硬度提高，韧性降低，材质变脆，从而为切屑的折断创造了条件。

切屑流出时，受到卷屑槽或断屑槽的阻挡再次产生变形（附加变形），进一步脆化，当它碰到后面或过渡表面时即可折断，如图 1-1-65 所示。

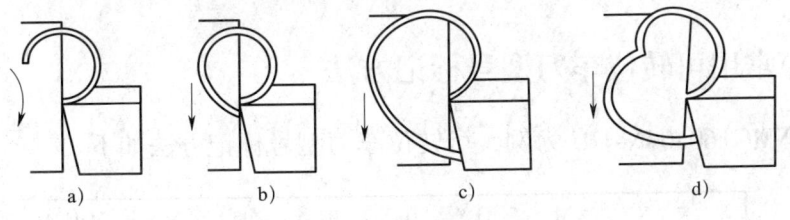

图 1-1-65 切屑的折断
a) 开始卷曲 b) 再卷曲 c) 碰在后刀面 d) 折断

常用的断屑方法是合理选择刀具几何角度、切削用量、断屑槽。

（1）合理选择刀具几何角度

1）增大前角，会使切削变形减小，不易断屑。减小前角会加剧切屑变形，易于断屑。

2）减小前角会增大切削力，限制切削用量的提高，严重时会损坏刀具或"闷车"。一般不采用这种方式来断屑。

3）增大主偏角可增大切削厚度，易于断屑。另外，主偏角的增大有利于减小加工中的振动。

（2）合理选择刀具切削用量

1）减小切削速度、增大进给量。

2）增大切削速度，切屑底层金属会变软且切屑变形不充分，不利于断屑；减小切削速度，反而易于断屑。

3）增大进给量，可增大切屑厚度，易于断屑，但会使工件表面粗糙度值增大。在切削用量参数中，对断屑影响最大的是进给量。

（3）合理选择刀具的断屑槽。断屑槽形式有以下三种，如图 1-1-66 所示。

1）折线型断屑槽适用于加工碳钢、合金钢、工具钢、不锈钢。

2）直线圆弧型断屑槽适用于加工碳钢、合金钢、工具钢、不锈钢。

3）全圆弧型断屑槽适用于加工塑性高的金属材料。

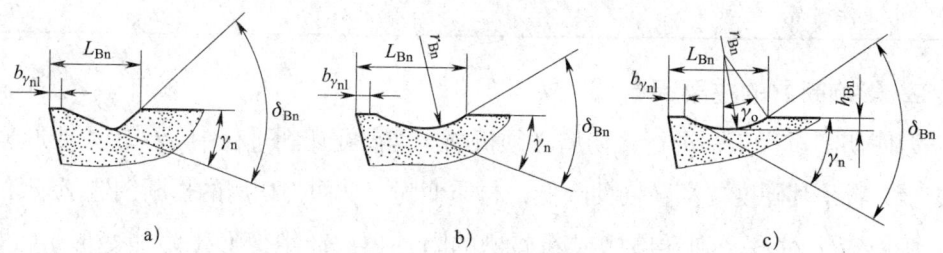

图 1-1-66 常用的断屑槽
a）折线型断屑槽 b）直线圆弧型断屑槽 c）全圆弧型断屑槽

五、常用可转位车刀型号标记方法

以 TNMG160408N-GU 为例，可转位车刀型号标记方法如下。

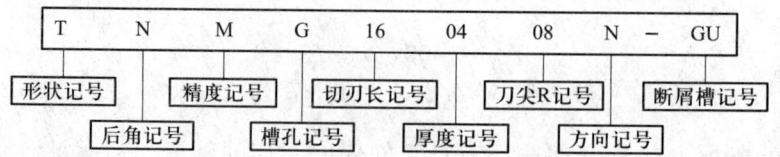

1. 形状记号

形状记号见表 1-1-8，其中 T 对应的形状是正三角形。

表 1-1-8 形状记号

记号	刀片形状	顶角
C		80°
D	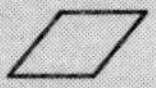	55°
E	 菱形	75°
F	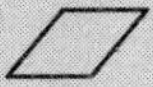	50°
V	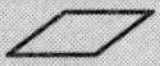	35°
R	圆形	—
S	 正方形	90°
T	正三角形	60°
W	等边不等角六边形	80°
A		85°
B	平行四边形	82°
K		55°
H	 正六边形	120°
O	正八边形	135°
P	正五边形	108°
L	 长方形	90°
M	 菱形	86°

2. 后角记号

后角记号见表 1-1-8，其中 N 的后角为 0°。

表 1-1-8 后角记号

记号	后角
A	3° 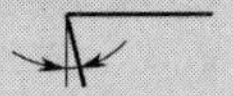
B	5° 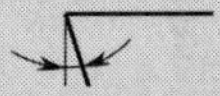
C	7° 
D	15° 
E	20° 

续表

记号	后角
F	25°
G	30°
N	0°
P★	11°
O	其他

注：带★的表示也有使用 10° 的例外情况。

3. 精度记号

精度记号见表 1-1-9。

表 1-1-9　精度记号　　　　　　mm

记号	刀尖高度允差	内切圆允差	厚度允差
A	±0.005	±0.025	±0.025
F	±0.005	±0.013	±0.025
C	±0.013	±0.025	±0.025
H	±0.013	±0.013	±0.025
E	±0.025	±0.025	±0.025
G	±0.025	±0.025	±0.13
J★	±0.005	±0.05～±0.15	±0.025
K★	±0.013	±0.05～±0.15	±0.025
L★	±0.025	±0.05～±0.15	±0.025
M★	±0.08～±0.2	±0.05～±0.15	±0.13
N★	±0.08～±0.2	±0.05～±0.15	±0.025
U★	±0.13～±0.38	±0.08～±0.25	±0.13

注：带★号的刀片原则上侧面是烧结面。

4. 槽孔记号

槽孔记号见表 1-1-10，其中 G 是有孔刀片，而且是两面可用的有孔刀片。

5. 切刃长记号

切刃长记号见表 1-1-11，其中 16 对应 T 标记栏内的 16，所以这个刀片的切刃长为 16.5 mm。

表 1-1-10 槽孔记号

记号	孔的有无	孔的形状	断屑槽的有无	形状（断面）	记号	孔的有无	孔的形状	断屑槽的有无	形状（断面）
N	无		无	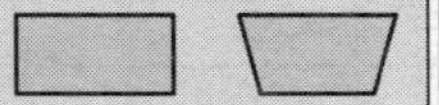	A		圆柱状	无	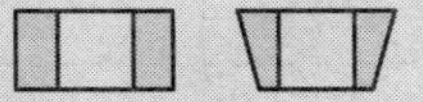
R	无		单面	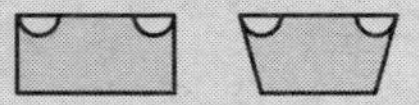	M		圆柱状	单面	
F	无		两面	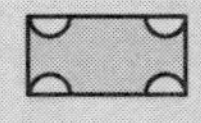	G		圆柱状	两面	
W	有	圆柱孔+单面倒角（40°~60°）	无	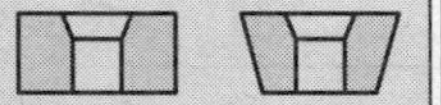	B		圆柱孔+单面倒角（70°~90°）	无	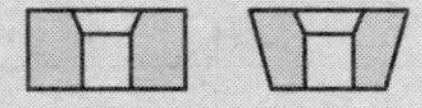
T	有	圆柱孔+单面倒角（40°~60°）	单面		H		圆柱孔+单面倒角（70°~90°）	单面	
Q	有	圆柱孔+双侧倒角（40°~60°）	无		C		圆柱孔+双侧倒角（70°~90°）	无	
U	有	圆柱孔+双侧倒角（40°~60°）	两面		J		圆柱孔+双侧倒角（70°~90°）	两面	
					X	—	—	—	特殊

表1-1-11 切刃长记号

形状	记号	切刃长（mm）	内切圆	形状	记号	切刃长（mm）	内切圆	形状	记号	切刃长（mm）	内切圆
C 菱形80°	03	3.55	3.50	D 菱形55°	07	7.7	6.35	W 六边形	03	3.8	5.56
	04	4.97	4.30		09	9.7	7.94		04	4.3	6.35
	06	6.4	6.35		11	11.6	9.525		05	5.4	7.94
	08	8.0	7.94		15	15.5	12.70		06	6.5	9.525
	09	9.7	9.525		19	19.4	15.875		08	8.7	12.70
	12	12.9	12.70						10	10.9	15.875
	16	16.1	15.875	V 菱形35°	08	8.3	4.76				
	19	19.3	19.05		09	9.7	5.56				
	25	25.8	25.4		11	11.1	6.35				
					16	16.6	9.525				
					22	22.1	12.7				
S 正方形	06	6.35	6.35	T 三角形	06	6.9	3.97	R 圆形	08	8.0	8.0
	S7	7.14	7.14		08	8.2	4.76		10	10.0	10.0
	07	7.94	7.94		09	9.6	5.56		12	12.0	12.0
	09	9.525	9.525		11	11.0	6.35		12	12.70	12.70
	12	12.70	12.70		16	16.5	9.525		15	15.875	15.875
	15	15.875	15.875		22	22.0	12.70		16	16.0	16.0
	19	19.05	19.05		27	27.5	15.875		19	19.05	19.05
	25	25.40	25.40		33	33.0	19.05		25	25.0	25.0
	31	31.75	31.75						25	25.40	25.40

6. 厚度记号

厚度记号见表 1-1-12，其中 04 的标记厚度为 4.76 mm。

表 1-1-12　厚度记号

记号	厚度（mm）
X1	★
01	1.59
02	2.38
T2	2.78
03	3.18
T3	3.97
04	4.76
05	5.56
06	6.35
07	7.94
09	9.52

7. 刀尖 R 记号

刀尖 R 记号见表 1-1-13，其中 08 对应刀尖 R 为 0.8 mm。

表 1-1-13　刀尖 R 记号

记号	刀尖 R（mm）
00	尖刃
01	0.1
015	0.15
018	0.18
02	0.2
035	0.35
04	0.4
08	0.8
10	1.0
12	1.2
16	1.6

续表

记号	刀尖R（mm）
24	2.4
M0	圆形（公制）
00	圆形（英制）
00	非圆弧刀尖

注：刀尖R符号的后面带有"M"的产品表示为负公差。

8. 方向记号

方向记号见表1-1-14，其中N表示无方向。

表1-1-14 方向记号

记号	方向
R	右手
L	左手
N	无

9. 断屑槽记号

断屑槽记号见表1-1-15，其中GU是一般切削用断屑槽，适用于通用切削加工。

表1-1-15 断屑槽记号

记号	用途	博基型	全周型	带方向型
F□	微小切削~精切削用	FA, FL, FB, FC FK, FP		FT, FX, FZ FY, FW
S□ L□	轻切削用	SE, SEW, SI, SC, SF, SP, SS, SU, SX LU, LUW, LB		SD SDW ST
G□ U□	一般切削用	GE, GU, GUW UG, UP US, UX	GZ UZ	UM
M□	粗切削用	MP, MU, MX, ME	MC	MM HM
H□	重切削用	HG, HP, HF	HU HW	

六、车刀的装夹

刃磨好的车刀装夹在刀架上,车刀安装得正确与否,将会直接影响车削能否顺利进行、加工零件质量的好坏乃至车刀的使用寿命。

1. 车刀装夹长度

车刀装夹在刀架上,车刀伸出的部分要尽量短,以增加刚性。刀头不宜伸出太长,否则切削时容易产生振动,影响工件加工精度和表面粗糙度。刀头伸出的长度一般为刀柄厚度的 1~1.5 倍。

车刀下面的垫片要平整,并尽可能用厚垫片,以减少垫片数量(一般为 1~2 片),并与刀架的边缘对齐。调整好刀尖高度后,至少要用两个螺钉交替拧紧,将车刀平整压紧,以防振动,如图 1-1-67 所示。

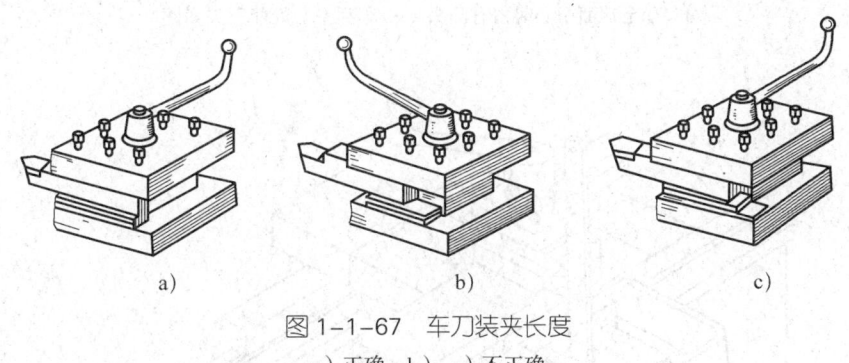

图 1-1-67 车刀装夹长度
a)正确 b)、c)不正确

2. 车刀刀尖高度

车刀刀尖应与工件旋转中心同高,如图 1-1-68b 所示。若车刀刀尖高于工件轴线时,如图 1-1-68a 所示,会使车刀的实际后角减小,车刀的后面与工件之间的摩擦增大;若车刀刀尖低于工件轴线时,如图 1-1-68c 所示,会使车刀的实际前角减小,切削阻力增大,且刀尖不对准工件旋转中心,在车至端面中心时会留有凸头,如图 1-1-68d 所示。使用硬质合金车刀时,若忽视此点,车到工件旋转中心处会使刀尖崩碎,如图 1-1-68e 所示。

3. 调整刀尖对准工件旋转中心的装刀方法

(1)依据车床主轴的中心高,使用钢直尺测量来装刀,如图 1-1-69 所示。

(2)依据车床尾座顶尖的高度来装刀,如图 1-1-70 所示。刀尖对准顶尖,前面朝上,刀杆与工件轴线垂直。

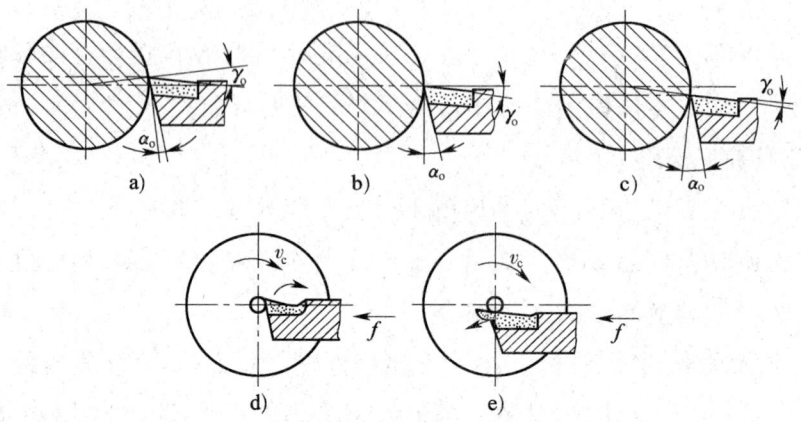

图 1-1-68 车刀的刀尖与工件旋转中心
a）车刀刀尖高于工件轴线　b）车刀刀尖与工件旋转中心同高　c）车刀刀尖低于工件轴线
d）车至端面中心时留有凸头　e）车到中心处使刀尖崩碎

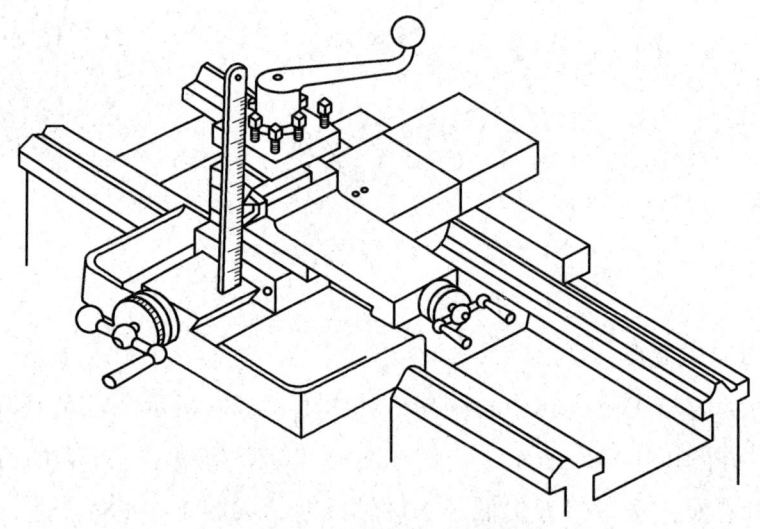

图 1-1-69 用钢直尺测量装刀

（3）将车刀靠近工件的端面，目测估计车刀的高度，然后夹紧车刀，试车端面，再根据端面的中心来调整车刀。调整车刀对中心的高度时，应注意将刀架旋紧后再进行检查，否则将造成误差。

4. 车刀装夹常见错误

刀尖与工件轴线不等高，车刀伸出长度过长，垫片放置不平整等，如图 1-1-71 所示。

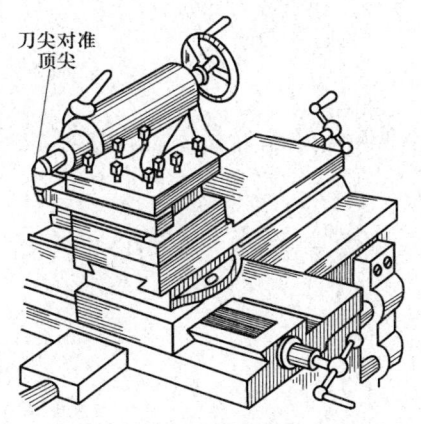

图 1-1-70 依据尾座顶尖高度装刀

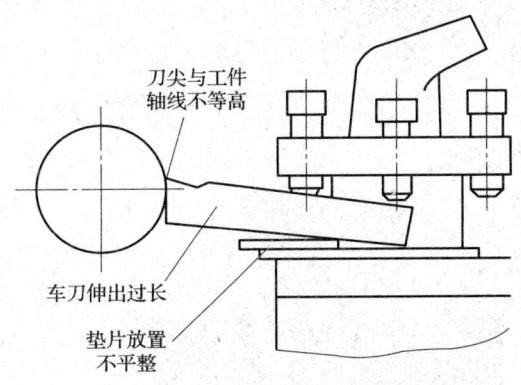

图 1-1-71 车刀装夹常见错误

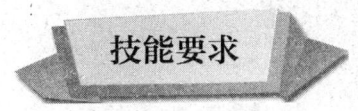

操作技能　车 刀 刃 磨

一、工作准备

1. 工具、量具、刀具

（1）工具：防护眼镜、垫片、刀架钥匙、油石、棉纱、扳手等。

（2）量具：钢直尺、游标卡尺、角度样板等。

（3）刀具：硬质合金90°外圆车刀、硬质合金75°外圆车刀、硬质合金45°外圆车刀、高速钢切断刀，如图1-1-72所示。

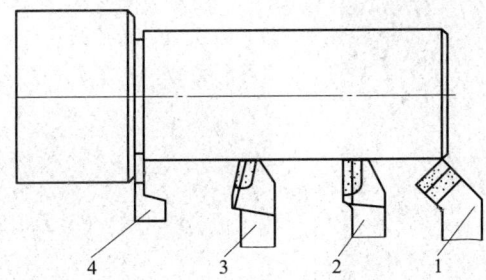

图 1-1-72 车台阶轴用车刀

1—45°外圆车刀　2—90°外圆车刀　3—75°外圆车刀　4—切断刀

2. 设备

砂轮机、CA6140A型车床。

二、操作程序

1. 90°外圆车刀刃磨（参考）

（1）粗磨90°外圆车刀的副后面，同时磨出副偏角及副后角，如图1-1-73所示。

（2）粗磨90°外圆车刀的后面，同时磨出主偏角及后角，如图1-1-74所示。

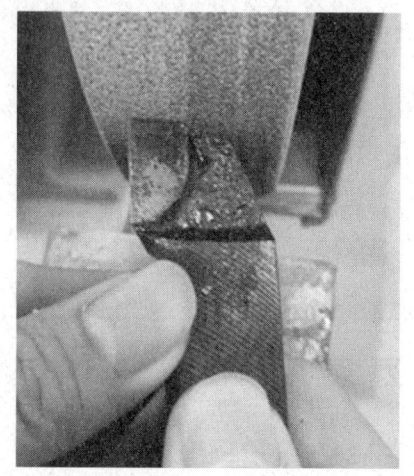

图1-1-73　粗磨90°外圆车刀的副后面

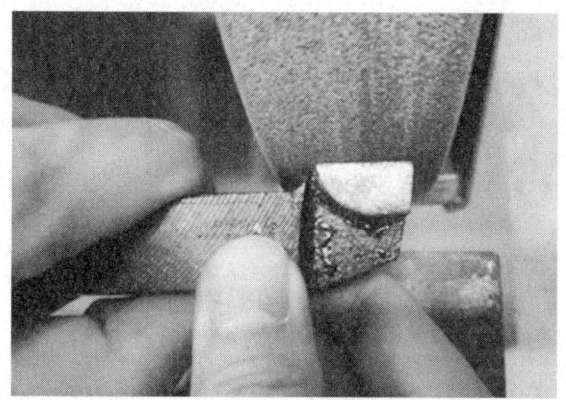

图1-1-74　粗磨90°外圆车刀的后面

（3）粗磨90°外圆车刀的前面，同时磨出前角，如图1-1-75所示。

（4）精磨90°外圆车刀的前角，如图1-1-76所示。

（5）精磨90°外圆车刀的主偏角，如图1-1-77所示。

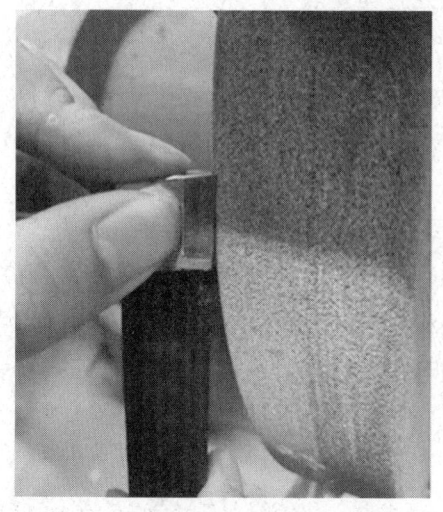

图1-1-75　粗磨90°外圆车刀的前面

图1-1-76　精磨90°外圆车刀的前角

（6）精磨90°外圆车刀的副偏角，如图1-1-78所示。

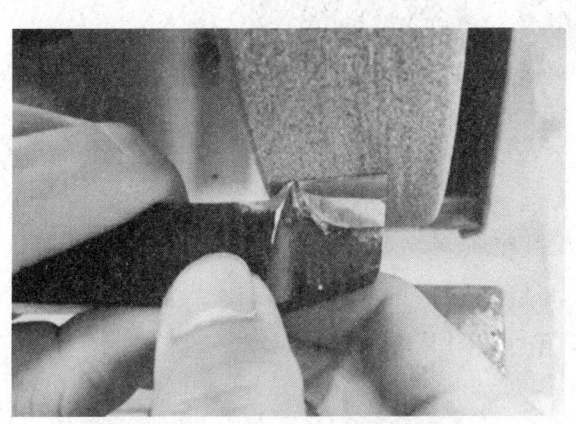 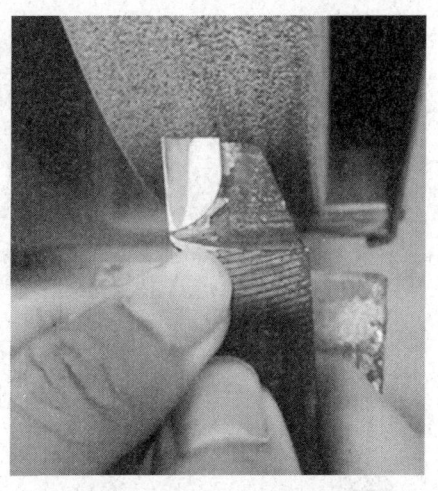

图1-1-77　精磨90°外圆车刀的主偏角　　　图1-1-78　精磨90°外圆车刀的副偏角

（7）使用向前推油石和向上推油石的方式研磨90°外圆车刀的主切削刃，如图1-1-79所示。

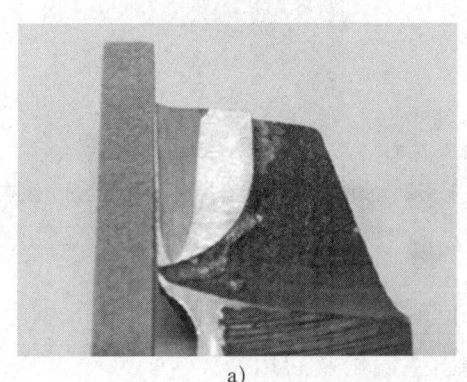 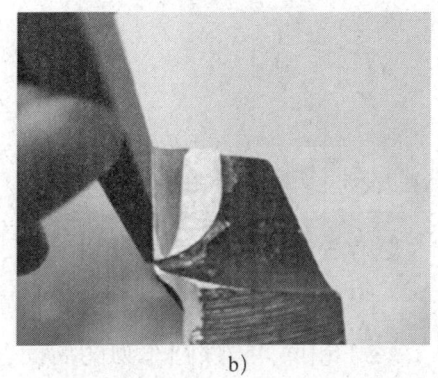

a)　　　　　　　　　　　　　　b)

图1-1-79　研磨90°外圆车刀的主切削刃
a）向前推油石　b）向上推油石

（8）使用向前推油石和向上推油石的方式研磨90°外圆车刀的副切削刃，如图1-1-80所示。

（9）使油石做圆弧运动，研磨出90°外圆车刀的刀尖圆弧，如图1-1-81所示。刀尖圆弧能增强刀尖的强度，但不宜过大。

（10）将油石摆放在主切削刃上，与前面约为30°，做上下推拉的动作，研磨出90°外圆车刀主切削刃的负倒棱，如图1-1-82所示。负倒棱能明显地增加主切削刃的耐磨性、耐冲击性。

a)   b)

图 1-1-80 研磨 90°外圆车刀的副切削刃
a) 向前推油石   b) 向上推油石

图 1-1-81 研磨 90°外圆车刀的刀尖   图 1-1-82 研磨 90°外圆车刀主切削刃的负倒棱

2. 45°外圆车刀刃磨（参考）

（1）粗磨 45°外圆车刀一侧的副后面，同时磨出副偏角及副后角。

（2）粗磨 45°外圆车刀的后面，同时磨出主偏角及后角。

（3）粗磨 45°外圆车刀另一侧的副后面，同时磨出副偏角及副后角。

（4）粗磨 45°外圆车刀的前面，同时磨出前角。

（5）精磨 45°外圆车刀右侧的副偏角。

（6）精磨 45°外圆车刀的前角。

（7）精磨 45°外圆车刀的主偏角。

（8）精磨 45°外圆车刀左侧的副偏角。

（9）使用向前推和向上推油石的方式研磨 45°外圆车刀的主切削刃。

（10）使用向前推和向上推油石的方式研磨 45°外圆车刀右侧的副切削刃。

（11）使用向前推和向上推油石的方式研磨45°外圆车刀左侧的副切削刃。

（12）使油石做圆弧运动，研磨出45°外圆车刀的两个刀尖圆角。

（13）将油石倾斜约30°，做上下推拉的动作，研磨出45°外圆车刀主切削刃的负倒棱。

3. 75°外圆车刀刃磨（参考）

（1）粗磨75°外圆车刀的后面，同时磨出主偏角及后角。

（2）粗磨75°外圆车刀的副后面，同时磨出副偏角及副后角。

（3）粗磨75°外圆车刀的前面，同时磨出前角。

（4）精磨75°外圆车刀的主偏角。

（5）精磨75°外圆车刀的副偏角。

（6）精磨75°外圆车刀的前角。

（7）使用向前推和向上推油石的方式研磨75°外圆车刀的主切削刃。

（8）使用向前推和向上推油石的方式研磨75°外圆车刀的副切削刃。

（9）使油石做圆弧运动，研磨出75°外圆车刀的刀尖圆角。

（10）将油石倾斜约30°，做上下推拉的动作，研磨出75°外圆车刀主切削刃的负倒棱。

4. 切断刀刃磨（参考）

（1）粗磨切断刀的主切削刃及后面。

（2）粗磨切断刀左侧的副切削刃及副后面。

（3）粗磨切断刀右侧的副切削刃及副后面。

（4）刃磨切断刀前面，磨卷屑槽。

（5）精磨切断刀的主切削刃。

（6）精磨切断刀左侧的副切削刃。

（7）精磨切断刀右侧的副切削刃。

（8）使用向前推和向上推油石的方式研磨切断刀的主切削刃。

三、注意事项

1. 刃磨车刀前，应首先检查砂轮有无裂纹，砂轮螺母是否拧紧，并经试转后使用，以免砂轮碎裂或飞出伤人。重新安装砂轮后，要对砂轮机进行检查，经试转后方可使用。刃磨前，检查砂轮机的防护设施是否齐全，如有无防护罩，砂轮托架与砂轮的间隙不得大于3 mm，如发现该间隙过大，应予以调整。

2. 必须戴防护镜，保护眼睛使眼睛在刃磨过程中不受伤害，避免砂粒和切屑飞入眼中。人站立在砂轮机的侧面，以防砂轮碎裂时，碎片飞出伤人。刃磨车刀时，不能用力过大，否则会使手打滑而触及砂轮面，造成工伤事故。

3. 双手握紧刀杆，两肘夹紧腰部，这样可以减小磨刀时的抖动。车刀高低必须控制在砂轮水平中心，刀尖略微上翘 $3°\sim 8°$，否则会出现后角过大或过小等弊端。车刀接触砂轮后应做左、右方向水平移动。当车刀离开砂轮时，车刀刀尖需向上抬起，以防止磨好的刀刃被砂轮碰伤。

4. 车刀刃磨时应做水平的左右移动，以免砂轮表面出现凹坑。尽可能避免在砂轮侧面上磨刀。砂轮磨削表面应经常修整，使砂轮没有明显的跳动。

5. 刃磨高速钢车刀时，应随时用水冷却，以防车刀过热退火，降低硬度。刃磨硬质合金车刀时，不可把刀头部分放入水中冷却，以防刀片突然冷却而碎裂。

6. 车刀刃磨结束后，应随手关闭砂轮机电源，做好卫生清洁工作。

培训项目 2 工件加工

培训单元 1 短光轴的车削

能对短光轴类进行装夹、加工,并能达到以下要求:
- 跳动公差:0.05 mm;
- 表面粗糙度:Ra 3.2 μm;
- 公差等级:IT8。

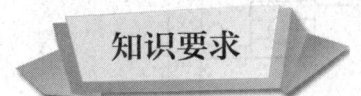

一、轴的定义与分类

1. 轴的定义

轴是装在轴承中间、车轮中间或齿轮中间的圆柱形零件,但也有少部分轴是方形的。轴用于支承转动零件并与其一起回转以传递运动、转矩或弯矩。轴一般为金属圆杆状,各段可以有不同的直径。机器中做回转运动的零件就装在轴上。

2. 轴的分类

(1)根据轴的轴线形状的不同,轴可分为直轴、曲轴和软轴,直轴还可分为光轴和台阶轴。

（2）根据轴的受载情况的不同，直轴可分为以下几种：

1）传动轴：主要承受转矩的轴。

2）心轴：只承受弯矩的轴。

3）转轴：既承受弯矩又承受转矩的轴。

二、轴类零件图识读

1. 轴类零件的组成

轴类零件一般由支承轴颈、配合轴颈、轴身、轴肩或轴环组成，如图 1-2-1 所示。

（1）支承轴颈：被轴承支承的部位。

（2）配合轴颈：支承回转零件的部位，也称工作轴颈。

（3）轴身：连接各轴颈的部位。

（4）轴肩或轴环：台阶轴截面变化的部位。

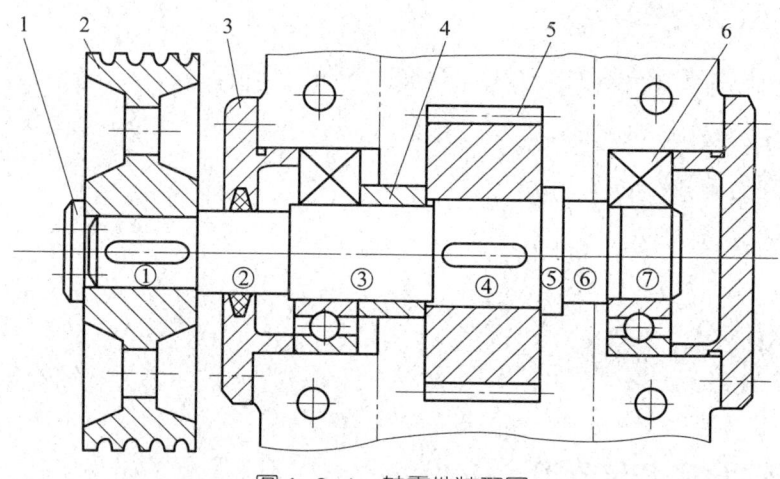

图 1-2-1　轴零件装配图

1—轴端挡圈　2—带轮　3—轴承盖　4—套筒　5—齿轮　6—轴承
①、④—配合轴颈　②、⑥—轴身　③、⑦—支撑轴颈　⑤—轴环

2. 简单轴类零件的视图分析

分析表达方案是读零件图的重要一环。读图时，先要找出主视图，然后看用多少个图形、用什么表达方法，以及各视图间的关系。

（1）找出主视图。简单轴类零件一般只画一个基本图（主视图），水平放置。

（2）读其他视图、剖视图、断面图等，找出它们的名称、相互位置和投影关系。键槽常采用断面图，退刀槽采用局部放大图，中心孔等局部结构采用局部剖视图。

（3）有剖视图、断面图的地方要找到剖切平面的位置。

（4）有局部视图、斜视图的地方，必须找到表示投影部位的字母和表示投射方向的箭头。

（5）读局部放大图及简化画法。

（6）综合想象整个零件的结构形状，分析尺寸标注。

3. 轴类零件的尺寸分析

轴类零件的尺寸标注一般包括定形尺寸、定位尺寸、表面粗糙度、尺寸公差、几何公差以及其他技术要求的标注。

尺寸分析可按下列顺序进行：

（1）根据零件的结构特点找出基准。

（2）根据形体分析和结构分析，找出定形尺寸和定位尺寸。

（3）找出零件的总体尺寸。

（4）分析表面结构要求、尺寸公差、几何公差以及其他技术要求的标注，可以明确零件的加工和测量方法。

三、轴类零件的技术要求与实例

1. 轴类零件的技术要求

一般轴类零件以尺寸精度和表面粗糙度为主，对各表面间的形状和位置度也有一定的要求。

（1）尺寸精度。轴颈是轴类零件的主要表面，它影响轴的回转精度及工作状态。轴颈的直径尺寸精度根据其使用要求通常为 IT6～IT9，精密轴颈的直径尺寸精度可达 IT5。

（2）几何形状精度。轴颈的几何形状精度（圆度、圆柱度），一般应限制在直径公差的范围内。对几何形状精度要求较高时，可在零件图上另行规定其允许的公差。

（3）位置精度。位置精度主要是指装配传动件的配合轴颈相对于装配轴承的支承轴颈的同轴度，通常是用配合轴颈对支承轴颈的径向圆跳动来表示的。根据使用要求，规定高精度轴为 0.001～0.005 mm，而一般精度轴为 0.01～0.03 mm。

（4）表面粗糙度。轴的加工表面都有表面粗糙度的要求，一般根据加工的可能性和经济性来确定。支承轴颈常为 $Ra\ 0.2 \sim Ra\ 1.6\ \mu m$，传动件配合轴颈为 $Ra\ 0.4 \sim Ra\ 3.2\ \mu m$。

2. 简单轴类零件的技术要求实例

下面以图 1-2-2 所示的台阶轴进行分析。

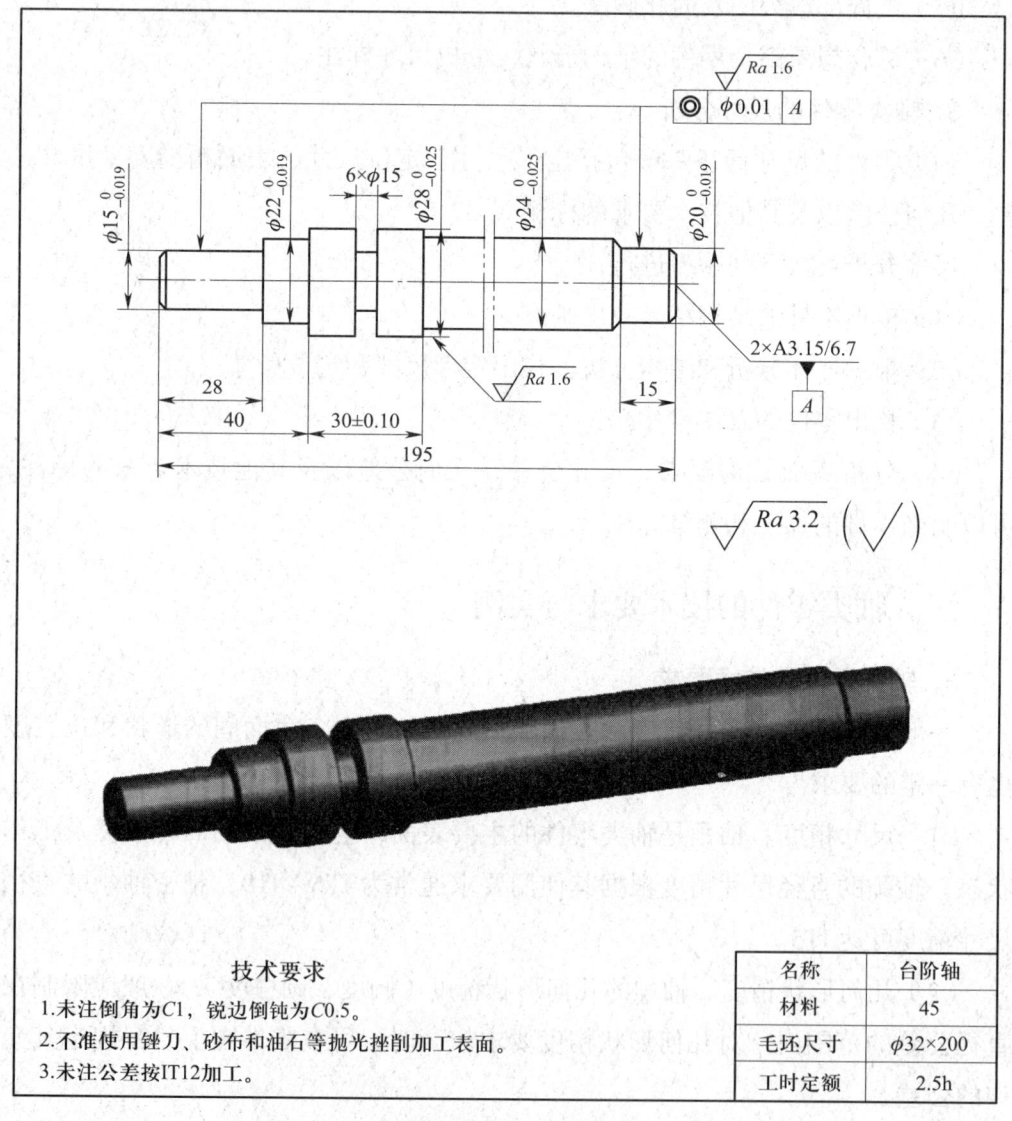

技术要求
1. 未注倒角为C1，锐边倒钝为C0.5。
2. 不准使用锉刀、砂布和油石等抛光挫削加工表面。
3. 未注公差按IT12加工。

名称	台阶轴
材料	45
毛坯尺寸	φ32×200
工时定额	2.5h

图 1-2-2　台阶轴

（1）技术要求

轴径的尺寸公差共 5 处，$\phi 15_{-0.019}^{0}$ mm 和 $\phi 20_{-0.019}^{0}$ mm 相对于中心孔基准 A 有同轴度要求和表面结构要求。

(2)工艺分析

1)零件备料为 $\phi 32 \text{ mm} \times 200 \text{ mm}$、45钢圆棒料,其形状全部通过车削加工完成,因此应慎重考虑,制定好加工工艺路线。

2)在精车各个轴径的尺寸时,必须先修正中心孔,然后采用两顶尖装夹来加工,以确保同轴度的精度要求。

3)基于零件表面粗糙度和精度的要求,精车各个轴径的尺寸时,可采用硬质合金刀具高速精车,也可以采用高速钢刀具低速精车。

(3)总体工序安排。夹持左端外圆,伸出长度约60 mm→车削端面,钻中心孔→采用一夹一顶装夹→粗车基准 A 一端的长轴外圆、台阶→掉头车端面→定总长尺寸→钻中心孔→采用一夹一顶装夹→粗车另一端的外圆、台阶、槽→修正中心孔→采用两顶尖装夹工件→半精车、精车长轴一端→掉头→半精车、精车长轴另一端→检验。

四、简单轴类工件的车削加工工艺、切削用量的选择方法

1. 简单轴类工件的车削加工工艺

制定车削加工工艺的程序如下:

(1)分析图样,根据技术要求,选择毛坯、刀具、测量工具。

(2)选择定位基准,确定粗基准、精基准。

(3)选择零件表面加工方法,根据尺寸公差要求确定哪些尺寸需要进行粗车、半精车或精车。

(4)安排工艺顺序,遵循先粗后精的加工原则。

(5)安排热处理工序。

(6)安排辅助工序。

(7)划分加工阶段的工序。如车台阶轴时,一般分为粗加工(也叫粗车)、精加工(也叫精车)。先粗加工所有外圆,由大到小加工并预留(直径与长度)余量给精加工,精加工由小到大依次加工,直至各台阶精车至要求的尺寸。

1)粗加工。粗加工的目的是切除加工表面的绝大部分的加工余量。粗车时,对加工表面没有严格的要求,只需留有一定的半精车余量(1~2 mm)和精车余量(0.1~0.5 mm)即可。因此,粗车时主要考虑的是提高生产率和保证车刀有一定的寿命。在车床动力许可的条件下,粗车时采用大的背吃刀量(通常是一次走刀切除应留余量之外所剩余的所有余量)和大的进给量,切削速度

不宜太高。由于粗车时切削力很大,所以工件装夹必须牢固、可靠。粗车的另一个作用是可以及时发现毛坯材料内部的缺陷,如夹渣、砂眼、裂纹等,也能消除毛坯工件内部的残余应力和防止热变形等。

粗车高度在 5 mm 及以下的台阶时,可在一次进给中车出;当车削高于 5 mm 的台阶时,应分层进行车削,如图 1-2-3 所示。

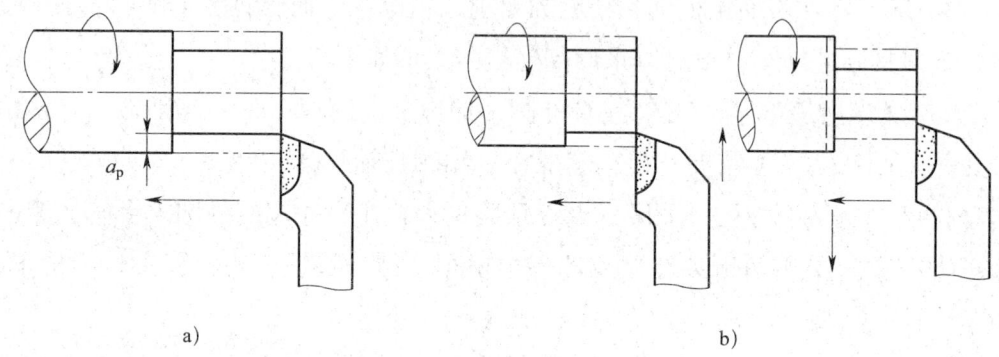

图 1-2-3 车削台阶的方法
a)车削低台阶 b)分层车削高台阶

2)精加工。精加工是指车削的最后一道加工,加工余量较小,主要考虑的是保证加工精度和加工表面质量。精车时切削力较小,车刀磨损不明显,一般将车刀磨得较锋利,选择较高的切削速度,而进给量则选得小些,以减小加工表面粗糙度值。

另外,精车时,在自动进给精车外圆至接近台阶处时,断开自动进给,改由手动进给车至台阶面,并在车至台阶面时将纵向进给变为横向进给,移动中滑板由里向外车台阶平面,以确保对轴线的垂直度要求。

2. 简单轴类工件切削用量的选择方法

(1)外圆车削背吃刀量选择(参考)见表 1-2-1,端面切削背吃刀量减半。

表 1-2-1 外圆车削背吃刀量选择(参考)   mm

轴径	长度											
	≤100		>100~250		>250~500		>500~800		>800~1200		>1200~2000	
	半精车	精车	半精车	精车	半精车	精车	半精车	精车	半精车	精车	半精车	精车
≤10	0.8	0.2	0.9	0.2	1	0.3	—	—				
>10~18	0.9	0.2	0.9	0.3	1	0.3	1.1	0.3	—	—		

续表

轴径	长度											
	≤100		>100~250		>250~500		>500~800		>800~1200		>1200~2000	
	半精车	精车	半精车	精车	半精车	精车	半精车	精车	半精车	精车	半精车	精车
>18~30	1	0.3	1	0.3	1.1	0.3	1.3	0.4	1.4	0.4	—	—
>30~50	1.1	0.3	1	0.3	1.1	0.4	1.3	0.5	1.5	0.6	1.7	0.6
>50~80	1.1	0.3	1.1	0.4	1.2	0.4	1.4	0.5	1.6	0.6	1.8	0.7
>80~120	1.1	0.4	1.2	0.4	1.2	0.5	1.4	0.5	1.6	0.6	1.9	0.7
>120~180	1.2	0.5	1.2	0.5	1.3	0.6	1.5	0.6	1.7	0.7	2	0.8
>180~260	1.3	0.5	1.3	0.6	1.4	0.6	1.6	0.6	1.8	0.8	2	0.9
>260~360	1.3	0.6	1.4	0.6	1.5	0.7	1.7	0.7	1.9	0.8	2.1	0.9
>360~500	1.4	0.7	1.5	0.7	1.5	0.8	1.7	0.8	1.9	0.9	2.2	1

1. 粗加工，表面粗糙度为 Ra 50~Ra 12.5 μm 时，一次走刀应尽可能切除全部余量。
2. 粗车背吃刀量的最大值由车床功率的大小决定，中等功率机床可以达到 8~10 mm。

（2）高速钢及硬质合金车刀车削外圆及端面的粗车进给量选择（参考）见表 1-2-2。

表 1-2-2　高速钢及硬质合金车刀车削外圆及端面的粗车进给量选择（参考）

工件材料	车刀刀杆尺寸（mm）	工件直径（mm）	背吃刀量（mm）				
			≤3	3~5	5~8	8~12	>12
			进给量 f（mm/r）				
碳素结构钢、合金结构钢、耐热钢	16×25	20	0.3~0.4	—	—	—	—
		40	0.4~0.5	0.3~0.4	—	—	—
		60	0.5~0.7	0.4~0.6	0.3~0.5	—	—
		100	0.6~0.9	0.5~0.7	0.5~0.6	0.4~0.5	—
		400	0.8~1.2	0.7~1	0.6~0.8	0.5~0.6	—
	20×30 25×25	20	0.3~0.4	—	—	—	—
		40	0.4~0.5	0.3~0.4	—	—	—
		60	0.6~0.7	0.5~0.7	0.4~0.6	—	—
		100	0.8~1	0.7~0.9	0.5~0.7	0.4~0.7	—
		400	1.2~1.4	1~1.2	0.8~1	0.6~0.9	0.4~0.6

续表

工件材料	车刀刀杆尺寸（mm）	工件直径（mm）	背吃刀量（mm）				
			≤3	3~5	5~8	8~12	>12
			进给量 f（mm/r）				
铸铁及铜合金	16×25	40	0.4~0.5	—	—	—	—
		60	0.6~0.8	0.5~0.8	0.4~0.6	—	—
		100	0.8~1.2	0.7~1	0.6~0.8	0.5~0.7	—
		400	1~1.4	1~1.2	0.8~1	0.6~0.8	—
	20×30 25×25	40	0.4~0.5	—	—	—	—
		60	0.6~0.9	0.5~0.8	0.4~0.7	—	—
		100	0.9~1.3	0.8~1.2	0.7~1	0.5~0.8	—
		400	1.2~1.8	1.2~1.6	1~1.3	0.9~1.1	1.7~0.9

1. 断续切削、有冲击载荷时，乘以修正系数 $k=0.75~0.85$。
2. 加工耐热钢及其合金时，进给量应不大于 1 mm/r。
3. 无外皮时，表内进给量应乘以系数 $k=1.1$。
4. 加工淬硬钢时，进给量应减小。硬度为 45~56 HRC 时，乘以修正系数 $k=0.8$；硬度为 57~62 HRC，乘以修正系数 $k=0.5$。

（3）按表面粗糙度选择进给量（参考）见表 1-2-3。
（4）切削速度的选择（参考）见表 1-2-4。

表 1-2-3 按表面粗糙度选择进给量（参考）

工件材料	表面粗糙度等级（Ra）	切削速度（m/min）	刀尖圆弧半径（mm）		
			0.5	1	2
			进给量 f（mm/r）		
碳素钢及合金钢	10~5	≤50	0.3~0.5	0.45~0.6	0.55~0.7
		>50	0.4~0.55	0.55~0.65	0.65~0.7
	5~2.5	≤50	0.18~0.25	0.25~0.3	0.3~0.4
		>50	0.25~0.3	0.3~0.35	0.35~0.5
	2.5~1.25	≤50	0.1	0.11~0.15	0.15~0.22
		50~100	0.11~0.16	0.16~0.25	0.25~0.35
		>100	0.16~0.2	0.2~0.25	0.25~0.35
铸铁及铜合金	10~5	不限	0.25~0.4	0.4~0.5	0.5~0.6
	5~2.5		0.15~0.25	0.25~0.4	0.4~0.6
	2.5~1.25		0.1~0.15	0.15~0.25	0.2~0.35

注：适用于半精车和精车进给量的选择。

表 1-2-4 切削速度的选择（参考）

加工材料		背吃刀量 a_p (mm)	高速钢刀具		硬质合金刀具					陶瓷（超硬材料）刀具	
					未涂层 v (m/min)			涂层			
			v (m/min)	f (mm/r)	焊接式	可转位	f (mm/r)	v (m/min)	f (mm/r)	v (m/min)	f (mm/r)
易切碳钢	低碳	1	55~90	0.18~0.2	185~240	220~275	0.18	320~410	0.18	550~700	0.13
		4	41~70	0.4	135~185	160~215	0.5	215~275	0.4	425~580	0.25
		8	34~55	0.5	110~145	130~170	0.75	170~220	0.5	335~490	0.4
	中碳	1	52	0.2	165	200	0.18	305	0.18	520	0.13
		4	40	0.4	125	150	0.5	200	0.4	395	0.25
		8	30	0.5	100	120	0.75	160	0.5	305	0.4
碳素钢	低碳	1	43~16	0.18	140~150	170~195	0.18	260~290	0.18	520~580	0.13
		4	34~33	0.4	115~125	135~150	0.5	170~190	0.4	365~425	0.25
		8	27~30	0.5	88~100	105~120	0.75	135~150	0.5	275~365	0.4
	中碳	1	34~40	0.18	115~130	150~160	0.18	220~240	0.18	460~520	0.13
		4	23~30	0.4	90~100	115~125	0.5	145~160	0.4	290~350	0.25
		8	20~26	0.5	70~78	90~100	0.75	115~125	0.5	200~260	0.4

续表

加工材料		背吃刀量 a_p (mm)	高速钢刀具 v(m/min)	高速钢刀具 f(mm/r)	硬质合金刀具 未涂层 焊接式 v(m/min)	硬质合金刀具 未涂层 可转位 v(m/min)	硬质合金刀具 未涂层 f(mm/r)	涂层 v(m/min)	涂层 f(mm/r)	陶瓷（超硬材料）刀具 v(m/min)	陶瓷（超硬材料）刀具 f(mm/r)
碳素钢	高碳	1	30~37	0.18	115~130	140~155	0.18	215~230	0.18	460~520	0.13
碳素钢	高碳	4	24~27	0.4	88~95	105~120	0.5	145~150	0.4	275~335	0.25
碳素钢	高碳	8	18~21	0.5	69~76	84~95	0.75	115~120	0.5	185~245	0.4
合金钢	低碳	1	41~46	0.18	135~150	170~185	0.18	220~235	0.18	520~580	0.13
合金钢	低碳	4	32~37	0.4	105~120	135~145	0.5	175~190	0.4	365~395	0.25
合金钢	低碳	8	24~27	0.5	84~95	105~115	0.75	135~145	0.5	275~335	0.4
合金钢	中碳	1	34~41	0.18	105~115	130~150	0.18	175~200	0.18	460~520	0.13
合金钢	中碳	4	26~32	0.4	85~90	105~120	0.4~0.5	135~160	0.4	280~360	0.25
合金钢	中碳	8	20~24	0.5	67~73	82~95	0.5~0.75	105~120	0.5	220~265	0.4
合金钢	高碳	1	30~37	0.18	105~115	135~145	0.18	175~190	0.18	460~520	0.13
合金钢	高碳	4	24~27	0.4	84~90	105~115	0.5	135~150	0.4	275~335	0.25
合金钢	高碳	8	17~21	0.5	66~72	82~90	0.75	105~120	0.5	215~245	0.4
高强度钢		1	20~26	0.18	90~105	115~135	0.18	150~185	0.18	380~440	0.13
高强度钢		4	15~20	0.4	69~84	90~105	0.4	120~135	0.4	205~265	0.25
高强度钢		8	12~15	0.5	53~66	69~84	0.5	90~105	0.5	145~205	0.4

续表

加工材料	背吃刀量 a_p (mm)	高速钢刀具		硬质合金刀具					陶瓷（超硬材料）刀具	
				未涂层 v (m/min)			涂层			
		v (m/min)	f (mm/r)	焊接式	可转位	f (mm/r)	v (m/min)	f (mm/r)	v (m/min)	f (mm/r)
高速钢	1	15~24	0.13~0.18	76~105	85~125	0.18	115~160	0.18	420~460	0.13
	4	12~20	0.25~0.4	60~84	69~100	0.4	90~130	0.4	250~275	0.25
	8	9~15	0.4~0.5	46~64	53~76	0.5	69~100	0.5	190~215	0.4
不锈钢	奥氏体 1	18~34	0.18	58~105	67~120	0.18	84~160	0.18	275~425	0.13
	奥氏体 4	15~27	0.4	49~100	58~105	0.4	76~135	0.4	150~275	0.25
	奥氏体 8	12~21	0.5	38~76	46~84	0.5	60~105	0.5	90~185	0.4
	马氏体 1	20~44	0.18	87~140	95~175	0.18	120~260	0.18	350~490	0.13
	马氏体 4	15~35	0.4	69~115	75~135	0.4	100~170	0.4	185~335	0.25
	马氏体 8	12~27	0.5	55~90	58~105	0.5~0.75	76~135	0.5	120~245	0.4
水铸铁	1	26~43	0.18	84~135	100~165	0.18~0.25	130~190	0.18	395~550	0.13~0.25
	4	17~27	0.4	69~110	81~125	0.4~0.5	105~160	0.4	245~365	0.25~0.4
	8	14~23	0.5	60~90	66~100	0.5~0.75	84~130	0.5	185~275	0.4~0.5
可锻铸铁	1	30~40	0.18	120~160	135~185	0.25	185~235	0.25	305~365	0.13~0.25
	4	23~30	0.4	90~120	105~135	0.5	135~185	0.4	230~290	0.25~0.4
	8	18~24	0.5	76~100	85~115	0.75	105~145	0.5	150~230	0.4~0.5

续表

加工材料	背吃刀量 a_p (mm)	高速钢刀具 v(m/min)	高速钢刀具 f(mm/r)	硬质合金刀具 未涂层 v(m/min) 焊接式	硬质合金刀具 未涂层 v(m/min) 可转位	硬质合金刀具 未涂层 f(mm/r)	硬质合金刀具 涂层 v(m/min)	硬质合金刀具 涂层 f(mm/r)	陶瓷（超硬材料）刀具 v(m/min)	陶瓷（超硬材料）刀具 f(mm/r)
铝合金	1	245~305	0.18	550~610	max	0.25	—	—	365~915	0.075~0.15
铝合金	4	215~275	0.4	425~550		0.5	—	—	245~760	0.15~0.3
铝合金	8	185~245	0.5	305~365		1	—	—	150~460	0.3~0.5
铜合金	1	40~175	0.18	84~345	90~395	0.18	—	—	305~1460	0.075~0.15
铜合金	4	34~145	0.4	69~290	76~335	0.5	—	—	150~855	0.15~0.3
铜合金	8	27~120	0.5	64~270	70~305	0.75	—	—	90~550	0.3~0.5
钛合金	1	12~24	0.13	38~66	49~76	0.13	—	—	—	—
钛合金	4	9~21	0.25	32~56	41~66	0.2	—	—		
钛合金	8	8~18	0.4	24~43	26~49	0.25	—	—		
高温合金	0.8	3.6~14	0.13	12~49	14~58	0.13	—	—	185	0.075
高温合金	2.5	3~11	0.18	9~41	12~49	0.18	—	—	135	0.13

五、短轴类工件的装夹

1. 自定心卡盘上工件的装夹及找正

自定心卡盘一般备有正爪和反爪两副卡爪或一副正反都可使用的卡爪。卡爪有整体式和装配式两种,如图 1-2-4 所示。装配式卡爪,正爪卸下后倒过来装即成反爪。

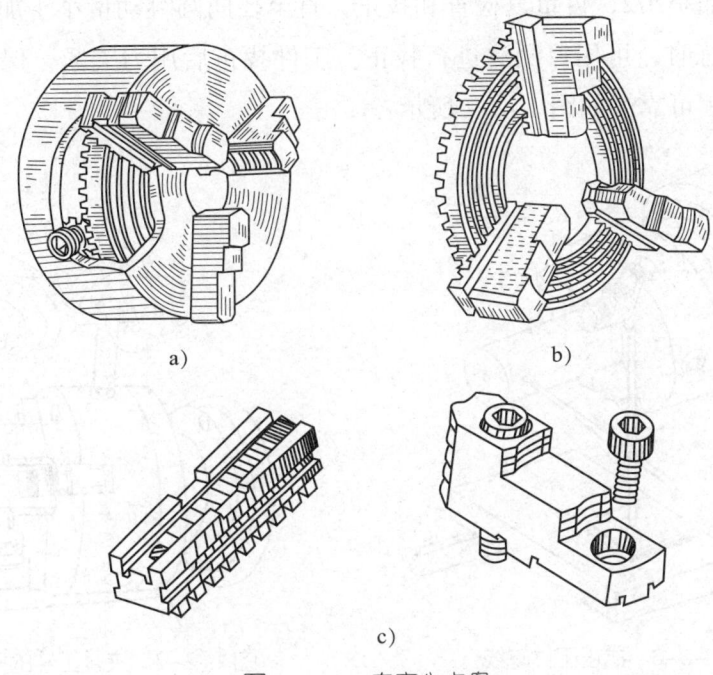

图 1-2-4 自定心卡盘
a)正爪 b)反爪 c)装配式卡爪

用自定心卡盘装夹工件时,为确保安全,应将主轴变速手柄置于空挡位置。装夹的方法和步骤如下:

(1)张开卡爪,张开量大于工件装夹处的直径,把工件放在卡盘内,在满足加工需要的情况下,尽量减少工件伸出量。装夹工件时,右手拿稳工件,使工件轴线与卡爪保持平行,左手转动卡盘扳手,将卡爪拧紧,如图 1-2-5 所示。

(2)检查工件的径向圆跳动。自定心卡盘能自动定心,毛坯装夹一般不必

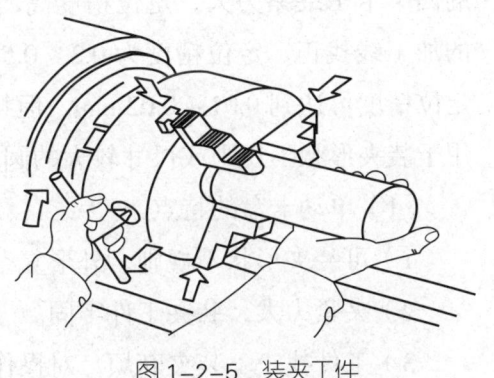

图 1-2-5 装夹工件

找正，但当装夹长度较短而伸出长度较长时，工件往往会产生歪斜，一般在离卡盘最远处的径向圆跳动量最大。径向圆跳动量若大于加工余量时，必须找正后才可加工。

找正的方法如图1-2-6所示，将划针尖靠近轴端外圆，左手转动卡盘，右手移动划针盘，使划针尖与外圆的最高点刚好未接触到，然后目测外圆与划针尖之间的间隙变化。当出现最大间隙时，用锤子将工件轻轻向划针方向敲击，要求间隙约缩小1/2，再重复检查和找正，直至径向圆跳动量小于加工余量时为止。操作熟练时，可用目测法进行找正。工件找正后用力夹紧，保证工件在加工过程中牢固可靠，如图1-2-7所示。

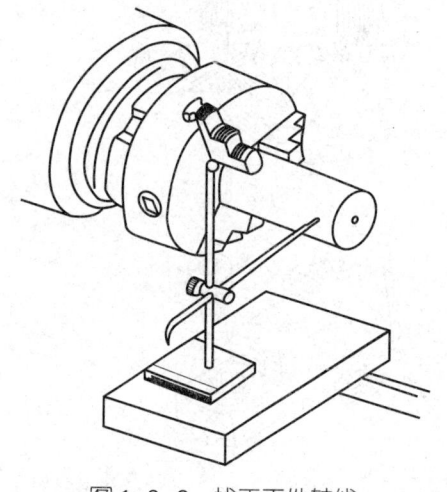

图1-2-6　找正工件轴线　　　　图1-2-7　夹紧工件的操作姿势

2. 单动卡盘上工件的装夹及找正

单动卡盘（见图1-2-8）的四个卡爪均可独立移动，可全部用正爪或全部用反爪装夹工件，也可用一个或两个反爪，其余仍用正爪装夹工件。单动卡盘的四个卡爪夹紧力大，定位精度高，用划针盘按工件内、外圆表面或预先划出的加工线找正，定位精度为 0.2～0.5 mm，用百分表按工件的精加工表面找正，定位精度可达到 0.01～0.02 mm。但找正、调整比较费时，因此，单动卡盘主要用于装夹形状不规则或尺寸较大的圆形工件。

（1）单动卡盘的特点

1）可装夹形状不规则、外形复杂的工件。

2）夹紧力大，装夹工件牢固。

3）工件找正、装夹麻烦，对操作者技术水平要求高。

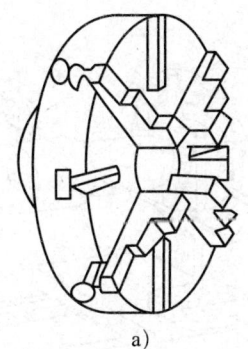
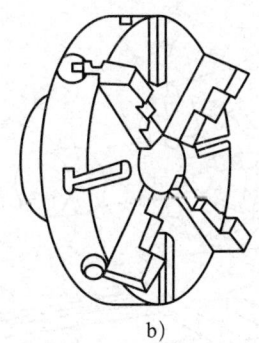

图 1-2-8 单动卡盘
a)正爪 b)反爪

4)适于加工偏心距不大、数量少、长度偏短的偏心工件。

（2）用单动卡盘装夹工件。将主轴变速手柄放在空挡位置，根据工件装夹处的直径尺寸调整卡爪，使其相对两卡爪之间的距离大于工件装夹处的直径。移动卡爪时要使卡爪都准确地对准卡盘端面的同一标记线圈，以保持与中心等距。装夹时要在工件已加工表面与卡爪间垫铜片，以防夹伤工件表面，如图 1-2-9 所示。夹持长度要短，一般取 15~20 mm，卡爪不能依次拧紧，应相对两卡爪分别拧紧。为了防止装夹和找正时工件不慎掉下砸坏机床导轨面，可在导轨上放置防护木板。

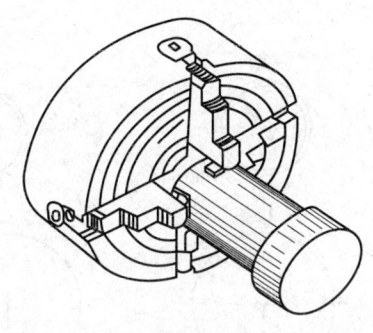

图 1-2-9 用单动卡盘装夹工件

（3）用单动卡盘找正工件。单动卡盘找正工件的目的是使工件被加工表面的轴线与机床主轴轴线重合。

一般先用划针盘进行粗找正，再用百分表进行精确找正。

1）粗找正。将划针尖靠近 A 点外圆表面，用手转动卡盘，观察相对两卡爪上外圆与划针尖的间隙大小，如图 1-2-10a 所示，根据间隙大小调整卡爪，调整量约为间隙差值的一半。

B 点外圆找正时用铜棒或锤子轻轻敲击，如图 1-2-10b 所示。B 点找正后还须再转动卡盘重复检查和找正 A 点。粗找正要求达到径向圆跳动小于 0.3 mm。

2）用分度值为 0.01 mm 的百分表精确找正。找正 A 点的径向圆跳动，将百分表座放置在 A 点处的机床导轨上，测头对准工件外圆中心（与工件表面切线垂直），如图 1-2-11a 所示。

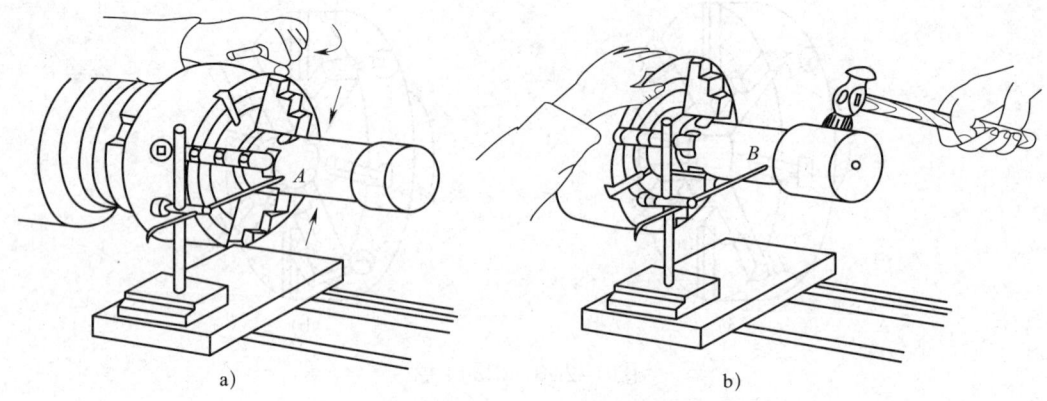

图 1-2-10 找正外圆轴线
a）找正 A 点外圆　b）找正 B 点外圆

将百分表轻轻推向工件，当测头与工件外圆接触，指针转动约半圈时，转动百分表表圈，将刻度调至零位，如图 1-2-12 所示。

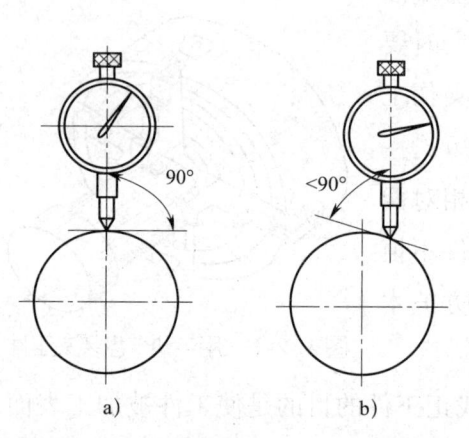

图 1-2-11 百分表测头与被测表面的位置
a）正确　b）错误

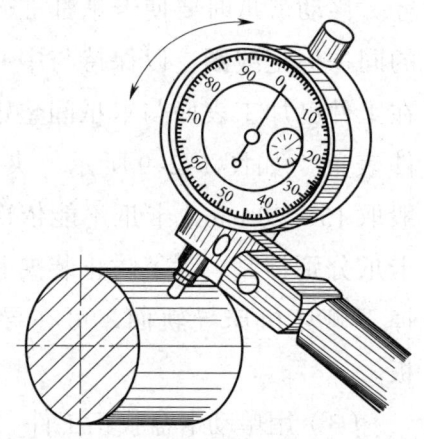

图 1-2-12 转动百分表表圈调整零位

转动卡盘一周，看百分表指针的摆动值，当指针在摆动值的中间时，转动百分表表圈将刻度调至零位。把卡盘转到百分表读数的最高处，将最靠近该处的卡爪用力拧紧，使工件中心下移直至指针回到零位时止。

单动卡盘一般在找正过程中逐步拧紧，如找正后再拧紧，容易使已找正的中心产生移动，因此，当偏移量不大时，不要轻易松开卡爪，应尽量采用拧紧卡爪的方法进行找正。重复转动及调整，直到工件转一周，百分表读数基本一致。

找正工件轴线必须在 A、B 两点测量径向圆跳动，如图 1-2-13 所示。B 点的测量方法与 A 点相同。B 点找正后还应再重复检查 A 点,如卡爪又做过调整则还须重复检查 B 点,直至 A、B 两点径向圆跳动量总和在允许范围内为止。

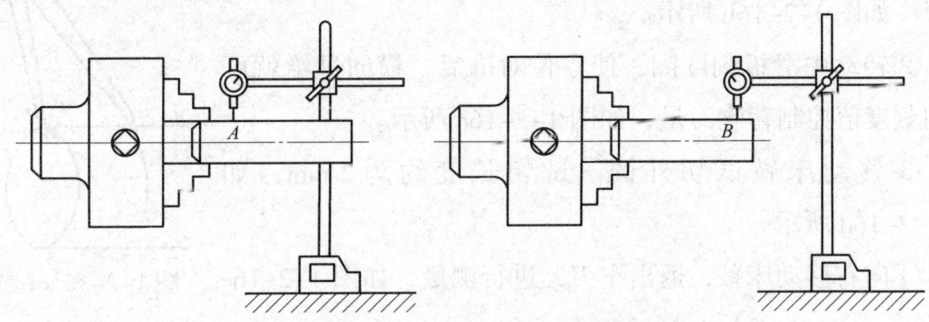

图 1-2-13 用百分表找正工件轴线示意图

六、外圆车削和端面车削

1. 外圆的车削

外圆车刀主要有 45°外圆车刀、75°外圆车刀和 90°外圆车刀,如图 1-2-14 所示。

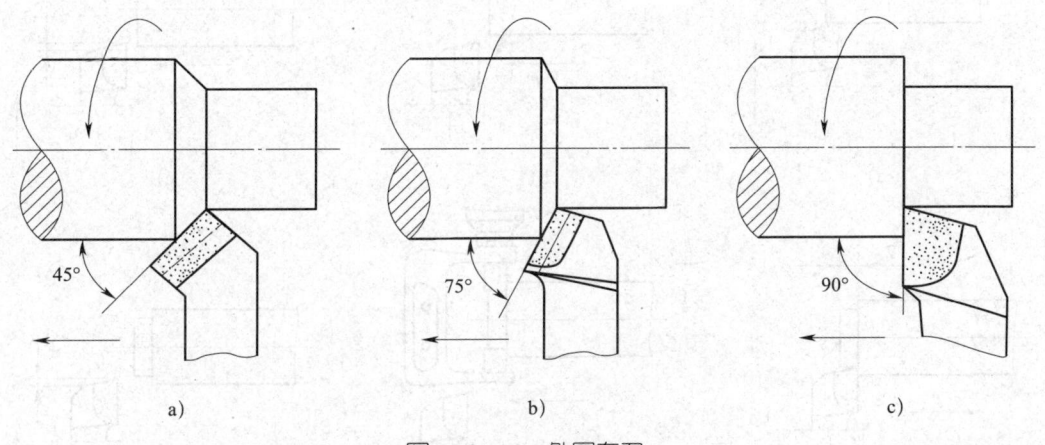

图 1-2-14 外圆车刀
a) 45°外圆车刀 b) 75°外圆车刀 c) 90°外圆车刀

(1) 车外圆的操作步骤

1) 检查毛坯直径,根据加工余量确定背吃刀量和进给次数。

2) 划线痕,确定车削长度。先在工件上用粉笔涂色,然后用内卡钳在钢直尺上量取尺寸后在工件上划出加工线。划线方法如图 1-2-15 所示。

3) 车外圆。车外圆要准确地控制背吃刀量,这样才能保证外圆的尺寸公差。通常采用试切削方法来控制背吃刀量,试切的操作步骤如图 1-2-16 所示。

①启动机床，移动床鞍和中滑板，使车刀刀尖与工件表面轻微接触，如图 1-2-16a 所示，然后移动床鞍，退出车刀，如图 1-2-16b 所示。

②转动中滑板刻度圈，使零位对准后，横向进给就可利用刻度值控制背吃刀量，如图 1-2-16c 所示。

③移动床鞍试切外圆，试切长度约为 2 mm，如图 1-2-16d 所示。

④向右移动床鞍，退出车刀，进行测量，如图 1-2-16e 所示。

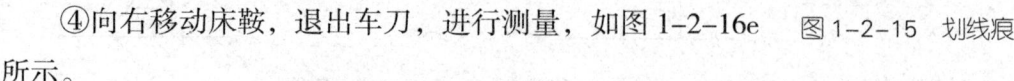
图 1-2-15 划线痕

⑤根据测量尺寸调整背吃刀量，如图 1-2-16f 所示。

图 1-2-16a～e 所示 5 步是试切的一个循环，如果试切尺寸不符合要求，要自图 1-2-16f 步重新进行试切，尺寸符合要求后才可纵向进给车外圆。试切尺寸，粗车可用外卡钳或游标卡尺测量，精车用千分尺测量。

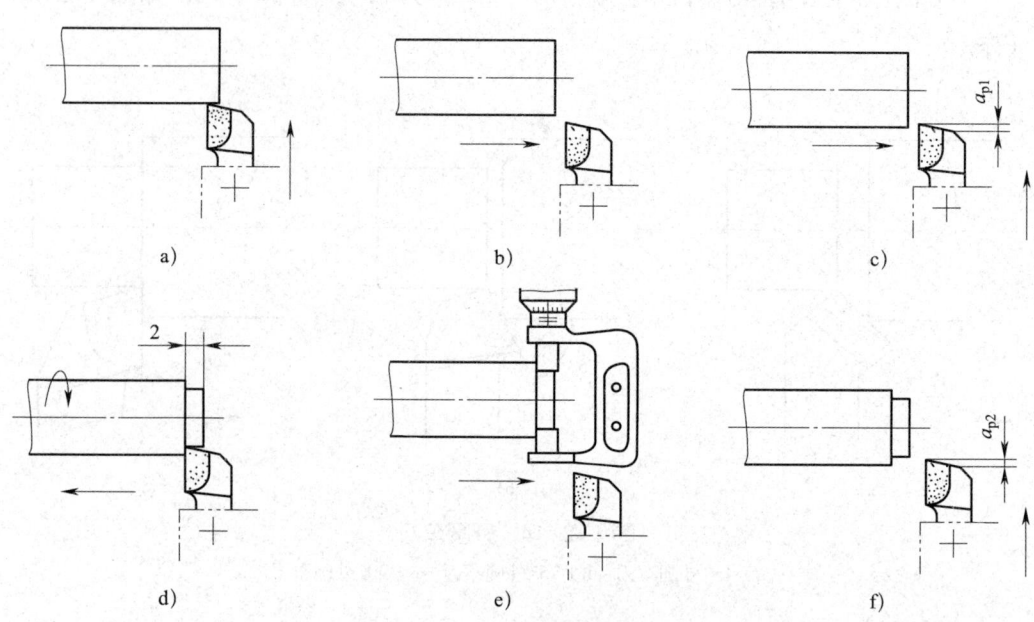

图 1-2-16 试切的操作步骤
a）刀尖轻微接触工件外圆　b）车刀退出　c）调整背吃刀量　d）试切外圆
e）测量试切尺寸　f）根据测量结果调整背吃刀量

用外卡钳测量外径尺寸，须在钢直尺上量取尺寸，操作方法如图 1-2-17a 所示，注意两钳脚应与钢直尺侧面平行，钳脚对准所需尺寸线条的中心，视线应垂直于钢直尺。调整卡钳张开大小时可轻轻敲击，注意钳脚处不可敲击，以防影响测量精度。

用外卡钳测量工件外径时要与工件轴线垂直,如图 1-2-17b 所示。测量时要求卡钳钳脚与工件外径轻微接触后,在自重的作用下滑下,如果卡钳不能落下说明外径尺寸太大;反之,如果卡钳落下时未与工件外径接触,就说明外径尺寸已车小。

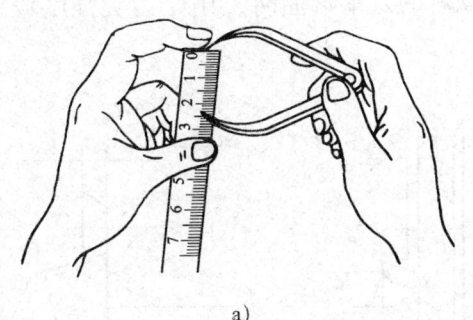 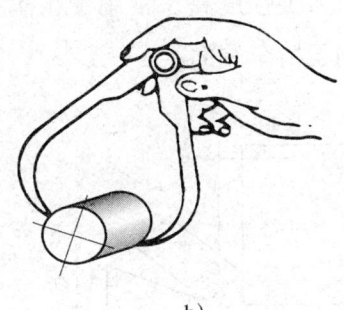

图 1-2-17 外卡钳测量外径尺寸
a)外卡钳在钢直尺上量取尺寸 b)外卡钳测量工件外径

(2)手动进给车外圆的操作方法。操作者应站在床鞍手轮的右侧,双手交替摇动床鞍手轮,如图 1-2-18 所示,手动进给速度要求均匀。当车削长度到达线痕标记处时停止进给,摇动中滑板手柄,退出车刀,床鞍快速移动回到原位。

车外圆一般分粗车、精车。粗车的目的是尽快地从工件上切去大部分余量,为精加工留 0.5~1 mm 余量,对车削表面要求较低,因此应选用较大的背吃刀量和进给量,切削速度选用中等或中等偏低的数值。

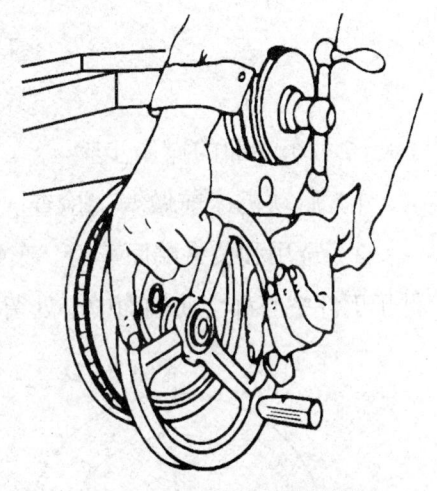

图 1-2-18 双手交替摇动床鞍手轮

1)粗车切削用量推荐数值。背吃刀量取 1~4 mm,进给量取 0.3~0.8 mm/r,切削速度硬质合金车刀车钢件取 50~60 m/min,车铸件取 40~50 m/min。

2)精车要保证零件的尺寸公差和较小的表面粗糙度,因此试切尺寸一定要测量正确,刀具要保持锋利,选用较高的切削速度(大于 60 m/min),进给量适当减小(约为 0.1 mm/r),以确保工件的表面质量。

(3)倒角的方法。当工件精车完毕,外圆与端面交界处的锐边要用倒角的方法去除。倒角用 45° 车刀最方便。倒角的大小按图样规定尺寸进行，如图样上未标注的，一般按 $C0.5$ mm 倒角。

2. 端面的车削

（1）端面车刀。常用端面车刀有 45° 车刀、75° 车刀和 90° 车刀，如图 1-2-19 所示。用 45° 车刀车端面，刀尖强度较高，车刀不容易损坏。用 75° 车刀车端面，刀尖强度高，常用于粗车端面。用 90° 车刀车端面时，由于刀尖强度较差，常用于精车端面。

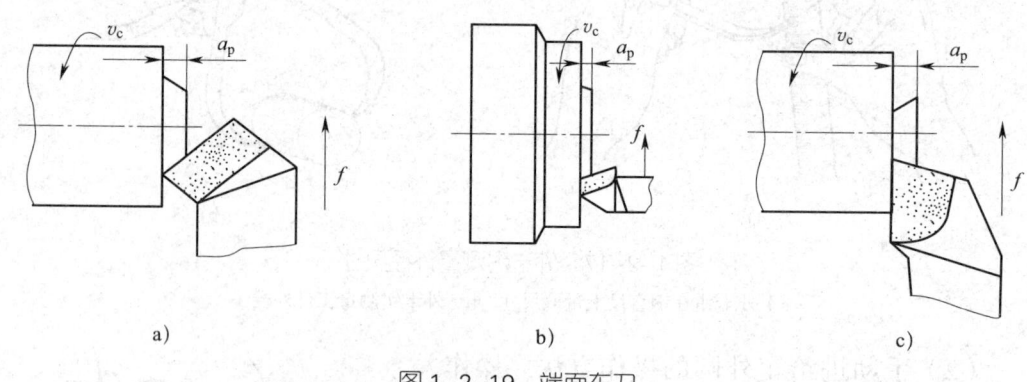

图 1-2-19　端面车刀
a）45° 车刀　b）75° 车刀　c）90° 车刀

（2）车端面的操作步骤

1）启动机床前做安全检查。用手转动卡盘一周，检查有无碰撞处。

2）选用和装夹端面车刀。车端面时要求车刀刀尖严格对准工件中心，高于或低于工件中心都会使端面中心处留有凸台，并损坏车刀刀尖，如图 1-2-20 所示。

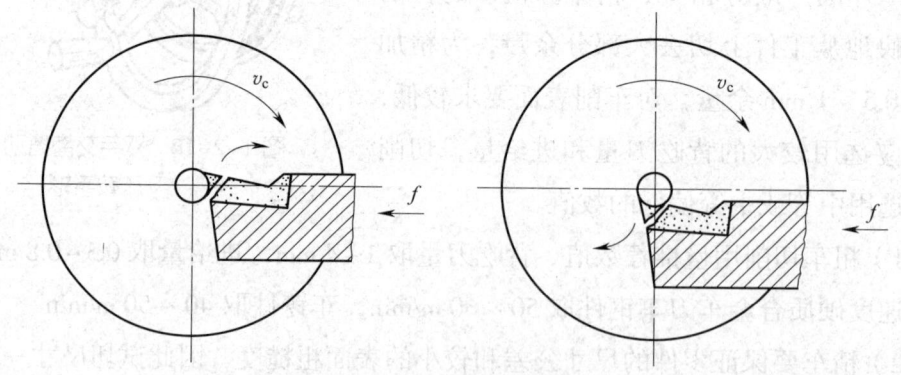

图 1-2-20　车刀刀尖不对准工件中心使刀尖崩碎

3）移动床鞍和中滑板，使车刀靠近工件端面后，将床鞍上的固定螺钉锁紧，使床鞍位置固定，如图 1-2-21 所示。

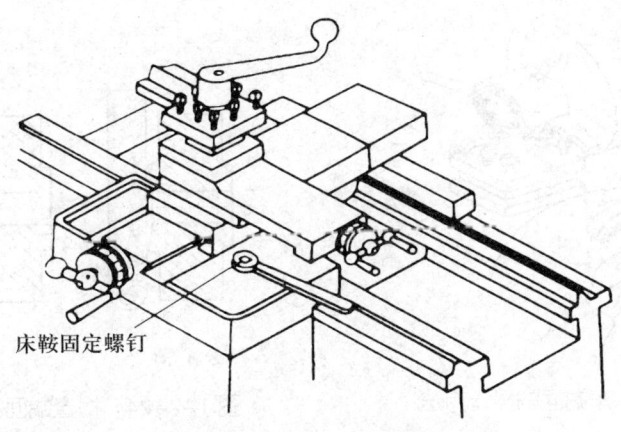

图 1-2-21 固定床鞍

4）测量毛坯长度，确定端面应车去的余量，一般先车的一面尽可能少车（车平即可），其余余量在另一面车去。车端面前可先倒角，尤其是铸件表面有一层硬皮时，如先倒角可以防止刀尖损坏，如图 1-2-22 所示。

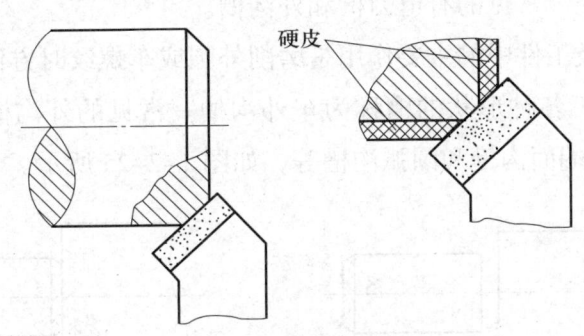

图 1-2-22 粗车铸件前先倒角

车端面和外圆时，第一刀背吃刀量一定要超过硬皮层，否则即使已倒角，车削时刀尖还是要碰到硬皮层，很快就会磨损。

5）双手摇动中滑板手柄车端面，手动进给速度要保持均匀，操作方法如图 1-2-23 所示。当车刀刀尖车到端面中心时，车刀即退回。如精加工端面，要防止车刀横向退出时将端面拉毛，可向后移动小滑板，使车刀离开端面后再横向退回。车端面背吃刀量 a_p 可用小滑板刻度盘控制。

6）用钢直尺或刀口形直尺检查端面直线度，如图 1-2-24 所示。如发现端面不平，往往由下列原因造成：

①工件端面有凸台，原因是车刀刀尖未对准工件中心。

②端面平面度差，凹或凸，原因是用 90° 车刀由外向里车削时，背吃刀量过大，车刀磨损，床鞍未固定而移动，小滑板间隙大，刀架或车刀未紧固等。

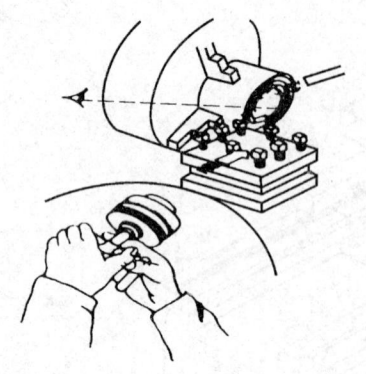

图 1-2-23 车端面的操作方法

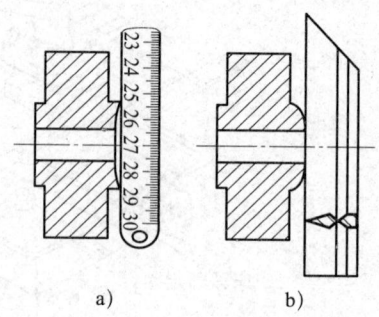

图 1-2-24 检查端面的直线度
a) 用钢直尺检查 b) 用刀口形直尺检查

七、切槽和切断

1. 切槽

（1）槽的种类。常见的有退刀槽和外沟槽。

退刀槽在轴类工件中的主要作用是磨削外圆或车螺纹时方便退刀。

在工件上加工各种形状的槽称为车外沟槽。常见的外沟槽有：外圆沟槽、45°外沟槽、外圆端面沟槽和圆弧沟槽等，如图 1-2-25 所示。

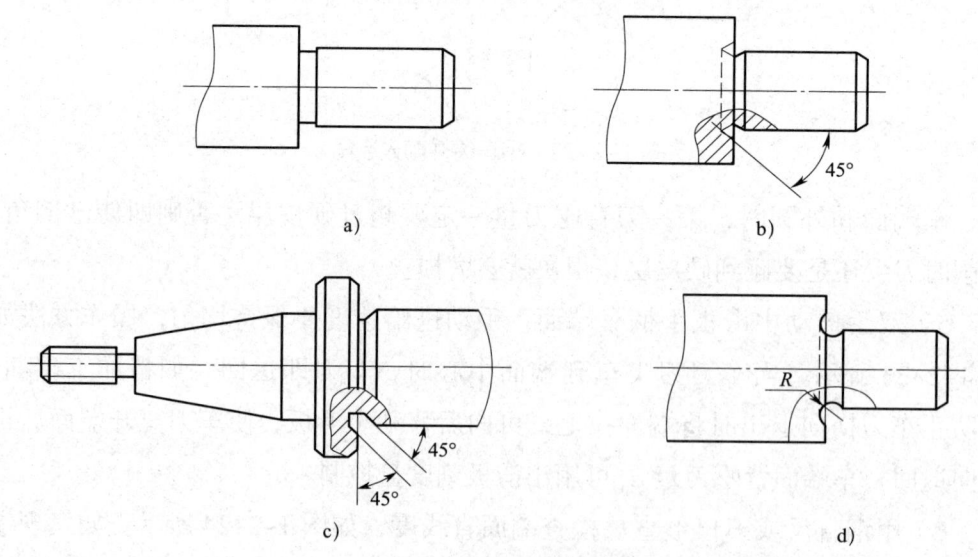

图 1-2-25 常见沟槽
a) 外圆沟槽 b) 45°外沟槽 c) 外圆端面沟槽 d) 圆弧沟槽

（2）切槽刀。切槽刀与切断刀的几何角度基本相同，但主切削刃宽度和刀头长度是根据所车沟槽的尺寸和要求刃磨的。如车一般退刀槽等，常采用主切削刃宽度等于槽宽的切槽刀,如沟槽精度较高,一般先用小于槽宽的切槽刀粗车,再用等于槽宽的切槽刀精车。刃磨切槽刀的方法与切断刀相同,但要求主切削刃直线度好,以保证槽底平直。

（3）切槽的操作步骤

1）装夹切槽刀。要求主切削刃与工件外圆素线保持平行（见图1-2-26）,否则会使槽底不平。先用手拧紧刀架螺钉,将刀大致固定,然后将刀横向退出后再紧固。

2）切槽前的外圆和长度加工。将工件的外圆和长度按图样车至尺寸。

3）切槽。调整主轴转速,切槽的切削速度应略低于切断的切削速度。加切削液能延长切槽刀的使用寿命,并能使沟槽表面光洁。

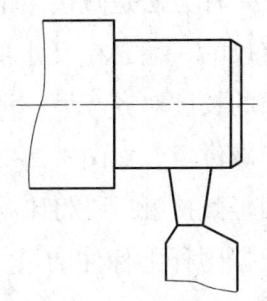

图1-2-26 切槽刀主切削刃与外圆素线平行

（4）矩形沟槽的车削方法

1）车轴肩沟槽。采用等于槽宽的切槽刀,沿着轴肩将槽车出。

①开机,移动床鞍和中滑板,使切槽刀靠近沟槽位置。

②左手摇动中滑板手柄,使切槽刀主切削刃靠近工件外圆,右手摇动小滑板手柄,使刀尖与台阶面轻微接触,如图1-2-27所示。刀横向进给,当主切削刃与工件外圆接触后,记下中滑板刻度或将刻度调至零位。

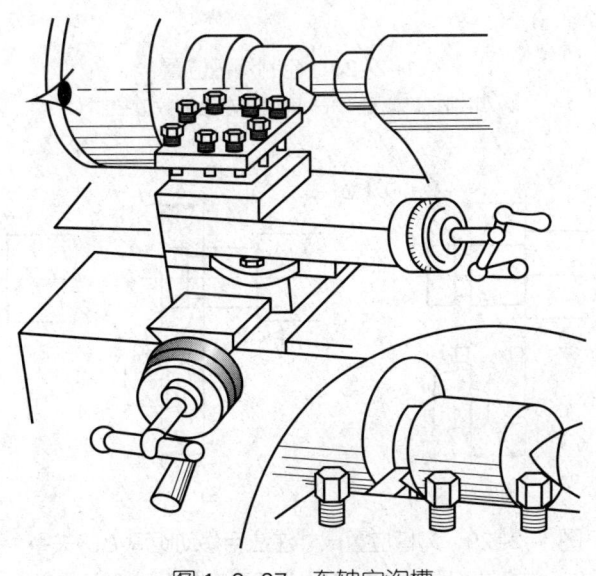

图1-2-27 车轴肩沟槽

③摇动中滑板手柄，手动进给车外沟槽，当刻度进到槽深尺寸时，停止进给，退出车刀。

④用游标卡尺检查沟槽尺寸。

2）车非轴肩沟槽。如沟槽不在轴肩处，确定沟槽正确位置的方法有以下两种：一种方法是直接用钢直尺测量切槽刀的工作位置，如图 1-2-28a 所示，将钢直尺的一端靠在尺寸基准面上，切槽刀纵向移动，使左侧的刀尖与钢直尺上所需的长度对齐。另一种方法是利用床鞍或小滑板的刻度盘上的数值控制沟槽的正确位置，如图 1-2-29b 所示，将切槽刀刀尖轻轻靠向基准面，当刀尖与基准面轻微接触后，将床鞍或小滑板刻度调至零位，车刀纵向移动，移动的距离要根据图样上标注的尺寸来定，如图 1-2-29 所示。移动距离确定后，具体数值用床鞍或小滑板的刻度盘上的数值来控制，车削的方法与轴肩沟槽基本相同。

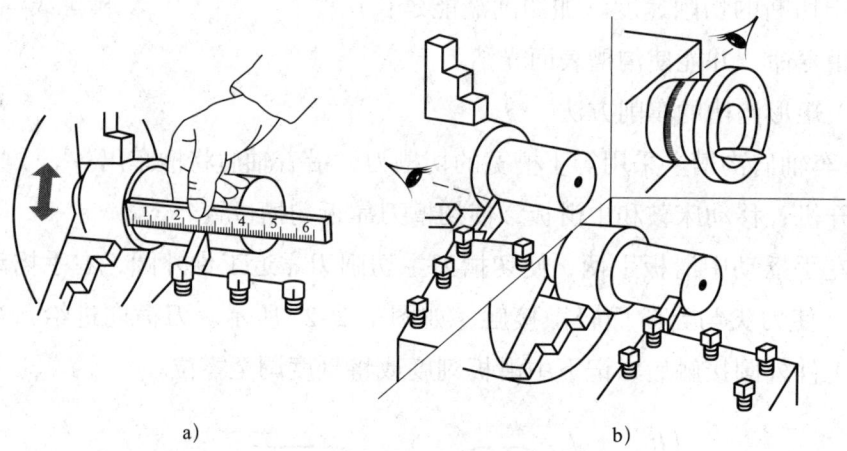

图 1-2-28 控制沟槽位置

a) 用钢直尺测量 b) 用刻度盘上的数值控制

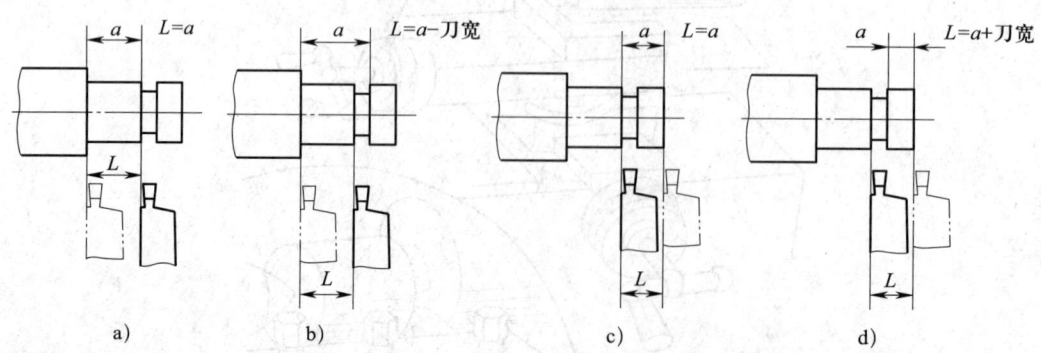

图 1-2-29 沟槽位置尺寸注法与移动距离 L 的关系

a—沟槽位置尺寸 L—车刀从基面到工作位置的移动距离

3）车宽矩形沟槽。切槽前，要先确定沟槽的正确位置。常用的方法有刻线痕法，即在槽的两端位置上用切槽刀刻出线痕作为切槽时的标记，如图1-2-30a所示。另一种方法是用钢直尺直接量出沟槽位置，如图1-2-30b所示，这种方法操作比较简便，但测量时必须弄清楚是否要包括刀宽尺寸，如测量沟槽位置尺寸 a 不包括刀宽，测量槽宽尺寸 b 则应包括刀宽。

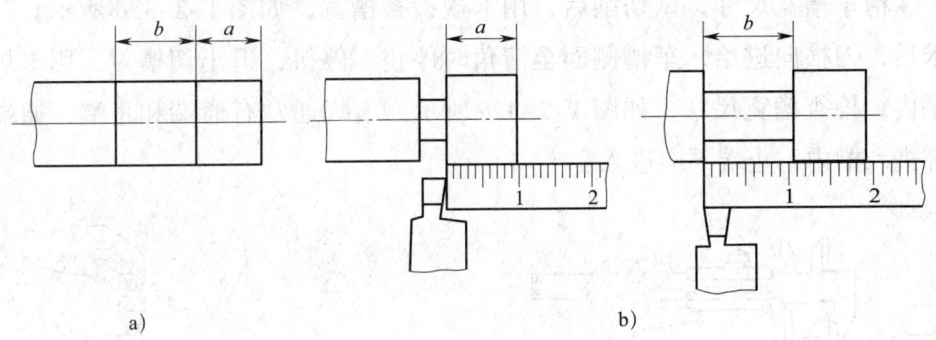

图1-2-30　车宽矩形沟槽确定沟槽位置
a）刻度划痕法　b）钢直尺测量法

沟槽位置确定后，可分粗、精车将沟槽车至尺寸。粗车一般要分几刀将槽车出，槽的两侧面和槽底各留约0.5 mm的精车余量，如图1-2-31a所示。粗车最末一刀应同时在槽底纵向进给一次，将槽底车平整。

在沟槽很宽、深度又很浅的情况下，可采用45°车刀，纵向进给粗车沟槽，然后再用切槽刀将两边的斜面车去，如图1-2-31b所示。

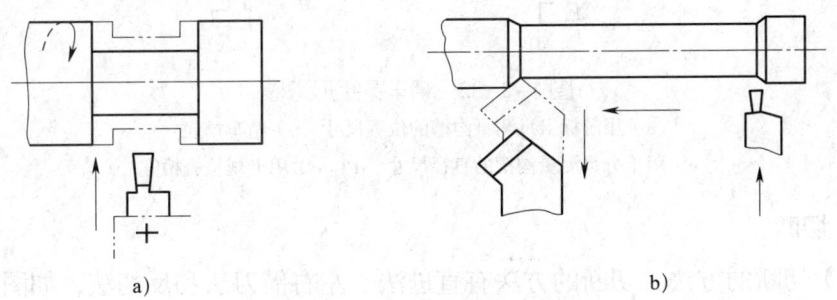

图1-2-31　粗车宽矩形沟槽
a）粗车宽矩形沟槽　b）粗车浅而宽的矩形沟槽

精车宽矩形沟槽应先车沟槽的位置尺寸，然后再车槽宽尺寸，如图1-2-32所示，具体车削方法如下：

①移动床鞍和中滑板，使切槽刀靠近槽侧面，启动车床，再使刀尖与槽侧面相接触，刀横向退出，小滑板刻度调零。

②背吃刀量根据精车余量定，具体数值用小滑板刻度盘上的数值控制，试切深度为 1 mm 左右，用游标卡尺测量沟槽的位置尺寸，如图 1-2-32a 所示。然后按实际测量的数值再调整背吃刀量，将槽的一侧面精车至尺寸。

③刀纵向进给精车槽底，如图 1-2-32b 所示，用中滑板刻度盘上的数值控制背吃刀量，沟槽的直径尺寸用千分尺测量，如图 1-2-32c 所示。

④精车槽宽尺寸，试切削后，用卡规检查槽宽，如图 1-2-32d 所示。符合要求后，刀横向进给，车槽侧面至清角时停止。停机，退出切槽刀，用卡规插入槽内，检查槽宽尺寸，如图 1-2-32e 所示。卡规通常有通端和止端，通端应全部进入槽内，止端不应进入。

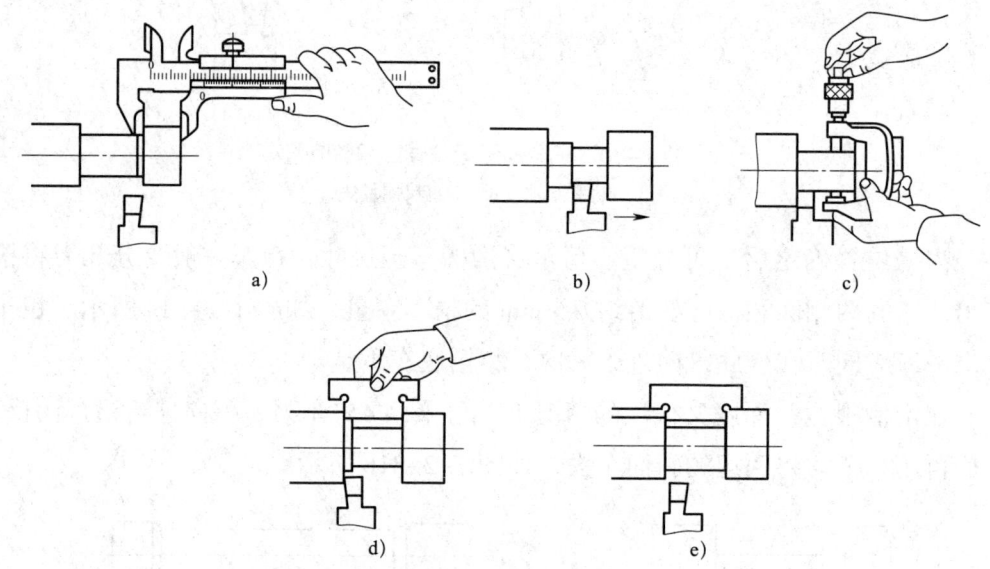

图 1-2-32　精车宽矩形沟槽
a) 用游标卡尺测量沟槽的位置尺寸　b) 精车槽底
c) 用千分尺测量沟槽的直径尺寸　d)、e) 用卡规检查槽宽

2. 切断

（1）切断的方法。切断的方法有直进法、左右借刀法和反切法，如图 1-2-33 所示。

1）直进法切断。切断刀横向连续进给，一次将工件切下，如图 1-2-33a 所示，该方法操作十分简便，工件材料也比较节省，因此应用最广泛。

2）左右借刀法。如图 1-2-33b 所示，切断刀横向和纵向须轮番进给，因费工费料，一般用于机床、工件刚性不足的情况下。

3）反切法。车床主轴反转，切断刀反装进行切断，如图 1-2-33c 所示。这种方法切削比较平稳,排屑也较顺利,但卡盘必须有保险装置,小滑板转盘上两边的压紧螺母也应锁紧,否则机床容易损坏。

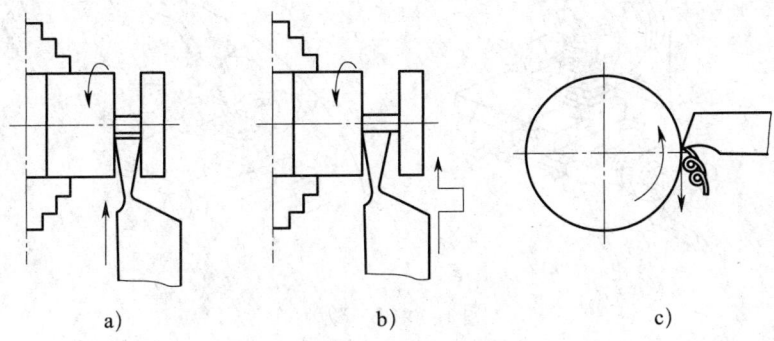

图 1-2-33 切断的方法
a) 直进法 b) 左右借刀法 c) 反切法

（2）直进法切断的操作方法

1）工件用卡盘装夹,伸出长度要加上切断刀宽度和刀具与卡爪间的间隙,为 5~6 mm,工件要用力夹紧。

2）中、小滑板镶条尽可能调整得紧些。

3）选择并调整主轴转速,用高速钢刀具切断铸铁材料,切削速度为 15~25 m/min;切断碳钢材料,切削速度为 20~25 m/min;用硬质合金刀切断,切削速度为 45~60 m/min。

4）确定切断位置,将钢直尺一端靠在切断刀的侧面,移动床鞍,直到钢直尺上要求的长度刻线与工件端面对齐,然后将床鞍固定,如图 1-2-34 所示。

5）切断。启动机床,加切削液,移动中滑板,进给的速度要均匀而不间断,直至将工件切断,如图 1-2-35a 所示。如工件的直径较大或长度较长,一般不切到中心,留 2~3 mm,将切断刀退出,停车后用手将工件扳断,如图 1-2-35b 所示。

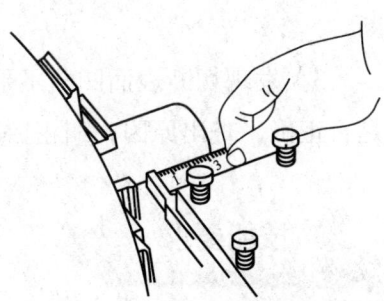

图 1-2-34 确定切断位置

（3）减小振动的措施。切断工件时往往会引起振动,振动严重时会导致切断刀折断。采取下列措施能减小振动：

1）机床各部分间隙尽可能小。例如,床鞍与中、小滑板导轨的间隙和机床主轴轴承间隙等尽可能小。

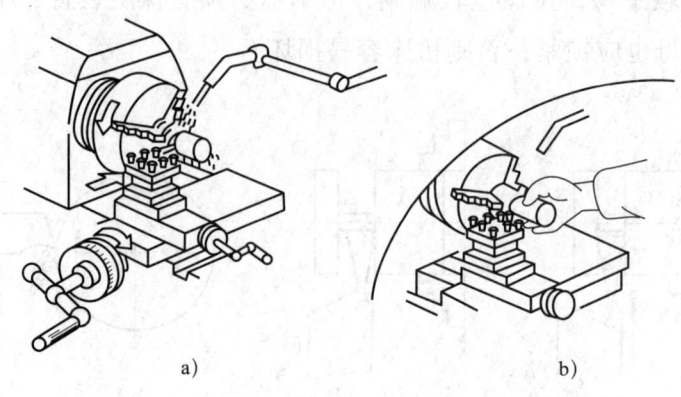

图 1-2-35 切断
a）切断　b）用手将工件扳断

2）切断刀离卡盘的距离一般应小于被切工件的直径。

3）适当加大前角和减小后角。前者使排屑顺利，后者可以增强刀头刚性。

4）适当加快进给速度或降低主轴转速。

（4）切断时的注意事项

1）采用两顶尖或一夹一顶装夹方法的，都不可将工件全部切断。

2）切断时应连续、均匀地进给，如发现刀产生切不进现象，应立即退出，检查刀尖是否对准工件中心，以及是否锐利，不可强制进给，以防刀折断。

3）发现切断表面凹凸不平或有明显扎刀痕迹，应检查切断刀的刃磨和装夹是否正确，查出原因，纠正后再继续车削，否则容易造成切断刀刀头折断。

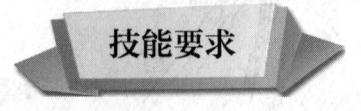

操作技能　车 短 光 轴

一、工作准备

1. 零件图样与加工要求

试加工如图 1-2-36 所示短光轴，要求用外圆车刀进行加工，尺寸精度和表面粗糙度符合图样要求。

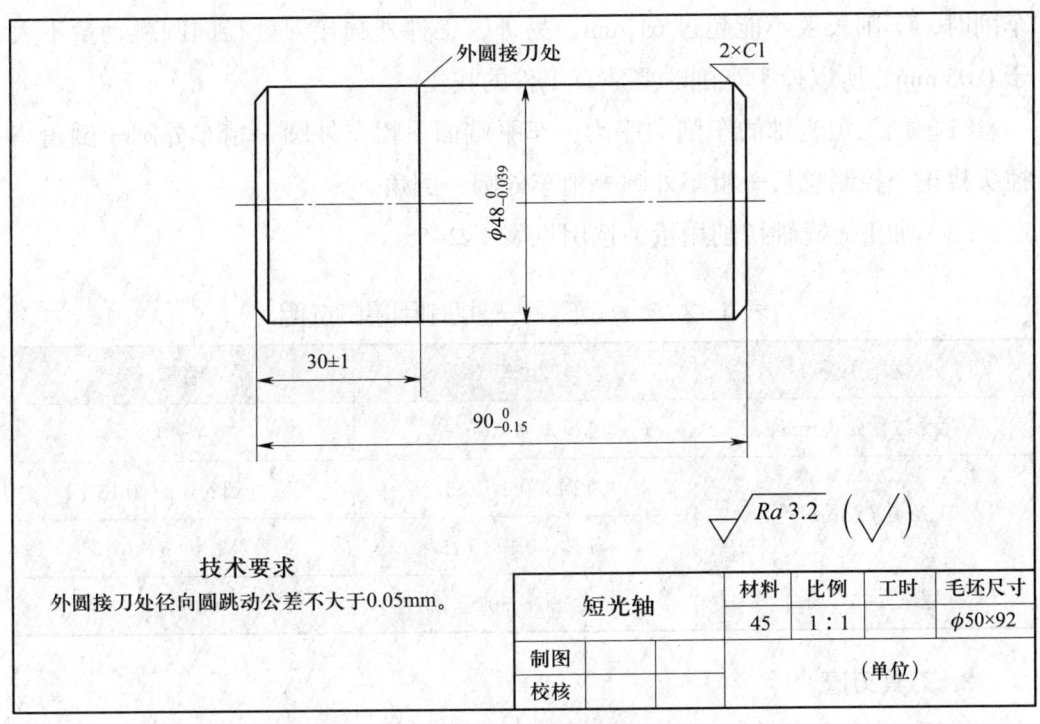

图 1-2-36 短光轴图样

2. 工具、设备、材料准备

（1）工具：垫片、刀架钥匙、卡盘钥匙、划针、磁性表座、铜皮、油枪、棉纱等。

（2）量具：游标卡尺、外径千分尺、钢直尺、百分表等。

（3）刀具：90°外圆粗车刀、90°外圆精车刀、45°外圆车刀等。

（4）设备：CA6140A 车床。

（5）毛坯材料：45 钢，$\phi 50\,\text{mm} \times 92\,\text{mm}$ 毛坯若干。

二、操作程序

1. 图样阅读与分析

该零件名称为短光轴，材料为 45 钢，图样采用 1∶1 比例，毛坯尺寸为 $\phi 50\,\text{mm} \times 92\,\text{mm}$。图样比较简单，只用了一个主视图表达。主要尺寸有 $\phi 48_{-0.039}^{0}\,\text{mm}$、$90_{-0.15}^{0}\,\text{mm}$、$(30 \pm 1)\,\text{mm}$，三个尺寸均有公差要求，外圆接刀处径向圆跳动公差不大于 0.05 mm，两侧端面倒角 C1 mm。各表面粗糙度要求均为 $Ra\,3.2\,\mu\text{m}$。

2. 工艺分析

（1）采用自定心卡盘装夹。接刀处在 $(30 \pm 1)\,\text{mm}$ 处，因此，第一次装夹车削时，车削长度不能超过61 mm。另外，工件外圆接刀处径向圆跳动量不大于0.05 mm，所以掉头车削时要注意工件的找正。

（2）加工短光轴的车削顺序为：车平端面→粗车外圆→精车外圆→倒角→掉头找正→控制总长→粗车外圆→精车外圆→倒角。

（3）加工短光轴切削用量的选用见表1-2-5。

表1-2-5 加工短光轴切削用量的选用

切削用量	粗车	精车
背吃刀量 a_p（mm）	视加工要求而定	0.4~0.8
进给量 f（mm/r）	外圆：0.2~0.3 内孔：0.1~0.15	外圆：0.1~0.15 内孔：0.05~0.10
转速 n（r/min）	360~560	560~800

3. 刀具刃磨

使用90°外圆粗车刀、90°外圆精车刀、45°外圆车刀等刀具，具体刃磨方法详见培训项目1中车刀的刃磨。

4. 毛坯、刀具安装

（1）毛坯安装：用自定心卡盘装夹。

（2）刀具安装：具体刀具的安装方法详见本模块培训项目1培训单元2中车刀的装夹。

5. 加工

短光轴的车削加工步骤见表1-2-6。

表1-2-6 短光轴的车削加工步骤

步骤	图示	操作说明
1. 车平端面	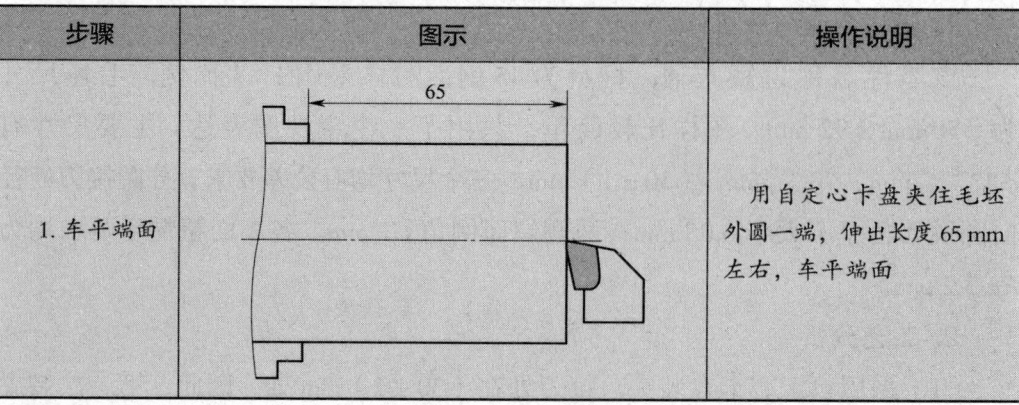	用自定心卡盘夹住毛坯外圆一端，伸出长度65 mm左右，车平端面

续表

步骤	图示	操作说明
2. 粗车外圆		粗车外圆至 $\phi 48.5$ mm，长度 60 mm ± 1 mm
3. 精车外圆		精车 $\phi 48_{-0.039}^{0}$ mm 外圆至图样尺寸要求，用外径千分尺测量
4. 倒角		用 45° 车刀倒角 $C1$ mm
5. 掉头找正，控制总长		掉头包铜皮，外圆找正，车平端面，控制总长为 $90_{-0.15}^{0}$ mm

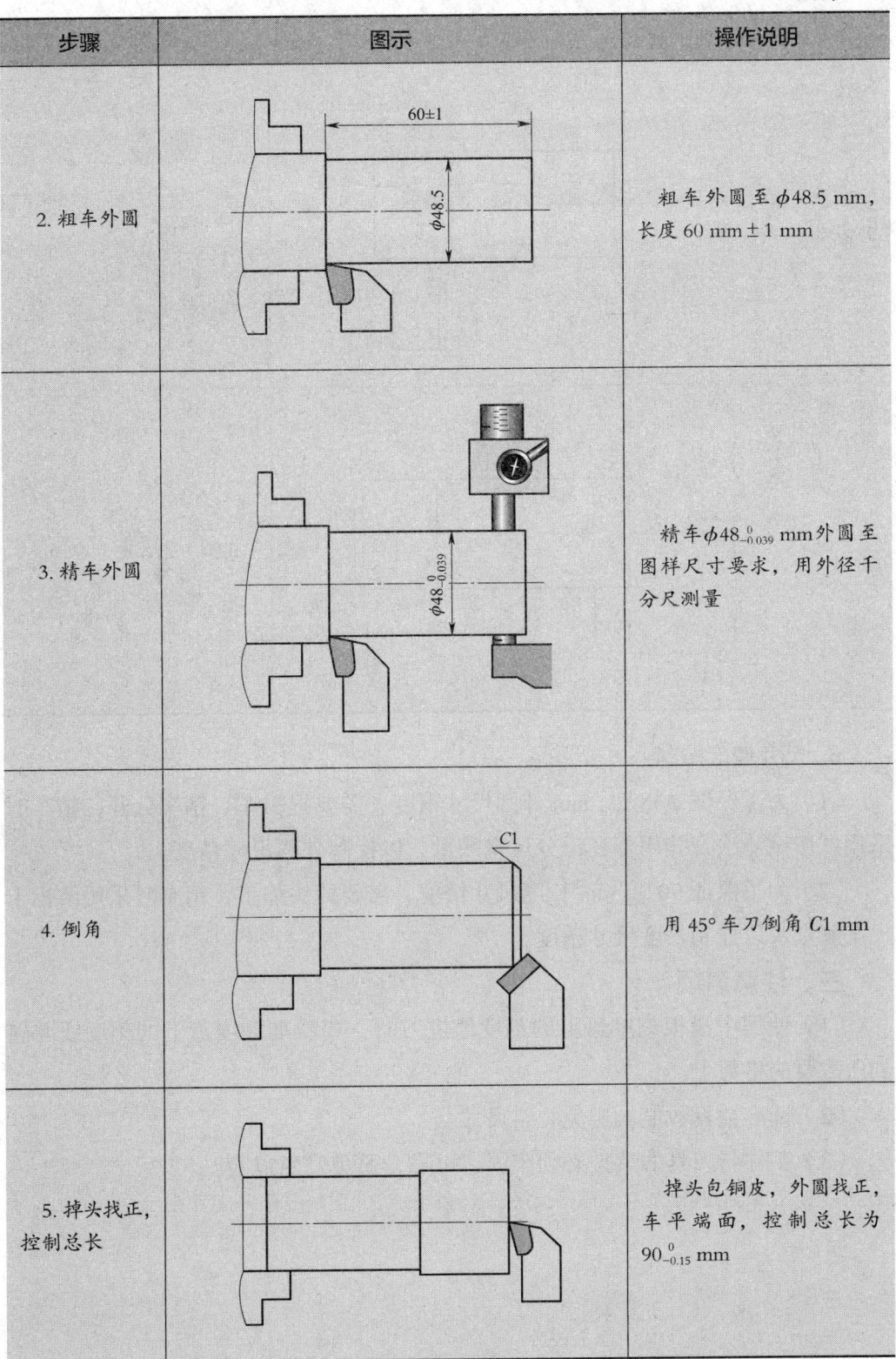

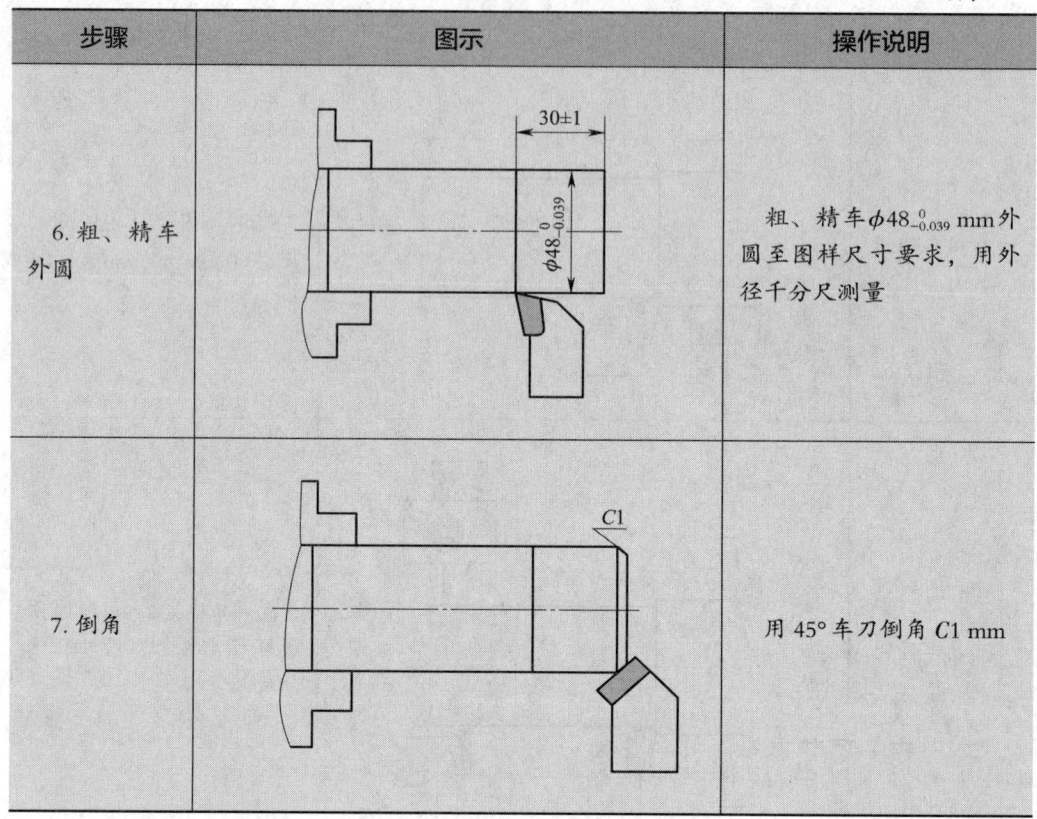

6. 尺寸精度控制

（1）为了保证 $\phi 48_{-0.039}^{0}$ mm 外圆尺寸精度，需要把粗车、精车分开，精车时采用试切试测法，并用外径千分尺来测量，以控制外圆尺寸精度。

（2）为了保证 $90_{-0.15}^{0}$ mm 长度尺寸精度，需要掉头加工，精车时采用游标卡尺来测量，以控制长度尺寸精度。

三、注意事项

（1）使用中滑板刻度盘上的刻度值进刀时，要看准刻度盘上的刻度线并转到所需要的格数上。

（2）读准量具数值，避免看错尺寸。

（3）工件与刀具的装夹必须牢固、可靠，避免发生危险。

培训单元 2　台阶轴的车削

能对 3～4 个台阶轴类工件进行装夹、加工,并能达到以下要求:
- 跳动公差:0.05 mm;
- 表面粗糙度:Ra 3.2 μm;
- 公差等级:IT8。

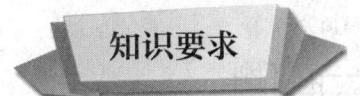

一、长轴类工件的装夹方法

1. 一夹一顶装夹

车削一般轴类工件,尤其是较重的工件时,可将工件的一端用自定心卡盘或单动卡盘夹紧,另一端用后顶尖支顶,如图 1-2-37a 所示,这种装夹方法称为一夹一顶装夹。为了防止由于进给力的作用而使工件产生轴向位移,可以在主轴前端锥孔内安装一限位支承,如图 1-2-37b 所示;也可利用工件的台阶(10～20 mm)进行限位,如图 1-2-37c 所示。如果不采用轴向限位支承,加工者必须随时要注意后顶尖的支顶松紧情况,并及时进行调整,以防发生事故。

一夹一顶装夹轴类工件比较安全可靠,刚度较好,在车削时能承受较大的进给力,且装夹的效率较高,是轴类零件加工常用的一种方法,该方法常用于粗车和半精车。但它的缺点是对于有相互位置精度要求的工件,掉头车削时找正比较困难,不适合用于多工序或工件掉头的精车加工。

(1)一夹一顶装夹车削应用场合、加工特点

1)应用场合。对于工件长度伸出较长,质量较大,端部刚度较差的工件,可采用一夹一顶装夹进行加工。

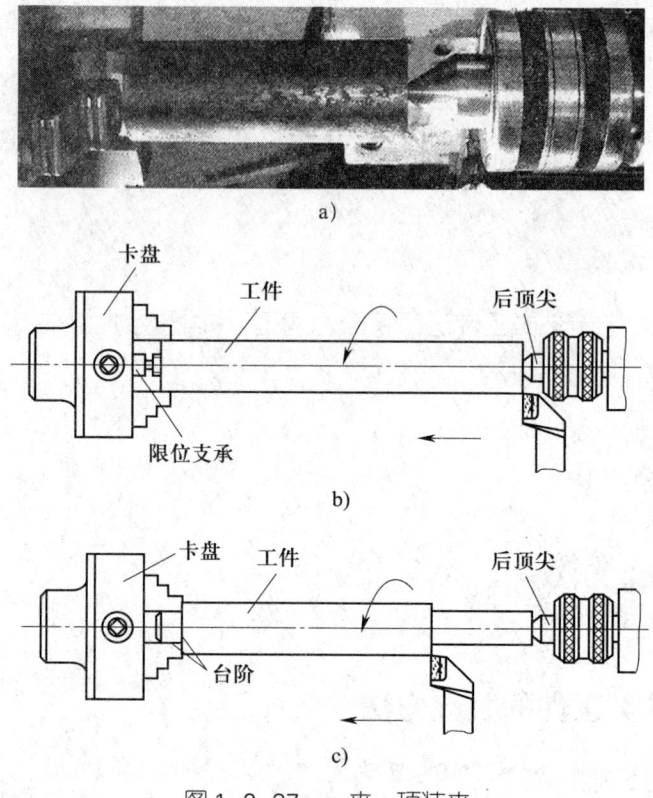

图1-2-37 一夹一顶装夹
a）实物装夹 b）用限位支承 c）利用工件的台阶限位

2）一夹一顶装夹工件的特点

①装夹比较安全、可靠，能承受较大的轴向切削力。

②安装刚度好，轴向定位正确。

③增强较长工件端部的刚度，有利于提高加工精度和表面质量。

④卡盘卡爪和顶尖重复限制工件的自由度，影响了工件的定位精度。

⑤尾座中心线与主轴中心线如产生偏移，车削时轴向容易产生锥度。

⑥较长的轴类零件中间刚度较差，需增加中心架或跟刀架，对操作者技能水平提出较高的要求。

综上所述，利用一夹一顶装夹加工零件时，工件的装夹长度尽量要短，要进行尾座偏移量的调整。

（2）一夹一顶装夹定位原理。两个或两个以上支承点重复限制同一个自由度，称为过定位。用一夹一顶方式装夹工件，当卡盘夹持部分较长时，卡盘限制了四个自由度 $\bar{y}$、$\bar{z}$、$\hat{y}$、$\hat{z}$（注"-"为移动，"⌒"为平动），后顶尖限制了两个自由度 $\hat{y}$、$\hat{z}$，重复限制了两个自由度 $\hat{y}$、$\hat{z}$。为了消除过定位，卡盘夹持部位应较短，只限制两个自由度 $\hat{y}$、$\hat{z}$，后顶尖限制两个自由度 $\hat{y}$、$\hat{z}$，是不完全定位。过定位对工件的定位精度有影响，一般要消除过定位。只有工件的定位基准、夹具的定位元件精度很高时，方可允许过定位存在。

2. 两顶尖装夹

对于较长的工件或必须经过多次装夹才能加工好的工件（如长轴、长丝杠等），以及工序较多、在车削后还要铣削或磨削的工件，为了保证每次装夹时的装夹精度，可用车床的前、后顶尖装夹。其装夹形式如图 1-2-38 所示，工件由前顶尖和后顶尖定位，用鸡心夹头夹紧并带动工件同步转动。

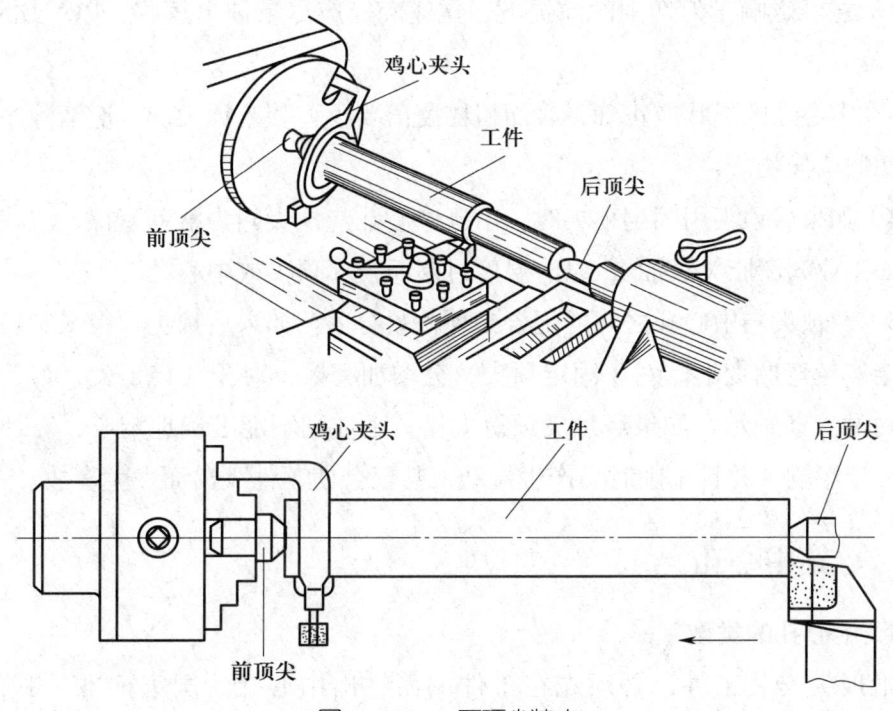

图 1-2-38　两顶尖装夹

（1）两顶尖装夹的特点

1）优点：可多次重复装夹，不需找正，定位精度高，装夹方便。

2）缺点：用两顶尖装夹工件，必须先在工件端面钻出中心孔，夹紧力较小。装夹的刚度低，承受切削力小，影响了切削用量的提高。

（2）两顶尖装夹的适用范围。车削尺寸精度要求较高或几何公差要求较高，且较长或必须经过多道工序才能完成的轴类工件，以及大批量生产为保证每次安装的精度时，可用两顶尖装夹工件。

（3）两顶尖装夹工件时的注意事项

1）前、后顶尖轴线应重合，后顶尖的中心线应在车床主轴轴线上，否则车出的工件会产生锥度，如图1-2-39所示。

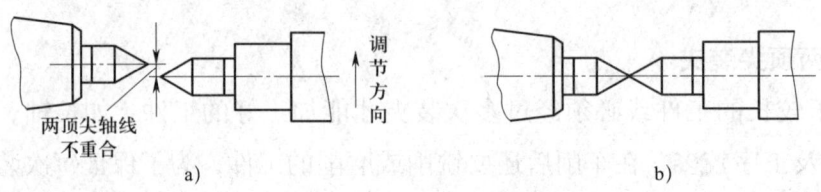

图1-2-39　前、后顶尖轴线重合
a）不正确　b）正确

2）在不影响车刀切削的前提下，尾座套筒应尽量伸出短些，以增加刚度，减少振动。

3）中心孔的形状应正确，表面粗糙度值要小。装入顶尖前，应清除中心孔内的切屑或异物。

4）如果后顶尖用固定顶尖时，由于中心孔与顶尖间为滑动摩擦，应在中心孔内加工业润滑脂（黄油），以防温度过高而损坏顶尖或中心孔。

5）两顶尖与中心孔之间的配合必须松紧合适。如果后顶尖顶得太紧，细长工件会产生弯曲变形。对于固定顶尖，会增加摩擦；对于回转顶尖，容易损坏顶尖内的滚动轴承。如果后顶尖顶得太松，工件则不能准确地定心，对加工精度有一定影响，并且车削时易产生振动，甚至会使工件飞出而发生事故。

二、钻中心孔

1. 中心孔的类型

用顶尖安装工件，必须先在工件端面钻出中心孔。国家标准《中心孔》（GB/T 145—2001）规定，中心孔有A型（不带护锥）、B型（带护锥）、C型（带护锥和螺纹）和R型（弧形）四种，如图1-2-40所示。

（1）A型中心孔由圆锥孔和圆柱孔两部分组成。圆锥孔的圆锥角为60°，与顶尖锥面配合，因此锥面表面质量要求较高。该型中心孔适用于精度要求一般、不需要多次装夹或不保留中心孔的工件。

（2）B型中心孔是在A型中心孔的端部多一个120°的圆锥面，目的是保护60°锥面，不让其拉毛、碰伤。该型中心孔适用于精度要求较高、工序较多、需多次装夹加工的零件。

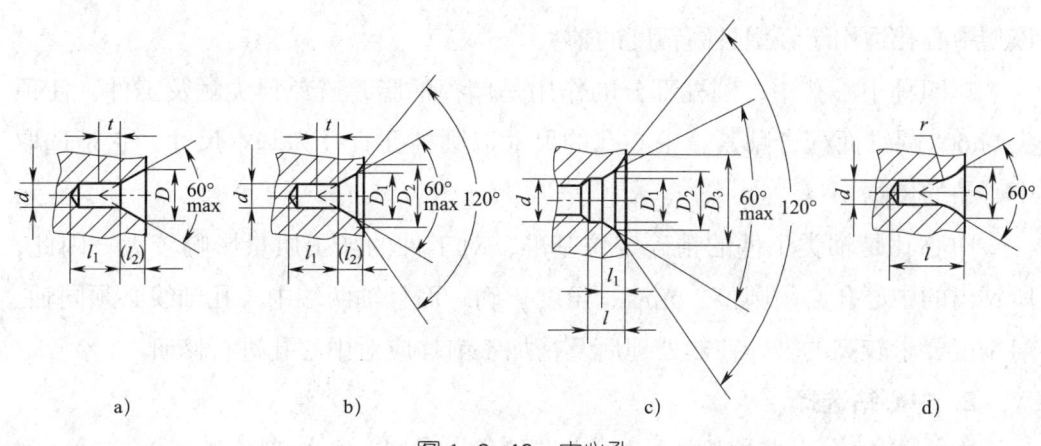

图 1-2-40 中心孔
a) A 型 b) B 型 c) C 型 d) R 型

（3）C 型中心孔是在 B 型中心孔的 60° 锥孔后加一短圆柱孔，里端有一个比圆柱孔还要小的内螺纹。该型中心孔适用于需要把其他零件轴向固定在轴上的情况，或需将零件吊挂放置的情况。

加工 C 型中心孔，需要通过钻螺纹底孔和短圆柱孔（见图 1-2-41a、图 1-2-41b）、攻内螺纹（见图 1-2-41c）、用锪钻加工出 60° 锥面（见图 1-2-41d）、锪 120° 锥面（见图 1-2-41e）来完成。其中，60°、120° 锥面也可用改制的 B 型中心钻钻出，如图 1-2-41f 所示。

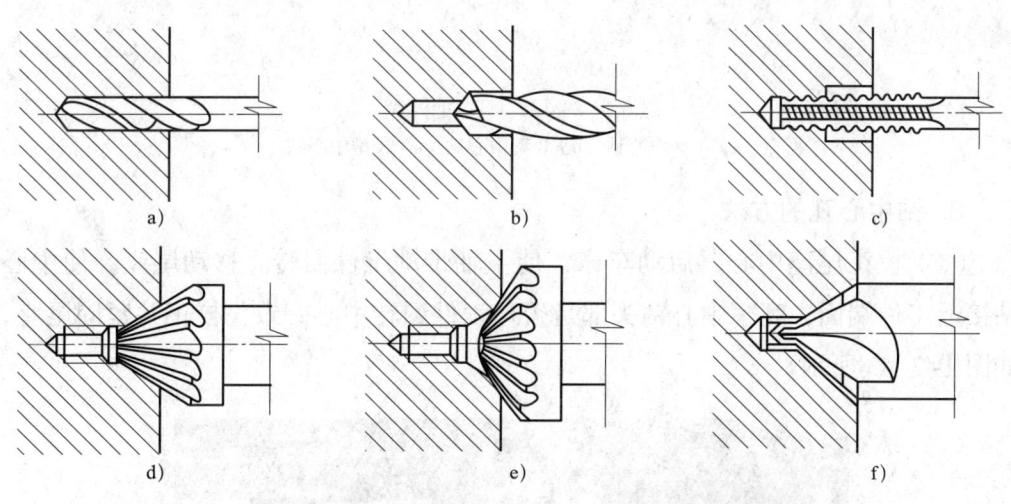

图 1-2-41 C 型中心孔的加工
a) 钻螺纹底孔 b) 钻短圆柱孔 c) 攻内螺纹 d) 锪 60° 锥面
e) 锪 120° 锥面 f) 用 B 型中心钻加工锥面

（4）R 型中心孔的形状与 A 型中心孔相似，只是将 A 型中心孔的 60° 圆锥改成圆弧面，以减少中心孔与顶尖的接触面积，减少摩擦力，提高定位精度。

该型中心孔适用于轻型且高精度的轴。

在四种中心孔中，圆柱部分的作用是储存油脂，避免顶尖触及工件，使顶尖与60°圆锥面配合贴紧。中心孔的尺寸以圆柱孔直径为基本尺寸，它是选取中心钻的依据。

中心孔是轴类工件的精确定位基准，对工件的加工质量影响较大。因此，所钻出的中心孔必须圆整、光洁、角度正确，而且轴两端中心孔轴线必须同轴。对精度要求较高的轴，在热处理后及精加工前均应对中心孔进行修研。

2. 中心钻选择

中心钻分为不带护锥（A型）、带护锥（B型）和R型（弧形）三种，如图1-2-42所示。

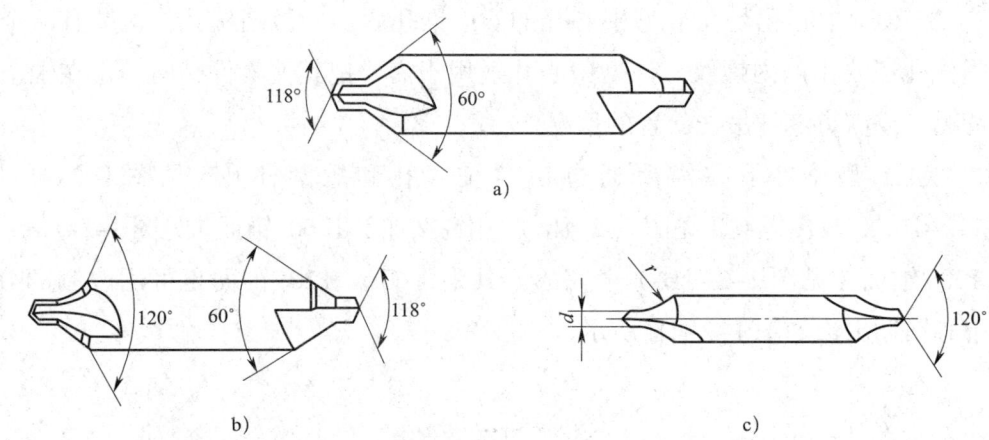

图1-2-42 中心钻种类
a）A型中心钻 b）B型中心钻 c）R型中心钻

3. 钻中心孔的方法

（1）校正尾座中心，启动车床，使主轴带动工件回转。移动尾座，使中心钻接近工件端面，观察中心钻头部是否与工件回转中心一致，校正并紧固尾座，如图1-2-43所示。

图1-2-43 钻中心孔

（2）切削用量的选择和钻削。由于中心钻直径小，钻削时应取较高的转速（一般取 900~1 120 r/min），进给量应小而均匀（一般为 0.05~0.2 mm/r）。手摇尾座手轮时切勿用力过猛，当中心钻钻入工件后应及时加注切削液冷却润滑。钻毕，中心钻在孔中应稍作停留再退出以修光中心孔，提高中心孔的形状精度和表面质量。

（3）中心钻折断的原因。钻中心孔时，由于中心钻切削部分的直径很小，承受不了过大的切削力，稍不注意就会使中心钻折断。中心钻折断的原因有以下几点：

1）中心钻轴线与工件旋转中心不一致，使中心钻受到一个附加力。

2）工件端面没车平，或中心留有凸头，中心钻不能正确定心。

3）切削用量选用不合适，如工件转速过低而中心钻进给太快。

4）中心钻磨损以后，钻孔时强行钻入工件。

5）没有浇注充分的切削液或没及时清除切屑，影响顺利排屑，使切屑堵塞在中心孔内而挤断中心钻。

三、台阶轴的加工工艺

1. 台阶轴的加工特点

车台阶轴实际上是车外圆和车端面的综合，有纵向进给和横向进给两种方式。当台阶轴的第一段长度较短时，可先横向进给车削，再纵向进给车削；当台阶轴的某段长度较长或表面尺寸精度要求较高时，则采用先纵向进给再横向进给车削的方法，以保证台阶端面与工件轴线的垂直度及表面粗糙度。

车削台阶的方法与车削外圆基本相同，但在车削时应兼顾外圆直径和台阶长度两个方向的尺寸要求，还必须保证台阶端面与工件轴线的垂直度要求。

2. 车削台阶轴的方法

（1）低台阶（高度为 5 mm 及以下的台阶）轴的车削。台阶轴的低台阶外圆可以使用 90° 外圆车刀一次进给车出，如图 1-2-44a 所示，并且装刀时要使主切削刃和工件轴线垂直。

（2）高台阶（高度为 5 mm 以上的台阶）轴的车削。台阶轴的高台阶外圆要用分层切削的方法进行车削。粗车时，采用多次进给来完成高台阶轴的车削。在最后一次精车进给时，为保证台阶端面和工件轴线垂直，车刀在纵向进给结束后，用手摇动中滑板手柄，使车刀逐渐均匀退出，把台阶端面一次车削成形，如图1-2-44b所示。

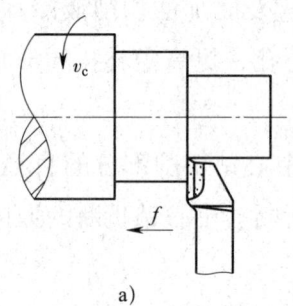 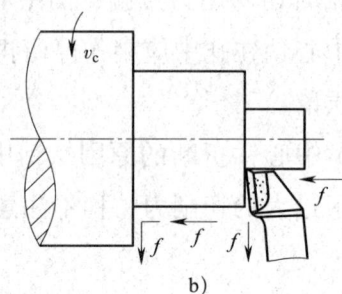

图1-2-44 台阶的车削方法
a）低台阶轴车削 b）高台阶轴车削

车削台阶时一般分粗、精车进行。先粗车，从大台阶到小台阶逐级车削；再精车，从小台阶到大台阶逐级车削。

（3）台阶长度的测量和控制方法

1）测量时，一般选用钢直尺、游标深度尺、外径千分尺。

2）利用大滑板刻度盘控制长度。

（4）注意事项

1）台阶和外圆相交处要清除小台阶。

2）精车时，为了保证外圆与台阶处的垂直度，车刀应由里向外横向车削端面。主轴未停止转动，不能使用量具测量工件。

3）最好在车床上测量并读数，如要取下量具读数，应把紧固螺钉拧紧后，再取下。

3. 台阶轴切削用量的选择（见表1-2-7）

表1-2-7 台阶轴切削用量的选择

序号	加工内容	加工刀具	主轴转速（r/min）	背吃刀量（mm）	进给量（mm/r）	备注
1	端面	45°外圆车刀	500～600	0.1～1	0.1	硬质合金
2	切断	切断刀	350～400	3～4	0.15～0.2	硬质合金
3	粗车	90°外圆粗车刀	700～800	2～3	0.2～0.3	硬质合金
4	钻中心孔	φ3 mm 中心钻	800～1 000	1.5	0.2	高速钢
5	精车	90°外圆精车刀	1 000～1 200	0.3～0.5	0.08～0.1	硬质合金

4. 积屑瘤的处理

在一定的条件下切削塑性金属，刀具切削刃附近的前面上黏附着一块很硬的金属堆积物，这就是积屑瘤，如图 1-2-45 所示。研究证明，积屑瘤材料主要来自切屑底层，少量来自工件。

为避免积屑瘤应采用高速切削或低速切削。另外，增大刀具前角，研磨前面和使用切削液，可以减小切削变形，减小刀具与前面的摩擦，从而避免积屑瘤的产生。一般情况下，积屑瘤的存在弊多利少，精加工时应完全避免积屑瘤，粗加工时可以利用积屑瘤保护刀尖。

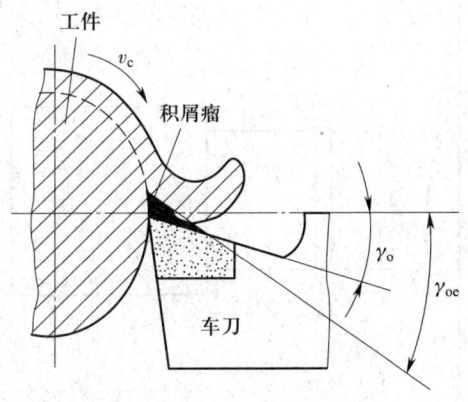

图 1-2-45　车刀上的积屑瘤

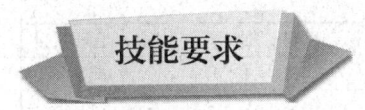

操作技能　车 4 个台阶的轴类工件

一、工作准备

1. 零件图样与加工要求

试加工如图 1-2-46 所示台阶轴零件，要求用一夹一顶装夹方法进行装夹加工，尺寸精度和表面粗糙度符合图样要求。

2. 工具、设备、材料准备

（1）工具：垫片、刀架钥匙、卡盘钥匙、钻夹头、顶尖、划针、磁性表座、铜皮、油枪、棉纱等。

（2）量具：游标卡尺、外径千分尺、钢直尺、百分表等。

（3）刀具：中心钻、90°外圆粗车刀、90°外圆精车刀、45°外圆车刀等。

（4）设备：CA6140A 车床。

（5）毛坯材料：45 钢，$\phi 35$ mm × 125 mm 毛坯若干。

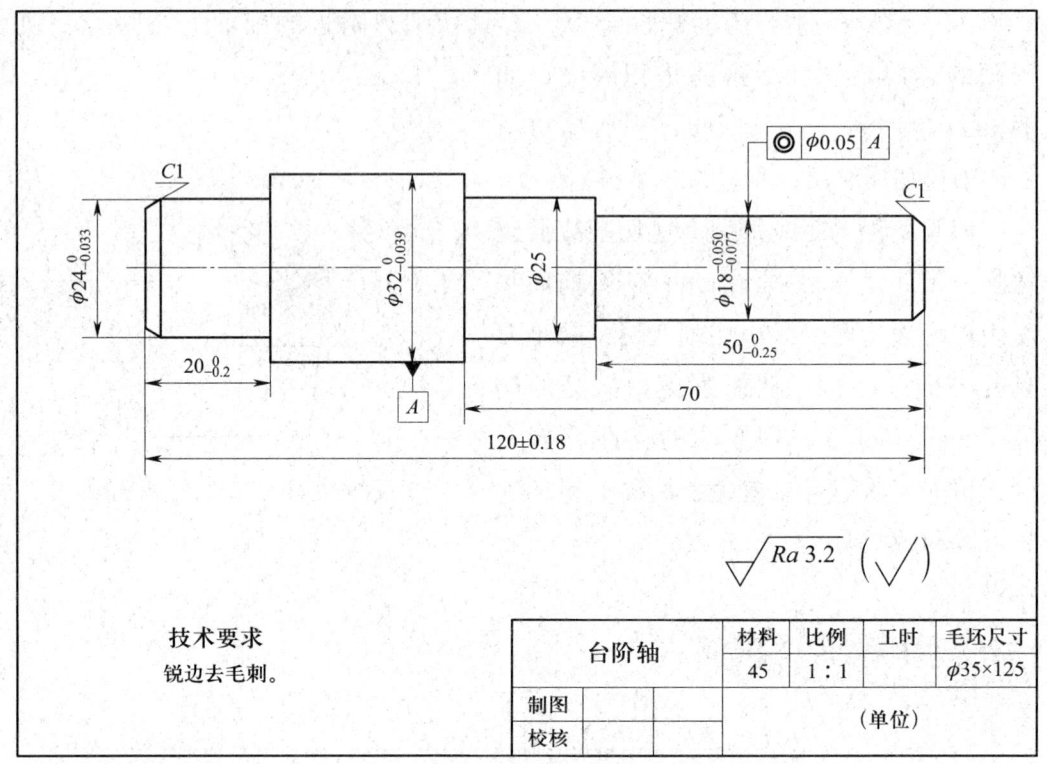

图 1-2-46 台阶轴零件图

二、操作程序

1. 图样阅读与分析

该零件名称为台阶轴，材料为45钢，图样采用1：1比例，毛坯尺寸为$\phi 35$ mm×125 mm。零件比较简单，只用了一个主视图表达。主要尺寸有$\phi 32_{-0.039}^{0}$ mm、$\phi 25$ mm、$\phi 24_{-0.033}^{0}$ mm、$\phi 18_{-0.077}^{-0.050}$ mm、(120 ± 0.18) mm、$50_{-0.25}^{0}$ mm、70 mm、$20_{-0.2}^{0}$ mm、2处倒角$C1$ mm。$\phi 18_{-0.077}^{-0.050}$ mm外圆轴线相对于基准$\phi 32_{-0.039}^{0}$ mm外圆轴线的同轴度公差为0.05 mm。各表面粗糙度要求均为Ra 3.2 μm。

2. 工艺分析

（1）因工件外圆$\phi 18_{-0.077}^{-0.050}$ mm与$\phi 32_{-0.039}^{0}$ mm有同轴度要求，所以必须在一次装夹中车出，因而应采用一夹一顶的装夹方法。

（2）加工台阶轴的车削顺序为：车平端面→钻中心孔→粗、精车右端各级外圆→倒角、去毛刺→掉头找正→控制总长→粗、精车左端外圆→倒角、去毛刺。

（3）加工台阶轴切削用量的选用见表1-2-8。

表 1-2-8 加工台阶轴切削用量的选用

切削用量	粗车	精车
背吃刀量 a_p（mm）	视加工要求而定	0.4~0.8
进给量 f（mm/r）	外圆：0.2~0.3 内孔：0.1~0.15	外圆：0.1~0.15 内孔：0.05~0.10
转速 n（r/min）	360~560	560~800

3. 刀具刃磨

该零件需使用90°外圆粗车刀、90°外圆精车刀、45°外圆车刀等刀具，具体刃磨方法详见本模块培训项目1中车刀的刃磨。

4. 毛坯、刀具安装

（1）毛坯安装：采用一夹一顶装夹。

（2）刀具安装：具体刀具的安装方法详见本模块培训项目1中车刀的装夹。

5. 加工

台阶轴的车削加工步骤见表1-2-9。

表 1-2-9 台阶轴的车削加工步骤

步骤	图示	操作说明
1. 车平端面，钻中心孔	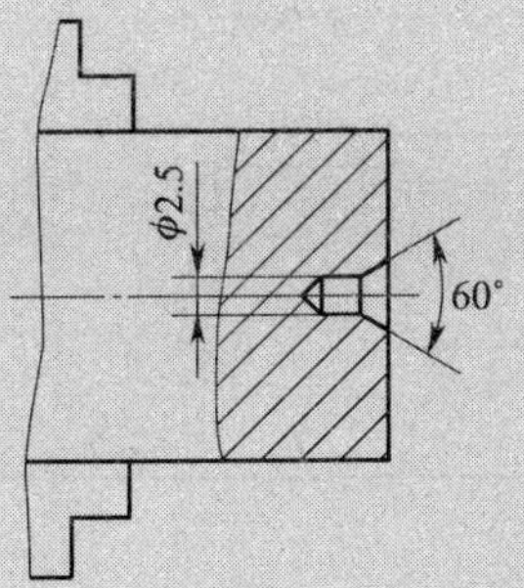	自定心卡盘夹住毛坯工件外圆一端，伸出长度约25 mm，车平端面，钻中心孔
2. 粗、精车右端各级外圆	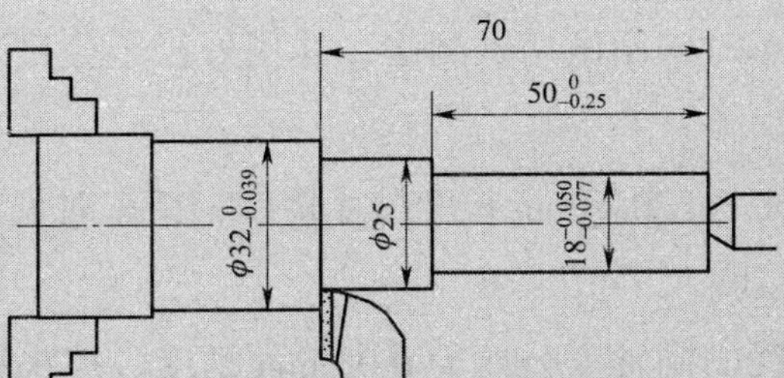	采用一夹一顶装夹，保证工件伸出长度大于105 mm，粗、精车外圆 $\phi32_{-0.039}^{0}$ mm、$\phi25$ mm、$\phi18_{-0.077}^{-0.050}$ mm 至图样尺寸要求

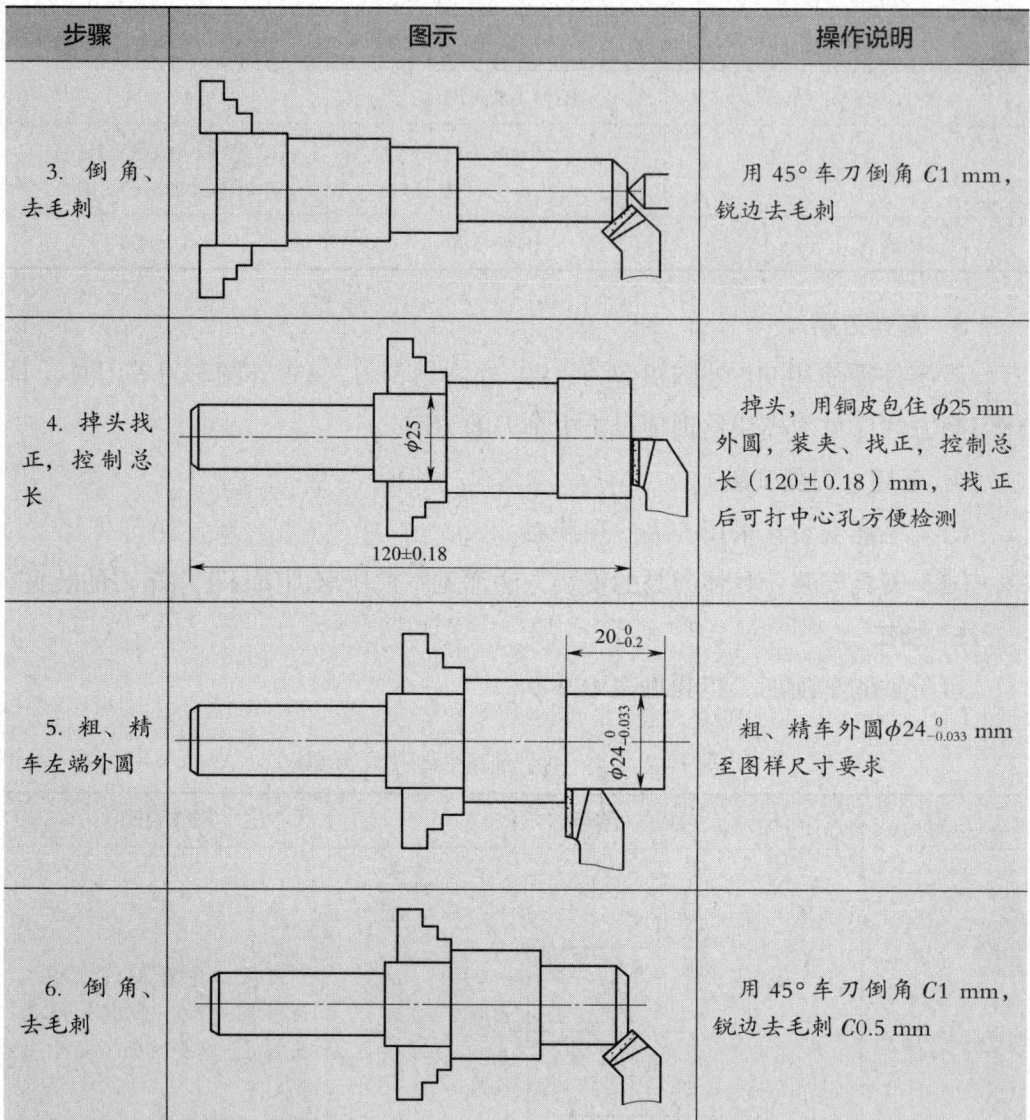

6. 尺寸精度控制

（1）为了保证 $\phi32_{-0.039}^{0}$ mm、$\phi24_{-0.033}^{0}$ mm、$\phi18_{-0.077}^{-0.050}$ mm 外圆尺寸精度，需要把粗车、精车分开，精车时采用试切试测法，并用外径千分尺来测量，以控制外圆尺寸精度。

（2）为了保证 $50_{-0.25}^{0}$ mm 和 $20_{-0.2}^{0}$ mm 长度尺寸精度，精车时需使用游标卡尺来测量，以控制长度尺寸精度。

（3）为了保证外圆轴线的同轴度公差为 0.05 mm 精度，掉头加工时要使用百分表进行找正，确保工件的同轴度达到精度要求。

三、注意事项

1. 一夹一顶装夹加工时要注意调整尾座，应使后顶尖的中心线与车床主轴轴线重合，否则车出的工件会产生锥度。

2. 在不影响车刀切削的前提下，尾座应尽量伸出短些，以增加刚度，减少振动。

3. 顶尖与中心孔的配合必须松紧合适，加工过程中及时检查。后顶尖顶得太紧，对于固定顶尖会增加摩擦，对于回转顶尖容易损坏顶尖的滚动轴承。如果顶尖顶得太松，工件则不能准确地定心，对于加工精度有一定影响，并且车削时容易产出振动，甚至会使工件飞出而发生事故。

培训项目 3 精度检验与误差分析

培训单元 1 简单轴类精度检验

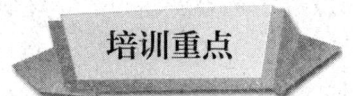

→ 能使用常用量具对轴类工件进行测量。
→ 能对简单轴类进行精度检验。

一、游标卡尺的使用

游标卡尺是指示量具,如图 1-3-1 所示,可以直接测量出工件的外径尺寸、内径尺寸和深度尺寸。游标卡尺的游标分度值有 0.02 mm、0.05 mm、0.10 mm 三种。它是一种适合于测量中等精度尺寸的量具。

1. 游标卡尺的使用步骤

游标卡尺的使用步骤如图 1-3-2 所示。

(1) 测量前,应检查校对零位的准确性。擦净游标卡尺量爪两测量面,并将两测量面接触贴合,如无透光现象且尺身与游标的零线正好对齐,说明游标卡尺零位准确。否则,说明游标卡尺的内测量面已有磨损,测量的示值不准确,必须对读数进行相应的修正。

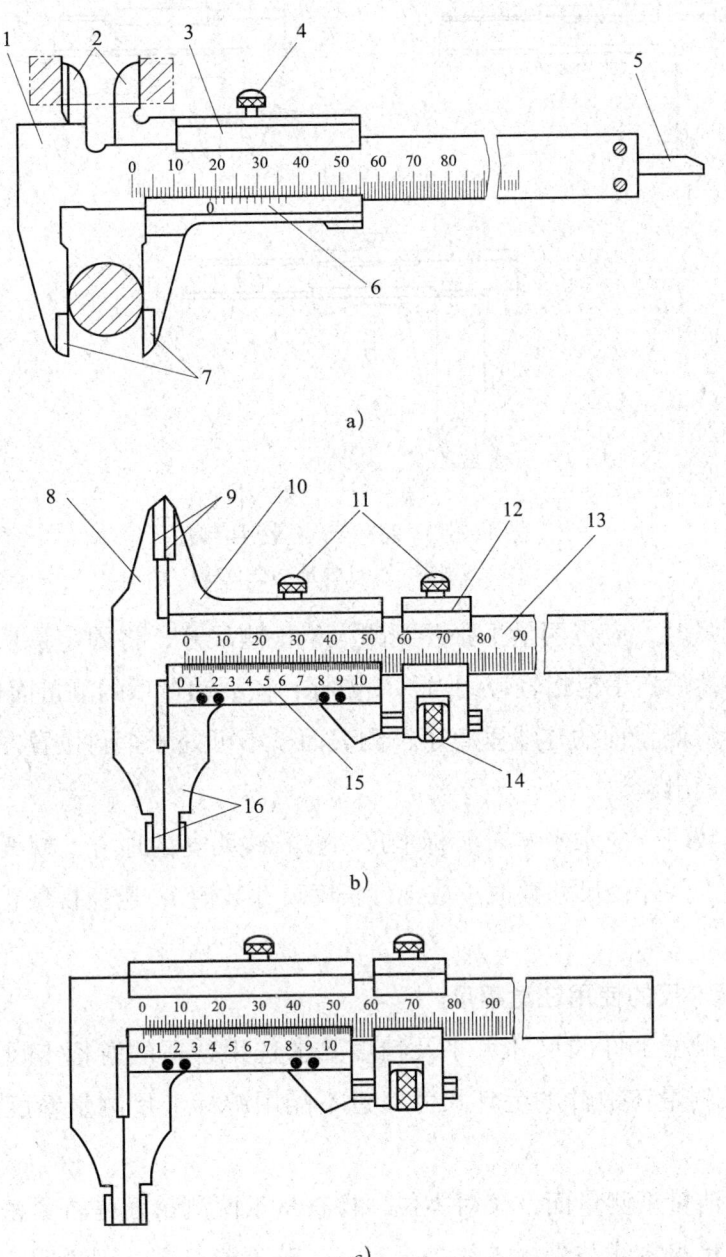

图 1-3-1 游标卡尺

a) 0~125 mm 游标卡尺   b) 0~200 mm 和 0~300 mm 游标卡尺   c) 大于 300 mm 游标卡尺

1、8—尺身   2、9—上量爪   3、10—尺框   4、11—紧固螺钉   5—深度尺   6—游标
7、9—下量爪   12—微动装置   13—主尺   14—微动螺母

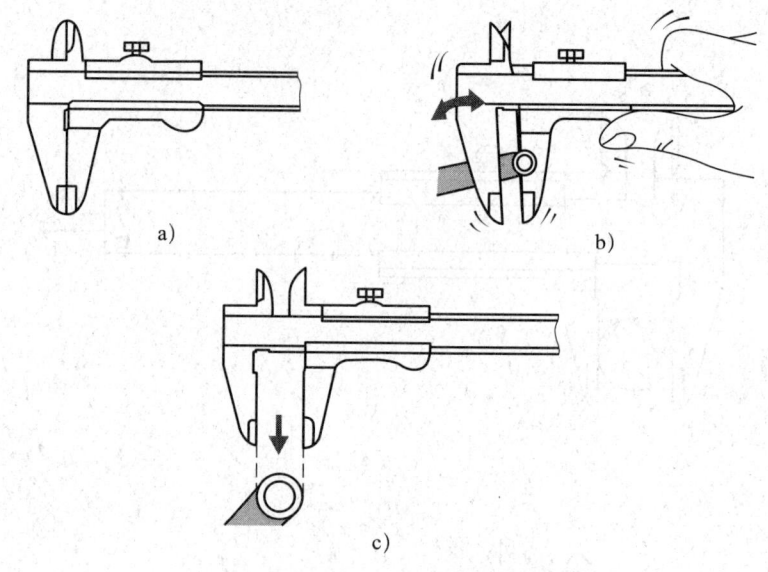

图 1-3-2 游标卡尺的使用步骤
a）校对零位 b）测量 c）读数

（2）测量时，应将两量爪张开到略大于被测尺寸，将固定量爪的测量面贴靠着工件，然后右手拇指轻轻用力移动游标，使活动量爪的测量面也紧靠工件，并使游标卡尺测量面的连线垂直于被测表面，不可处于歪斜位置。然后把紧固螺钉拧紧，读出读数。

（3）读数时，应水平拿着游标卡尺，在光线明亮的地方，视线垂直于刻线表面，读出工件外径尺寸数值（或工件长度尺寸数值），避免视线歪斜造成读数误差。

2. 游标卡尺的使用注意事项

（1）应根据工件的尺寸大小及精度要求选用合适的游标卡尺。不能直接用游标卡尺测量铸锻件的毛坯尺寸，也不能用游标卡尺测量精度要求过高的工件。

（2）清洁量爪测量面，校对零位，检查量爪两测量面是否紧密贴合，有无明显光隙，尺身零线与游标零线是否对齐。若不能对齐，则说明有零误差（或称系统误差）。

（3）检查各部件的相互作用，如尺框和游标移动是否灵活，紧固螺钉能否起作用。测量时，推动尺框的用力不要过大。

（4）测量结束后要把游标卡尺平放，尤其是大尺寸的游标卡尺更应注意，否则尺身易弯曲变形。

（5）带深度尺的游标卡尺用完后，要把量爪合拢，否则深度尺露在外边易变形甚至折断。

（6）游标卡尺使用完毕，要擦净上油，放到卡尺盒内，以免锈蚀或弄脏。

3. 其他游标量具

（1）游标深度卡尺。用于测量孔、槽的深度、台阶的高度。

（2）游标高度卡尺。用于测量工件的高度和进行划线，更换不同的卡脚，可以适应不同的需要。

（3）带表游标卡尺。带表游标卡尺的外形与普通游标卡尺相似。用表式机构代替游标读数，测量准确、迅速，提高了测量精度。

（4）数显游标卡尺。可以直观地读出所测量的数值，精度较高，但对水、切削液、机油比较敏感，容易影响精度稳定性。

二、外径千分尺的使用

千分尺是一种比游标卡尺更精密的量具，其分度值为 0.01 mm。千分尺的测量范围有 0~25 mm、25~50 mm、50~75 mm 等规格。千分尺的种类很多，按用途分有外径千分尺、深度千分尺、内测千分尺、螺纹千分尺和壁厚千分尺等。

外径千分尺的主要用途是测量工件的外径，当然也可测量一些外形尺寸。外径千分尺如图 1-3-3 所示。

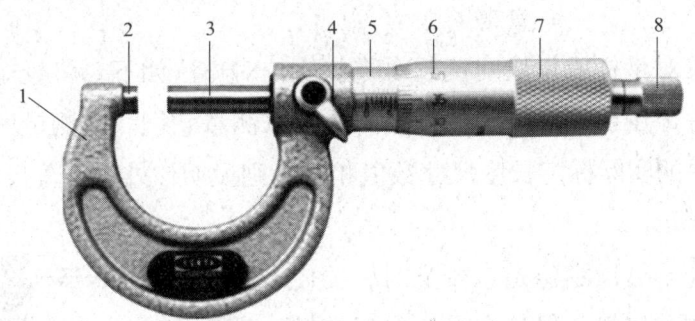

图 1-3-3 外径千分尺
1—尺架 2—测砧 3—测微螺杆 4—锁紧装置 5—固定套筒
6—微分筒 7—旋钮 8—测力装置

1. 外径千分尺的校对

外径千分尺的常用校对工具如图 1-3-4 所示。

图 1-3-4 外径千分尺的常用校对工具
a）校对量杆 b）调零扳手

使用外径千分尺时先要检查其零位是否已校准，因此先松开锁紧装置，清除油污，特别是测砧的测量面和测微螺杆的测量面要清洗干净（小技巧：可用一张干净的白纸放在两测量面之间，待旋动测力装置手感到位时，用力向外抽出白纸，可多次重复一直到白纸无油污，两测量面干净为止），然后检查微分筒的端面是否与固定套筒上的零刻度线重合，若不重合应先旋转旋钮，直至测微螺杆将要接近测砧时，旋转测力装置，当测微螺杆刚好与测砧接触时会听到"咔咔"声，这时停止转动。如两零刻度线仍不重合（两零刻度线重合的标志：微分筒的端面与固定套筒上的零刻度线重合，且微分筒上的零刻度线与固定套筒上的基准线重合），可将固定套筒上的小螺钉松动，用调零扳手调节固定套管的位置，使两零线对齐，再把小螺钉拧紧。不同厂家生产的外径千分尺的调零方法不一样，这里仅是其中一种调零的方法。

也可用校对量杆或量块间接校对零位。校对方法如下：将校对量杆或量块当作被测工件，用要校对零位的外径千分尺来测量它们。若测量所得数值与校对量杆或量块的实际标定长度尺寸数值相同，则说明该外径千分尺的零位准确，如图 1-3-5 所示。

检查外径千分尺零位是否校准时，要使测微螺杆和测砧接触，偶尔会发生向后旋转测力装置两者不分离的情形。这时可用左手手心用力顶住尺身上测砧的左侧，右手手心顶住测力装置，再用手指沿逆时针方向旋转旋钮，可以使测微螺杆和测砧分开。

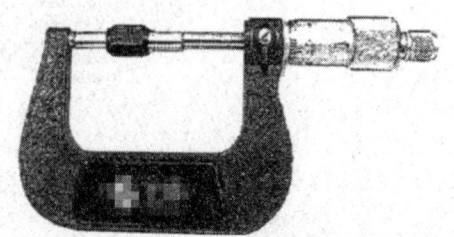

图 1-3-5 用校对量杆校对外径千分尺零位

2. 外径千分尺的使用方法

（1）测量前应检查零位的准确性。外径千分尺的测量面应保持干净，使用前应校对尺寸；使两测量面合拢，检查测量面间是否密合，同时观察微分筒上的零线与固定套筒上的基准线是否对齐。

（2）测量时，可单手或双手握持外径千分尺对工件进行测量。单手握测时旋转力要适当，先转动微分筒，当测量面接近工件时，改用测力装置，直到测力装置发出"咔咔"声为止，此时已得到合适的测量力，可读取数值。

（3）测量时，外径千分尺要放正。如需取下外径千分尺读数时，先锁紧测微螺杆，再轻轻取下外径千分尺，以防尺寸变动产生测量误差，并注意温度对测量精度的影响。

3. 外径千分尺使用与保存注意事项

（1）不能用外径千分尺测量毛坯或转动中的工件。

（2）外径千分尺用完后应擦净，并将测量面涂油防锈。

（3）不可与工具、刀具和工件混放，用好后须放入专用盒内。

（4）应定期送计量部门进行精度鉴定。

三、百分表的使用

1. 百分表的使用技巧

（1）为了使百分表能够在各种场合下顺利地进行测量，在专用检验工具上检验工件精度时，应把百分表装夹在磁性表座或万能表座上，如图 1-3-6a 所示。表架应放在平板、工作台或某一平整位置上，如图 1-3-6b、c 所示。百分表在表架上的上、下、前、后位置可以任意调节。使用时注意，百分表的测头应垂直于被检测的工件表面。

（2）把百分表套筒装夹在表架紧固套内时，夹紧力不要过大，夹紧后测量杆应能平稳、灵活地移动，无卡滞现象。

（3）百分表装夹后，在未松开紧固套之前不要转动表体，如需转动表的方向时应先松开紧固套。

（4）测量时，应轻轻提起测量杆，把工件移至测头下面，缓慢下降，测头与工件接触，不准把工件强行推入至测头下，也不得急剧下降测头，以免产生瞬时冲击力带来测量误差。测头与工件的接触方法如图 1-3-7 所示。对工件进行调整时，也应按上述方法进行。

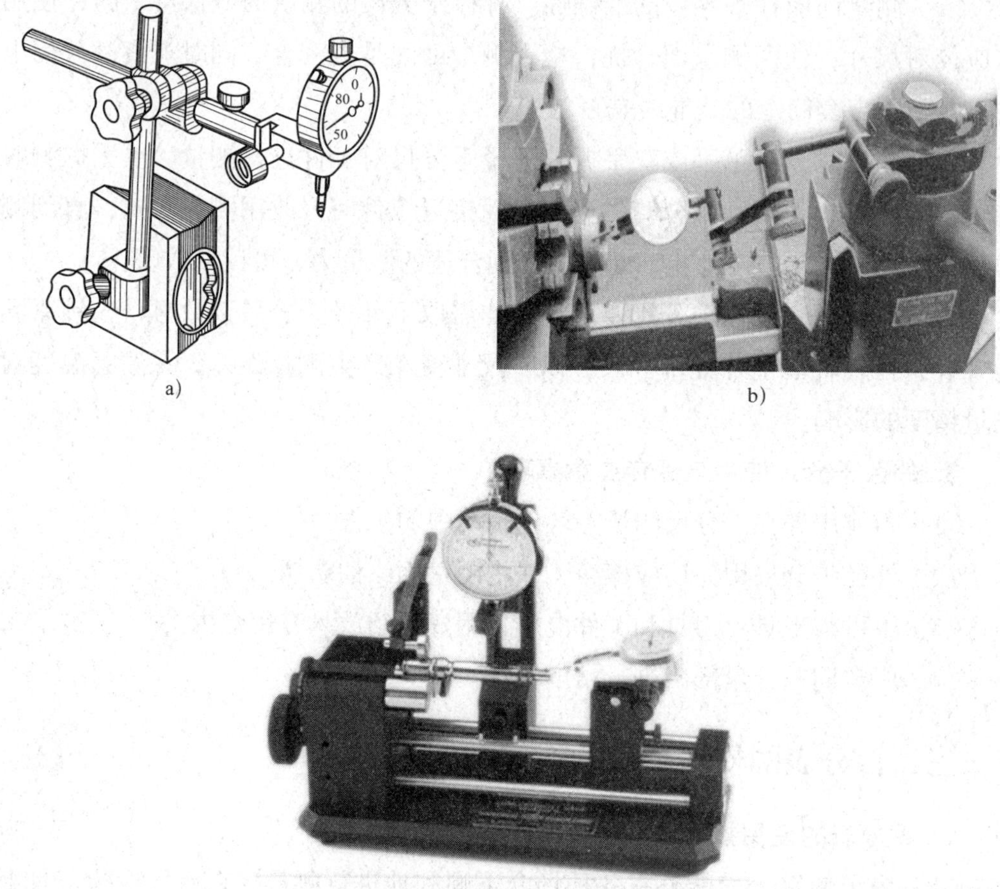

图 1-3-6 百分表表架

a）百分表夹在磁性表座 b）表架放在车床上 c）表架放在专用检验平台上

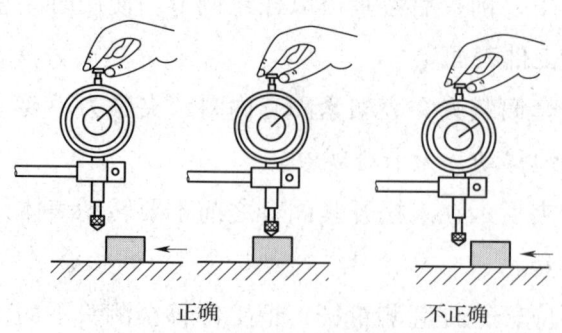

图 1-3-7 测头与工件的接触方法

（5）用百分表校正或测量工件时，应当使测量杆有一定的初始测量压力。即当测头与工件表面接触时，测量杆应有 0.3～1 mm 的压缩量，使指针转过半圈左右，然后转动表圈，使表盘的零位刻线对准指针。轻轻地拉动测量杆上端的挡帽，拉起和放松几次，检查指针所指零位有无改变。当指针零位稳定后，再开始测量或校正工件的工作。如果是校正工件，此时开始改变工件的相对位置，读出指针的偏摆值，就是工件安装的偏差数值。

（6）百分表的读数方法：先读小指针转过的刻度线（即毫米整数），再读大指针转过的刻度线（即小数部分），并乘以 0.01，然后两者相加，即得到所测量的数值。

2. 百分表的使用注意事项

（1）保持百分表的清洁，测量前、后都必须擦干净。

（2）使用时应先校对零位，若零位未对齐，应根据原始误差修正测量读数。

（3）从百分表上读取测量值，应在工件未取下前进行，读完后松开百分表，再取下工件。

（4）百分表只适用于测量精确度较高的尺寸，不能测量毛坯面，更不能在加工工件转动时进行测量。

四、量具维护保养

1. 游标卡尺

（1）游标卡尺是机械加工中常用的计量器具之一，使用前应先将工件表面的油垢及灰尘擦净，去掉毛刺，擦净游标卡尺量爪测量面，以保证测量准确度。测量完不要用力抽出游标卡尺及在工件上拖拉游标卡尺。

（2）不能用游标卡尺测量正在运动或炽热的工件，也不要将游标卡尺放在强磁场附近，以免受磁力线影响而磁化。

（3）使用完毕，应将游标卡尺及测量面擦拭干净，长期不用应在测量面上涂防锈油，然后放在卡尺盒内。大尺寸游标卡尺应平放而不能竖放，防止尺身弯曲变形。

2. 外径千分尺

（1）当测量完毕，应将外径千分尺放在安全的地方，不要放在机床经常活动的部位，以免将外径千分尺撞坏或挤坏。

（2）外径千分尺要远离磁场，防止被磁化影响测量精度。

（3）外径千分尺不用时，应用干净的棉布将各个部位擦拭干净，慢慢转动微分筒或测力装置，使外径千分尺处于零值附近的状态后，将其放入尺盒中。

（4）定期交由计量人员进行维修和保养。

3. 百分表

（1）百分表要轻拿轻放，不要过多来回拨动测头，以防机件磨损。不要使测头跌落，以免产生瞬间冲击力而损坏测头。

（2）不要使百分表受到剧烈振动，不得敲打表的任何部位。

（3）避免任意拆卸百分表的后盖，防止灰尘或潮气侵入表内。禁止水、油或其他液体浸入表内。

（4）百分表使用完毕，要把其擦净放回专用盒内，但不得在测量杆上涂凡士林或机油，否则会使测量杆和套筒黏结，造成测量杆运动不灵活。

（5）百分表不用时应让测量杆处于放松状态，避免其内部机件受外力作用，以保持百分表的精度。

（6）百分表应放在干燥无腐蚀性气体的环境中保存，要严格按周期进行检定。

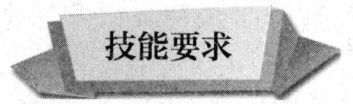

技能要求

操作技能1 光轴的精度检验

一、工作准备

本模块培训项目2培训单元1所加工短光轴零件及其零件图。

测量所需的工具、量具：0~125 mm游标卡尺、25~50 mm外径千分尺、钢直尺、百分表、磁性表座、表面粗糙度比较样块等。

二、精度检验

1. 尺寸精度检验

该短光轴零件主要尺寸有 $\phi 48_{-0.039}^{0}$ mm、(30 ± 1) mm、$90_{-0.15}^{0}$ mm、2处 $C1$ mm 倒角，除 $\phi 48_{-0.039}^{0}$ mm 精度尺寸较高使用外径千分尺测量外，其余各部尺寸精度要求均不高，用游标卡尺可以满足测量的需要。

2. 几何精度检验

该零件外圆接刀处径向圆跳动公差不大于0.05 mm，用百分表和磁性表座进行测量。

3. 表面粗糙度检测

工件的表面粗糙度在工作现场的测量方法为目测法，即用表面粗糙度比较样块与被测表面进行比较来判断。检测时把表面粗糙度比较样块靠近工件表面，用肉眼观察比较，如图 1-3-8 所示。

4. 检验报告书

对短光轴零件进行精度检验，将检验结果填入表 1-3-1 中。

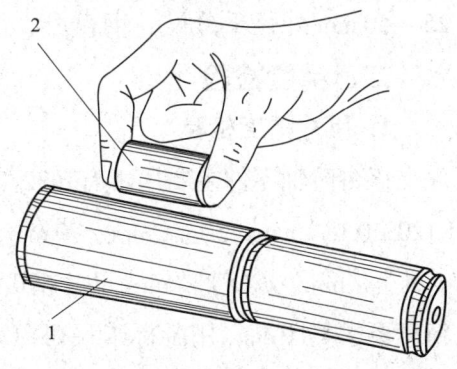

图 1-3-8　用表面粗糙度比较样块比较
1—工件　2—表面粗糙度比较样块

表1-3-1　短光轴零件质量检验表

零件名称		短光轴	检验人		
检验项目	序号	检验内容及要求	所用量具/辅具	检验结果	是否符合图样要求
尺寸精度	1	$\phi 48_{-0.039}^{0}$ mm	外径千分尺		
	2	$90_{-0.15}^{0}$ mm	游标卡尺		
	3	30 mm ± 1 mm	钢直尺		
几何精度	4	外圆接刀处径向圆跳动不大于 0.05 mm	百分表、磁性表座		
表面结构要求	5	Ra 3.2 μm	表面粗糙度比较样块		
其他项目	6	$C1$ mm 倒角，2 处	目测法、游标卡尺		
	7	其他未注项目	自定		

三、注意事项

1. 游标卡尺测量前先校对零位。
2. 25～50 mm 外径千分尺测量前，先用校对量杆或量块校对零位。

操作技能 2　台阶轴的精度检验

一、工作准备

本模块培训项目 2 培训单元 2 所加工台阶轴零件及其零件图。

测量所需的工具、量具：0～125 mm 游标卡尺、0～25 mm 外径千分尺、

25~50 mm 外径千分尺、钢直尺、百分表、磁性表座、表面粗糙度比较样块等。

二、精度检验

1. 尺寸精度检验

该台阶轴零件主要尺寸有 $\phi 32_{-0.039}^{0}$ mm、$\phi 25$ mm、$\phi 24_{-0.033}^{0}$ mm、$\phi 18_{-0.077}^{-0.050}$ mm、(120 ± 0.18) mm、$50_{-0.25}^{0}$ mm、70 mm、$20_{-0.2}^{0}$ mm、2 处 $C1$ mm 倒角。除 $\phi 32_{-0.039}^{0}$ mm、$\phi 24_{-0.033}^{0}$ mm、$\phi 18_{-0.077}^{-0.050}$ mm 尺寸精度较高使用外径千分尺测量外，其余各部尺寸精度要求均不高，用游标卡尺可以满足测量的需要。

2. 几何精度检验

$\phi 18_{-0.077}^{-0.050}$ mm 外圆轴线相对于基准 $\phi 32_{-0.039}^{0}$ mm 外圆轴线的同轴度公差为 0.05 mm，精度尺寸较高，使用百分表测量，如图 1-3-9 所示。

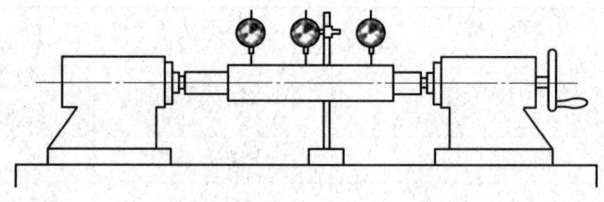

图 1-3-9　用百分表进行测量

3. 表面粗糙度检测

工件的表面粗糙度在工作现场的测量方法为目测法，即用表面粗糙度比较样块与被测表面进行比较来判断。检测时把表面粗糙度比较样块靠近工件表面，用肉眼观察比较。

4. 检验报告书

对台阶轴零件进行精度检验，并将检验结果填入表 1-3-2 中。

表 1-3-2　台阶轴零件精度检验表

零件名称		台阶轴	检验人		
检验项目	序号	检验内容及要求	所用量具/辅具	检验结果	是否符合图纸要求
尺寸精度	1	$\phi 32_{-0.039}^{0}$ mm	外径千分尺		
	2	$\phi 18_{-0.077}^{-0.050}$ mm	外径千分尺		
	3	$\phi 25$ mm	游标卡尺		
	4	$\phi 24_{-0.033}^{0}$ mm	外径千分尺		
	5	(120 ± 0.18) mm	游标卡尺		
	6	$50_{-0.25}^{0}$ mm	游标卡尺		

续表

零件名称		台阶轴	检验人		
检验项目	序号	检验内容及要求	所用量具/辅具	检验结果	是否符合图纸要求
尺寸精度	7	70 mm	游标卡尺		
	8	$20_{-0.2}^{0}$ mm	游标卡尺		
几何精度	9	◎ $\phi 0.05$ A	百分表磁性表座		
表面结构要求	10	Ra 3.2 μm	表面粗糙度比较样块		
其他项目	11	$C1$ mm 倒角，2 处	目测、游标卡尺		
	12	其他未注项目	自定		

三、注意事项

1. 游标卡尺测量前先校对零位。
2. 外径千分尺测量前先用校对量杆或量块校对零位。
3. 百分表应先校对零位，使用时应注意固定牢固可靠，避免百分表跌落损坏。

培训单元 2　简单轴类的加工误差分析

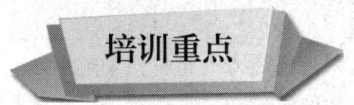

→ 能对简单轴类进行加工误差分析。
→ 能预防简单轴类零件产生误差。

车削简单轴类产生的误差主要有尺寸超差、产生锥度、圆度超差、工件表面粗糙四类，产生误差的原因与预防措施见表 1–3–3。

表1-3-3 车削简单轴类产生误差的原因及预防措施

误差项目	序号	产生原因	预防措施
尺寸超差	1	看错图样或刻度盘使用不当	必须看清图样的尺寸要求,正确使用刻度盘,看清刻度值
	2	没有进行试车削	根据加工余量算出背吃刀量,进行试车削,然后修正背吃刀量
	3	量具有误差或测量不准确	量具使用前必须检查和调整零位,正确掌握量具的测量方法
	4	由于切削热的影响,工件尺寸发生变化	不能在工件温度较高时测量,如测量,应掌握工件的收缩情况,或浇注切削液,降低工件温度
	5	自动进给没有及时关闭,使车刀进给长度超过台阶长度	注意及时关闭自动进给,或提前关闭自动进给,再用手动进给到长度尺寸
产生锥度	1	用一夹一顶或两顶尖装夹工作时,后顶尖的中心线与车床主轴轴线不重合	车削前必须通过调整尾座找正锥度
	2	用小滑板车外圆,小滑板的位置不正,小滑板转动一个锥度半角,即小滑板的基准刻度线跟中滑板的零位刻线没有对准	必须事先检查小滑板基准刻度线与中滑板的零位刻线是否对准
	3	用卡盘装夹纵向进给车削时,床身导轨与车床主轴轴线不平行	调整车床主轴与床身导轨的平行度
	4	工件装夹时伸出较长,车削时因切削力的影响使工件前端出现"让刀"现象,产生锥度	尽量减少工件的伸出长度,或另一端用后顶尖支顶,以增加装夹刚度
	5	车刀中途逐渐磨损	选用适宜的刀具材料,或适当地降低切削速度
圆度超差	1	车床主轴间隙过大	车削前检查主轴间隙,调整合适。如主轴轴承磨损严重,则需更换轴承
	2	毛坯余量不均匀,切削过程中背吃刀量变化太大	半精车后再精车
	3	工件用一夹一顶、两顶尖装夹时,中心孔接触不良,或后顶尖顶不紧	工件用一夹一顶、两顶尖装夹时必须松紧适当,若回转顶尖产生径向圆跳动,需要及时修理或更换

续表

误差项目	序号	产生原因	预防措施
工件表面粗糙	1	车床刚度低,如滑板镶条太松,传动零件不平衡或主轴间隙太松引起振动	消除或防止由于机床刚度不足而引起的振动,调整机床各部分的间隙
	2	车削复杂零件时,进给量过大	减小进给量
	3	工件刚度差或刀头伸出过长,车削时产生振动	增加工件和刀具安装刚度
	4	刀具几何角度不合理	合理选择刀具角度
	5	材料切削性能差,未经过预备热处理,难于加工;如产生积屑瘤,表面更粗糙	对材料进行预备热处理,改善切削性能;合理选择切削用量,避免产生积屑瘤
	6	切削液选择不当	合理选择切削液

培训模块 二
套类工件加工

培训项目 1

工艺准备

培训单元 1　麻花钻的刃磨及选用

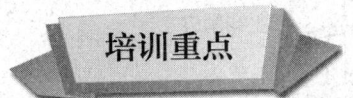

- 了解麻花钻的几何参数。
- 能根据麻花钻的刃磨方法独立刃磨刀具。
- 能根据工件内孔尺寸正确选择麻花钻。

一、麻花钻的组成和几何参数

1. 麻花钻的组成（见图 2-1-1）

（1）柄部。柄部是麻花钻的夹持部分，装夹时起定心作用，钻削时起传递转矩的作用。麻花钻的柄部有锥柄和直柄两种，直径较大的麻花钻采用锥柄，直柄钻头的直径一般为 0.3～16 mm。

（2）颈部。直径较大的麻花钻在颈部标有麻花钻直径、材料牌号和商标。直柄麻花钻没有明显的颈部，技术规格刻印在柄部。

（3）工作部分。工作部分是麻花钻的主要部分，有两条螺旋槽，其作用是构成切削刃、排出切屑和流通切削液，由切削部分和导向部分组成。如图 2-1-2 所示，切削部分有两条对称的主切削刃、两条副切削刃和一条横刃，主要起切削作用；导向部分在钻削过程中能起保持钻削方向、修光孔壁的作用。在麻花钻的导向部分特地制出了两条略带倒锥形的刃带，即棱边，起保证钻头的直径和减小钻削时麻花钻与孔壁之间摩擦的作用。

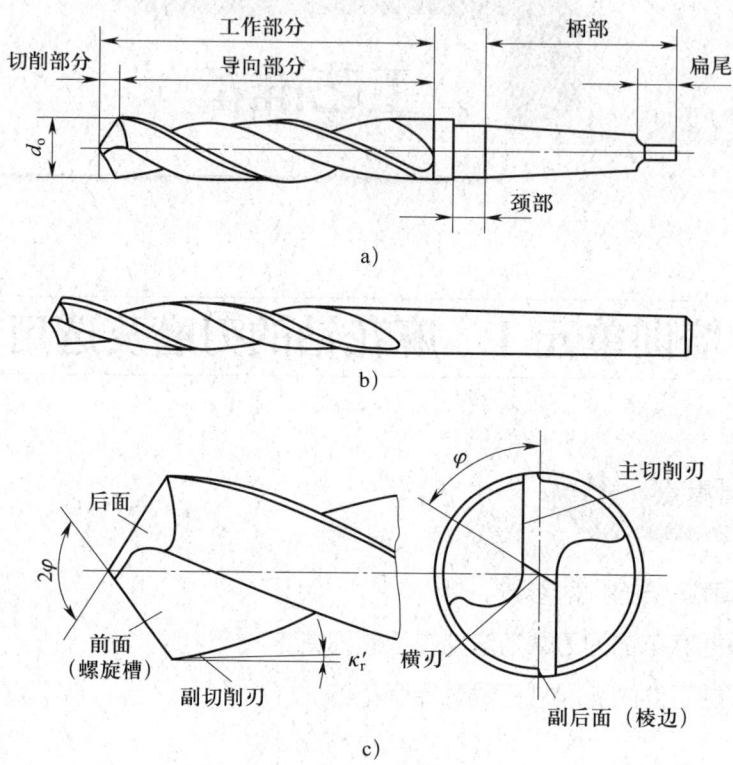

图 2-1-1 麻花钻的组成
a)、b) 麻花钻的外形　c) 切削部分的形状

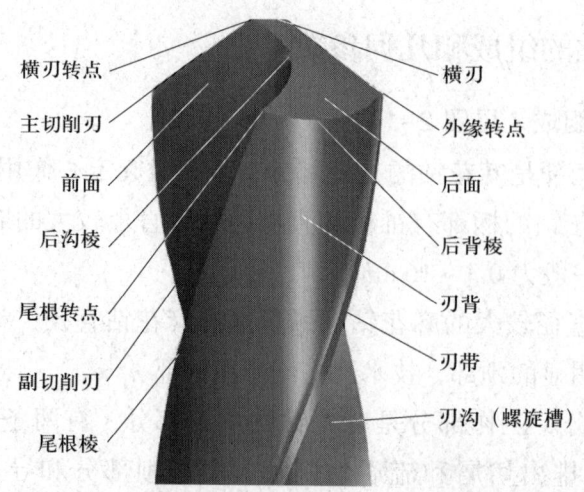

图 2-1-2 麻花钻切削部分结构示意图

麻花钻的螺旋槽面称为前面。麻花钻钻顶的螺旋圆锥面称为后面。前面和后面的交线称为主切削刃,担任主要的钻削任务。麻花钻两主切削刃的连线称为横刃。

2. 麻花钻工作部分的几何角度

麻花钻的切削部分可看成是正反两把车刀,所以其几何角度的概念与车刀基本相同,但也有其特殊性。麻花钻工作部分的几何角度如图 2-1-3 所示。图中,β 为螺旋角,N_1—N_1、N_2—N_2 为主剖面,O_1—O_1、O_2—O_2 为柱剖面,p_r 为基面,p_s 为切削平面。

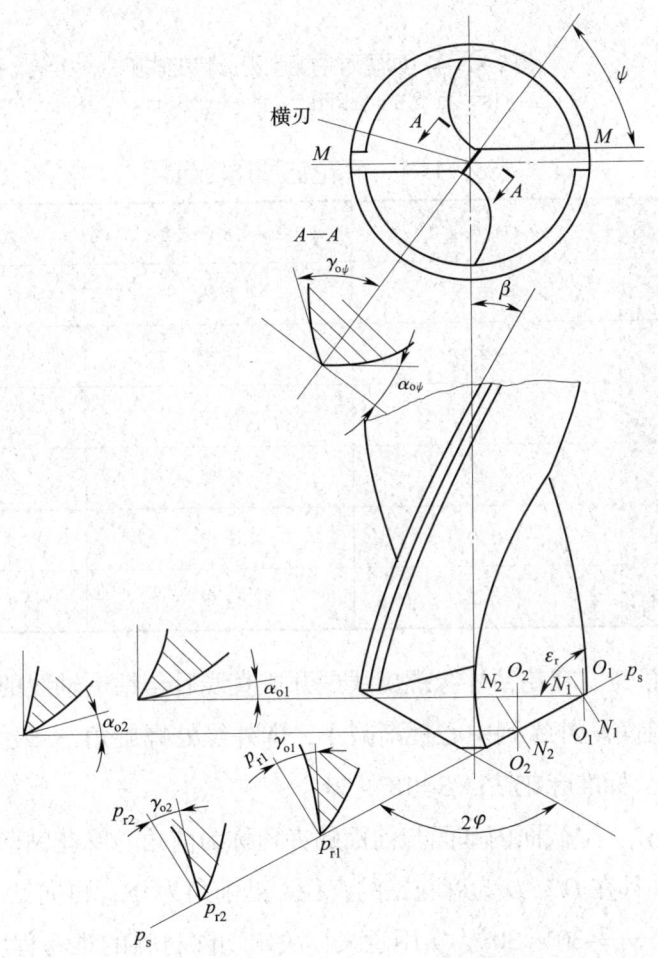

图 2-1-3 麻花钻几何角度

(1)顶角 2φ。在通过麻花钻轴线并与两主切削刃平行的平面上,两主切削刃投影间的夹角称为顶角。标准麻花钻的顶角 $2\varphi=118°\pm2°$。麻花钻顶角对主切削刃形状的影响如图 2-1-4 所示。麻花钻顶角的选用见表 2-1-1。

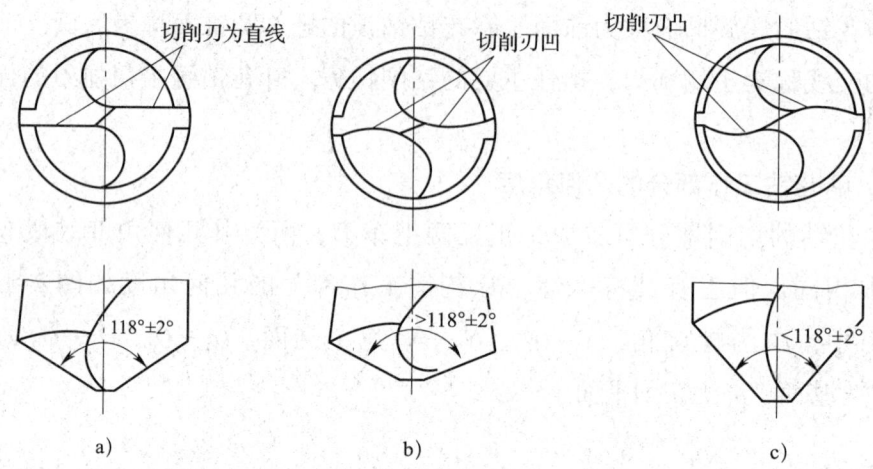

图 2-1-4 顶角对主切削刃形状的影响
a) $2\varphi=118°±2°$ b) $2\varphi>118°±2°$ c) $2\varphi<118°±2°$

表 2-1-1 麻花钻顶角的选用

实用意义	$2\varphi>180°±2°$	$2\varphi=180°±2°$	$2\varphi<180°±2°$
主切削刃的形状	凹曲线	直线	凸曲线
切削刃的长短	短	适中	长
定心的准确性	差	适中	准
钻后孔的情况	变大	不变	基本不变
切削用力的情况	省力	适中	费力
适合钻削的材料	较硬	适中	较软

（2）螺旋角 β。麻花钻外缘螺旋线展开成直线后与钻头轴线的夹角称为螺旋角。麻花钻螺旋角从外缘到中心逐渐减小，即外缘处螺旋角 β 最大，越近中心，螺旋角 β 越小。标准麻花钻：$\beta=18°\sim30°$。

（3）前角 γ_o。主截面内基面与前面的夹角称为前角。麻花钻前角自外缘向钻心逐渐减小，并且在 $D/3$（D 为麻花钻的直径）处前角为 $0°$，再向钻心则为负前角。标准麻花钻 DE $\gamma_o=-30°\sim30°$。实用意义：决定切除材料的难易程度，前角越大，切削越省力。

（4）后角 α_o。切削平面与后面的夹角称为夹角，在圆柱面内测量较为方便。麻花钻后角自外缘向钻心逐渐增大。标准麻花钻的 $\alpha_o=8°\sim12°$，麻花钻切削刃上的位置不同，其螺旋角、前角、后角也不同。实用意义：主要影响后面与切削平面间的摩擦和主切削刃强度。

（5）横刃斜角ψ。在钻头的端面投影中，横刃与主切削刃之间的夹角称为横刃斜角。它是刃磨钻头时自然形成的，后角越大则ψ越小，横刃的长度则会增加。标准麻花钻的$\psi=47°\sim55°$。实用意义：它是钻头后面磨成后，自然形成。大小与顶角2φ、后角α_o钻心有关。

二、麻花钻的刃磨

1. 麻花钻的刃磨要求

麻花钻一般只刃磨两个主后面，刃磨要求：两条主切削刃对称，横刃斜角为55°。

刃磨不正确的麻花钻对钻孔质量的影响见表2-1-2。

表2-1-2 麻花钻刃磨不正确对钻孔质量的影响

刃磨情况	刃磨正确	刃磨得不正确		
		顶角不正确	切削刃长度不等	顶角不对称，切削刃长度不等
钻削情况	钻削时，两条主切削刃同时切削，两边受力平衡，使钻头磨损均匀	钻削时，只有一条主切削刃在切削，而另一条主切削刃不起作用，两边受力不平衡，使钻头很快磨损	钻削时，麻花钻的工作中心偏移，切削不均匀，使钻头很快磨损	钻削时，两条主切削刃受力不平衡，而且麻花钻的工作中心偏移，使钻头很快磨损
对钻孔质量的影响	不会使钻出的孔扩大、倾斜和产生台阶	使钻出的孔扩大和倾斜	使钻出的孔扩大	不仅使钻出的孔扩大，而且还会产生台阶

2. 麻花钻的刃磨步骤

常用的标准麻花钻虽然只刃磨两个主后面和修磨横刃，但在刃磨以后要保证顶角、横刃角、后角以及两主切削刃长短相等，左右等高，确实有一定的难度。

（1）刃磨前，钻头切削刃应放在砂轮中心水平面上。钻头中心线与砂轮外圆柱面母线在水平面内的夹角等于顶角的一半，同时钻尾向下倾斜。

（2）刃磨时，用右手握住钻头前端作为支点，左手握钻尾，以钻头前端支点为圆心，钻尾做上下摆动，并略带旋转，既不能转动过多，上下摆动也不能太大，以防磨出负后角，或把另一面主切削刃磨掉。

（3）当一个主切削刃磨削完毕后，把钻头转过180°，刃磨另一个主切削刃，如图2-1-5所示。

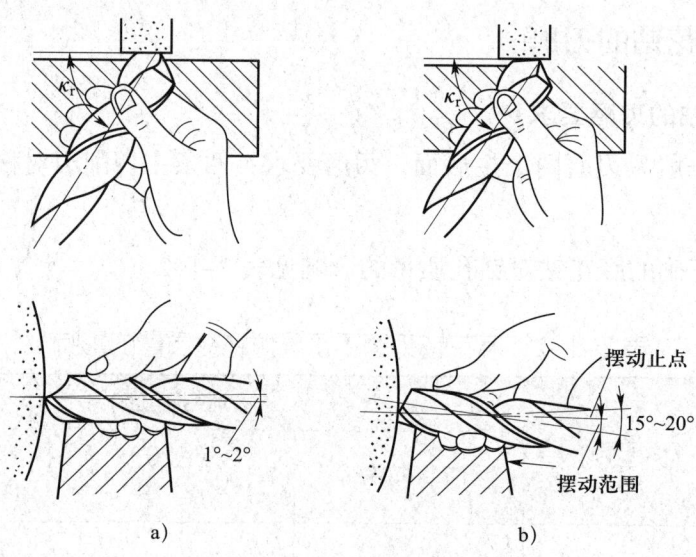

图2-1-5 麻花钻刃磨示意图
a）麻花钻的刃磨位置 b）刃磨方法

麻花钻的刃磨技巧口诀：

刃口摆平轮面靠，钻轴斜放出锋角，由刃向背磨后面，上下摆动尾别翘。

三、麻花钻的修磨

1. 横刃

修磨横刃就是要缩短横刃的长度，增大横刃处的前角，减小轴向力，如图2-1-6a所示。一般情况下，工件材料较软时，横刃可修磨得短些；工件材料较硬时，横刃可少修磨些。修磨时，钻头轴线在水平面内与砂轮侧面约为15°，在垂直平面内与刃磨点的砂轮半径方向约为55°，如图2-1-7所示。修磨后应使横刃长度为原长的1/3～1/5。

2. 前面

修磨外缘处前面和修磨横刃处前面。修磨外缘处前面是为了减小外缘处的前角，如图2-1-6b、c所示。修磨横刃处前面是为了增大横刃处的前角。一一般情况下，工件材料较软时，可修磨横刃处前面，以加大前角、减小切削力，使切削轻快；工件材料较硬时，可修磨外缘处前面，以减小前角、增加钻头强度。

3. 双重顶角

钻头外缘处的切削速度最高，磨损最快，因此可磨出双重顶角，如图 2-1-6d 所示。这样可以改善外缘转角处的散热条件，增加钻头强度，并可减小孔的表面粗糙度值。

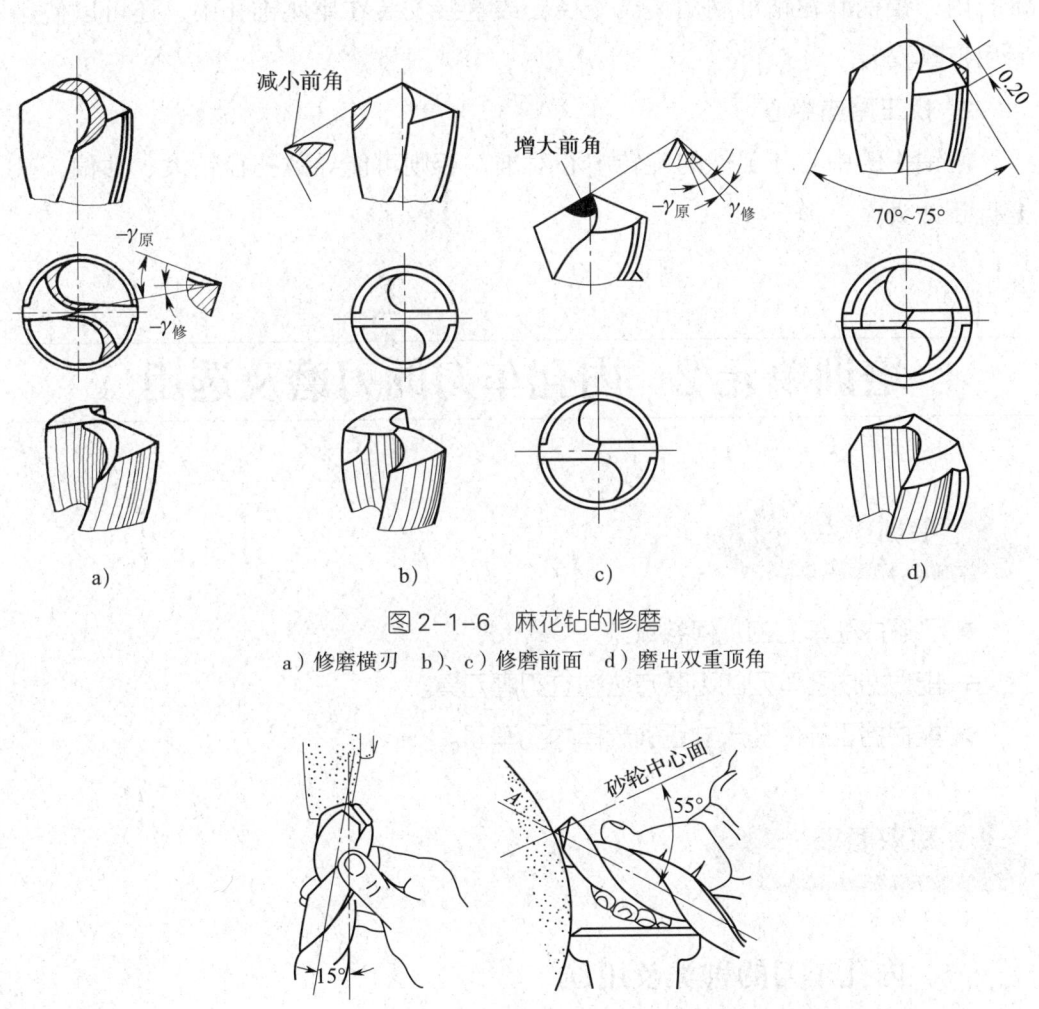

图 2-1-6　麻花钻的修磨

a) 修磨横刃　b)、c) 修磨前面　d) 磨出双重顶角

图 2-1-7　修磨横刃时的钻头角度

四、根据工件内孔尺寸选择麻花钻

对于精度要求不高的内孔，可用麻花钻直接钻出。对于精度要求较高、

钻孔后还需要进一步加工才能完成的孔,在选择麻花钻时,应留出下道工序的加工余量。选择麻花钻长度时,一般应使麻花钻工作部分长度略大于孔深。

五、麻花钻的装夹

1. 麻花钻的安装

一般情况下,直柄麻花钻安装在钻夹头上,再将钻夹头的锥柄插入到尾座锥孔内;锥柄麻花钻可利用莫氏变径套或直接安装在尾座锥孔中,还可以使用专用工具安装。

2. 找正尾座中心

使钻头的中心与工件的旋转中心对准,否则可能导致孔径钻大、钻偏,甚至折断钻头。

培训单元 2 内孔车刀的刃磨及选用

→ 了解内孔车刀的几何参数。
→ 能根据内孔车刀的刃磨方法独立刃磨刀具。
→ 能根据工件内孔尺寸正确选择内孔车刀。

一、内孔车刀的种类及用途

1. 通孔车刀

通孔车刀主要用于粗、精加工通孔。

2. 盲孔车刀

盲孔车刀用来车削盲孔或粗、精加工台阶孔。

二、通孔车刀的刃磨

1. 通孔车刀几何角度

通孔车刀切削部分的几何形状与45°外圆车刀相似,如图2-1-8所示。为了减小径向切削抗力,防止车孔时产生振动,主偏角应取大一些,一般取60°~75°;副偏角略小,一般取15°左右。

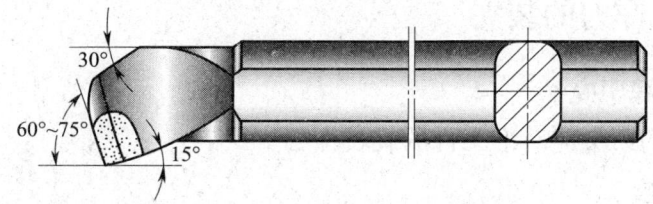

图2-1-8 通孔车刀的几何角度

2. 通孔车刀刃磨步骤

粗磨前面→粗磨后面→粗磨副后面→磨卷屑槽并控制前角和刃倾角→精磨后面、副后面→磨过渡刃。

三、盲孔车刀的刃磨

1. 盲孔车刀几何角度

切削部分的几何形状与90°外圆车刀相似,如图2-1-9所示。主偏角要求略大于90°,一般为92°~95°,副偏角取6°~10°。与通孔车刀不同的是,盲孔车刀的刀尖必须处于刀头部位的最顶端,否则就无法车平台阶孔底。

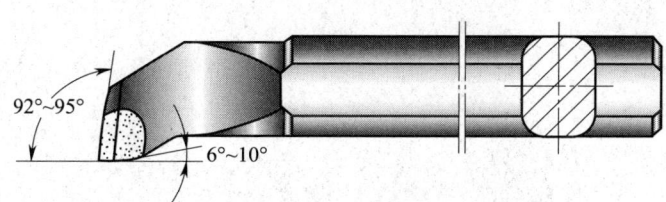

图2-1-9 盲孔车刀的几何角度

2. 盲孔车刀刃磨步骤

粗磨前面→粗磨后面→粗磨副后面→磨卷屑槽并控制前角和刃倾角→精磨后面、副后面→磨过渡刃。

四、内孔车刀的选择

选用内孔车刀时,刀杆尽可能粗些,通孔车刀刀尖至刀杆外侧的距离应小于内孔直径,一般应留有 2~3 mm 的退刀位置;盲孔车刀刀尖至刀杆外侧的距离则应小于内孔半径。刀杆的工作长度应尽可能选短些,一般大于内孔长度 10~20 mm。

五、内孔车刀的装夹

1. 刀尖对准中心

内孔车刀的刀尖应对准工件的旋转中心。

2. 伸出长度

刀杆伸出刀架不宜过长,一般比被加工孔长 5~6 mm。

3. 刀杆必须与工件的轴线平行

刀杆基本平行于工件轴线。盲孔车刀安装时,其主切削刃应与孔底平面成 3°~5° 夹角,在车平面时要求横向有足够的退刀余地。

内孔车刀装夹后,让车刀在孔内试走一遍,检查刀杆与工件孔壁是否相撞。

培训项目 2　工件加工

培训单元 1　钻孔、扩孔、铰孔

→ 能根据简单套类零件的车削特点装夹工件。
→ 能对简单套类工件进行钻孔、扩孔、铰孔。

一、套类零件的定义及车削特点

1. 套类零件的定义

由同一轴线的内孔和外圆为主、外表面有其他结构（如齿形、沟槽等）组成的零件统称为套类零件，如图 2-2-1 所示。

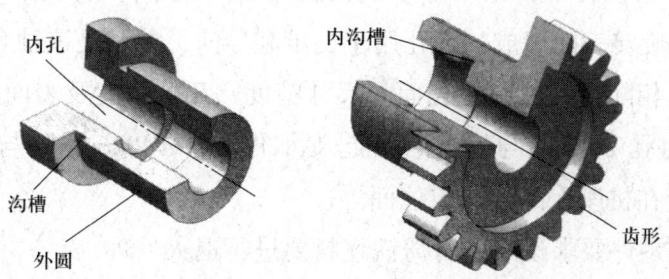

图 2-2-1　套类零件

2. 套类零件的车削特点

套类零件的外部加工方法与轴类零件的加工方法基本一致，而内部形状的加工则是难点。其加工特点如下：

（1）切削条件差。如排屑不畅，切削液不易进入切削区域，冷却效果差。

（2）由于孔深，造成测量困难。

（3）当孔径较小而精度较高时，由于刀杆的直径小，造成刚度差，直接影响产品的加工质量。

（4）对于壁厚较薄的套类零件，由于夹紧力的作用，极易产生变形。

二、套类零件的视图表达

以如图2-2-2所示轴套零件为例。

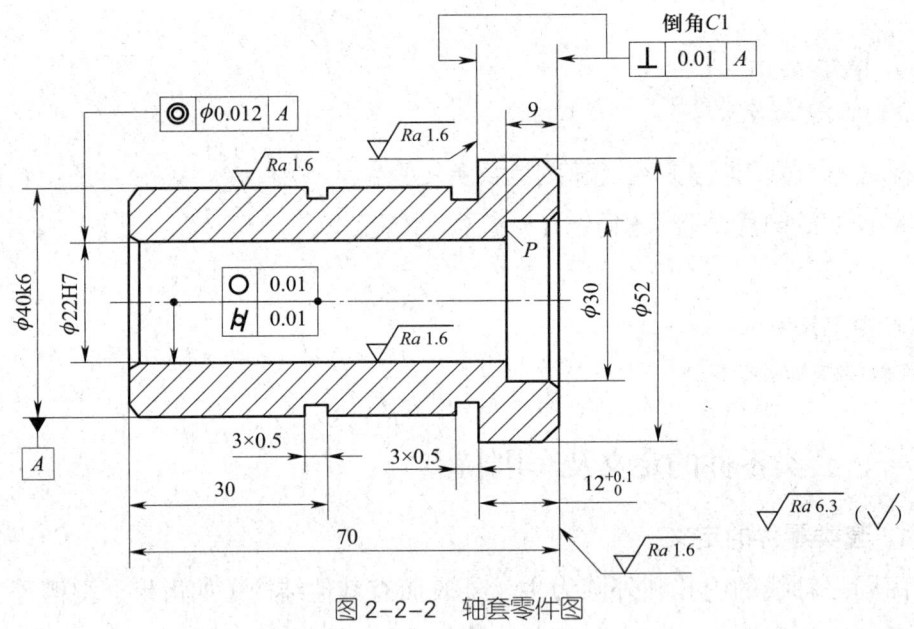

图2-2-2　轴套零件图

轴套零件比较简单，只用一个剖视图即可。该零件由外圆、内孔、端面、台阶和沟槽等旋转表面组成；内孔用于支承和导向，外圆是该轴套的支承表面，与箱体上的孔相配合。其主要表面的尺寸精度、几何精度及表面粗糙度等要求都比较高。内孔 $\phi22H7$ 与轴配合，起支承作用；$\phi40k6$ 外圆与机座孔配合。端面 P 为轴套在机座上的轴向定位面。

因为套类零件要求耐磨，对铸铁坯料要进行退火处理。

图样中各种尺寸标注与代号的含义见表2-2-1。

表 2-2-1 各种尺寸标注与代号的含义

项目	序号	代号	含义
尺寸精度	1	$12_{\ 0}^{+0.1}$ mm	轴套端面的轴向尺寸控制在 12～12.10 mm 之间为合格
	2	ϕ22H7	ϕ 表示直径，22 表示公称尺寸；H 表示孔公差带代号，7 表示标准公差等级为 7 级（查表得出极限偏差数值）。内孔的尺寸控制在 ϕ22～ϕ22.021 mm 之间为合格
	3	ϕ40k6	ϕ 表示直径，40 表示公称尺寸；k 表示轴公差带代号，6 表示标准公差等级为 6 级（查表得出极限偏差数值）。外圆柱面的尺寸控制在 ϕ40.002～ϕ40.018 mm 之间为合格
	4	3 mm×0.5 mm（两处）	中部沟槽、台阶处沟槽的宽均为 3 mm，深度为 0.5 mm
	5	70 mm	轴套两端面间的距离为 70 mm
	6	30 mm	轴套的左端面到中部沟槽的距离为 30 mm
	7	9 mm	轴套的右端面与端面 P 的距离为 9 mm
几何精度	8	◎ ϕ0.012 A	内孔相对于基准轴线的同轴度为 ϕ0.012 mm
	9	⊥ 0.01 A	轴套的两端面相对于基准轴线的垂直度为 0.01 mm
	10	○ 0.01	内孔的圆度为 0.01 mm
	11	⌭ 0.01	内孔的圆柱度为 0.01 mm
表面结构要求	12	$\sqrt{Ra\ 1.6}$	表面粗糙度为 Ra 1.6 μm
	13	$\sqrt{Ra\ 6.3}$	表面粗糙度为 Ra 6.3 μm
倒角	14	倒角 C1 mm（4 处）	轴套的内、外倒角为 1 mm×45°

三、简单套类工件的车削加工工艺、车削用量的选择

1. 简单套类工件的车削加工工艺

（1）套类工件的主要表面是内孔和外圆，内孔采用钻孔、扩孔、镗孔、铰孔工艺。

（2）选择定位基准。套类工件在加工时的定位基准主要是内孔和外圆，容

易保证加工后套类工件的几何精度。

（3）若以工件的内孔定位时，采用心轴装夹来加工外圆和端面，能保证很高的同轴度。

（4）若以外圆定位时，用软爪卡盘装夹，可以避免加工内孔时夹伤工件表面。

（5）对于加工数量较少、精度要求较高的工件，应在一次装夹中尽可能将内、外圆面和端面全部加工完毕，这样可以获得较高的位置精度。

（6）保证表面质量的措施。套的内孔是配合表面也是支承面，为了在使用过程中减少磨损，对表面粗糙度要求较高，因此车孔时，要解决好内孔车刀的刚度和排屑问题，刃磨好内孔车刀的刃倾角，合理地选择切削用量，充分使用切削液。

2. 简单套类工件车削用量的选择方法

车孔时，由于工作条件不利，加上刀杆刚度差，容易引起振动，因此切削用量应比车外圆时要低。关于简单套类工件切削用量的选择，请参照轴类工件的切削用量，并根据加工条件适当减小一些。

四、套类工件的装夹方法

套类工件加工的关键问题是怎样达到图样所规定的各项几何公差要求，以下为保证同轴度和垂直度的方法。

1. 一次安装加工

对于套筒类工件的装夹，当工件尺寸不大时，可用棒料毛坯，在一次装夹下完成外圆、内孔和端面的加工，如图 2-2-3 所示，这样能够保证外圆和内孔的同轴度及外圆、内孔与端面的垂直度等精度要求。这是单件、小批量生产中常用的一种加工方法，但是，要多次换用不同的刀具和相应的切削用量，故生产效率不高。

优点：无定位误差，如果车床精度较高，可获较高的几何精度。

缺点：需经常转换刀架，尺寸较难掌握，切削用量需经常改变。

2. 以外圆为定位基准装夹

以外圆为基准保证位置精度时，外圆和一

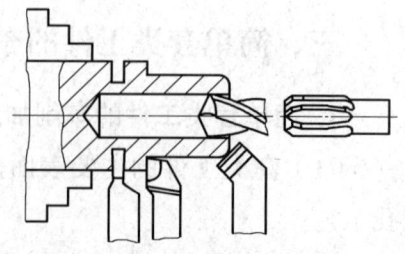

图 2-2-3　一次装夹加工套类工件

个端面必须在一次装夹中精加工，然后作为定位基准。以外圆为基准时，一般采用软爪装夹工件。软爪用未经淬火的 45 钢制成，可确保装夹精度，不伤工件。

软爪装夹的最大特点是工件虽经几次装夹，仍能保持一定的相互位置精度（一般在 0.05 mm 以内），可减少大量的装夹找正时间。其次，当装夹已加工表面或软金属工件时，不易夹伤工件表面，又可根据工件的特殊形状相应地车制软爪，以装夹工件。软爪在工厂中已得到越来越广泛的使用。

为了保证同轴度，每次使用前须车削软爪。车削软爪时，为了消除间隙，必须在卡爪内或卡爪外放一适当直径的定位圆柱或圆环。定位圆柱或圆环的安放位置应与工件的装夹方向一致，如图 2-2-4 所示。

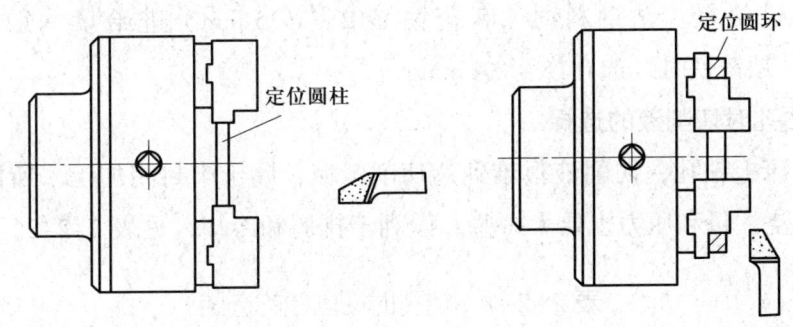

图 2-2-4　车削软爪

3. 以内孔为定位基准装夹

心轴适用于车削中小型的轴套、带轮、齿轮等工件。

（1）实体心轴。小锥度心轴（$C=1/5\,000 \sim 1/1\,000$）的特点是制造容易，定心精度高，但轴向无法定位，承受切削力小，装卸不方便。圆柱心轴的特点是一次可以装夹多个工件，定心精度低。

（2）胀力心轴。依靠材料弹性变形所产生的胀力来固定工件，装卸方便，定心精度高，应用广泛。

五、套类零件钻孔

1. 钻孔时切削用量的选择

（1）背吃刀量 a_p。钻孔时的背吃刀量随钻头直径大小而改变，背吃刀量是钻头直径的一半，而扩孔、铰孔时的背吃刀量 $a_p=(D-d)/2$，如图 2-2-5 所示。

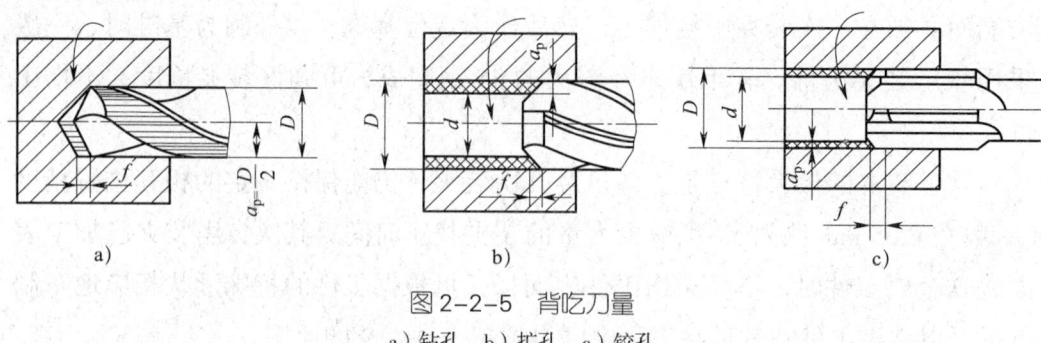

图 2-2-5 背吃刀量
a) 钻孔　b) 扩孔　c) 铰孔

（2）切削速度。钻孔时的切削速度是指麻花钻主切削刃外缘处的线速度。钻钢料时，切削速度 v_c 一般选 15～30 m/min；钻铸铁时，取 75～90 m/min；扩孔时，切削速度可高一些。

（3）进给量。钻钢料时（麻花钻 $\phi12 \sim \phi25$ mm）进给量一般取 0.15～0.3 mm/r；钻铸铁时，选 0.15～0.4 mm/r。

2. 钻孔时切削液的选择

在车床上钻孔，切削液很难到达切削区域，属于半封闭加工，所以在加工过程中，浇注量和压力也要大一些，以利于排屑和冷却，见表 2-2-2。

表 2-2-2　钻孔时切削液的选用

麻花钻的种类	被钻削的材料		
	低碳钢	中碳钢	淬硬钢
高速钢麻花钻	1%～2%的低浓度乳化液、电解质水溶液或矿物油	3%～5%的中等浓度乳化液或极压切削油	极压切削油

3. 车床上钻孔的方法和注意事项

（1）钻孔方法

1）钻孔前先把工件端面车平，中心处不许有凸头，以利于钻头正确定心。

2）找正尾座，使钻头中心对准工件旋转中心，否则可能会扩大钻孔直径和折断钻头。

3）用细长麻花钻钻孔时，为了防止钻头晃动，可在刀架上夹一挡铁支顶钻头头部帮助钻头定心。先用钻头钻入工件端面（少量），然后摇动中滑板，用挡铁支顶，当钻头逐渐不晃动时，继续钻削即可，但挡铁不能把钻头支过中心，否则容易折断钻头。当钻头已正确定心时（钻头顶角已钻入工件），挡铁即可退出。

4）用小麻花钻钻孔时，一般先用中心钻定心，再用钻头钻孔，这样钻孔的同轴度较好。

5）钻孔后要铰孔的工件，由于余量较少，因此当钻头钻进1~2 mm后，应把钻头退出，停车测量孔径，以防孔径扩大没有铰削余量而使工件报废。

（2）注意事项

1）起钻时进给量要小，待钻头头部全部进入工件后，才能正常钻削。

2）钻钢件时，应加切削液，防止因钻头发热而退火。

3）钻小孔或钻较深孔时，由于切屑不易排出，必须经常退出排屑，否则会因切屑堵塞而使钻头"咬死"或折断。

4）钻小孔时，主轴转速应选择快些，钻头的直径越大，主轴转速应相应更慢。

5）当钻头将要钻通工件时，由于钻头横刃首先钻出，因此轴向阻力大减，这时进给速度必须减慢，否则钻头容易被工件卡死，造成锥柄在尾座套筒内打滑而损坏锥柄和锥孔。

4. 钻孔时产生废品的原因及预防措施（见表2-2-3）

表2-2-3　钻孔时产生废品的原因及预防措施

废品种类	产生原因	预防措施
孔歪斜	工件端面不平，或与轴线不垂直	车平端面，工件中心不能有凸头
	尾座偏移	调整使尾座与主轴的轴线同轴
	刚度差，初钻时进给量过大	进给量要小
	钻头顶角不对称	正确刃磨钻头
孔直径过大	钻头直径选错	看清图样，正确选择钻头直径
	主切削刃不对称	仔细刃磨，使两主切削刃对称
	钻头未对准工件中心	检查钻头是否弯曲

六、扩孔

1. 用麻花钻扩孔

用麻花钻扩孔时，由于横刃不参加工作，轴向切削力小，进给省力。但是，因钻头外缘处的前角较大，当进给量较大时容易将钻头拉出，使钻头在尾座套筒内打滑。因此，扩孔时应适当地控制进给量，不要因为钻削轻松而盲目地加大进给量，也可将钻头外缘处的前角修磨得小一些。

2. 用扩孔钻扩孔

扩孔钻有高速钢扩孔钻和硬质合金扩孔钻两种。扩孔钻的主要特点如下：

（1）扩孔钻齿数较多（一般有3~4齿），导向性好，切削平稳。

（2）扩孔钻没有横刃，避免了横刃对切削的不利影响。

（3）扩孔钻钻心粗，刚度好，可选较大的切削用量。

由于扩孔钻结构上的特点弥补了麻花钻的不足，所以用扩孔钻扩孔生产效率高，加工质量好。扩孔精度一般可达IT10~IT9，表面粗糙度值达 $Ra12.5$ ~ $Ra6.3$ μm，可作为孔的半精加工。

3. 扩孔的方法

（1）扩通孔。通孔多直接采用扩孔钻进行扩孔，也有用扩孔刀进行扩孔的。如扩孔直径较小时，可选用直柄式扩孔钻；扩孔直径中等时，可选用锥柄式扩孔钻；扩孔直径较大时，可用套式扩孔钻。另外，还可用键槽铣刀或者立铣刀进行扩孔。

（2）扩盲孔。按盲孔的直径和深度钻孔。用顶角为118°的麻花钻先将孔钻出（注意：钻孔深度应从钻尖算起，并比所需深度浅1~2mm），然后用与钻孔直径相等的平头钻再扩平孔底面，如图2-2-6a所示。

扩盲孔的操作步骤：

1）控制盲孔深度的方法。用一薄钢板，紧贴在工件端面上，向前摇动尾座套筒，使钻头顶紧钢板，记下套筒上的标尺读数。向前摇动尾座套筒，开始扩孔，当套筒上的标尺读数为钢板厚度加上盲孔深度时，说明扩孔已到终点。

2）启动车床，摇动尾座手轮，当感觉到平头钻与孔底面相接触，即阻力增加时，要减慢进给速度。进给至标尺上刻度符合所需孔深时，将钻头退出。

3）测量扩孔尺寸。

（3）扩台阶孔。扩台阶孔时，由于平头钻不能很好定心，扩台阶孔开始阶段容易产生摆动而使孔径扩大，所以选用平头钻扩台阶孔时，钻头直径应选小些，以留有余地。扩台阶孔的切削速度一般应略低于钻孔的切削速度。

1）扩台阶孔前先钻出台阶孔的小孔直径。

2）扩台阶孔。启动车床,当平头钻与工件端面接触时,记下套筒上的标尺读数,然后慢慢均匀进给,直至标尺上刻度读数到达所需深度时退出,扩台阶孔如图 2-2-7b 所示。

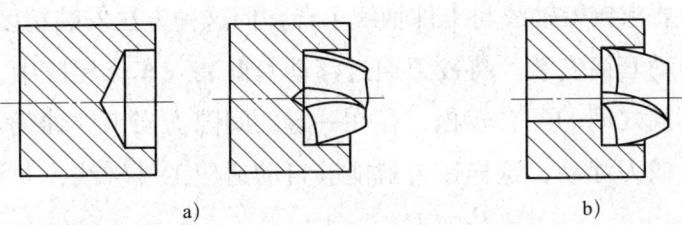

图 2-2-6　扩孔
a）扩盲孔（扩平底孔）　b）扩台阶孔

七、铰孔

1. 铰刀

铰刀一般由工作部分、颈部及柄部组成,如图 2-2-7 所示。工作部分包括引导锥（$L1$）、切削部分（$L2$）、校准部分（$L3$、$L4$）,其中校准部分由圆柱与倒锥两部分组成。为了使铰刀易于切入底孔,在铰刀前端制出引导锥。圆柱部分用来校准孔的直径尺寸并提高孔的表面质量,以及切削时增强导向作用。倒锥部分用以减少摩擦。

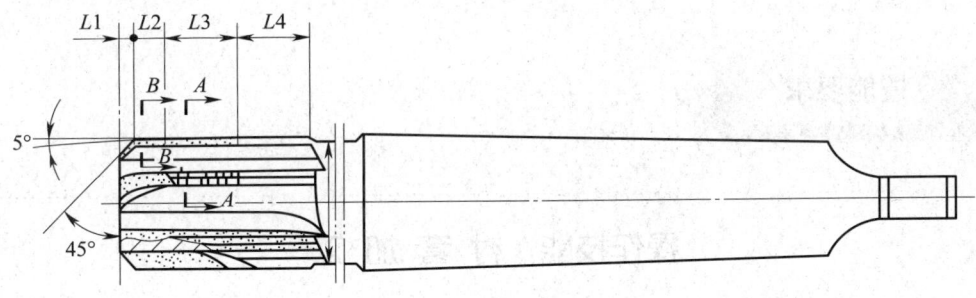

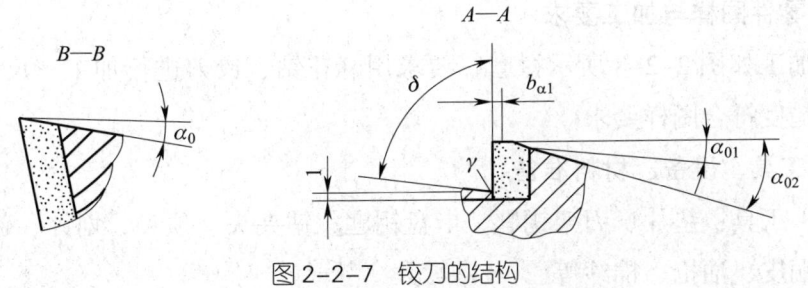

图 2-2-7　铰刀的结构

2. 铰刀的安装

（1）直接通过钻夹头或变径套安装在尾座中。这种方法与安装麻花钻类似。对于直柄铰刀，通过钻夹头安装；对于锥柄铰刀，通过变径套安装。使用这种安装方法时，要求铰刀轴线与工件轴线重合，但这种方法安装精度较低。

（2）用浮动套筒安装。将铰刀通过浮动套筒装入车床尾座中，由于浮动套筒的衬套和套筒之间的配合较松，存在一定的间隙。当工件轴线与铰刀轴线不重合时，允许铰刀浮动，这样铰刀就能够自动适应工件轴线，并消除二者之间的不重合偏差。

3. 铰孔的切削用量

（1）铰削余量，一般粗铰时取 0.2~0.6 mm，精铰时取 0.05~0.2 mm。孔的精度较高时，铰削余量取小值；反之，取大值。

（2）切削速度对铰孔表面粗糙度值影响最大，所以一般采用低速铰削来提高铰孔质量。用高速钢铰刀铰削钢或铸铁孔时，选 $v_c<10$ m/min。用硬质合金铰刀铰削钢或铸铁孔时，可取 $v_c=8~20$ m/min。

（3）进给量对铰孔质量、刀具寿命和生产率也有明显的影响，所以在保证加工质量的前提下，进给量可取得大些。用硬质合金铰刀铰削铸铁孔时，通常取 $f=0.5~3$ mm/r；铰削钢孔时，可取 $f=0.3~2$ mm/r。用高速钢铰刀铰孔时，通常取 $f<1$ mm/r。

操作技能　衬套加工

一、工作准备

1. 零件图样与加工要求

试加工如图 2-2-8 所示衬套，要求用麻花钻、铰刀进行加工，尺寸精度和表面粗糙度符合图样要求。

2. 工具、设备、材料准备

（1）工具：垫片、刀架钥匙、卡盘钥匙、钻夹头、顶尖、划针、磁性表座、软爪、铜皮、油枪、棉纱等。

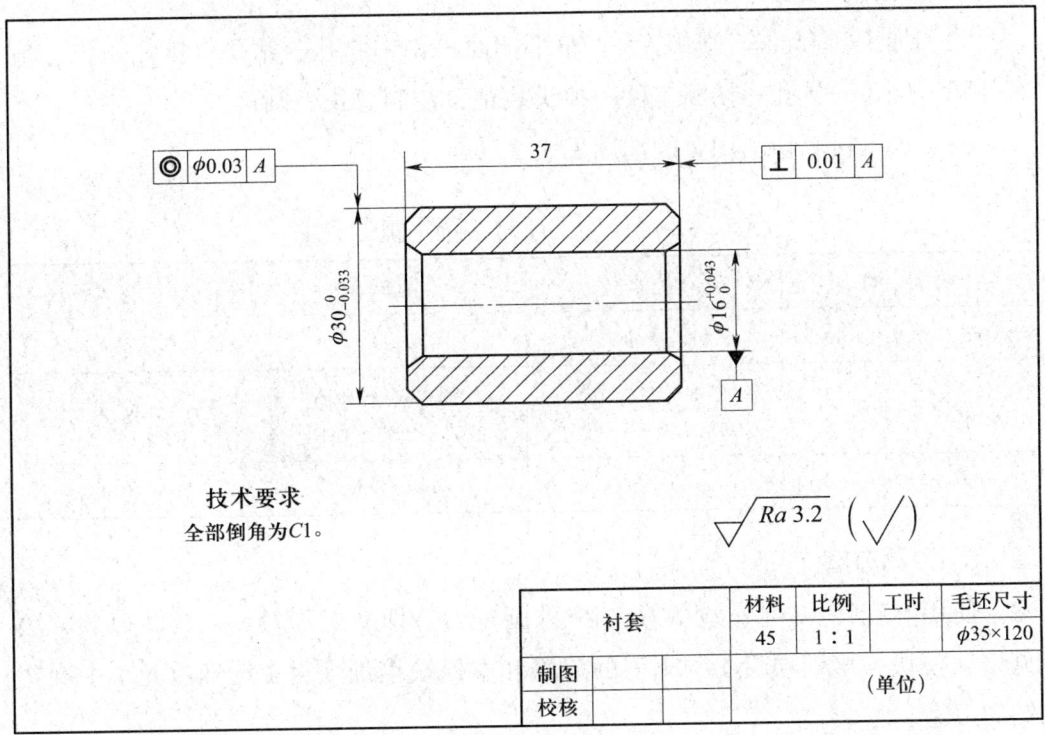

图 2-2-8 衬套

（2）量具：游标卡尺、外径千分尺、钢直尺、百分表等。

（3）刀具：中心钻、麻花钻、扩孔钻、铰刀、90°外圆车刀、45°外圆车刀、切断刀等。

（4）设备：CA6140A 车床。

（5）毛坯材料：45 钢，$\phi35$ mm×120 mm 毛坯若干。

二、操作程序

1. 图样阅读与分析

该零件名称为衬套，材料为 45 钢，图样采用 1∶1 比例，毛坯尺寸为 $\phi35$ mm×120 mm。图样比较简单，只用了一个主视图表达。主要尺寸有 $\phi30_{-0.033}^{0}$ mm、$\phi16_{0}^{+0.043}$ mm、37 mm、4 处倒角 $C1$ mm。$\phi30_{-0.033}^{0}$ mm 轴线相对于基准 $\phi16_{0}^{+0.043}$ mm 外圆轴线的同轴度公差为 $\phi0.03$ mm，右端面与基准 $\phi16_{0}^{+0.043}$ mm 轴线垂直度公差为 0.01 mm。各表面粗糙度要求均为 Ra 3.2 μm。

2. 工艺分析

（1）因工件外圆 $\phi30_{-0.033}^{0}$ mm 与 $\phi16_{0}^{+0.043}$ mm 的轴线有同轴度要求，所以必须在一次装夹中车出。该工件掉头装夹控制总长时，可选用软爪装夹，容易保证同轴度并保护表面不被夹伤。

（2）加工衬套的车削顺序为：车平端面→钻中心孔→钻孔→扩孔→粗、精车外圆→倒角→铰孔→切断工件→掉头找正，控制总长→倒角。

（3）加工衬套切削用量的选用见表2-2-4。

表2-2-4 加工衬套切削用量的选用

切削用量	粗车	精车	钻孔、扩孔、铰孔
背吃刀量 a_p（mm）	视加工要求而定	0.4~0.8	视加工要求而定
进给量 f（mm/r）	外圆：0.2~0.3 内孔：0.1~0.15	外圆：0.1~0.15 内孔：0.05~0.10	手动
转速 n/（r/min）	360~560	560~800	105~360

3. 刀具刃磨

使用麻花钻、90°外圆车刀、45°外圆车刀、切断刀等刀具，具体刃磨方法见培训模块一培训项目1中车刀的刃磨和本模块培训项目1培训单元1中麻花钻的刃磨。

4. 毛坯、刀具安装

（1）毛坯安装：采用自定心卡盘装夹。

（2）刀具安装：具体刀具装夹方法见培训模块一培训项目1中车刀的装夹。

5. 加工

衬套的车削加工步骤见表2-2-5。

表2-2-5 加工衬套的车削加工步骤

步骤	图示	操作说明
1. 车平端面，钻中心孔	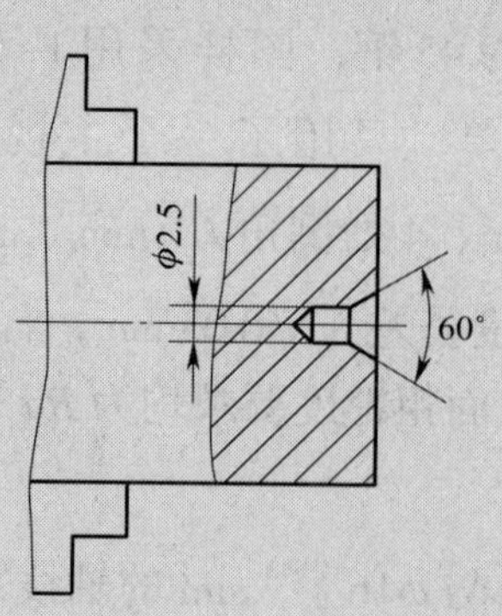	自定心卡盘夹住毛坯外圆一端，伸出长度为45 mm左右，车平端面，钻中心孔

续表

步骤	图示	操作说明
2. 钻孔	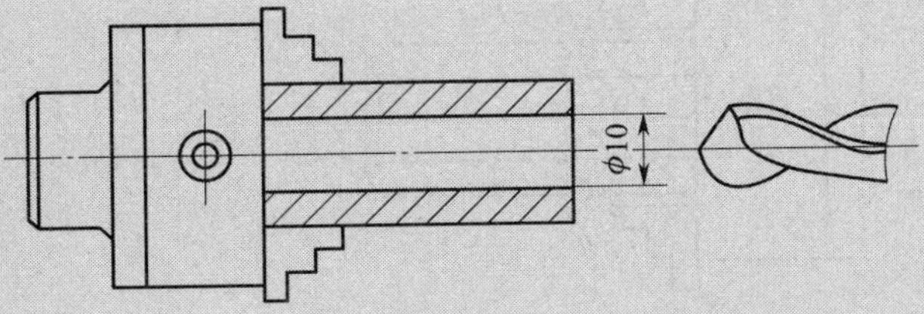 $\phi 10$	钻 $\phi 10$ mm 内孔
3. 扩孔	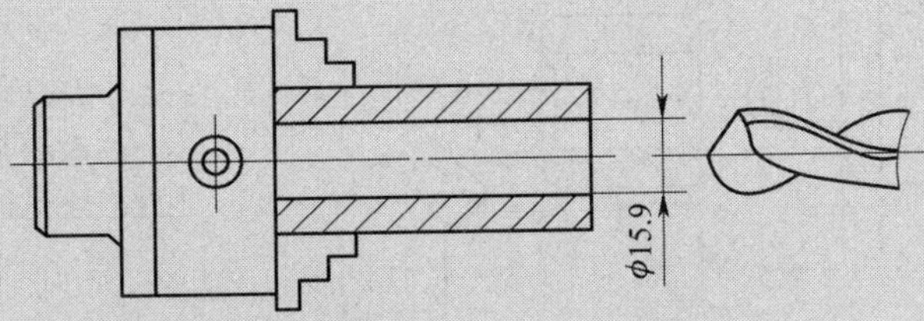 $\phi 15.9$	扩孔 $\phi 15.9$ mm
4. 粗、精车外圆并倒角	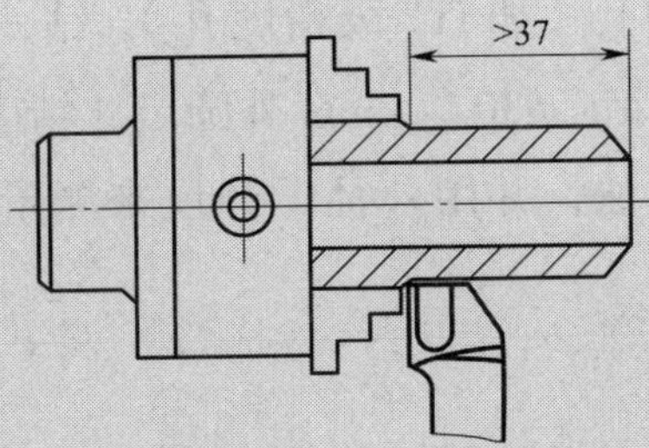 >37	粗、精车 $\phi 30_{-0.033}^{0}$ mm 外圆至图样尺寸要求，长度大于 37 mm，内、外倒角 $C1$ mm
5. 铰孔	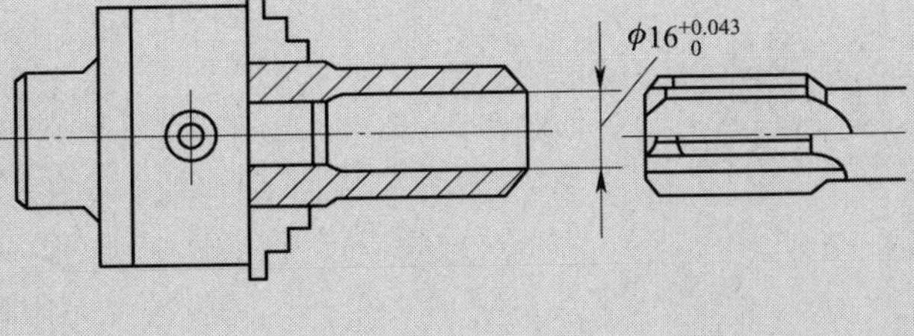 $\phi 16_{0}^{+0.043}$	用铰刀铰孔至图样尺寸要求

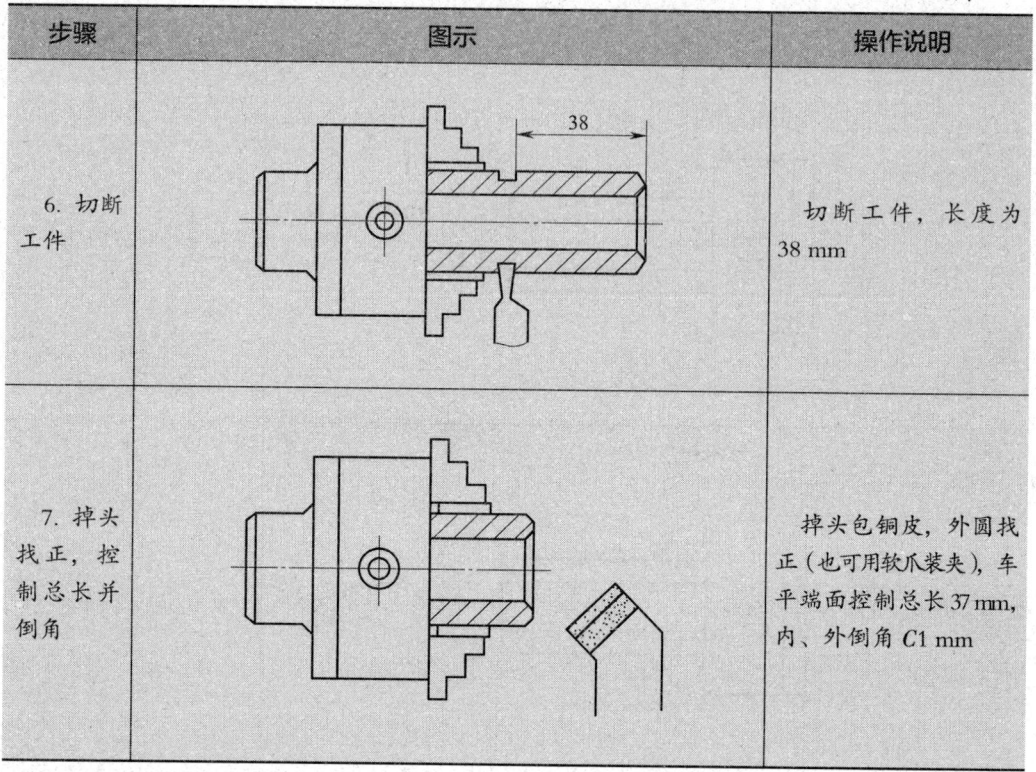

续表

步骤	图示	操作说明
6. 切断工件		切断工件，长度为 38 mm
7. 掉头找正，控制总长并倒角		掉头包铜皮，外圆找正（也可用软爪装夹），车平端面控制总长 37 mm，内、外倒角 C1 mm

6. 尺寸精度控制

对于尺寸精度要求较高的孔（如 IT7 级精度孔），钻—扩—铰工艺是生产中常用的典型加工方案。为了保证 $\phi 30_{-0.033}^{0}$ mm 外圆尺寸精度，需要把粗车、精车分开，精车时采用试切试测法，并用外径千分尺来测量以控制外圆尺寸精度。

三、注意事项

1. 尾座应提前校正，以防与轴线不平行，使工件孔径变大。
2. 铰刀使用前，应试铰一下，检查孔径是否合格。
3. 铰削时，应慢而均匀，并加注切削液。

培训单元2 车 孔

能对含有直孔、台阶孔和盲孔的简单套类工件进行装夹、车削，并能达到以下要求：

- 公差等级：外径 IT8，内孔 IT9。
- 表面粗糙度：Ra 3.2 μm。

一、内孔加工的关键技术

1. 增加车刀刚度

（1）尽量增加刀杆的截面积。通常内孔车刀的刀尖位于刀杆的上面，这样刀杆的截面积较小，还不到孔截面积的1/4，如图2-2-9a 所示。若使内孔车刀的刀尖位于刀杆的中心线上，则刀杆在孔中的截面积可大大地增加，如图2-2-9b 所示。

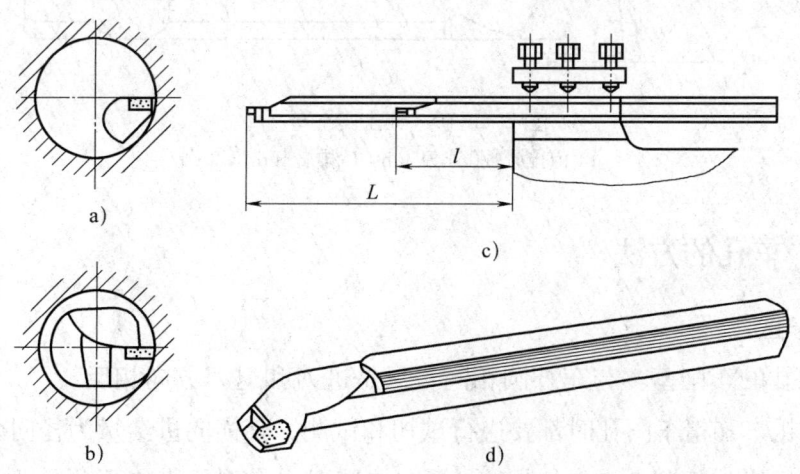

图 2-2-9 可调节刀杆长度的内孔车刀

a）横截面小 b）横截面大 c）刀杆伸出长度 d）外形图

(2)尽可能缩短刀杆的伸出长度。刀杆短,可以增加刀杆刚度,减小切削过程中的振动所示。此外,还可将刀杆上下两个平面做成互相平行的平面,就能根据孔深调节刀杆伸出的长度,如图 2-2-9c 所示。

2. 解决排屑问题

解决排屑问题主要是控制切屑流出方向。精车孔时,要求切屑流向待加工表面(前排屑),应采用正刃倾角的内孔车刀,如图 2-2-10a 所示。加工盲孔时,应采用负的刃倾角,使切屑从孔口排出,如图 2-2-10b 所示。

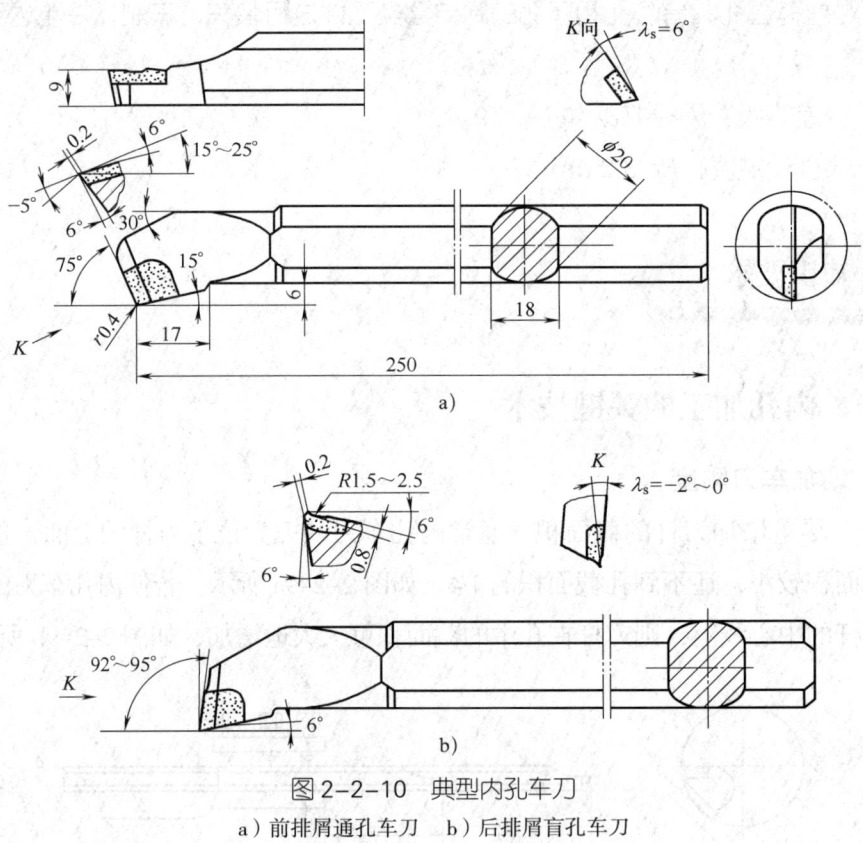

图 2-2-10 典型内孔车刀
a) 前排屑通孔车刀 b) 后排屑盲孔车刀

二、车孔的方法

1. 车直孔

直通孔的车削基本与车外圆相同,只是进刀和退刀方向相反。

(1)粗车和精车内孔时都要进行试切和试测,其横向进给量为径向余量的一半,当车刀纵向切削 2 mm 左右时,纵向快速退出车刀(横向不动,即中滑板不动),然后停车试测。反复进行,直至符合孔径要求,方可车出整个内孔表面。

（2）车孔时的切削用量要比车外圆时适当减小，特别是车小孔或深孔时，其切削用量应更小。

2. 车台阶孔

（1）车削直径较小的台阶孔时，由于直接观察比较困难，尺寸精度不易掌握，所以通常采用先粗、精车小孔，再粗、精车大孔的方法进行。

（2）车削直径大的台阶孔时，在视线不受影响的情况下，通常采用先粗车大孔和小孔、再精车小孔和大孔的方法进行。

（3）车削孔径大小相差悬殊的台阶孔时，最好采用主偏角 κ_r 小于 90°（一般在 85°~88°范围内）的车刀先进行粗车，然后再用内孔车刀精车至尺寸。车削时背吃刀量不可太大，否则刀尖容易损坏。其原因是刀尖处于切削刃的最前面，切削时刀尖先切入工件，因此承受的力最大，加上刀尖本身强度低，所以容易碎裂；另外，由于刀杆细长，在纯进给力的作用下，进刀深容易产生振动和"扎刀"。

（4）控制车孔深度的方法。通常，粗车时在刀杆上划线痕做记号（见图 2-2-11a），或安放限位铜片（见图 2-2-11b），以及用床鞍刻度盘上的刻度进行控制等；精车时需用小滑板刻度盘上的刻度或游标卡尺等来控制车孔深度。

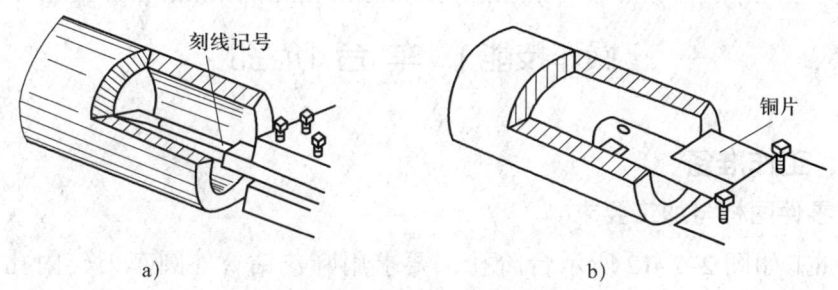

图 2-2-11 控制车孔深度的方法
a）刻线痕法 b）限位铜片法

3. 车盲孔

（1）粗车盲孔

1）车端面，钻中心孔。

2）钻底孔。选择比孔径小 1.5~2 mm 的钻头，其钻孔深度从钻头顶尖量起，并在钻头上刻线做记号，以控制钻孔深度。然后，用相同直径的平头钻将孔底扩成平底，孔底平面留 0.5~1 mm 的余量。

3）将盲孔车刀靠近工件端面，移动小滑板，使车刀刀尖与端面轻微接触，将小滑板或床鞍刻度盘上的刻度调至零位。

4）将车刀伸入孔口内，移动中滑板，将刀尖进给至与孔口刚好接触时，车刀纵向退出，此时将中滑板刻度盘上的刻度调至零位。

5）用中滑板刻度盘上的刻度指示控制背吃刀量（孔径留 0.3～0.4 mm 的精车余量），若自动纵向进给车削平底孔时，要防止车刀与孔底面碰撞。因此，当床鞍刻度盘上的刻度指示离孔底面还有 2～3 mm 时，应立刻停止自动进给，改用手动继续进给。退刀时应先将车刀沿轴线方向横向退刀后再迅速纵向退出。

如果孔底面余量较多需车第二刀时，纵向位置保持不变，向后移动中滑板，使刀尖退回至车削时的起始位置，然后用小滑板刻度盘上的刻度控制纵向背吃刀量，第二刀的车削方法与第一刀相同。粗车孔底面时，孔深留 0.2～0.3 mm 的精车余量。

（2）精车盲孔。精车时用试切削的方法控制孔径尺寸，试切可采用与粗车类似的进刀方法，使孔径、孔深都达到图样要求。

技能要求

操作技能1　车 台 阶 孔

一、工作准备

1. 零件图样与加工要求

试加工如图 2-2-12 所示台阶孔，要求用麻花钻、外圆车刀、内孔车刀等进行加工，尺寸精度和表面粗糙度符合图样要求。

2. 工具、设备、材料准备

（1）工具：垫片、刀架钥匙、卡盘钥匙、钻夹头、顶尖、划针、磁性表座、软爪、铜皮、油枪、棉纱等。

（2）量具：游标卡尺、外径千分尺、钢直尺、百分表、内径百分表等。

（3）刀具：中心钻、麻花钻、90°外圆粗车刀、90°外圆精车刀、45°外圆车刀、内孔车刀、切断刀等。

（4）设备：CA6140A 车床。

（5）毛坯材料：45 钢，$\phi50$ mm×150 mm 毛坯若干。

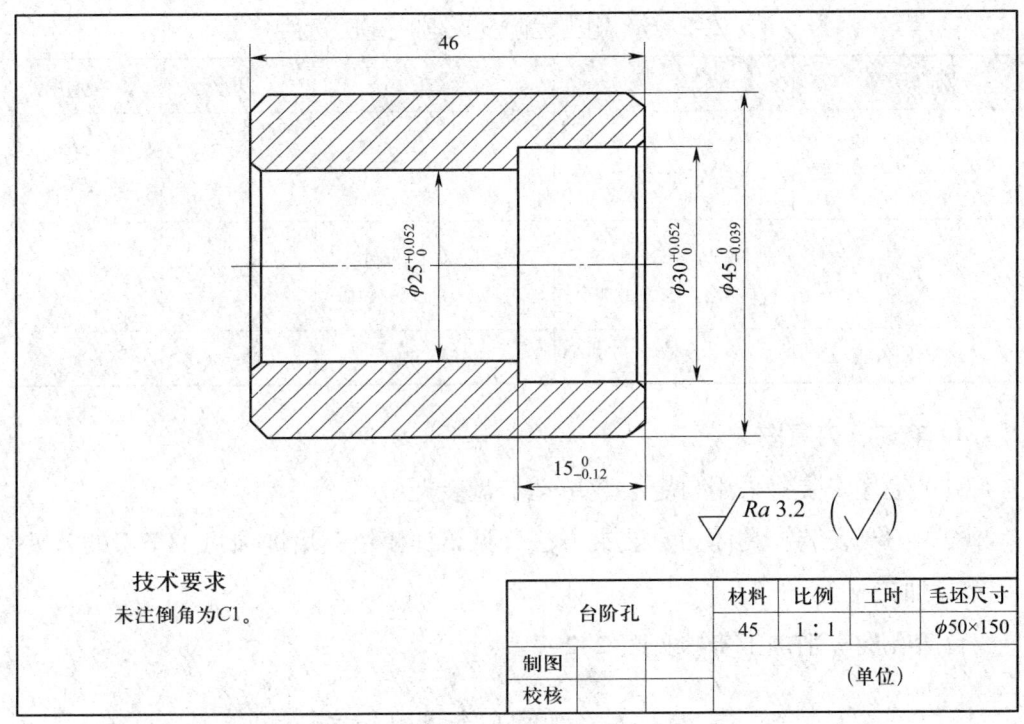

图 2-2-12 台阶孔

二、操作程序

1. 图样阅读与分析

该零件名称为台阶孔，材料为 45 钢，采用 1∶1 比例，毛坯尺寸为 $\phi 50$ mm×150 mm。图样比较简单，只用了一个主视图表达。主要尺寸有外圆 $\phi 45_{-0.039}^{0}$ mm、内孔 $\phi 25_{0}^{+0.052}$ mm、内孔 $\phi 30_{0}^{+0.052}$ mm、长度 $15_{-0.12}^{0}$ mm、46 mm、4 处倒角 $C1$ mm。各表面粗糙度要求均为 Ra 3.2 μm。

2. 工艺分析

（1）用自定心卡盘装夹，内孔与外圆在一次装夹中车出。工件掉头安装、控制总长时，可选用软爪装夹，容易保证同轴度并保护工件表面不容易夹伤。

（2）加工台阶孔的车削顺序为：车平端面→钻中心孔→钻孔→粗、精车内孔→倒角→铰孔→粗、精车外圆→切断工件→掉头找正，控制总长。

（3）加工台阶孔切削用量的选用见表 2-2-6。

3. 刀具刃磨

该零件需使用麻花钻、90°外圆车刀、45°外圆车刀、内孔车刀等刀具，具体刃磨方法详见培训模块一培训项目 1 中车刀的刃磨和本模块培训项目 1 中麻花钻及内孔车刀的刃磨。

表 2-2-6 加工台阶孔切削用量的选用

切削用量	粗车	精车	切断	钻孔
背吃刀量 a_p（mm）	视加工要求而定	0.4~0.8	3	视加工要求而定
进给量 f（mm/r）	外圆：0.2~0.3 内孔：0.1~0.15	外圆：0.1~0.15 内孔：0.05~0.10	手动	手动
转速 n（r/mm）	360~560	560~800	260~360	260~360

4. 毛坯、刀具安装

（1）毛坯安装：采用自定心或单动卡盘装夹。

（2）刀具安装：具体刀具装夹方法详见培训模块一培训项目 1 车刀的装夹。

5. 加工

台阶孔的车削加工步骤见表 2-2-7。

表 2-2-7 台阶孔的车削加工步骤

步骤	图示	操作说明
1. 车平端面，钻中心孔	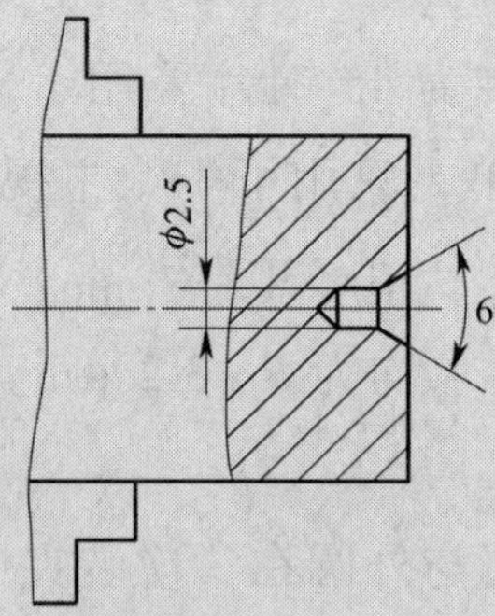	自定心卡盘夹住毛坯外圆一端，伸出长度为 55 mm 左右，车平端面，钻中心孔
2. 钻孔	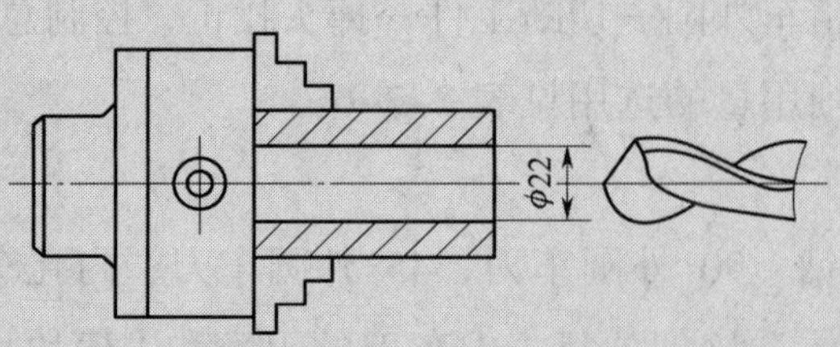	钻 ϕ22 mm 内孔

续表

步骤	图示	操作说明
3. 车内孔	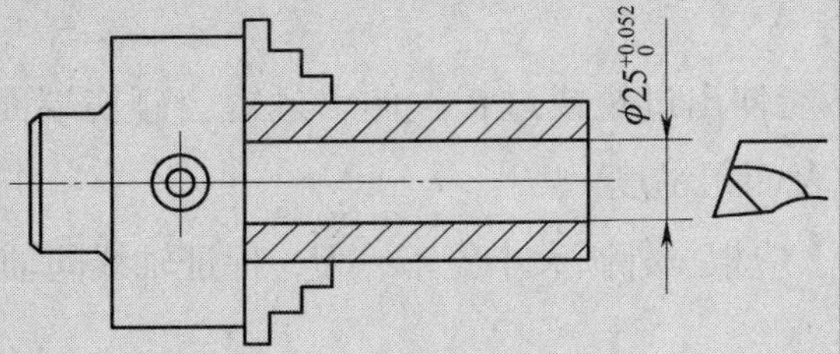	粗、精车 $\phi 25^{+0.052}_{0}$ mm 内孔至图样尺寸要求,长度约为 50 mm
3. 车内孔	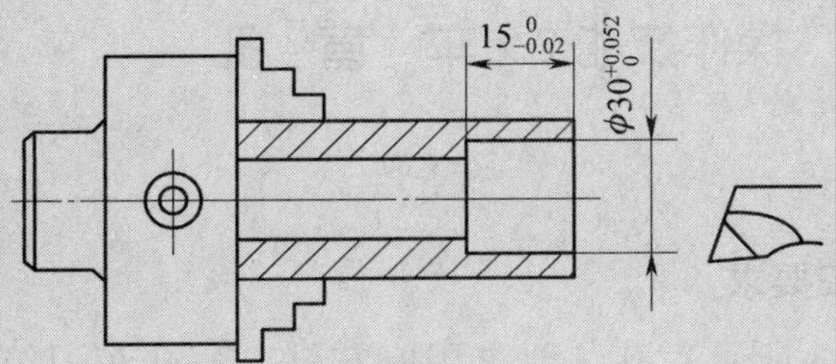	粗、精车内孔 $\phi 30^{+0.052}_{0}$ mm 至图样尺寸要求,长度为 $15^{0}_{-0.02}$ mm
4. 粗、精车外圆	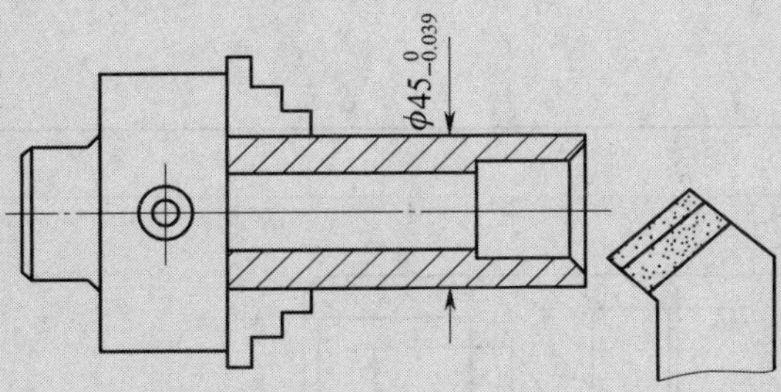	粗、精车外圆 $\phi 45^{0}_{-0.039}$ mm 至图样尺寸要求,长度为 50 mm,并倒角
5. 切断工件	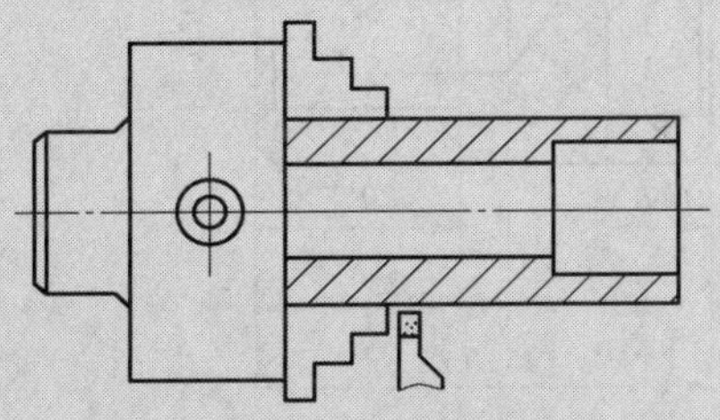	将工件切断,总长留 0.5~1 mm 余量
6. 掉头找正,控制总长	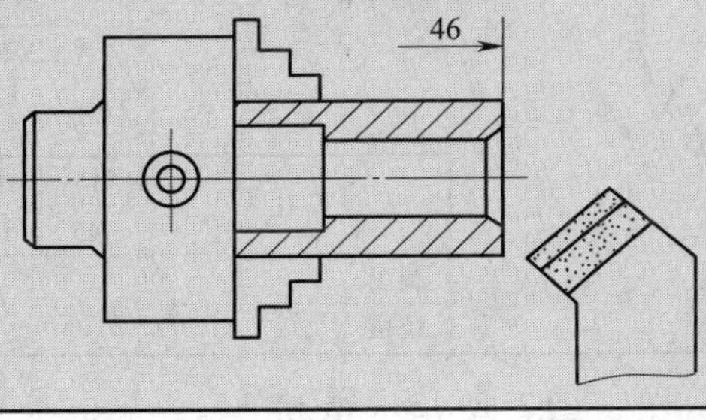	掉头包铜皮,外圆找正(也可用软爪装夹),车平端面,控制总长为 46 mm,并倒角 $C1$ mm

6. 尺寸精度控制

为了保证 $\phi 45^{0}_{-0.039}$ mm 外圆尺寸精度,需要把粗车、精车分开,精车时采用试切试测法,并用外径千分尺来测量以控制外圆尺寸精度。为了保证 $\phi 25^{+0.052}_{0}$ mm

和 $\phi30^{+0.052}_{0}$ mm 内孔尺寸精度,需要把粗车、精车分开,精车时采用试切试测法,并用内径百分表来测量以控制内孔尺寸精度。

三、注意事项

1. 注意内孔车刀不能伸出过短或过长,伸出过短会碰伤端面,伸出过长容易振动从而影响工件的表面粗糙度。

2. 采用软爪装夹前,应根据外圆大小先车一刀,保证轴线同轴。

操作技能2 车 盲 孔

一、工作准备

1. 零件图样与加工要求

试加工如图2-2-13所示盲孔,要求用麻花钻、盲孔车刀等进行加工,形状准确,尺寸合格。

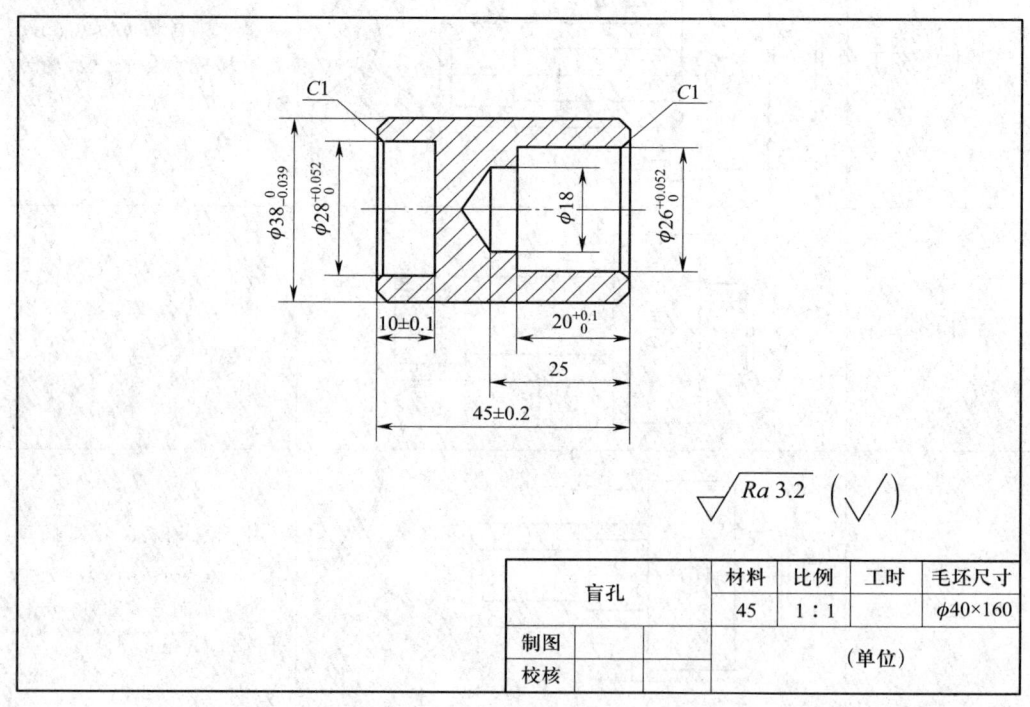

图2-2-13 盲孔

2. 工具、设备、材料准备

(1)工具:垫片、刀架钥匙、卡盘钥匙、钻夹头、划针、磁性表座、铜皮、油枪、棉纱等。

(2)量具：游标卡尺、游标深度卡尺、外径千分尺、内测千分尺、钢直尺、百分表、内径百分表等。

(3)刀具：中心钻、麻花钻、平头钻、90°外圆车刀、45°外圆车刀、切断刀、盲孔车刀等。

(4)设备：CA6140A车床。

(5)毛坯材料：45钢，$\phi40$ mm × 160 mm 毛坯若干。

二、操作程序

1. 图样阅读与分析

该零件名称为盲孔，材料为45钢，采用1∶1比例，毛坯尺寸为$\phi40$ mm×160 mm。图样比较简单，只用了一个主视图表达。主要尺寸有$\phi38_{-0.039}^{0}$ mm、$\phi28_{0}^{+0.052}$ mm、$\phi26_{0}^{+0.052}$ mm、$\phi18$ mm、(45 ± 0.2) mm、25 mm、$20_{0}^{+0.1}$ mm、(10 ± 0.1) mm，除了$\phi18$ mm底孔、长度25 mm无尺寸精度要求，其他尺寸精度均有尺寸精度要求。各表面粗糙度要求均为Ra 3.2 μm。

2. 工艺分析

(1)该工件采用一次装夹完成右侧盲孔和外圆加工，然后切断、掉头、找正，控制总长，最后加工左侧平底孔的方法进行加工。

(2)加工盲孔的车削顺序为：车平端面→钻孔→镗孔→车外圆→切断工件→掉头装夹，控制总长→钻孔→扩孔→车平底孔。

(3)加工盲孔切削用量的选用见表2-2-8。

表2-2-8 加工盲孔切削用量的选用

切削用量	粗车	精车	切断	钻孔、扩孔
背吃刀量a_p（mm）	视加工要求而定	0.4~0.8	3	视加工要求而定
进给量f（mm/r）	外圆：0.2~0.3 内孔：0.1~0.15	外圆：0.1~0.15 内孔：0.05~0.10	手动	手动
转速n（r/min）	360~560	360~800	260~360	105~360

3. 刀具刃磨

该零件需使用90°外圆粗车刀、90°外圆精车刀、45°外圆车刀、内孔车刀等刀具，具体刃磨方法见培训模块一培训项目1中车刀的刃磨和本模块培训项目1中麻花钻及内孔车刀的刃磨。

该零件还需要刃磨 $\phi 25$ mm 平头钻。

4. 毛坯、刀具安装

（1）毛坯安装：用自定心卡盘或单动卡盘装夹。

（2）刀具安装：具体刀具装夹方法见培训模块一培训项目 1 车刀的装夹。

5. 加工

盲孔的车削加工步骤见表 2-2-9。

表 2-2-9 盲孔的车削加工步骤

步骤	图示	操作说明
1. 车平端面	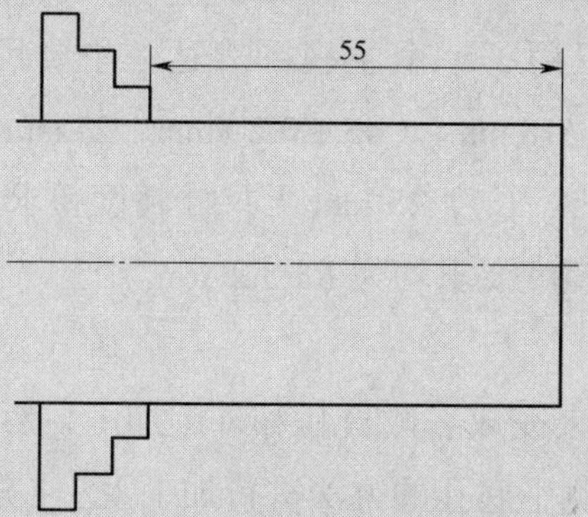	自定心卡盘夹住毛坯外圆一端，伸出长度约为 55 mm，车平端面
2. 钻孔	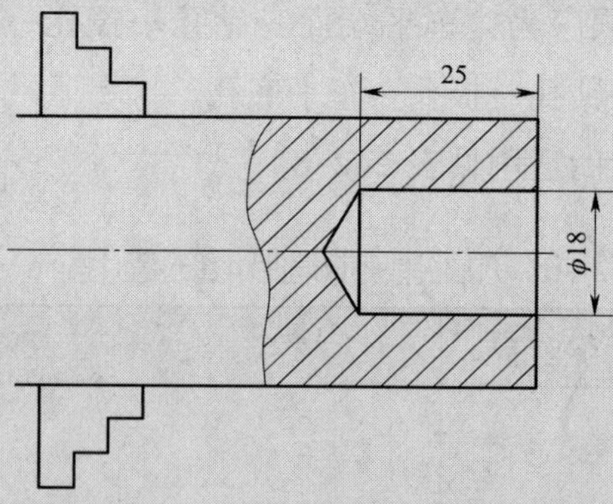	用 $\phi 18$ mm 麻花钻钻底孔，深为 25 mm
3. 镗孔	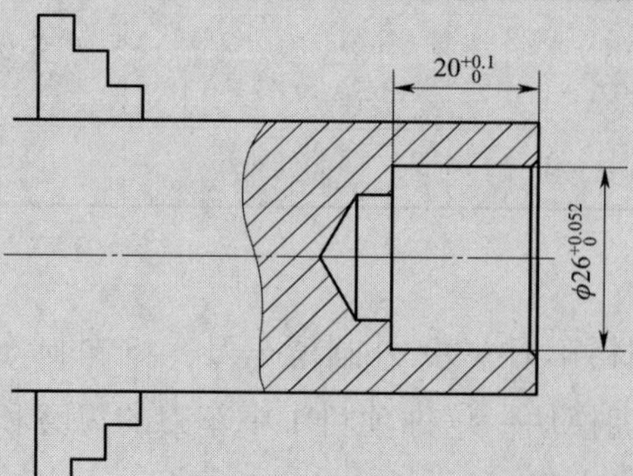	粗、精车内孔 $\phi 26_{0}^{+0.052}$ mm 至图样尺寸要求，深度为 $20_{0}^{+0.1}$ mm，并倒角

续表

步骤	图示	操作说明
4. 车外圆		粗、精车外圆$\phi38_{-0.039}^{0}$ mm 至图样尺寸要求，长度为 50 mm
5. 切断工件		用切断刀切断工件，取长度为 46 mm
6. 掉头找正，控制总长		掉头包铜皮，外圆找正，车平端面控制总长（45±0.2）mm，并倒角

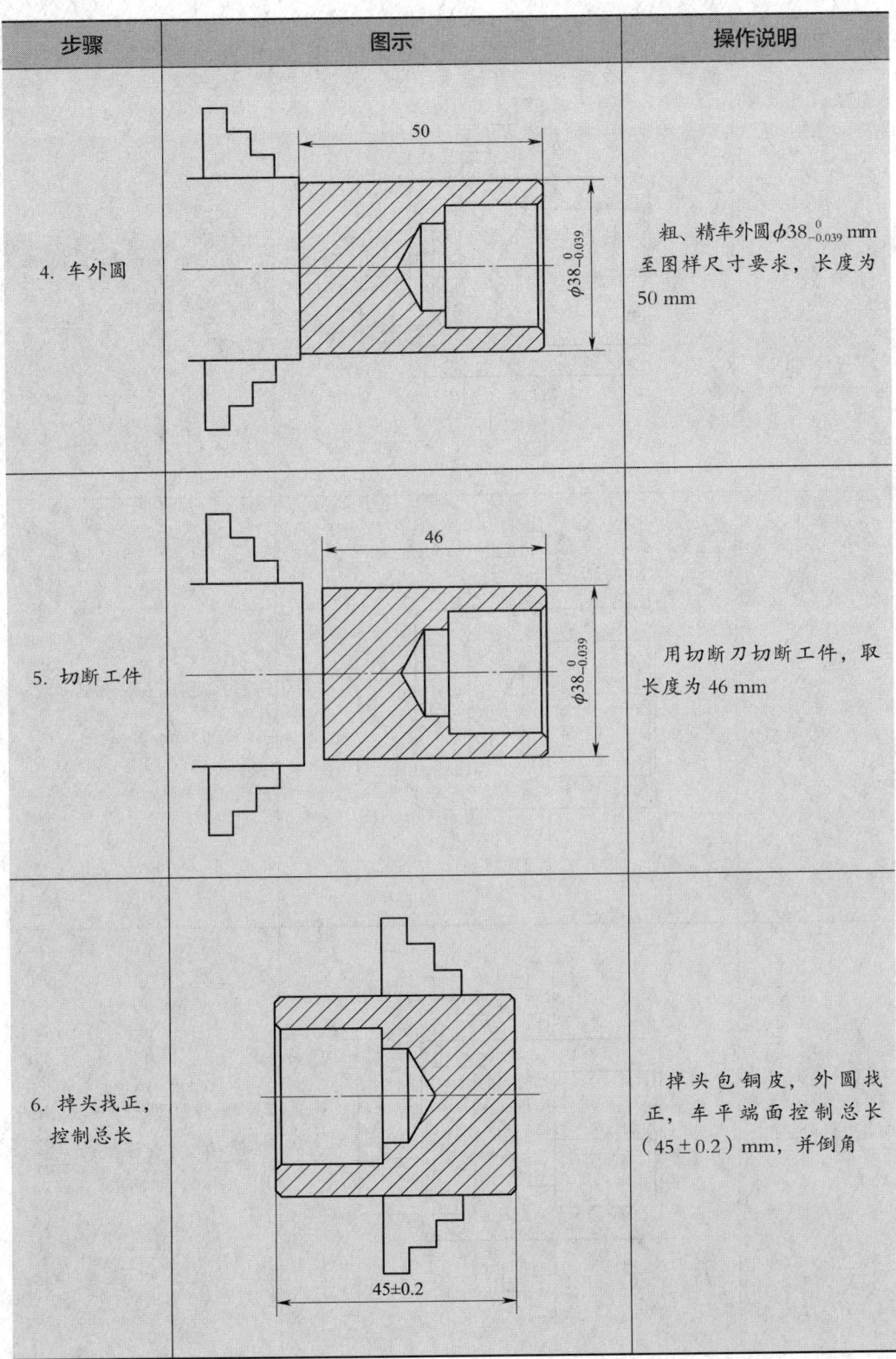

续表

步骤	图示	操作说明
7. 钻孔	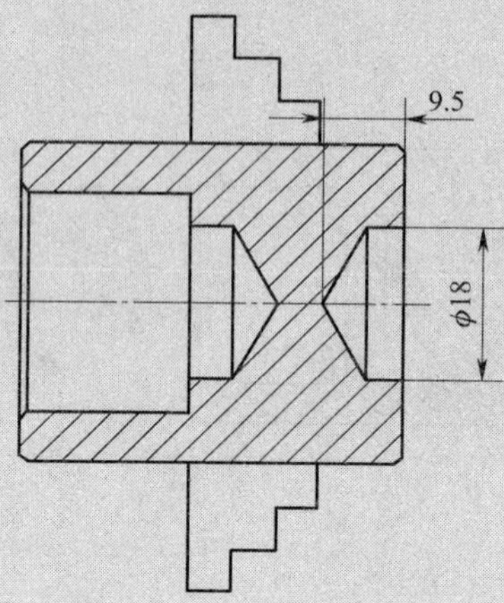	用 ϕ18 mm 麻花钻钻底孔,深为 9.5 mm
8. 扩孔	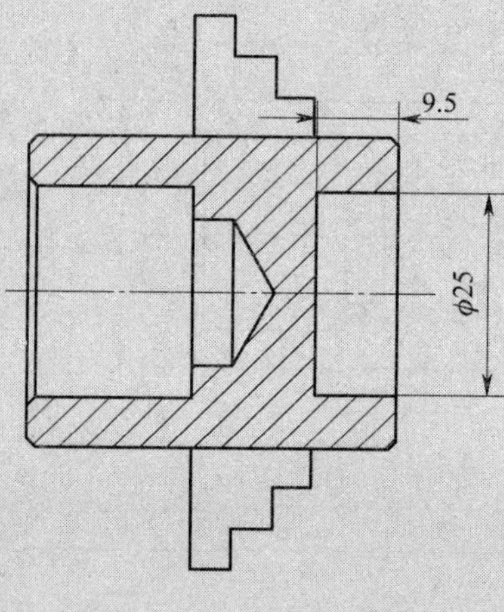	用 ϕ25 mm 平头钻扩孔,深为 9.5 mm
9. 车平底孔	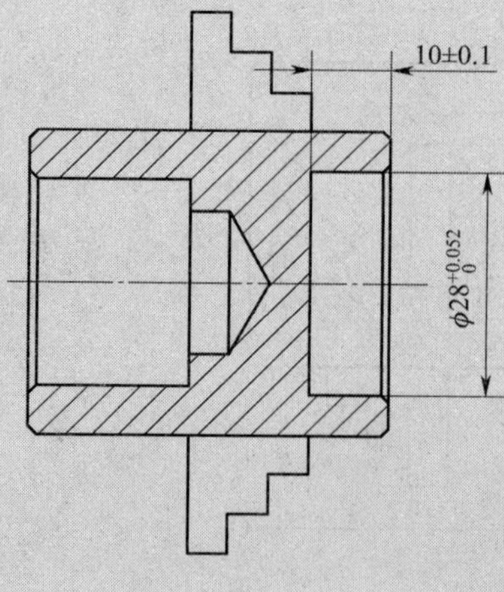	粗、精车平底孔 $\phi 28^{+0.052}_{0}$ mm 至图样尺寸,深度为 (10 ± 0.1) mm,并倒角

6. 尺寸精度控制

为了保证 $\phi 38_{-0.039}^{0}$ mm 外圆尺寸精度，需要把粗车、精车分开，精车时采用试切试测法，并用外径千分尺来测量、控制外圆尺寸精度。为了保证 $\phi 28_{0}^{+0.052}$ mm 和 $\phi 26_{0}^{+0.052}$ mm 内孔尺寸精度，需要把粗车、精车分开，精车时采用试切试测法，并用内径百分表和内测千分尺来测量、控制内孔尺寸精度。$20_{0}^{+0.1}$ mm 和（10 ± 0.1）mm 这两个长度尺寸事先预留余量，精车时用游标卡尺或游标深度卡尺来控制内孔深度尺寸。

三、注意事项

1. 注意刀杆不能过长，内孔车刀的刀尖必须对准工件旋转中心。
2. 锐边必须去毛刺，以防割伤手指，或影响测量精度。

操作技能 3　车　轴　套

一、工作准备

1. 零件图样与加工要求

试加工如图 2-2-14 所示轴套，要求用麻花钻、内孔车刀、铰刀等进行加工，尺寸精度和表面粗糙度符合图样要求。

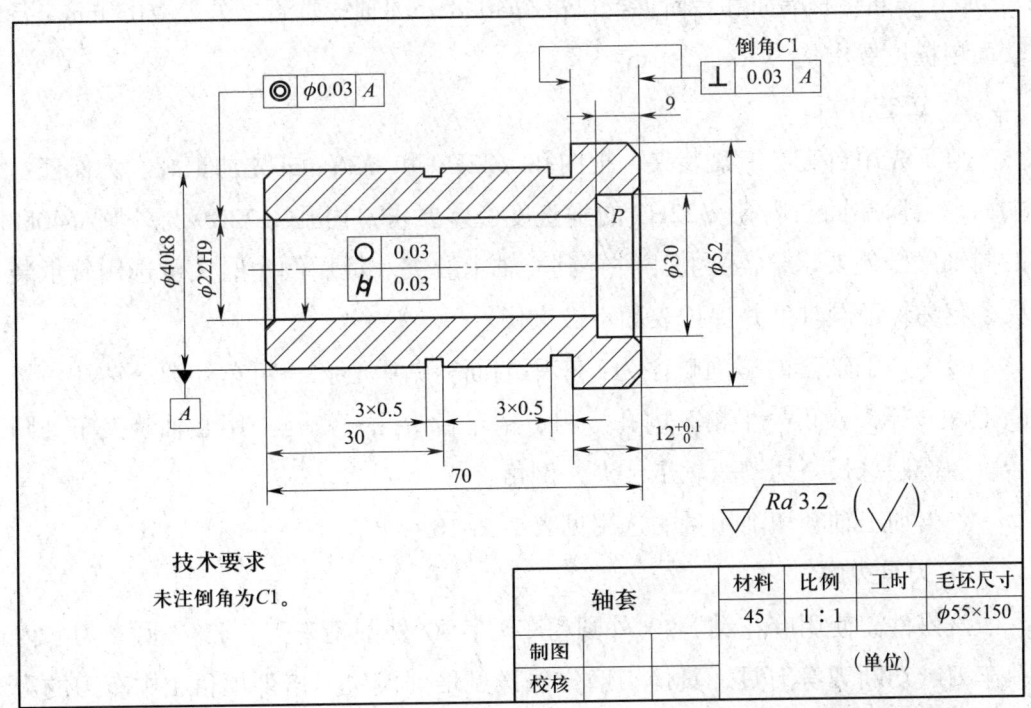

图 2-2-14　轴套

2. 工量、设备、材料准备

（1）工具：垫片、刀架钥匙、卡盘钥匙、钻夹头、前后顶尖、鸡心夹头、心轴、划针、磁性表座、铜皮、软爪、油枪、棉纱等。

（2）量具：游标卡尺、外径千分尺、钢直尺、百分表、内径百分表、塞规等。

（3）刀具：中心钻、麻花钻、铰刀、90°外圆粗车刀、90°外圆精车刀、45°外圆车刀、内孔车刀、切断刀（切槽刀）等。

（4）设备：CA6140A车床。

（5）毛坯材料：45钢，$\phi55$ mm×150 mm毛坯若干。

二、操作程序

1. 图样阅读与分析

该零件名称为轴套，材料为45钢，采用1∶1比例，毛坯尺寸为$\phi55$ mm×150 mm。图样比较简单，只用了一个主视图表达。主要尺寸有外圆$\phi52$ mm、$\phi40$k8、$\phi22$H9、$\phi30$ mm、70 mm、30 mm、9 mm、$12_{0}^{+0.1}$ mm、3 mm×0.5 mm槽（两处）、4处倒角C1 mm。$\phi22$H9内孔圆度公差为0.03 mm，$\phi22$H9内孔圆柱度公差为0.03 mm。$\phi22$H9内孔轴线相对于基准$\phi40$k8外圆轴线的同轴度公差为$\phi0.03$ mm，右端面和台阶面与基准$\phi40$k8外圆轴线垂直度公差0.03 mm。各表面粗糙度要求均为Ra 3.2 μm。

2. 工艺分析

（1）先用自定心卡盘装夹，把内孔$\phi22$H9和$\phi30$ mm先加工好。为保证右端面、台阶端面与内孔$\phi22$H9的垂直度公差要求，内孔$\phi22$H9与外圆$\phi40$k8的同轴度公差要求，需要将工件穿到心轴上装夹。最后倒角时，可选用软爪装夹，容易保证同轴度并保护表面不被夹伤。

（2）加工轴套的车削顺序为：车平端面→钻中心孔→粗车外圆→钻孔→切断工件→掉头找正→半精车内孔→粗、精车台阶孔→铰孔→用心轴装夹车外圆台阶→控制总长→切槽→软爪装夹，倒角。

（3）加工轴套切削用量的选用见表2-2-10。

3. 刀具刃磨

该零件需使用麻花钻、90°外圆粗车刀、90°外圆精车刀、45°外圆车刀、内孔车刀、切断刀等刀具，具体刃磨方法详见培训模块一培训项目1中车刀的刃磨和本模块培训项目1中麻花钻及内孔车刀的刃磨。

表 2-2-10　加工轴套切削用量的选用

切削用量	粗车	精车	切槽	钻孔	铰孔
背吃刀量 a_p（mm）	视加工要求而定	0.4~0.8	3	视加工要求而定	0.1 左右
进给量 f（mm/r）	外圆：0.2~0.3 内孔：0.1~0.15	外圆：0.1~0.15 内孔：0.05~0.10	手动	手动	手动
转速 n（r/min）	360~560	560~800	260~360	260~360	50~105

4. 毛坯、刀具安装

（1）毛坯安装：先采用自定心卡盘装夹，最后用心轴装夹加工外形尺寸。

（2）刀具安装：具体刀具装夹方法见培训模块一培训项目 1 车刀的装夹。

5. 加工

轴套的车削加工步骤见表 2-2-11。

表 2-2-11　轴套的车削加工步骤

步骤	图示	操作说明
1. 车平端面，钻中心孔	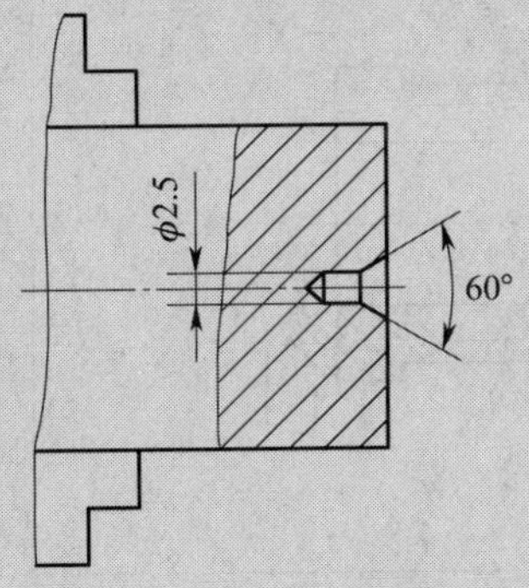	用自定心卡盘夹住毛坯外圆一端，伸出长度大于 80 mm，车平端面，钻中心孔
2. 粗车外圆	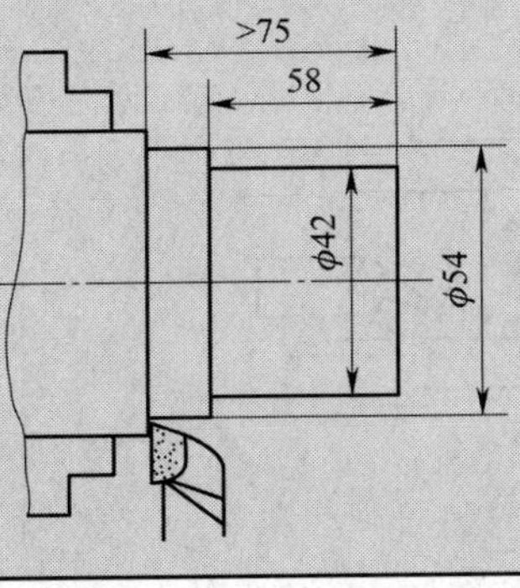	粗车外圆 ϕ54 mm、长度大于 75 mm，ϕ42 mm、长度为 58 mm

续表

步骤	图示	操作说明
3. 钻孔	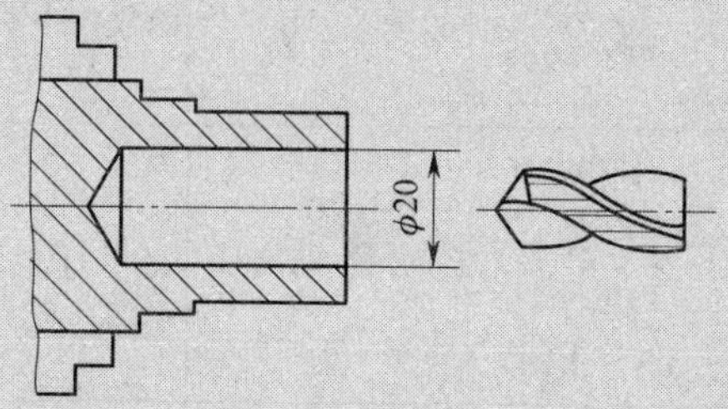	钻 $\phi 20$ mm 内孔
4. 切断工件	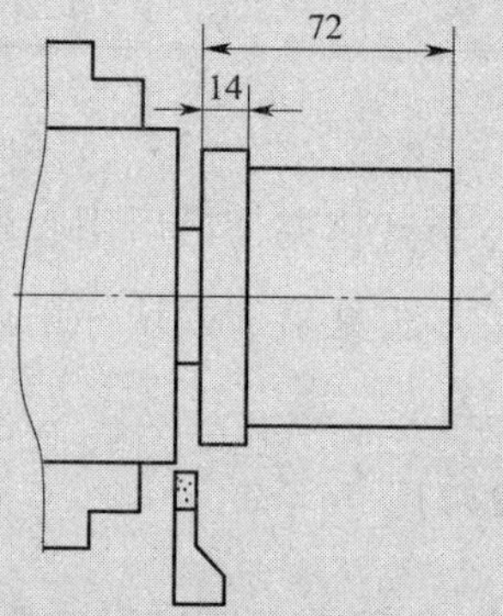	将工件切断，取总长为 72 mm
5. 掉头找正	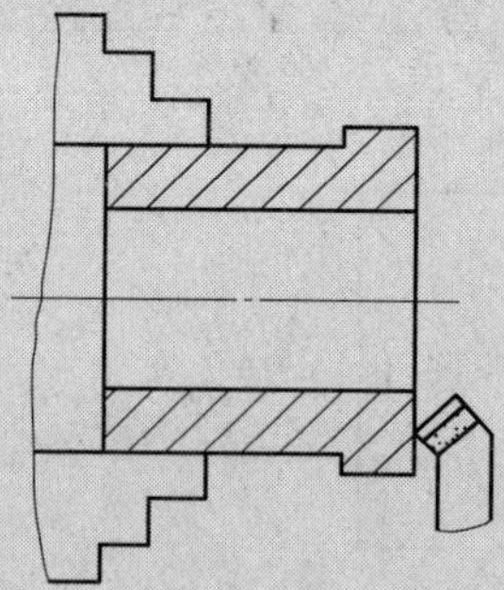	掉头找正，车平端面
6. 半精车内孔	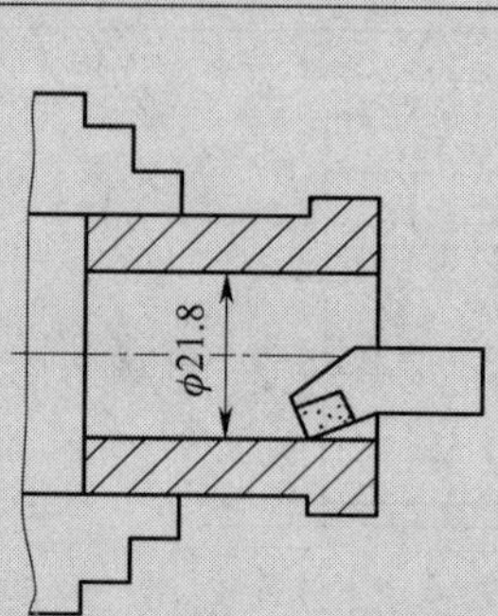	用通孔车刀半精车孔 $\phi 21.8$ mm

续表

步骤	图示	操作说明
7. 粗、精车台阶孔	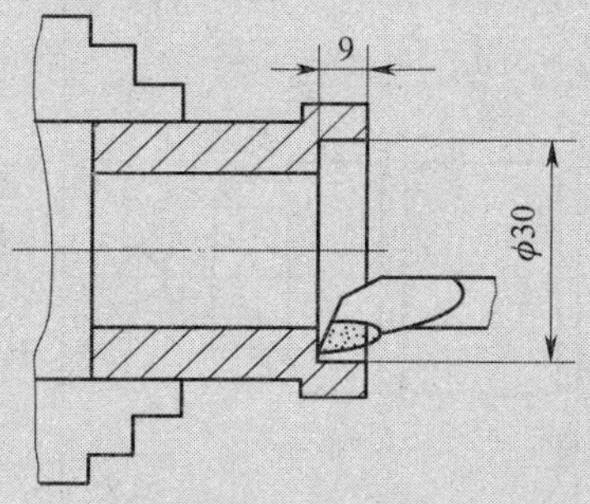	用盲孔车刀车内台阶孔 $\phi30$ mm×9 mm 至图样尺寸要求,并倒角
8. 铰孔	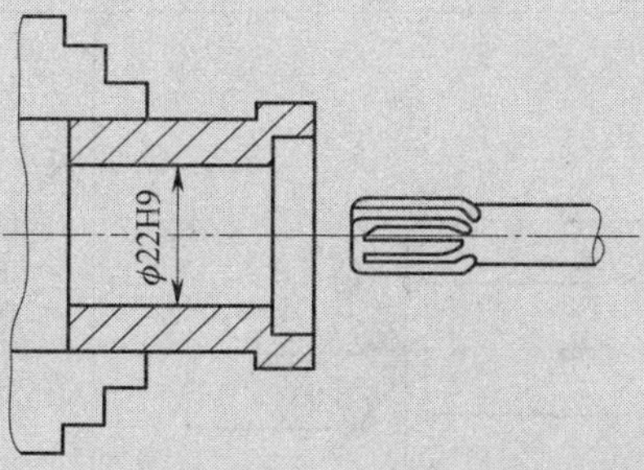	用 $\phi22H9$ 铰刀铰孔至图样尺寸要求
9. 用心轴装夹车外圆台阶	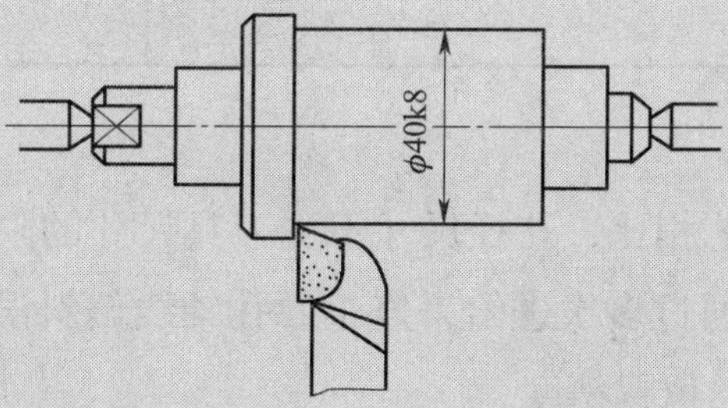	精车外圆 $\phi52$ mm、$\phi40k8$ 至图样尺寸要求,并倒角
10. 控制总长	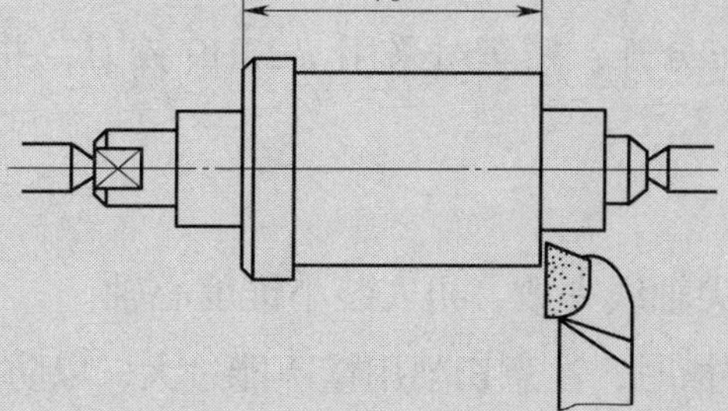	用 90°外圆车刀车端面,控制总长为 70 mm

步骤	图示	操作说明
11. 切槽	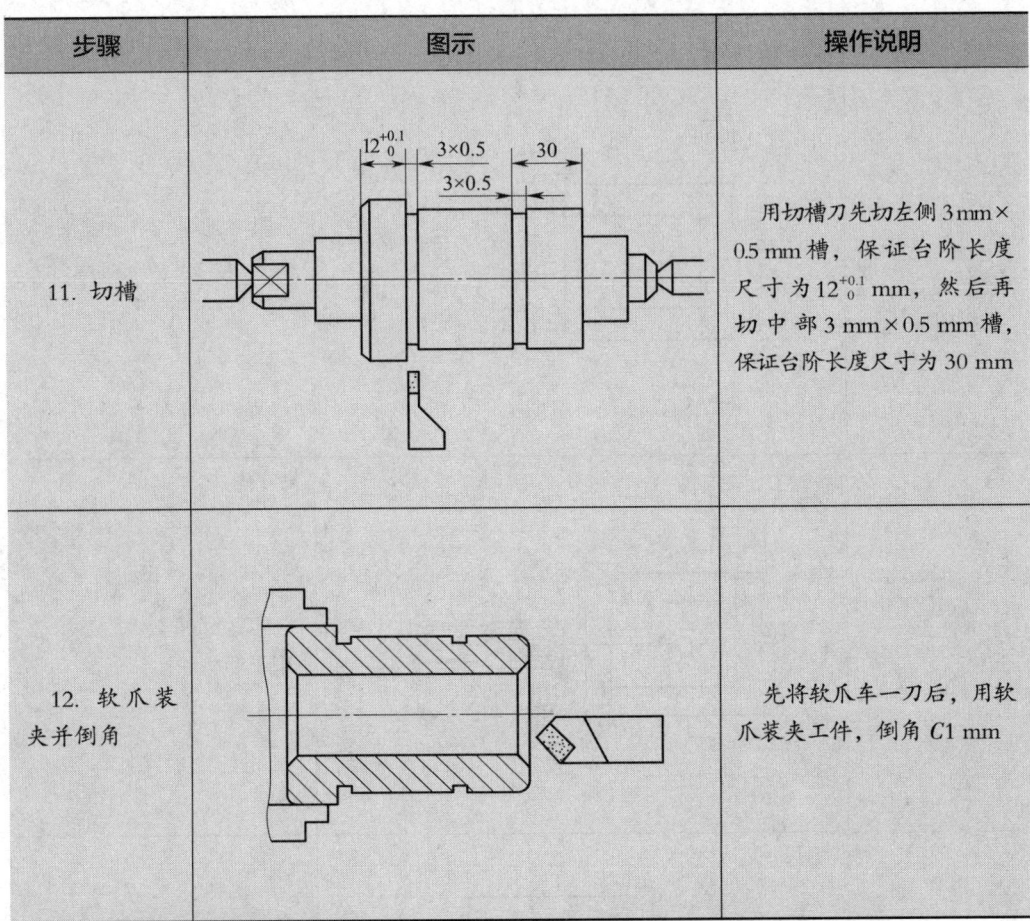	用切槽刀先切左侧 3 mm×0.5 mm 槽，保证台阶长度尺寸为 $12_{\ 0}^{+0.1}$ mm，然后再切中部 3 mm×0.5 mm 槽，保证台阶长度尺寸为 30 mm
12. 软爪装夹并倒角		先将软爪车一刀后，用软爪装夹工件，倒角 C1 mm

6. 尺寸精度控制

车孔和钻—扩—铰工艺相比，孔径尺寸不受刀具尺寸的限制，且车孔具有较强的误差修正能力，可通过多次进给来修正原孔轴线偏斜误差，而且能使所车孔与定位表面保持较高的位置精度。

为了保证 ϕ40k8 外圆尺寸精度，需要把粗车、精车分开，精车时采用试切试测法，并用外径千分尺来测量以控制外圆尺寸精度。为了保证 ϕ22H9 内孔尺寸精度，需要把粗车、精车分开，精车时采用 ϕ22H9 铰刀，并用内径百分表来测量以控制内孔尺寸精度。

三、注意事项

1. 应先保证前、后顶尖轴线一致，再安装小锥度心轴。

2. 切削 3 mm×0.5 mm 槽时，注意切削用量不能过大，以防工件打滑或移位。

培训项目 3 精度检验与误差分析

培训单元 1 简单套类零件精度检验

- 能使用常用量具对简单套类零件进行测量。
- 能对简单套类零件进行精度检验。

一、内径百分表的使用

内径百分表可用来测量孔径和孔的形状精度,对于测量深孔极为方便。

1. 内径百分表的结构

内径百分表由百分表和表架等组成,其外形与结构如图 2-3-1 所示。

2. 内径百分表的读数原理

百分表 6 的测量杆 3 与传动杆 4 始终接触,弹簧 5 是控制测量力的,并经传动杆 4、杠杆 7 向外顶着活动测头 8。测量时,活动测头 8 的移动使杠杆 7 回转,通过传动杆 4 推动百分表 6 的测量杆,使百分表指针偏转。由于杠杆 7 是等臂的,当活动测头移动 1 mm 时,传动杆也移动 1 mm,推动百分表指针回转一圈。所以,活动测头的移动量可以在百分表上读出来。

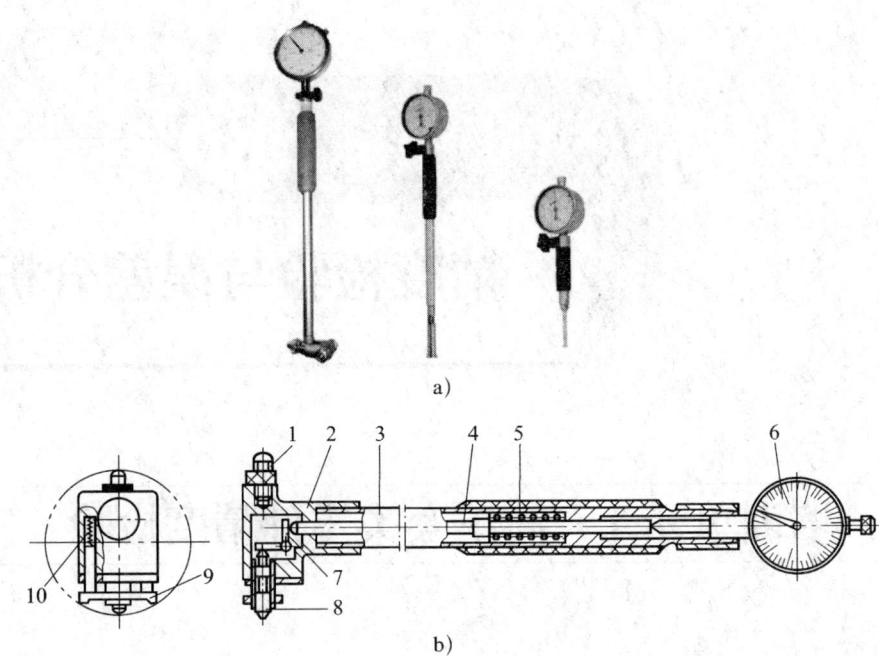

图 2-3-1 内径百分表
a) 外形 b) 结构
1—固定（可换）测头 2—测量套 3—测量杆 4—传动杆
5、10—弹簧 6—百分表 7—杠杆 8—活动测头 9—定位装置

定位装置 9 起找正直径位置的作用，因为可换测头 1 和活动测头 8 的轴线实为定位装置的中垂线，此定位装置保证了可换测头和活动测头的轴线位于被测孔的直径位置上。

内径百分表活动测头的位移量很小，它的测量范围是由更换或调整可换测头的长度而达到的。

内径百分表的分度值一般为 0.01 mm，其测量范围有 6~10 mm、10~18 mm、18~35 mm、35~50 mm、50~100 mm、100~160 mm、160~250 mm、250~450 mm 等。

3. 内径百分表的使用方法

（1）根据被测孔径选可换测头。

（2）用游标卡尺调整活动测头和可换测头之间的距离，使其之间的距离比被测孔径的基本尺寸大 0.4~0.5 mm，之后用扳手将可换测头锁紧。

（3）将外径千分尺两砧座之间尺寸调整为被测孔径的基本尺寸（或用标准环规、量块）作为标准量，调整百分表刻度盘，使百分表指针的"拐点"指向零。

（4）测量，将内径百分表的测头放到被测零件的孔内摆动，观察百分表指针的返回点，如指针的返回点在表盘零位的右边，则被测孔径的实际尺寸小于基本尺寸，具体值为

$$D=d-X$$

式中　D——被测孔径的实际尺寸；

　　　d——被测孔径的基本尺寸；

　　　X——指针"拐点"与表盘零点之间的格数（每小格表示 0.01 mm）。

如指针的返回点在表盘零位的左边，则被测孔径的实际尺寸大于基本尺寸，具体值为

$$D=d+X$$

4. 内径百分表的使用注意事项

（1）内径百分表应避免受冲击、摔碰，测量杆上不准压放其他物品。

（2）安装百分表时一定使百分表的测量杆与传动杆很好地接触。通俗的说法是"压表"，为 0.5～1 mm，即百分表表盘的小指针指向"1"附近。

（3）装卸百分表时，不要让水、油污或灰尘等进入表内。

（4）操作时，要一手拿住测量杆上的隔热套，用另一只手扶住测量套。

（5）测量读数时，内径百分表的可换测头与活动测头的连线应与被测孔轴心线垂直，在径向找最大值、轴向找最小值。如测量两平行平面间的距离，应在上下、左右方向上都找最小值。

二、塞规的使用

1. 塞规的测量原理

塞规（见图 2-3-2）通端的基本尺寸等于孔的下极限尺寸（L_{min}），止端的基本尺寸等于孔的上极限尺寸（L_{max}）。塞规通端的长度比止端的长度长，一方面便于修磨通端以延长塞规使用寿命，另一方面则便于区分通端和止端。

用塞规检验孔径时，若通端能进入工件的孔内，而止端不能进入工件的孔内，则说明工件孔径合格。

2. 塞规的使用注意事项

（1）测量盲孔时，为了排除孔内的空气，常在塞规的外圆上开有通气槽或在轴心处轴向钻出通气孔。

（2）用塞规检验孔径时，应保持塞规表面和孔壁清洁。检验时，塞规轴线应与孔轴线一致，不可歪斜。不允许将塞规强行塞入孔内，不准敲击塞规。

（3）不要在工件还未冷却到室温时用塞规检验。塞规是精密的极限量规，只能用来判断孔径是否合格，不能测量出孔的实际尺寸。

图2-3-2 塞规

三、内孔量具维护保养

（1）在机床上测量零件时，要等零件完全停稳后才能进行。

（2）测量前应把量具的测量面和零件的被测量表面都要擦拭干净，以免因有脏物存在而影响测量精度。

（3）量具在使用过程中，不要和工具、刀具如锉刀、锤子、车刀和钻头等堆放在一起，以免碰伤。也不要随便放在机床上，以免因机床振动而使量具掉下来而损坏。

（4）量具是测量工具，绝对不能作为其他工具的代用品。

（5）不要把精密量具置于磁场附近，如磨床的磁性工作台上，以免使量具磁化。

（6）使用者不应自行拆修量具。

（7）量具使用后，应及时擦干净，除不锈钢量具或有保护镀层者外，金属表面应涂上一层防锈油，放在专用的盒子里，保存在干燥的地方，以免生锈。

（8）精密量具应实行定期检定和保养，以免因量具的示值精度超差而造成产品质量事故。

技能要求

操作技能1 衬套的精度检验

一、工作准备

本模块培训项目2所加工衬套零件及图样。

该零件精度检验所需的工具、量具：0~125 mm 游标卡尺、25~50 mm 外径千分尺、钢直尺、百分表、塞规、磁性表座、表面粗糙度比较样块等。

二、精度检验

1. 尺寸精度检验

主要尺寸 $\phi30_{-0.033}^{0}$ mm 用外径千分尺来测量，$\phi16_{0}^{+0.043}$ mm 用塞规（通止规）进行检测，其余尺寸 37 mm、4 处倒角 $C1$ mm 精度要求不高，用游标卡尺测量即可。

2. 几何精度检验

$\phi30_{-0.033}^{0}$ mm 外圆轴线相对于基准 $\phi16_{0}^{+0.043}$ mm 内孔轴线的同轴度公差为 $\phi0.03$ mm，右端面与基准 $\phi16_{0}^{+0.043}$ mm 轴线垂直度公差为 0.01 mm。

3. 表面粗糙度检测

各表面粗糙度要求均为 Ra 3.2 μm，用表面粗糙度比较样块与被测表面进行比较来判断即可。

4. 填写检验报告书

对衬套零件进行精度检验，并将检验结果填入表 2-3-1 中。

表 2-3-1 衬套零件精度检验表

零件名称		衬套	检验人		
检验项目	序号	检验内容及要求	所用量具/辅具	检验结果	是否符合图纸要求
尺寸精度	1	$\phi30_{-0.033}^{0}$ mm	外径千分尺		
	2	$\phi16_{0}^{+0.043}$ mm	塞规		
	3	37 mm	游标卡尺		
几何精度	4	◎ $\phi0.03$ A	百分表、磁性表座		
	5	⊥ 0.01 A	百分表、磁性表座		
表面结构要求	6	Ra 3.2 μm	表面粗糙度比较样块		
其他项目	7	$C1$ mm 倒角，4 处	目测、游标卡尺		
	8	其他未注项目	自定		

操作技能 2　台阶孔的精度检验

一、工作准备

本模块培训项目 2 所加工台阶孔零件及图样。

该零件精度检验所需的工具、量具：0～125 mm 游标卡尺、25～50 mm 外径千分尺、钢直尺、表面粗糙度比较样块、内径百分表等。

二、精度检验

1. 尺寸精度检验

外圆 $\phi 45_{-0.039}^{0}$ mm 用外径千分尺来测量。内孔 $\phi 25_{0}^{+0.052}$ mm 和内孔 $\phi 30_{0}^{+0.052}$ mm 用内径百分表来测量，其余尺寸 $15_{-0.12}^{0}$ mm、46 mm、4 处倒角 $C1$ mm，用游标卡尺测量即可。

2. 表面粗糙度检测

各表面粗糙度要求均为 Ra 3.2 μm，用表面粗糙度比较样块与被测表面进行比较来判断即可。

3. 填写检验报告书

对台阶孔零件进行精度检验，并将检验结果填入表 3-3-2 中。

表 2-3-2　台阶孔零件精度检验表

零件名称		台阶孔	检验人		
检验项目	序号	检验内容及要求	所用量具/辅具	检验结果	是否符合图纸要求
尺寸精度	1	$\phi 45_{-0.039}^{0}$ mm	外径千分尺		
	2	$\phi 25_{0}^{+0.052}$ mm	内径百分表		
	3	$\phi 30_{0}^{+0.052}$ mm	内径百分表		
	4	$15_{-0.12}^{0}$ mm	游标卡尺		
	5	46 mm	游标卡尺		
表面结构要求	6	Ra3.2 μm	表面粗糙度比较样块		
其他项目	7	$C1$ mm 倒角，4 处	目测、游标卡尺		
	8	其未注项目	自定		

操作技能 3　盲孔的精度检验

一、工作准备

本模块培训项目 2 所加工盲孔零件及图样。

该零件精度检验所需的工具、量具：0~125 mm 游标卡尺、25~50 mm 外径千分尺、钢直尺、表面粗糙度比较样块、内测千分尺、内径百分表、游标深度卡尺等。

二、精度检验

1. 尺寸精度检验

外圆尺寸 $\phi 38_{-0.039}^{0}$ mm 用外径千分尺来测量。$\phi 28_{0}^{+0.052}$ mm 用内测千分尺来测量。$\phi 26_{0}^{+0.052}$ mm 用内径百分表来测量。$\phi 18$ mm、(45 ± 0.2) mm、25 mm、$20_{0}^{+0.1}$ mm、(10 ± 0.1) mm，用游标卡尺测量即可。

2. 表面粗糙度检测

各表面粗糙度要求均为 Ra 3.2 μm，用表面粗糙度比较样块与被测表面进行比较来判断即可。

3. 填写检验报告书

对盲孔零件进行精度检验，并将检验结果填入表 2-3-3 中。

表 2-3-3　盲孔零件精度检验表

零件名称		盲孔	检验人		
检验项目	序号	检验内容及要求	所用量具/辅具	检验结果	是否符合图纸要求
尺寸精度	1	$\phi 38_{-0.039}^{0}$ mm	外径千分尺		
	2	$\phi 28_{0}^{+0.052}$ mm	内测千分尺		
	3	$\phi 26_{0}^{+0.052}$ mm	内径百分表		
	4	$\phi 18$ mm	游标卡尺		
	5	(45 ± 0.2) mm	游标卡尺		
	6	25 mm	游标卡尺		
	7	$20_{0}^{+0.1}$ mm	游标卡尺或游标深度卡尺		
	8	(10 ± 0.1) mm	游标卡尺或游标深度卡尺		

续表

检验项目	序号	检验内容及要求	所用量具/辅具	检验结果	是否符合图纸要求
表面结构要求	9	Ra 3.2 μm	表面粗糙度比较样块		
其他项目	10	C1 mm 倒角，4 处	目测法		
	11	其他未注项目	自定		

操作技能 4　轴套的精度检验

一、工作准备

本模块培训项目 2 所加工轴套零件及图样。

该零件精度检验所需的工具、量具：0~125 mm 游标卡尺、25~50 mm 外径千分尺、钢直尺、表面粗糙度比较样块、百分表、磁性表座、内径百分表、塞规等。

二、精度检验

1. 尺寸精度检验

外圆尺寸 ϕ40k8 用外径千分尺来测量，ϕ22H9 内孔用塞规（通止规）进行检测，其余尺寸 ϕ52 mm、ϕ30 mm、70 mm、30 mm、9 mm、$12_0^{+0.1}$ mm、3 mm × 0.5 mm 槽（两处）、4 处倒角 C1 mm，用游标卡尺测量即可。

2. 几何精度检验

ϕ22H9 内孔圆度公差为 0.03 mm，ϕ22H9 内孔圆柱度公差为 0.03 mm。ϕ22H9 内孔轴线相对于基准 ϕ40k8 外圆轴线的同轴度公差为 ϕ0.03 mm，右端面和台阶面与基准 ϕ40k8 外圆轴线垂直度公差为 0.03 mm。

3. 表面粗糙度检测

各表面粗糙度要求均为 Ra 3.2 μm，用表面粗糙度比较样块与被测表面进行比较来判断即可。

4. 填写检验报告书

对轴套零件进行精度检验，并将检验结果填入表 2-3-4 中。

表 2-3-4 轴套零件精度检验表

零件名称		轴套	检验人		
检验项目	序号	检验内容及要求	所用量具/辅具	检验结果	是否符合图纸要求
尺寸精度	1	$\phi 52$ mm	游标卡尺		
	2	$\phi 40k8$	外径千分尺		
	3	$\phi 30$ mm	游标卡尺		
	4	$\phi 22H9$	塞规/内径百分表		
	5	70 mm	游标卡尺		
	6	30 mm	游标卡尺		
	7	$12^{+0.1}_{0}$ mm	游标卡尺		
	8	9 mm	游标卡尺		
	9	3 mm × 0.5 mm 槽（两处）	游标卡尺		
几何公差	10	○ 0.03	百分表、磁性表座		
	11	⌯ 0.03	百分表、磁性表座		
	12	◎ $\phi 0.03$ A	百分表、磁性表座		
	13	⊥ 0.03 A	百分表、磁性表座		
表面结构要求	14	Ra 3.2 μm	表面粗糙度比较样块		
其他项目	15	$C1$ mm 倒角，4 处	目测法或游标卡尺		
	16	其他未注项目	自定		

培训单元 2　简单套类零件的加工误差分析

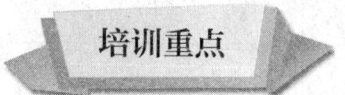

→ 能对简单套类零件进行误差分析。
→ 能预防简单套类零件产生误差。

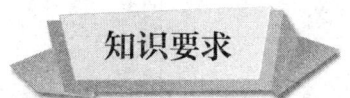

车削简单套类零件产生的误差主要有尺寸超差、内孔有锥度、内孔不圆、内孔不光四类，误差分析见表2-3-5。

表2-3-5　车削简单套类零件的误差分析

废品种类	产生原因	预防方法
尺寸超差	1. 测量不正确 2. 车刀装夹不对，刀杆与孔壁相碰 3. 产生积屑瘤，增加了刀尖长度，使孔径变大 4. 工件的热胀冷缩	1. 仔细测量。用游标卡尺测量时，要调整好卡尺的松紧，控制好位置，并进行试切 2. 在未启动车床前，先把车刀在孔内走一遍，检查是否会相碰，确定合理的刀杆直径 3. 研磨车刀前面，使用切削液，增大前角，选择合理的切削速度 4. 应使工件冷却后再精车，加注切削液
内孔有锥度	1. 刀具磨损 2. 刀杆刚度差，产生"让刀"现象 3. 刀杆与孔壁相碰 4. 车床主轴轴线歪斜 5. 床身没校水平，使床身导轨与主轴轴线不平行 6. 床身导轨磨损。由于磨损不均匀，使走刀轨迹与工件轴线不平行	1. 提高刀具寿命，采用耐磨的硬质合金车刀 2. 尽量采用大尺寸的刀杆，减小切削用量 3. 正确装夹车刀 4. 检查车床精度，校正主轴轴线跟床身导轨的平行度 5. 校正车床水平，使床身导轨与主轴轴线平行 6. 大修车床

续表

废品种类	产生原因	预防方法
内孔不圆	1. 孔壁薄，装夹时产生变形 2. 轴承间隙太大，主轴颈成椭圆 3. 工件加工余量和材料组织不均匀	1. 选择合理的装夹方法 2. 大修车床，并检查主轴的圆柱度 3. 增加半精车，把不均匀的余量车去，使精车余量尽量减小和均匀。对工件毛坯进行回火处理
内孔不光	1. 车刀磨损 2. 车刀刃磨不良，表面粗糙度值大 3. 车刀几何角度不合理，装刀时刀尖低于工件旋转中心 4. 切削用量选择不当 5. 刀杆细长，产生振动	1. 重新刃磨车刀 2. 保证切削刃锋利，研磨车刀前、后面 3. 合理选择刀具角度，精车装刀时刀尖可略高于工件旋转中心 4. 适当降低切削速度，减小进给量 5. 加粗刀杆和降低切削速度

培训模块 三
圆锥面加工

培训项目 1 工艺准备

培训单元 1　识读圆锥工件零件图

➔ 能正确识读圆锥工件的零件图。

一、圆锥面

1. 圆锥面的定义

与轴线成一定角度,且一端相交于轴线的一条直线段(圆锥母线),围绕着该轴线旋转形成的表面,称为圆锥表面,如图 3-1-1 所示。

在圆锥面中,母线和轴的交点叫作圆锥面的顶点。

2. 圆锥面的种类

圆锥面分为外圆锥面和内圆锥面两种,如图 3-1-2 所示。

常见圆锥零部件如图 3-1-3 所示。

3. 圆锥面的配合特点

圆锥面配合具有以下三大优点:

(1)当圆锥角较小(在 3°以下)时,可以传递很大的转矩。

(2)装卸简便,定心精确。

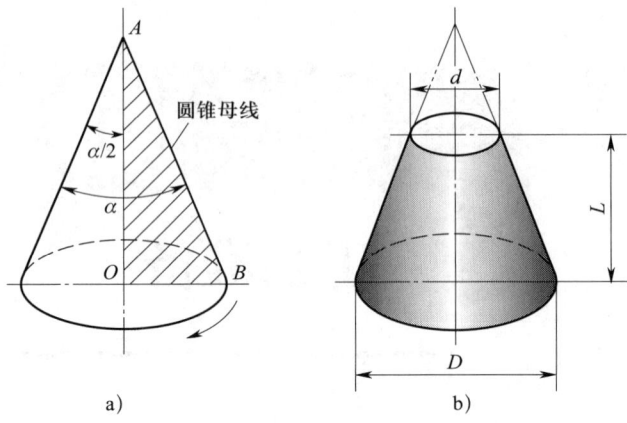

图 3-1-1 圆锥的形成

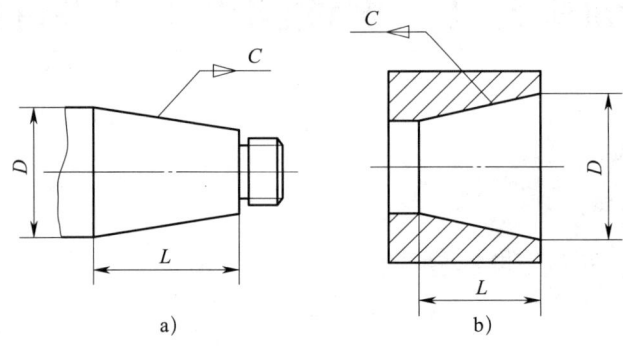

图 3-1-2 圆锥面

a）外圆锥面　b）内圆锥面

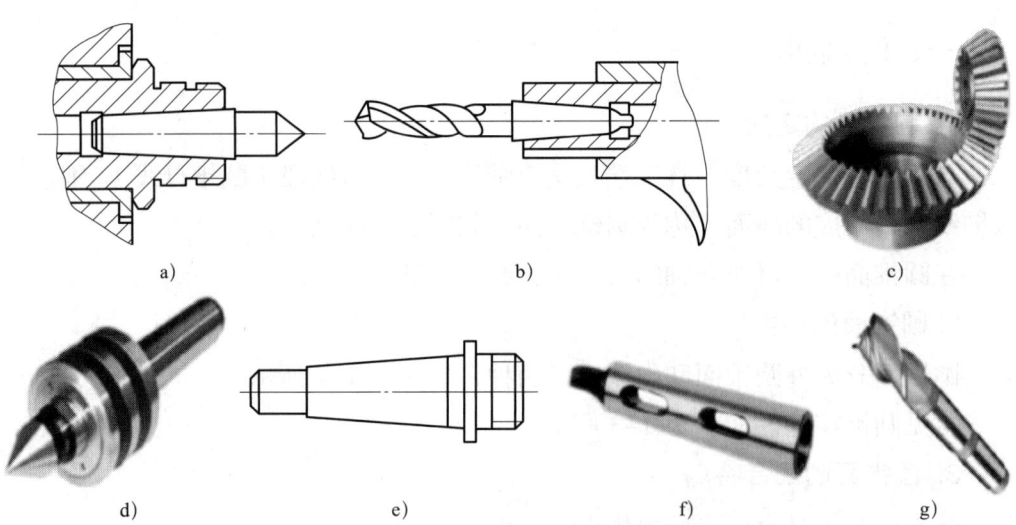

图 3-1-3 常见圆锥零部件示例

a）主轴锥孔与顶尖的配合　b）车床尾座锥孔与麻花钻锥柄的配合
c）圆锥齿轮　d）顶尖　e）锥形主轴　f）锥套　g）铣刀

（3）同轴度较高，无间隙配合。

二、常用工具圆锥的种类

标准工具圆锥已在国际上通用、标准化，只要符合标准都具有互换性。常用的标准工具圆锥分为莫氏圆锥和公制圆锥，不常用的标准工具圆锥分为一般用途的圆锥和特定用途的圆锥。

1. 莫氏圆锥

莫氏锥度是机械制造业中应用最为广泛的一种，用于静配合以精确定位。由于锥度很小，利用摩擦力的原理，可以传递一定的转矩，又因为是锥度配合，所以可以方便地拆卸。在同一锥度的一定范围内，工件可以自由拆装，同时在工作时又不会影响使用效果，比如钻孔的锥柄麻花钻，如果使用中需要拆卸钻头进行刃磨，重新装上不会影响钻头的中心位置。

莫氏锥度的锥号有 0、1、2、3、4、5、6、7 八个号。

2. 公制圆锥

公制圆锥有 4、6、80、100、120、140、160、200 八个号。它的号是指圆锥大端直径，即锥度固定不变，$C=1:20$，以大端直径标注，主要用于较大主轴锥度、刀套、刀杆。

常用的标准工具圆锥的参数见表 3-1-1。

表 3-1-1 常用的标准工具圆锥的参数

	圆锥号数	锥度 $C=2\tan(\alpha/2)$	锥角 α	斜角 $\alpha/2$	斜度 $\tan(\alpha/2)$
莫氏	0	1:19.212=0.052 05	2°58′54″	1°29′27″	0.026
	1	1:20.047=0.049 88	2°51′26″	1°25′43″	0.024 9
	2	1:20.020=0.049 95	2°51′41″	1°25′50″	0.025
	3	1:19.922=0.050 20	2°52′32″	1°26′16″	0.025 1
	4	1:19.254=0.051 94	2°58′31″	1°29′15″	0.026
	5	1:19.002=0.052 63	3°00′53″	1°30′26″	0.026 3
	6	1:19.180=0.052 14	2°59′12″	1°29′36″	0.026 1
	7	1:19.231=0.052	2°58′36″	1°29′18″	0.026
公制	4	1:20=0.05	2°51′51″	1°25′56″	0.025
	6	1:20=0.05	2°51′51″	1°25′56″	0.025
	80	1:20=0.05	2°51′51″	1°25′56″	0.025
	100	1:20=0.05	2°51′51″	1°25′56″	0.025
	120	1:20=0.05	2°51′51″	1°25′56″	0.025
	140	1:20=0.05	2°51′51″	1°25′56″	0.025
	160	1:20=0.05	2°51′51″	1°25′56″	0.025
	200	1:20=0.05	2°51′51″	1°25′56″	0.025

注：1. 公制圆锥号数表示圆锥的大端直径，如 80 号公制圆锥，它的大端直径即为 80 mm。
2. 莫氏锥度目前在钻头及铰刀的锥柄、车床零件等应用较多。

3. 一般用途圆锥的锥度与锥角（见表 3-1-2）

表 3-1-2　一般用途圆锥的锥度与锥角

基本值		推算值				应用举例
系列 1	系列 2	圆锥角 α			锥度 C	
		(°)(′)(″)	(°)	rad		
120°	—	—	—	2.094 395	1:0.288 675	螺纹孔的内倒角，填料盒内填料的锥度
90°	—	—	—	1.570 796	1:0.500 000	沉头螺钉头，螺纹倒角，轴的倒角
	75°	—	—	1.308 997	1:0.651 613	车床顶尖，中心孔
60°		—	—	1.047 198	1:0.866 025	车床顶尖，中心孔
45°		—	—	0.785 398	1:1.207 107	轻型螺旋管接口的锥形密合
30°		—	—	0.523 599	1:1.866 025	摩擦离合器
1:3		18°55′28.7″	18.924 644°	0.330 297	—	有极限转矩的摩擦圆锥离合器
1:5		11°25′16.3″	11.421 186°	0.199 337	—	易拆机件的锥形连接，锥形摩擦离合器
	1:6	9°31′38.2″	9.522 783°	0.166 282	—	
	1:7	8°10′16.4″	8.171 234°	0.142 615	—	重型机床顶尖，旋塞
	1:8	7°9′9.6″	7.152 669°	0.124 838	—	联轴器和轴的圆锥面连接
1:10		5°43′29.3″	5.724 810°	0.99 917	—	受轴向力及横向力的锥形零件的接合面，电动机及其他机械的锥形轴端
	1:12	4°46′18.8″	4.771 888°	0.083 285	—	固定球及滚子轴承的衬套
	1:15	3°49′5.9″	3.818 305°	0.066 642	—	受轴向力的锥形零件的接合面，活塞与活塞杆的连接
1:20		2°51′51.1″	2.864 192°	0.049 990	—	机床主轴锥度，刀具尾柄，公制锥度铰刀，圆锥螺栓
1:30		1°54′34.9″	1.909 683°	0.333 330	—	装柄的铰刀及扩孔钻
1:50		1°8′45.2″	1.145 877°	0.019 999	—	圆锥销，定位销，圆锥销孔的铰刀
1:100		0°34′22.6″	0.572 953°	0.010 000	—	承受陡振及静变载荷的不需拆开的连接机件
1:200		0°17′11.3″	0.286 478°	0.005 000	—	承受陡振及冲击变载荷的需拆开的零件，圆锥螺栓
1:500		0°6′62.5″	0.114 592°	0.002 000	—	

注：系列 1 中 120°～1:3 的数值近似按 R10/2 优先数系列，1:5～1:500 按 R10/3 优先系列（见 GB/T 321）。

4. 特殊用途圆锥的锥度与锥角（见表 3-1-3）

表 3-1-3 特殊用途圆锥的锥度与锥角

基本值	锥度 C	圆锥角 α		应用举例	基本值	圆锥角 α		应用举例
18°30′	—	—	—		1:18.779	3°3′1.2″	3.050 335°	贾各锥度 No.3
11°54′	—	—	—		1:19.264	2°58′24.9″	2.973 573°	贾各锥度 No.6
8°40′	—	—	—	纺织工业	1:20.288	2°49′24.8″	2.823 550°	贾各锥度 No.0
7°40′	—	—	—		1:19.002	3°0′52.4″	3.014 554°	莫氏锥度 No.5
7:24	1:3.428 571	16°35′39.4″	16.594 290°	机床主轴，工具配合	1:19.180	2°59′11.7″	2.936 590°	莫氏锥度 No.6
1:9	—	6°21′34.8″	6.359 660°	电池接头	1:19.212	2°58′53.8″	2.981 618°	莫氏锥度 No.0
1:16.666	—	3°26′12.7″	3.436 853°	医疗设备	1:19.254	2°58′30.4″	2.975 117°	莫氏锥度 No.4
1:12.262	—	4°40′12.2″	4.670 042°	贾各锥度 No.2	1:19.922	2°52′31.4″	2.875 402°	莫氏锥度 No.3
1:12.972	—	4°24′52.9″	4.414 696°	贾各锥度 No.1	1:20.020	2°51′40.8″	2.861 332°	莫氏锥度 No.2
1:15.748	—	3°38′13.4″	3.637 067°	贾各锥度 No.33	1:20.047	2°51′26.9″	2.857 480°	莫氏锥度 No.1

培训单元 2　圆锥面的计算与调整

→ 能进行车削圆锥面的计算和调整。

一、圆锥的基本参数

圆锥的基本参数包括圆锥半角（斜角）、圆锥大端直径、圆锥小端直径、圆锥长度和锥度，如图 3-1-4 所示。

圆锥角 α 是在通过圆锥轴线的截面内，两条素线间的夹角。在车削时常用到的是圆锥角 α 的一半——圆锥半角 $\dfrac{\alpha}{2}$。圆锥长度 L 是圆锥大端直径处与圆锥小端直径处的轴向距离。锥度 C 是圆锥大、小端直径之差与长度之比，即

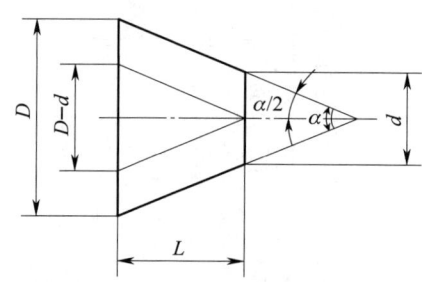

图 3-1-4　圆锥的基本参数

$$C = \frac{D-d}{L} = 2\tan\frac{\alpha}{2}$$

圆锥半角 $\dfrac{\alpha}{2}$ 与锥度 C 属于同一基本参数。

二、圆锥各部分尺寸计算

由上可知，圆锥具有四个基本参数，只要已知其中任意三个参数，便可以计算出另外一个未知参数。

由图 3-1-5 可见，圆锥的各部分尺寸计算，实质是解直角三角形。

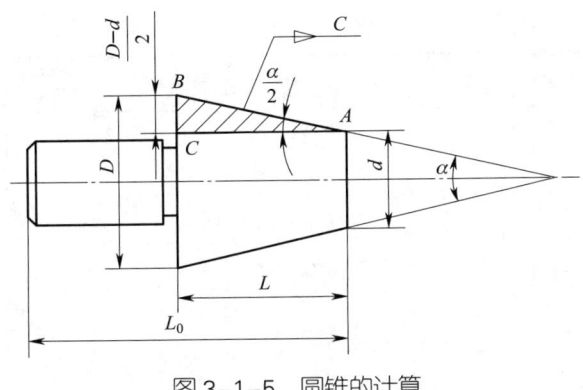

图 3-1-5 圆锥的计算

为便于学习与查阅，可参考表 3-1-4，根据不同的已知基本参数选用相应的计算公式。

表 3-1-4 圆锥的各部分名称代号及计算公式

名称	代号	已知基本参数	计算公式	已知基本参数	计算公式
圆锥半角	$\dfrac{\alpha}{2}$	大端直径 D 小端直径 d 圆锥长度 L	$\tan\dfrac{\alpha}{2}=\dfrac{D-d}{2L}$	锥度 C	$\tan\dfrac{\alpha}{2}=\dfrac{C}{2}$
大端直径	D	小端直径 d 圆锥长度 L 圆锥半角 $\dfrac{\alpha}{2}$	$D=d+2L\tan\dfrac{\alpha}{2}$	小端直径 d 圆锥长度 L 锥度 C	$D=d+CL$
小端直径	d	大端直径 D 圆锥长度 L 圆锥半角 $\dfrac{\alpha}{2}$	$d=D-2L\tan\dfrac{\alpha}{2}$	大端直径 D 圆锥长度 L 锥度 C	$d=D-CL$
圆锥长度	L	大端直径 D 小端直径 d 圆锥半角 $\dfrac{\alpha}{2}$	$L=\dfrac{D-d}{2\tan\dfrac{\alpha}{2}}$	大端直径 D 小端直径 d 锥度 C	$L=\dfrac{D-d}{C}$
锥度	C	大端直径 D 小端直径 d 圆锥长度 L	$C=\dfrac{D-d}{L}$	圆锥半角 $\dfrac{\alpha}{2}$	$C=2\tan\dfrac{\alpha}{2}$

三、圆锥面的调整

由于设计基准、测量方法等要求不同，在图样中圆锥的标注方法也不一致，根据圆锥的四个基本参数，只要知道任意三个参数，即可计算出其另外一个未知参数。圆锥三要素标注方法和计算公式见表 3-1-5。

表 3-1-5 圆锥三要素标注方法和计算

图样	说明	计算公式
	图样上标注圆锥的 D、d 及 L，需要计算 C 和 $\dfrac{\alpha}{2}$	$C=\dfrac{D-d}{L}$ $\tan\dfrac{\alpha}{2}=\dfrac{D-d}{2L}$
	图样上标注圆锥的 D、C 及 L，需要计算 d 和 $\dfrac{\alpha}{2}$	$d=D-CL$ $\tan\dfrac{\alpha}{2}=\dfrac{C}{2}$
	图样上标注圆锥的 D、L 及 $\dfrac{\alpha}{2}$，需要计算 d 和 C	$d=D-2L\tan\dfrac{\alpha}{2}$ $C=2\tan\dfrac{\alpha}{2}$
	图样上标注圆锥的 C、d 及 L，需要计算 D 和 $\dfrac{\alpha}{2}$	$D=d+CL$ $\tan\dfrac{\alpha}{2}=\dfrac{C}{2}$

四、圆锥公差

为了保证圆锥零件的精度，限制圆锥零件几何参数误差的影响，必须有相应的公差指标。这里介绍《产品几何量技术规范（GPS） 圆锥公差》（GB/T 11334—2005）的有关内容。

圆锥公差包括：圆锥直径公差 T_D、圆锥角公差 AT 和圆锥形状公差。

1. 圆锥直径公差 T_D

圆锥直径公差 T_D 是指圆锥直径的允许变动量，即允许的大端圆锥直径 D_{max}（或 d_{max}）与小端圆锥直径 D_{min}（或 d_{min}）之差，如图 3-1-6 所示，圆锥直径公差是一个没有符号的绝对值。在圆锥轴向截面内两个极限圆锥所限定的区域就是圆锥直径的公差带。

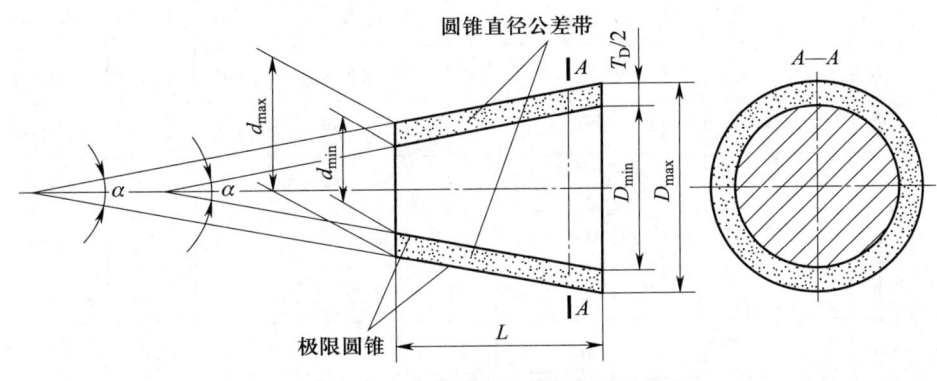

图 3-1-6　极限圆锥及圆锥直径公差带

一般以大端圆锥直径 D 或给定截面圆锥直径 d_x 为基本尺寸，可以按 GB 1800 规定的标准公差选用。对于有配合要求的圆锥按《圆锥配合》（GB/T 12360—2005）中的有关规定选用。对无配合要求的圆锥，推荐选用基本偏差 JS 或 js，其公差等级按功能要求确定。如内圆锥最大直径为 $\phi 50$ mm，无配合要求，可选用 $\phi 50$JS10（±0.050 mm）。

2. 圆锥角公差 AT

圆锥角公差 AT 是指圆锥角允许的变动量，即为允许的最大圆锥角 α_{max} 与最小圆锥角 α_{min} 之差。其公差带由两个极限圆锥角所限定的区域表示。圆锥角公差 AT 有两种表示方式，一是以角度值表示的值 AT_α（微弧度、度、分或秒），二是以线值表示的值 AT_D（单位为微米）。圆锥角公差分为 12 个公差等级，从 AT1 到 AT12，AT1 为最高等级，AT12 为最低等级。圆锥角公差 AT 等级与同等级尺寸公差加工难易程度相当，如 AT9 与同级尺寸公差 IT9 的加工难易程度相当。GB/T 11334—2005 规定的圆锥角公差的数值见表 3-1-6。

一般情况下，可不必单独规定圆锥角公差，而是将实际圆锥角控制在圆锥直径公差带内，此时圆锥角 α_{max} 和 α_{min} 是圆锥直径公差内可能产生的极限圆锥角，如图 3-1-7 所示。表 3-1-7 列出圆锥长度 L 为 100 mm 时，圆锥直径公差 T_D 所限制的最大圆锥角误差 $\Delta \alpha_{max}$。

表 3-1-6 圆锥角公差（摘自 GB/T 11334—2005）

基本圆锥长度 L (mm)		圆锥角公差等级					
		AT4		AT5		AT6	
		AT$_\alpha$	AT$_D$	AT$_\alpha$	AT$_D$	AT$_\alpha$	AT$_D$
大于	至	μrad	μm	μrad	μm	μrad	μm
自 6	10	200	41″	>1.3~2.0	315	1′05″	>2.0~3.2	500	1′43″	>3.2~5.0
10	16	160	33″	>1.6~2.5	250	52″	>2.5~4.0	400	1′22″	>4.0~6.3
16	25	125	26″	>2.0~3.2	200	41″	>3.2~5.0	315	1′05″	>5.0~8.0
25	40	100	21″	>2.5~4.0	160	33″	>4.0~6.3	250	52″	>6.3~10.0
40	63	80	16″	>3.2~5.0	125	26″	>5.0~8.0	200	41″	>8.0~12.5
63	100	63	13″	>4.0~6.3	100	21″	>6.3~10.0	160	33″	>10.0~16.0
100	160	50	10″	>5.0~8.0	80	16″	>8.0~12.5	125	26″	>12.5~20.0

基本圆锥长度 L (mm)		圆锥角公差等级					
		AT7		AT8		AT9	
		AT$_\alpha$	AT$_D$	AT$_\alpha$	AT$_D$	AT$_\alpha$	AT$_D$
大于	至	μrad	μm	μrad	μm	μrad	μm
自 6	10	800	2′45″	>5.0~8.0	1 250	4′18″	>8.0~12.5	2 000	6′52″	>12.5~20
10	16	630	2′10″	>6.3~10.0	1 000	3′26″	>10.0~16.0	1 600	5′30″	>16~25
16	25	500	1′43″	>8.0~12.5	800	2′45″	>12.5~20.0	1 250	4′18″	>20~32
25	40	400	1′22″	>10.0~16.0	630	2′10″	>16.0~20.5	1 000	3′26″	>25~40
40	63	315	1′05″	>12.5~20.0	500	1′43″	>20.0~32.0	800	2′45″	>32~50
63	100	250	52″	>16.0~25.0	400	1′22″	>25.0~40.0	630	2′10″	>40~63
100	160	200	41″	>20.0~32.0	315	1′05″	>32.0~50.0	500	1′43″	>50~80

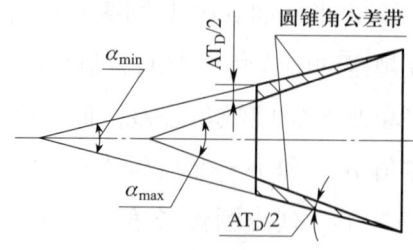

图 3-1-7 极限圆锥角

表 3-1-7　L=100 mm 的圆锥直径公差 T_D 所限制的最大圆锥角误差 $\Delta\alpha_{max}$
（摘自 GB/T 11334—2005）（μrad）

标准公差等级	圆锥直径 /mm											
	≤3	3~6	6~10	10~18	18~30	30~50	50~80	80~120	120~180	180~250	250~315	315~400	400~500
IT4	30	40	40	50	60	70	80	100	120	140	160	180	200
IT5	40	50	60	80	90	110	130	150	180	200	230	250	270
IT6	60	80	90	110	130	160	190	220	250	290	320	360	400
IT7	100	120	150	180	210	250	300	350	400	460	520	570	630
IT8	140	180	220	270	330	390	460	540	630	720	810	890	970
IT9	250	300	360	430	520	620	740	870	1 000	1 150	1 300	1 400	1 550
IT10	400	480	580	700	840	1 000	1 200	1 400	1 600	1 850	2 100	2 300	2 500

注：圆锥长度不等于 100 mm 时，需将表中的数值乘 100/L，L 的单位为 mm。

如果对圆锥角公差有更高的要求时，除规定圆锥直径公差 T_D 外，还应给定圆锥角公差 AT。圆锥角的极限偏差可按单向或者双向（对称或不对称）取值，如图 3-1-8 所示，具体选用时按照圆锥结构和配合要求而定。

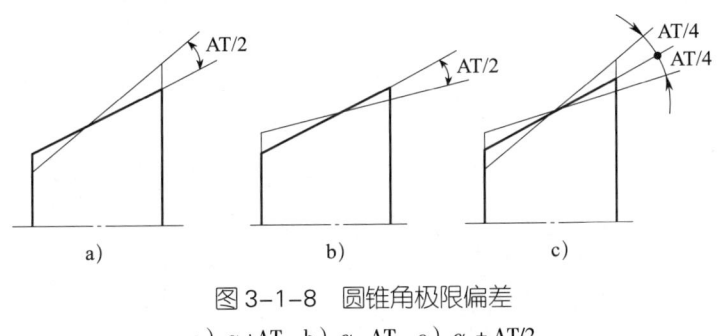

图 3-1-8　圆锥角极限偏差
a) α +AT　b) α -AT　c) α ± AT/2

3. 圆锥的形状公差 T_F

圆锥形状公差包括圆锥素线直线度公差和圆度公差。对要求不高的圆锥工件，其形状误差由圆锥直径公差带来限制。对要求较高的圆锥工件，应单独给出形状公差 T_F，T_F 的数值按《形状和位置公差　未注公差值》（GB/T 1184—1996）标准进行选取。

4. 圆锥公差的给定方法

圆锥公差可按 GB/T 11334—2005 规定给出，其给出方法有两种。

（1）给出圆锥直径公差 T_D 和圆锥的理论正确圆锥角 α（或锥度 C）。此时，圆锥角公差和圆锥形状误差均应在圆锥极限所限定的区域内，故圆锥直径公差带控制圆锥截面公差、圆锥角偏差和圆锥形状误差。当圆锥角公差和圆锥形状误差有更高要求时，可直接给出圆锥形状公差和圆锥角公差。按这种方法给出的圆锥公差，在圆锥公差后边加注符号 T，如 $\phi 50^{+0.039}_{\ 0} T$。

（2）给出圆锥给定截面直径公差和圆锥角公差。此时，给定的圆锥截面直径和圆锥角应分别满足这两项公差要求，两者各自独立规定，分别满足。当圆锥形状公差有更高要求时，可以再给出圆锥形状公差 T_F。

培训项目 2 工件加工

培训单元 1 用转动小滑板法加工圆锥面

能使用转动小滑板法车削内、外圆锥面并达到以下的精度:

→ 锥度公差:AT9。

→ 表面粗糙度:Ra 3.2 μm。

一、转动小滑板法车削圆锥面的特点及应用

1. 优点
操作简便,应用范围广,适用于加工各种角度的内、外圆锥面。

2. 缺点
(1)只能手动进给,劳动强度大,表面结构质量较难保证。
(2)因受小滑板行程限制,只能加工圆锥半角较大但锥面不长的工件。

3. 应用范围
转动小滑板法适用于单件、小批量生产,车削精度较低和长度较短、圆锥角较大的内、外圆锥面,如图 3-2-1 所示。

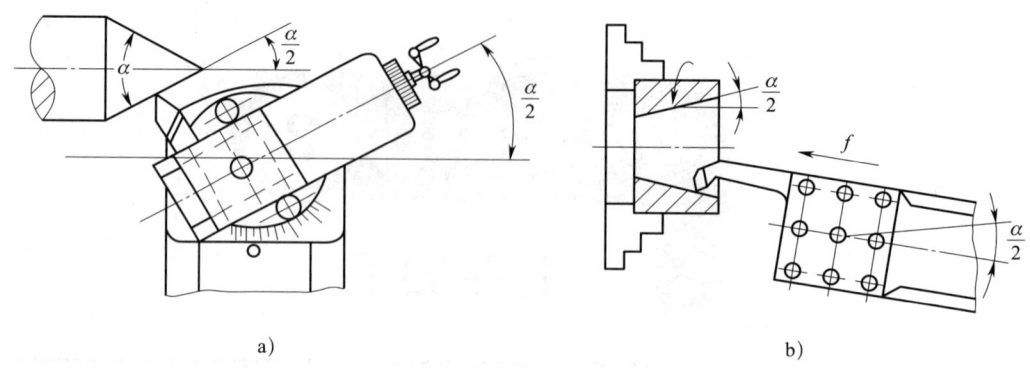

图 3-2-1 转动小滑板车削圆锥面
a）车外圆锥面 b）车内圆锥面

二、转动小滑板车削圆锥面的方法

1. 车削圆锥面的原理

把小滑板按工件的圆锥半角的要求转动一个相应角度，使车刀的运动轨迹与所要加工的圆锥素线平行，工件做旋转运动，用手移动小滑板使车刀做进给运动，从而车出圆锥面。

2. 校正小滑板角度的方法

根据小滑板上的角度来确定锥度精度不高，当车削标准锥度和较小角度时，一般可用锥度量规，用涂色检验接触面的方法，逐步校正小滑板所转动的角度。车削角度较大的圆锥面时，可用角度样板或用游标万能角度尺检验、校正，见表 3-2-1。

3. 调校小滑板角度的方法

（1）圆锥用样件和百分表调校，如图 3-2-2 所示。在两顶尖之间装上锥度相等的圆锥样件，将小滑板转过一个工件的圆锥半角，将百分表安装在小滑板上，使百分表的测头与圆锥样件侧母线垂直，确保百分表表头的中心与主轴轴线等高，并让表头沿圆锥母线预压一定的数值，然后将小滑板移动一个锥长，观察百分表上的数值变化情况：按图 3-2-2 中箭头所示的方向移动百分表，若表上数值变小，则需逆时针方向调整小滑板的角度；若表上数值变大了，则需顺时针方向调整小滑板的角度；调整至表上数值不动为准。

（2）直接用百分表调校，如图 3-2-3 所示。将小滑板转过一个工件的圆锥半角，将百分表安装在小滑板上，使百分表的测头与圆锥样件侧母线垂直，确保百分表表头的中心与主轴轴线等高，然后将小滑板移动一个锥长，观察表

表 3-2-1 用转动小滑板法车内、外圆锥面示例

工件图例	小滑板转向和转角示例		
(60°锥体图示)	(小滑板转动示意图) 方向：逆时针 角度：30°		
(带 B、A、C 面的内外圆锥件图示 50°、3°32′、40°)	A面 方向：逆时针 角度 43°32′	B面 方向：顺时针 角度：50°	C面 方向：顺时针 角度：50°

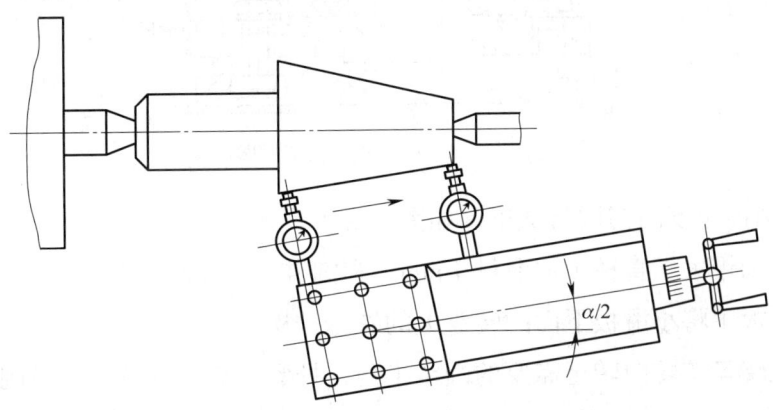

图 3-2-2 用圆锥样件和百分表调校小滑板转动角度

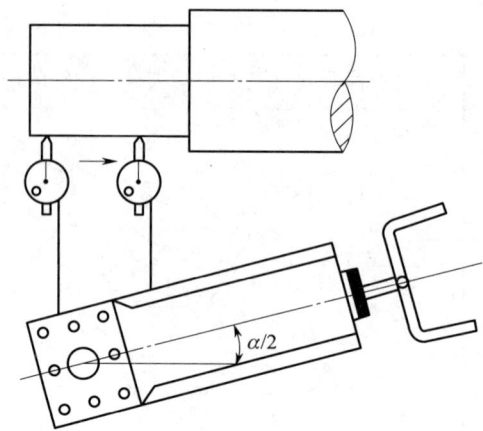

图 3-2-3　直接用百分表调校小滑板转动角度

上的数值变化情况。以锥度 1 ∶ 10 为例，正常情况下小滑板移动 10.05 mm，表上反映的数值为 50 格，如小于 50 格就表示锥度角度偏小，需逆时针方向调整小滑板的角度；如大于 50 格，则表示锥度角度偏大，需顺时针方向调整小滑板的角度。

4. 转动小滑板车圆锥的基本操作

（1）调整小滑板间隙，如图 3-2-4 所示。

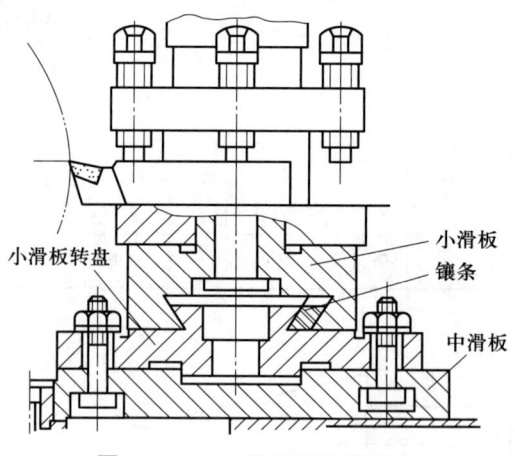

图 3-2-4　小滑板间隙的调整

（2）圆锥角度的初调与试车，如图 3-2-5 所示。

1）按圆锥大端直径（加余量 1 mm）和圆锥面长度车出圆柱。

2）用扳手将小滑板下面的转盘上的螺母拧松。

3）把转盘按转向转至需要的圆锥半角，拧紧转盘上的螺母。车削莫氏圆锥和一般用途的圆锥时，小滑板转动角度可参考表 3-2-2。

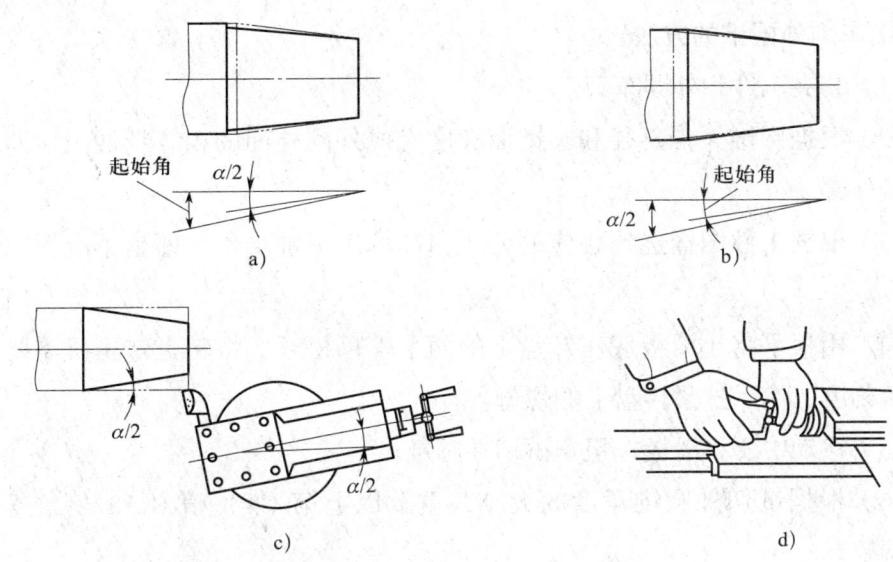

图 3-2-5 圆锥角度的初调与试车
a）起始角大于 α/2 b）起始角小于 α/2 c）确定起始位置 d）试车外圆锥

4）用中滑板控制背吃刀量，双手均匀转动小滑板手柄控制进给速度慢而均匀，进行试车。

表 3-2-2　车削莫氏圆锥和一般用途的圆锥时小滑板的转动角度

名称		锥度	小滑板的转动角度	名称	锥度	小滑板的转动角度
莫氏圆锥	0	1：19.212	1°29′27″	一般用途的圆锥	1：200	0°17′11″	0°08′36″
	1	1：20.047	1°25′43″		1：100	0°34′23″	0°17′11″
	2	1：20.020	1°25′50″		1：50	1°08′45″	0°34′23″
	3	1：19.922	1°26′16″		1：30	1°54′35″	0°57′17″
	4	1：19.254	1°29′15″		1：20	2°51′51″	1°25′56″
	5	1：19.002	1°30′26″		1：15	3°49′06″	1°54′33″
	6	1：19.180	1°29′36″		1：12	4°46′19″	2°23′09″
一般用途的圆锥	30°	1：1.866	15°		1：10	5°43′29″	2°51′15″
	45°	1：1.207	22°33′		1：8	7°09′10″	3°34′35″
	60°	1：0.866	30°		1：7	8°10′16″	4°05′08″
	75°	1：0.625	37°30′		1：5	11°25′16″	5°42′38″
	90°	1：0.5	45°		1：3	18°55′29″	9°27′44″
	120°	1：0.289	60°		7：24	16°35′32″	8°17′46″

5. 车削外圆锥的方法

（1）装夹工件和外圆车刀。

（2）根据圆锥大端直径和圆锥面长度完成外圆柱面的粗、精加工，即车一个台阶外圆。

（3）根据工件图样选择相应的公式，计算出圆锥半角，即是小滑板应转动的角度。

（4）用扳手将小滑板底座转盘上的两个螺母松开，将转盘转至所需要的圆锥半角刻度，然后拧紧转盘上的螺母。

（5）移动中、小滑板，粗车试切外圆锥。

（6）根据试切外圆锥角度的大小，重复以上第（4）、第（5）步，逐步找正、调整。

（7）精车外圆锥，保证圆锥面长度。

6. 车削内圆锥的方法

（1）用麻花钻钻孔。

（2）根据工件图样选择相应的公式计算出圆锥半角，即是小滑板应转动的角度。

（3）用扳手将小滑板底座转盘上的两个螺母松开，将转盘转至所需要的圆锥半角的刻度，然后拧紧转盘上的螺母。

（4）移动中、小滑板，粗车试切圆锥孔。

（5）根据试切圆锥孔角度的大小，重复以上第（3）、第（4）步骤，逐步找正、调整。

（6）精车圆锥孔，保证锥孔长度。

7. 双曲线误差

车削圆锥面时，车刀刀尖高于或低于工件中心线，车出的外圆锥母线都不是直线，而是形成双曲线误差，如图3-2-6所示。因此，车削圆锥面安装车刀时，车刀刀尖一定要对准工件中心线。车刀刀尖对准工件中心可采用下面方法：

（1）被加工外圆锥面如果是较短的实心工件，在自定心卡盘上装夹时，当工件端面车出后，使车外圆锥面车刀的刀尖对准工件的端面中心就可以了。

（2）如果被加工外圆锥面是在两顶尖之间装夹，或者被加工工件是空心的，这时可采用划线的方法来对准中心。先在工件的外圆面或端面涂上显示剂，然

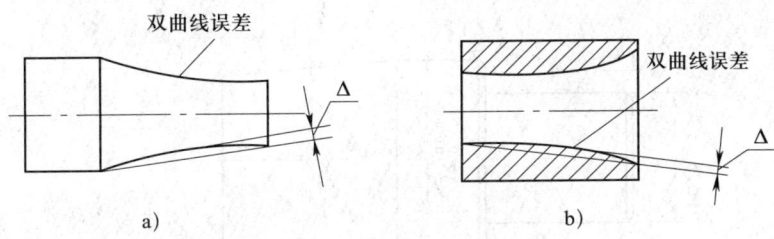

图 3-2-6 圆锥面的双曲线误差
a) 外圆锥面双曲线误差 b) 内圆锥面双曲线误差

后用车刀的刀尖(或使用游标高度尺)在端面或外圆的面上划出一条水平线,然后将卡盘上工件旋转180°,再划出一条线。如果这两次划出的线重合在一起,就说明车刀的刀尖已经对准工件端面中心。如果两次划出的线不重合,这时要调整刀架上垫片的厚度,调整高度后,刀尖要对准两次划出线印的中间,如图 3-2-7 所示。

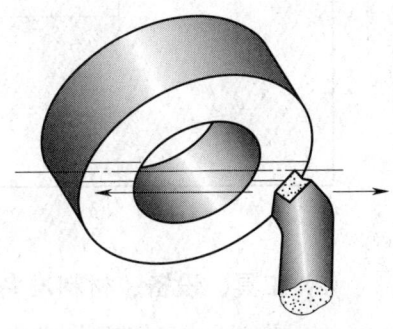

图 3-2-7 划线法对准工件中心

(3)钢直尺测量法对准中心。先量出车床主轴中心至中滑板导轨面的高度,每次对准中心时,都用钢直尺按这个高度测量刀尖高度,如图 1-1-19 所示,以保证车刀刀尖对准工件端面中心。

(4)尾座顶尖对准中心。因为尾座顶尖的中心和车床主轴的中心是同轴的,在安装车刀时,使车刀刀尖与尾座顶尖接近,当车刀刀尖对准尾座顶尖的尖端,如图 1-1-20 所示,刀尖也就对准工件端面中心了。

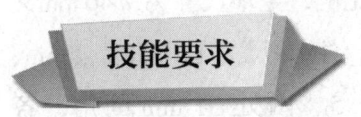

操作技能1 用转动小滑板法加工圆锥轴

一、工作准备

1. 零件图样与加工要求

试加工如图 3-2-8 所示圆锥轴,要求用手工刃磨的外圆车刀进行加工,圆锥面符合尺寸要求。

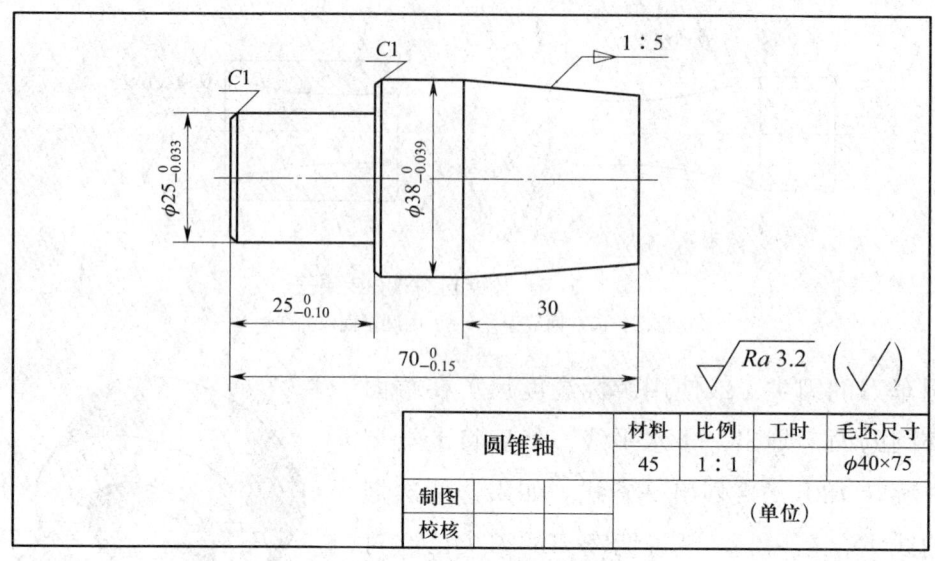

图 3-2-8 圆锥轴零件图

2. 工具、设备、材料准备

（1）工具：刀架钥匙、卡盘钥匙、加力套筒、砂布、铜皮等。

（2）量具：游标卡尺、外径千分尺、游标万能角度尺、钢直尺等。

（3）刀具：90°外圆车刀、45°外圆车刀等。

（4）设备：CA6140A 车床。要求把中、小滑板镶条与导轨之间的间隙适当调小一些，以减少车削时的振动。

（5）毛坯材料：45 钢，$\phi40 \text{ mm} \times 75 \text{ mm}$ 毛坯若干。

二、操作程序

1. 图样阅读与分析

该零件名称为圆锥轴，材料为 45 钢，采用 1∶1 比例，毛坯尺寸为 $\phi40 \text{ mm} \times 75 \text{ mm}$。图样比较简单，只用了一个主视图表达。主要尺寸有 $\phi38_{-0.039}^{0}$ mm、$\phi25_{-0.033}^{0}$ mm、30 mm、$70_{-0.15}^{0}$ mm、$25_{-0.10}^{0}$ mm、$C=1∶5$、两处 $C1$ mm 倒角，各部尺寸精度要求均不高。表面粗糙度要求均为 Ra 3.2 μm。

2. 工艺分析

（1）圆锥面的锥度为 1∶5，大端直径为 $\phi38_{-0.039}^{0}$ mm，锥面长度为 30 mm，要求尺寸符合精度要求。

（2）加工圆锥轴的车削顺序为：车平端面→车各级外圆及长度至尺寸→倒角→掉头装夹，控制总长→刻 30 mm 长度线→车削 $C=1∶5$ 圆锥面。

（3）加工圆锥轴切削用量的选用见表 3-2-3。

表 3-2-3 加工圆锥轴切削用量的选用

切削用量	粗车	精车
切削深度 a_p（mm）	视加工要求而定	0.4~0.8
进给量 f（mm/r）	外圆：0.2~0.3	外圆：0.1~0.15
转速 n（r/min）	360~560	560~800

3. 刀具刃磨

该零件需使用90°外圆粗车刀、90°外圆精车刀、45°外圆车刀等刀具，具体刃磨方法见培训模块一培训项目1中车刀的刃磨。

4. 毛坯、刀具安装

（1）毛坯安装：用自定心卡盘或单动卡盘装夹。

（2）刀具安装：精车刀必须严格对准工件旋转中心，不然加工出来的锥面会产生双曲线误差。

5. 加工

圆锥轴的车削加工步骤见表 3-2-4。

表 3-2-4 圆锥轴的车削加工步骤

步骤	图示	操作说明
1. 车平端面	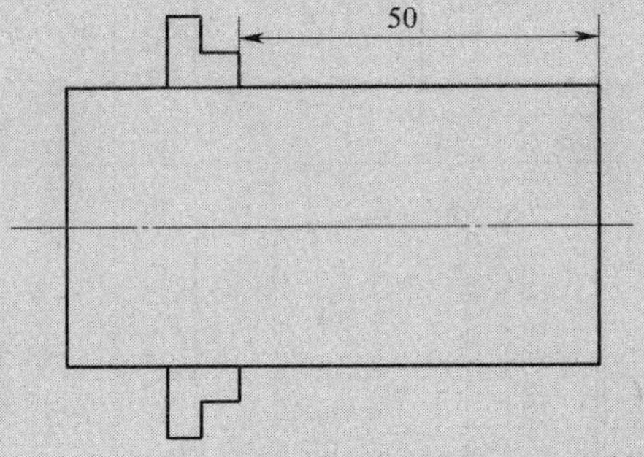	用自定心卡盘夹住毛坯外圆一端，工件伸出长度为 50 mm 左右，车平端面
2. 车外圆及长度	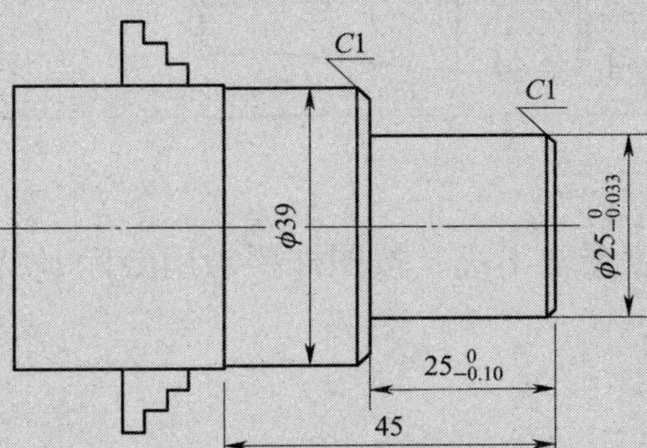	粗车 $\phi 39$ mm 外圆，长度为 45 mm，并倒角 $C1$ mm；粗、精车外圆 $\phi 25_{-0.033}^{0}$ mm，长度为 $25_{-0.10}^{0}$ mm，至图样尺寸要求，并倒角 $C1$ mm

续表

步骤	图示	操作说明
3. 掉头找正，控制总长		掉头，用铜皮包住外圆找正，车平端面，控制总长为 $70_{-0.15}^{0}$ mm
4. 粗车圆锥面		用转动小滑板粗车 $C=1:5$ 圆锥面
5. 精车外圆		精车外圆 $\phi 38_{-0.039}^{0}$ mm 至图样尺寸要求
6. 精车圆锥面		精车 $C=1:5$ 圆锥面至图样尺寸要求

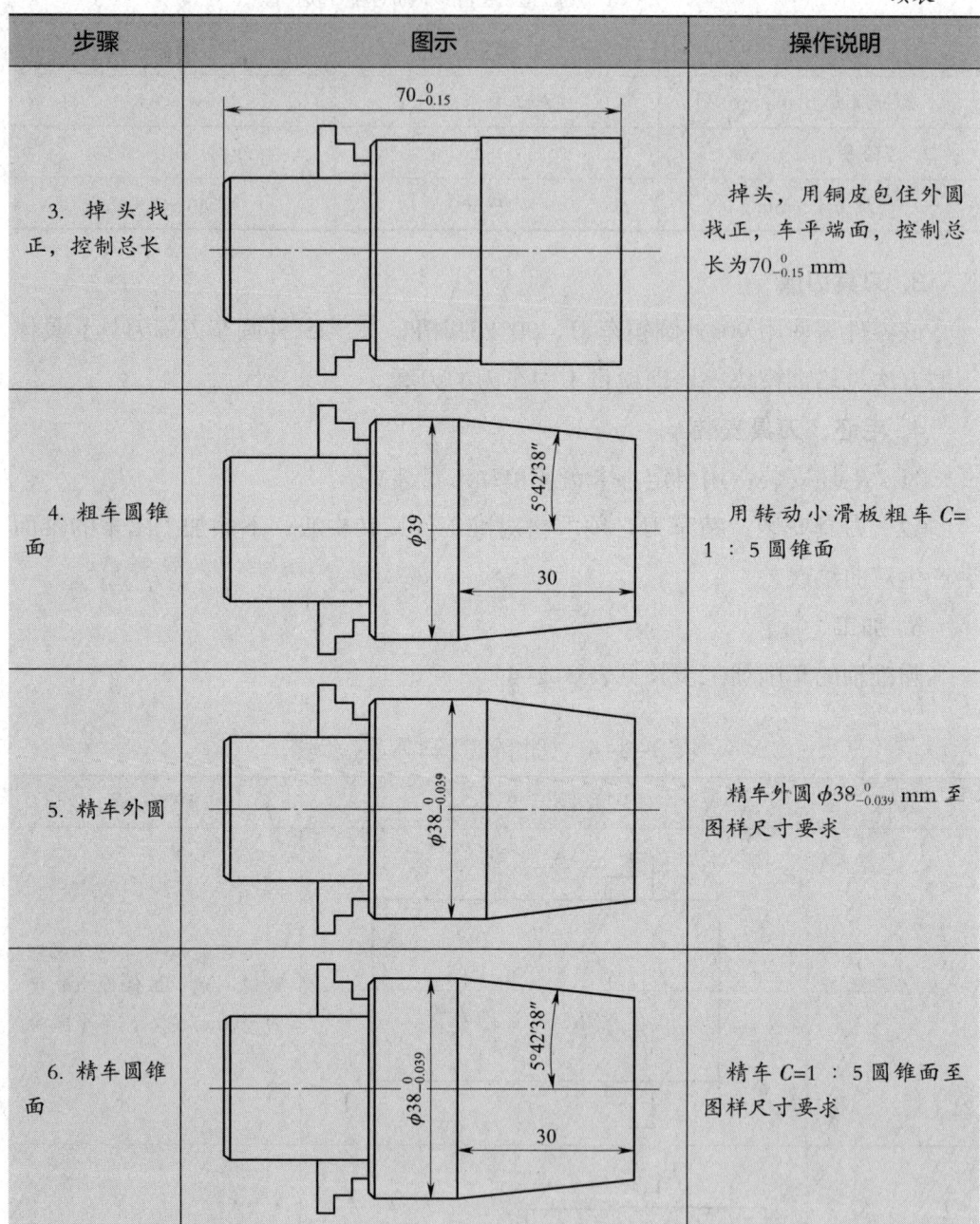

6. 尺寸精度控制

该零件圆锥面尺寸精度要求不高，按图样要求用游标卡尺、游标万能角度尺等进行精度控制即可。

三、注意事项

1. 车圆锥时，车刀刀尖必须对准工件中心，以避免产生双曲线误差。

2. 车外圆锥面前所加工的圆柱面直径一般按圆锥大端直径留余量 1 mm 左右。

3. 注意消除小滑板间隙。小滑板不宜过松,以防圆锥表面车削痕迹粗细不一。

4. 粗车时,背吃刀量不宜过大,以防将工件车小而报废。一般留精车余量 0.5 mm。

5. 在转动小滑板角度时,初始应稍大于圆锥半角 $\alpha/2$,然后逐步校正。

6. 车刀切削刃要始终保持锋利。两手应尽可能匀速并连续转动小滑板手柄控制进给速度慢而均匀。

7. 防止活扳手在紧固小滑板螺母时打滑而伤手。

操作技能 2　用转动小滑板法加工圆锥齿轮坯

一、工作准备

1. 零件图样与加工要求

试加工如图 3-2-9 所示圆锥齿轮坯零件,要求用转动小滑板法进行加工,锥度准确,尺寸合格。

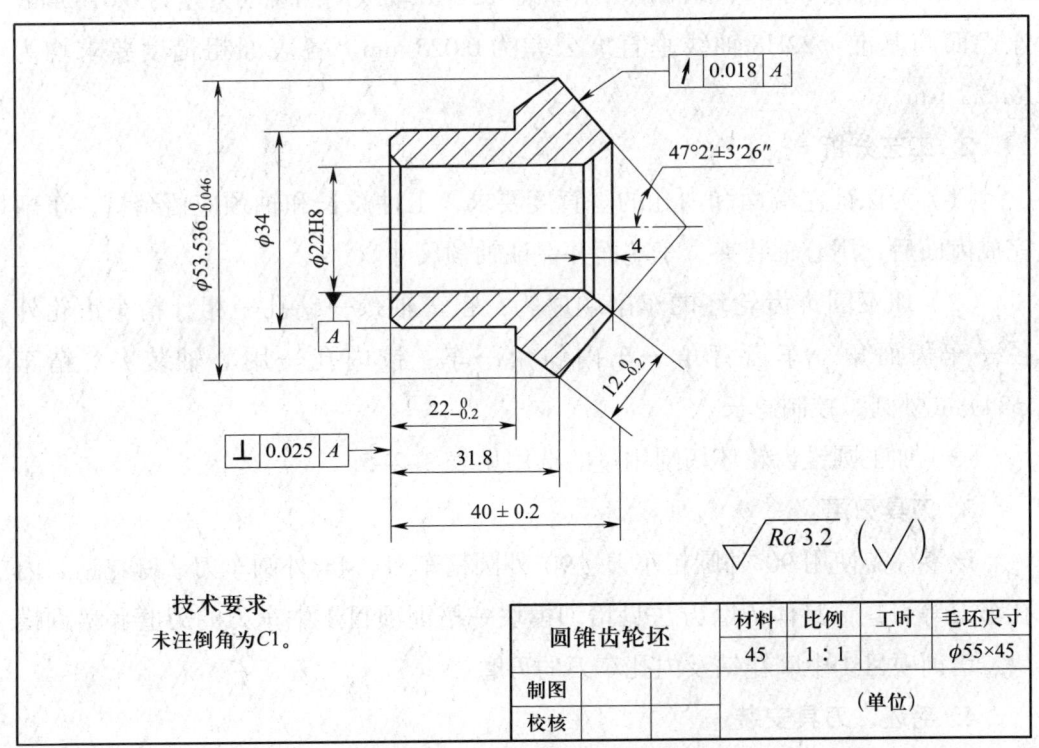

图 3-2-9　圆锥齿轮坯

2. 工具、设备、材料准备

（1）工具：刀架钥匙、卡盘钥匙、钻夹头、前顶尖、后顶尖、鸡心夹头、心轴、磁性表座、铜皮等。

（2）量具：游标卡尺、外径千分尺、钢直尺、百分表、内径百分表或 ϕ22H8 塞规、游标万能角度尺、游标深度尺、角度样板等。

（3）刀具：ϕ20 mm 麻花钻、ϕ22H8 铰刀、90°外圆粗车刀、90°外圆精车刀、45°外圆车刀、内孔车刀等。

（4）设备：CA6140A 车床。

（5）毛坯材料：45 钢，ϕ55 mm × 45 mm 毛坯若干。

二、操作程序

1. 图样阅读与分析

该零件名称为圆锥齿轮坯，材料为 45 钢，采用 1∶1 比例，毛坯尺寸为 ϕ55 mm × 45 mm。图样比较简单，只用了一个主视图表达。该圆锥齿轮坯零件主要尺寸有 $\phi 53.536_{-0.046}^{0}$ mm、ϕ34 mm、ϕ22H8、(40±0.2) mm、31.8 mm、$22_{-0.2}^{0}$ mm、圆锥面长度为 $12_{-0.2}^{0}$ mm、圆锥面角 94°4′（半角 47°2′±3′26″）、3 处倒角 C1 mm。齿轮坯斜面相对于基准 ϕ22H8 轴线的圆跳动公差为 0.018 mm。左端面与基准 ϕ22H8 轴线垂直度公差为 0.025 mm。各表面粗糙度要求均为 Ra 3.2 μm。

2. 工艺分析

（1）为保证左端面和内孔的垂直度要求，工件总长和轴颈应留余量，车削完成齿面后，用心轴装夹，车端面并保证轴颈尺寸。

（2）加工圆锥齿轮坯的车削顺序为：粗车轴颈→钻孔→粗、精车齿轮外径→车齿面角→车齿背角→车内斜角→车、铰内孔→用心轴装夹，精车 ϕ34 mm 外圆，控制总长。

（3）加工圆锥齿轮坯切削用量的选用见表 3-2-5。

3. 刀具刃磨

该零件需使用 90°外圆粗车刀、90°外圆精车刀、45°外圆车刀、麻花钻、内孔车刀等刀具，具体刃磨方法见培训模块一培训项目 1 中车刀的刃磨和培训模块二培训项目 1 中麻花钻及内孔车刀的刃磨。

4. 毛坯、刀具安装

（1）毛坯安装：先用自定心卡盘或单动卡盘装夹，精车采用心轴装夹。

表 3-2-5　加工圆锥齿轮坯切削用量的选用

切削用量	粗车	精车	钻孔	铰孔
背吃刀量 a_p（mm）	视加工要求而定	0.4～0.8	视加工要求而定	0.08～0.12
进给量 f（mm/r）	外圆：0.2～0.3 内孔：0.1～0.15	外圆：0.1～0.15 内孔：0.05～0.10	手动	手动
转速 n（r/min）	360～560	560～800	260～360	105～260

（2）刀具安装：精车刀必须严格对准工件旋转中心，不然加工出来的锥面会产生双曲线误差。

5. 加工

圆锥齿轮坯的车削加工步骤见表 3-2-6。

表 3-2-6　圆锥齿轮坯的车削加工步骤

步骤	图示	操作说明
1. 粗车轴颈	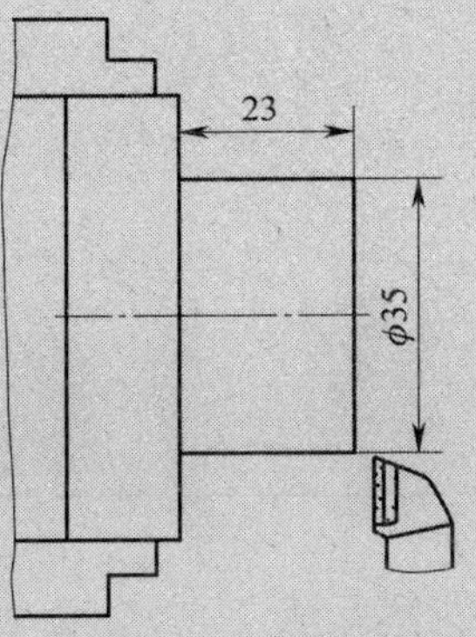	用自定心卡盘夹住毛坯外圆一端，伸出长度大于 25 mm，车平端面，粗车轴颈 $\phi 35$ mm×23 mm
2. 钻孔	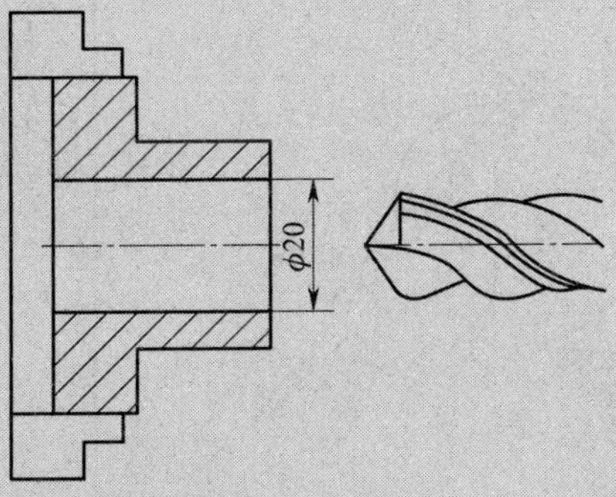	用 $\phi 20$ mm 麻花钻钻出底孔

续表

步骤	图示	操作说明
3. 车齿轮外径	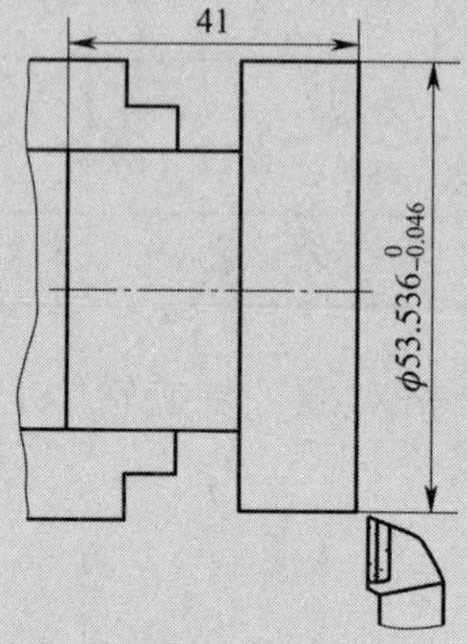	掉头夹轴颈，粗、精车圆锥齿轮外径 $\phi 53.536_{-0.046}^{0}$ mm 至图样尺寸要求，工件总长控制在 41 mm
4. 车齿面角	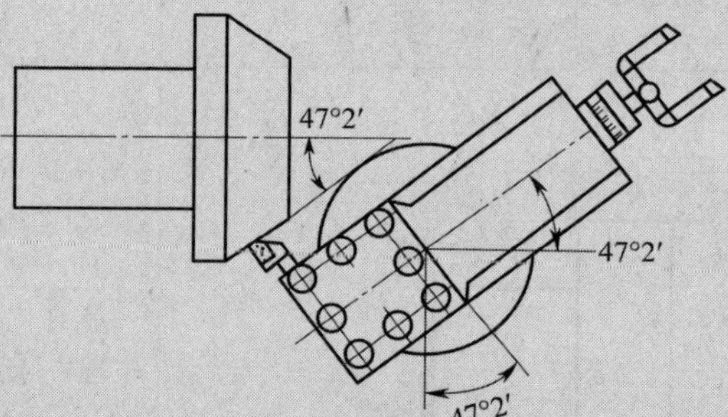	根据图样要求，将小滑板逆时针转过 47°2′，车齿面角至圆锥面长度 $12_{-0.2}^{0}$ mm 尺寸要求
5. 车齿背角	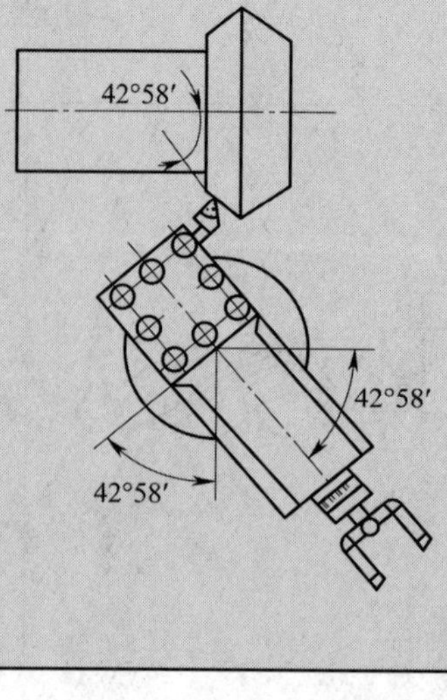	小滑板顺时针转过 42°58′，车齿背角

续表

步骤	图示	操作说明
6. 车内斜角	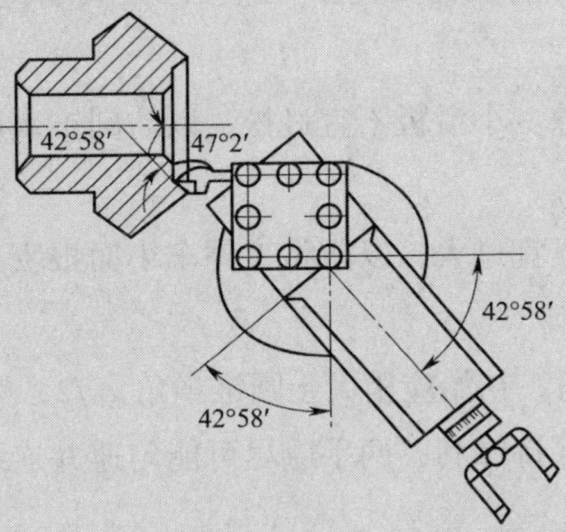	将90°车刀横装,车内斜角
7. 车、铰内孔	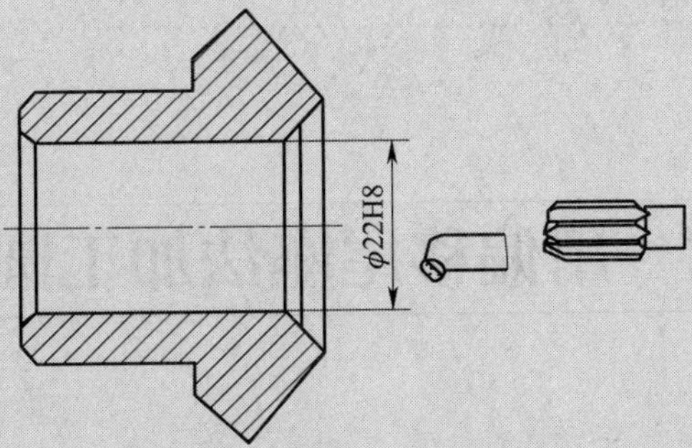	用内孔车刀半精车内孔,留0.08~0.12 mm铰削余量,用铰刀铰孔
8. 用心轴装夹,车轴颈,控制总长	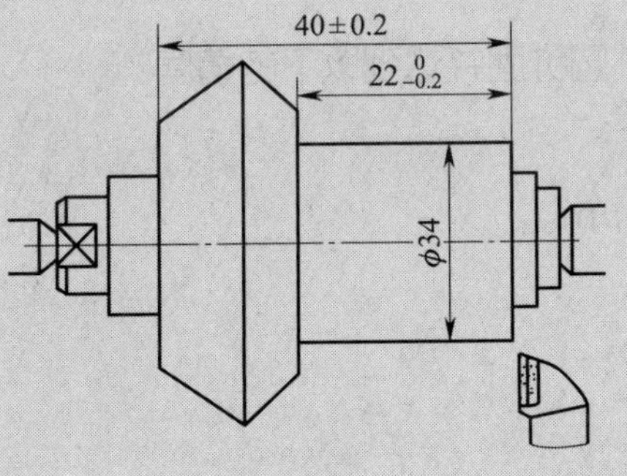	用心轴装夹,精车ϕ34 mm轴颈,控制总长为(40±0.2)mm,并保证$22_{-0.2}^{0}$ mm至图样尺寸要求

6. 尺寸精度控制

为了保证 $\phi 53.536_{-0.046}^{0}$ mm 外圆尺寸精度,需要把粗车、精车分开,精车时采用试切试测法,并用外径千分尺来测量以控制外圆尺寸精度。用转动小滑板法车圆锥面,要用游标万能角度尺或角度样板多次测量。

三、注意事项

1. 车圆锥时，车刀刀尖必须对准工件中心，以免产生双曲线误差。

2. 车外圆锥面前所加工的圆柱面直径一般按圆锥大端直径留余量 1 mm 左右。

3. 注意消除小滑板间隙。小滑板不宜过松，以防圆锥表面车削痕迹粗细不一。

4. 粗车时，背吃刀量不宜过大，以防将工件车小而报废。一般留精车余量 0.5 mm。

5. 在转动小滑板角度时，初始应稍大于圆锥半角 $\alpha/2$，然后逐步校正。

6. 车刀切削刃要始终保持锋利，两手应尽可能匀速并连续转动小滑板手柄控制进给。

7. 防止活扳手在紧固小滑板螺母时打滑而伤手。

培训单元2　用偏移尾座法加工圆锥面

能使用偏移尾座法车削外圆锥面并达到以下的精度：
- 锥度公差：AT9。
- 表面粗糙度：Ra 3.2 μm。

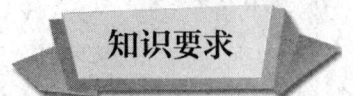

一、偏移尾座法加工圆锥面的特点

1. 优点

（1）适宜加工锥度小、精度不高、锥体较长的工件。

（2）可以采用纵向自动进给，使表面粗糙度值减小，工件表面质量较好。

2. 缺点

（1）顶尖在中心孔中是歪斜的，因而接触不良，顶尖和中心孔磨损不均匀，故可采用球头顶尖或 R 型中心孔，如图 3-2-12 所示。

（2）因受尾座偏移量的限制，不能加工锥度大的工件。

（3）不能加工完整的锥体或内圆锥。

（4）在批量生产时，受工件总长的影响，应注意锥度的变化。

二、尾座偏移量的计算

车刀刀尖必须严格对准工件旋转轴线，以保证车削后的圆锥面素线的直线度及圆锥直径和圆锥角的正确。

尾座偏移量不仅和圆锥部分的长度有关，而且还和两顶尖之间的距离有关，这段距离一般可近似看作工件总长。

尾座偏移量可根据下列公式计算：

$$S = [(D-d)/2L] L_0$$
$$S = (C/2) \times L_0 = CL_0/2$$

式中　S——尾座偏移量，mm；

　　　D——圆锥大端直径，mm；

　　　d——圆锥小端直径，mm；

　　　L——圆锥面长度，mm；

　　　C——圆锥锥度；

　　　L_0——工件全长，mm。

[例 3-1] 车削一外圆锥工件，$D=75$ mm，$d=70$ mm，$L=100$ mm，$L_0=120$ mm，求尾座偏移量 S。

根据公式计算：

$S = [(D-d)/2L] \times L_0 = [(75 \text{ mm} - 70 \text{ mm})/(2 \times 100 \text{ mm})] \times 120 \text{ mm} = 3 \text{ mm}$

[例 3-2] 车削一锥度心轴，莫氏 4 号圆锥（Morse NO.4）的锥度 $C=1:19.254=0.051\ 94$，$L_0=155$ mm，求尾座偏移量 S。

根据公式计算：

$S = (C/2) \times L_0 = (0.051\ 94/2) \times 155 \text{ mm} = 4.025\ 35 \text{ mm}$

三、用偏移尾座法加工外圆锥面的方法

1. 工件的装夹

（1）车削端面与钻中心孔时，以毛坯外圆为粗基准，用自定心卡盘装夹。

（2）粗车外圆时，采用一夹一顶的装夹方法。

（3）精车外圆及圆锥面时，为保证其位置精度，可以装夹在两顶尖间车削，如图3-2-10所示。

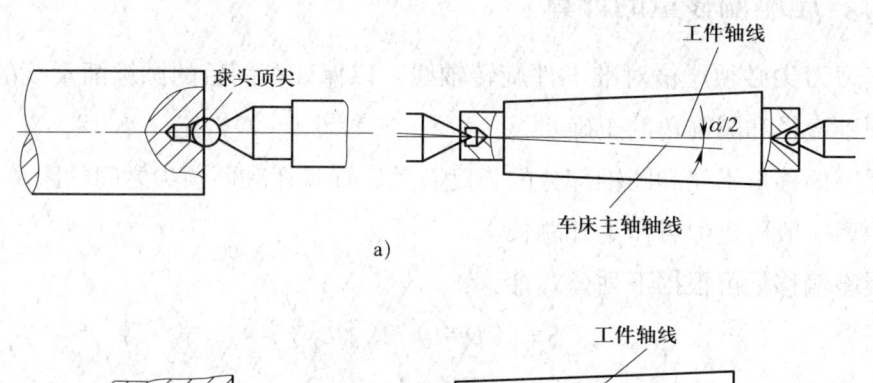

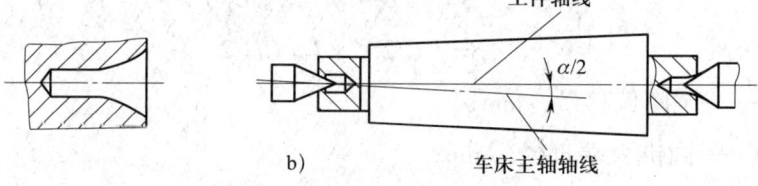

图3-2-10 后顶尖与中心孔的接触方式

a）球头顶尖及与中心孔的接触方式 b）R型中心孔及与60°顶尖的接触方式

2. 偏移尾座的方法

（1）利用尾座下层的刻度盘上的刻度值控制尾座偏移量。如图3-2-11所示，松开尾座紧固螺钉，用内六角扳手转动尾座上层两侧的螺钉使其移动一个S值，然后拧紧尾座紧固螺钉。

（2）利用中滑板刻度盘上的刻度值控制尾座偏移量。如图3-2-12所示，在刀架上夹一铜棒，转动中滑板手柄使铜棒和尾座套筒接触，记下中滑板刻度盘上的刻度值，根据S值的大小算出中滑板应转过几格，接着按记下的刻度值使铜棒退出，然后偏移尾座的上层，直至套筒与铜棒轻微接触为止。

（3）利用百分表控制尾座偏移量。如图3-2-13所示，把百分表固定在刀架上，使百分表与尾座套筒接触，校正百分表零位，然后偏移尾座，当百分表指针转动一个S值时把尾座固定。

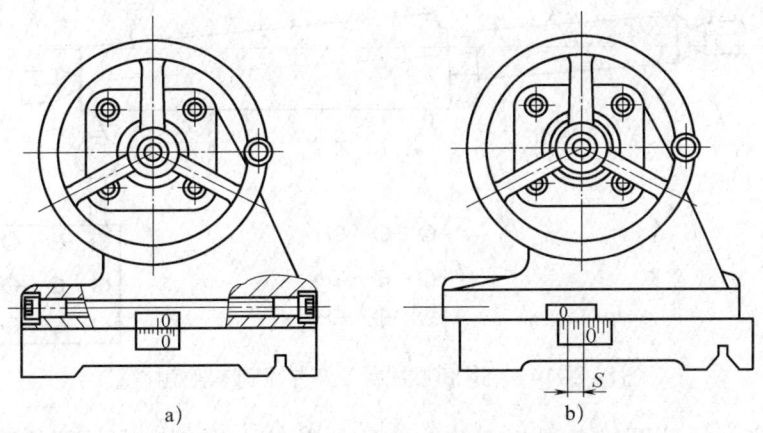

图 3-2-11 利用尾座刻度控制尾座偏移量
a) 尾座刻度校正零位　b) 尾座刻度偏移

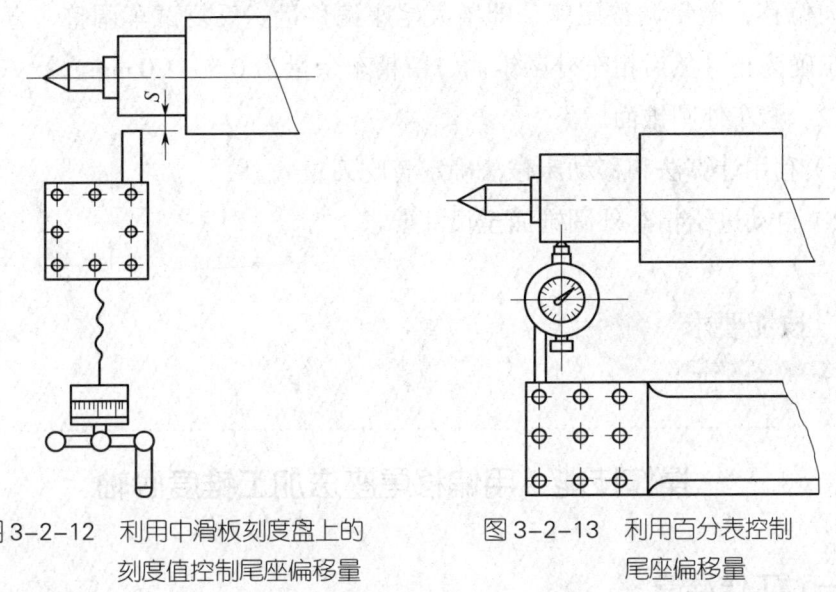

图 3-2-12 利用中滑板刻度盘上的
刻度值控制尾座偏移量

图 3-2-13 利用百分表控制
尾座偏移量

（4）利用锥度量棒或样件控制尾座偏移量。如图 3-2-14 所示，把锥度量棒或样件夹在两顶尖间，并把指示表固定在刀架上，使测头垂直接触量棒或样件的圆锥素线并与机床中心等高，再偏移尾座，纵向移动床鞍，观察指示表指针在圆锥两端的读数是否一致。如读数不一致，再调整尾座位置，直至两端读数一致为止。此方法操作简便，精度较高。应注意，所用量棒或样件的总长度应与被车削工件相等，否则找正的锥度将不正确。

3. 车削外圆锥的方法

（1）粗车外圆锥面。由于工件采用两顶尖装夹，切削用量应适当降低。粗车外圆锥面时，可以采用自动进给。粗车外圆锥面长度达 1/2 长时，须停止进

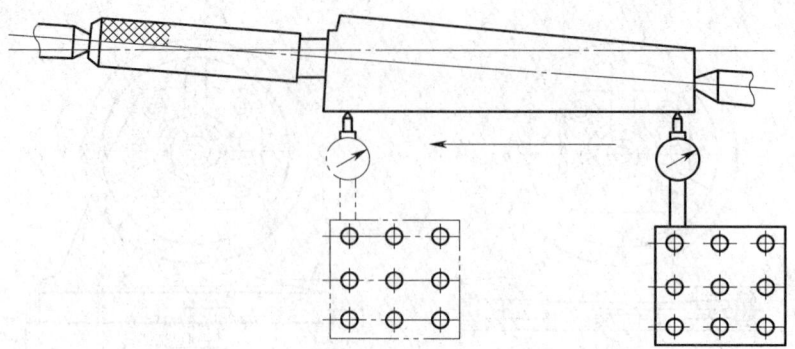

图 3-2-14 利用锥度量棒或样件控制尾座偏移量

给检查锥度,检测圆锥角是否正确,方法与转动小滑板法车外圆锥面的检测相同。若锥度偏大则反向偏移,微量调整尾座,即减少尾座偏移量;若锥度偏小,则同向偏移,微量调整尾座,即增大尾座偏移量。反复试车调整,直至圆锥角调整正确为止。然后粗车外圆锥面,留精车余量为 0.5~1.0 mm。

(2) 精车外圆锥面

1) 利用计算法和移动床鞍法确定背吃刀量 a_p。

2) 自动进给精车外圆锥面至尺寸要求。

操作技能 用偏移尾座法加工锥度心轴

一、工作准备

1. 零件图样与加工要求

试加工如图 3-2-15 所示锥度心轴,要求用偏移尾座法进行加工,莫氏 4 号锥度准确,尺寸合格。

2. 工具、设备、材料准备

(1) 工具:刀架钥匙、卡盘钥匙、钻夹头、前顶尖、后顶尖、鸡心夹头、铜皮等。

(2) 量具:游标卡尺、外径千分尺、钢直尺、莫氏 4 号圆锥环规等。

(3) 刀具:A2.5 中心钻、90°外圆粗车刀、90°外圆精车刀、45°外圆车刀、切槽刀等。

（4）设备：CA6140A 车床。

（5）毛坯材料：45 钢，$\phi 40$ mm × 160 mm 毛坯若干。

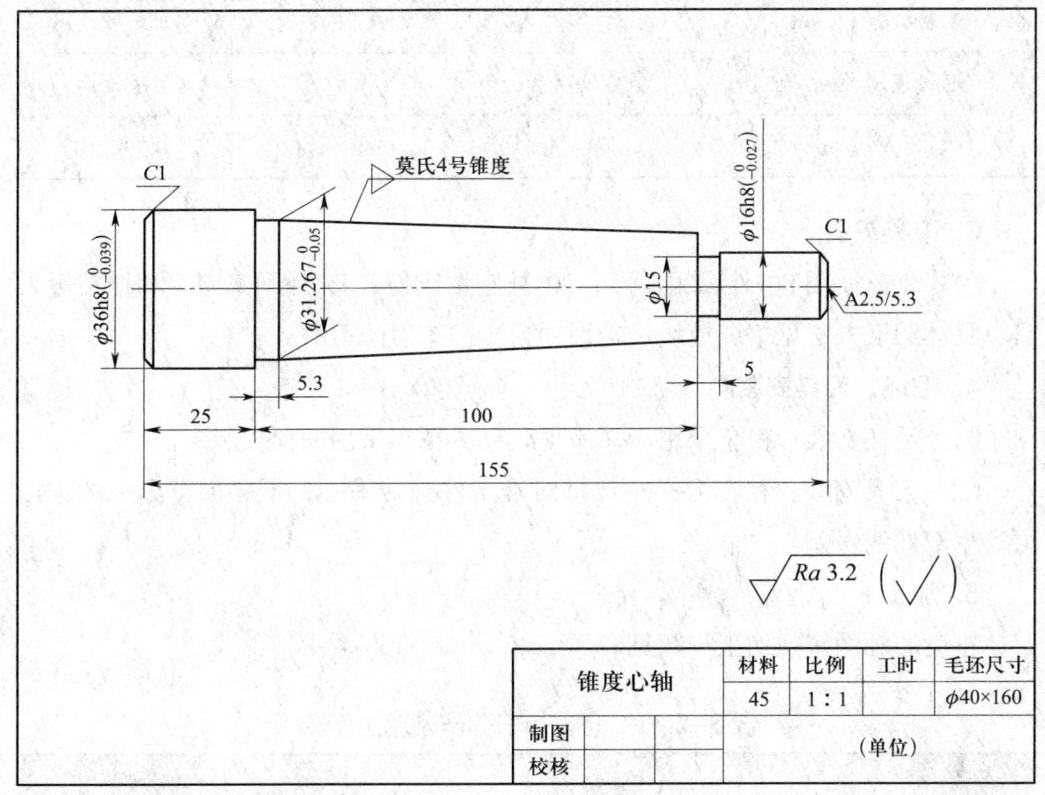

图 3-2-15　锥度心轴

二、操作程序

1. 图样阅读与分析

该零件名称为锥度心轴，材料为 45 钢，采用 1∶1 比例，毛坯尺寸为 $\phi 40$ mm × 160 mm。该工件图样比较简单，只用了一个主视图表达。圆锥体为莫氏 4 号锥度，圆锥大端直径为 $\phi 31.267_{-0.05}^{0}$ mm。除了两端外圆 $\phi 36h8(_{-0.039}^{0})$ 和 $\phi 16h8(_{-0.027}^{0})$ 精度尺寸较高外，其余长度尺寸精度要求均不高，两侧端面分别倒角 $C1$ mm。各表面粗糙度要求均为 Ra 3.2 μm。

2. 工艺分析

（1）圆锥体要求表面光滑，涂色法检测，接触面 65% 以上。

（2）加工锥度心轴的车削顺序为：钻中心孔→粗车各级外圆→掉头装夹，控制总长，钻中心孔→精车外圆→切槽→倒角→车锥度。

（3）加工锥度心轴切削用量的选用见表 3-2-7。

表 3-2-7 加工锥度心轴切削用量的选用

切削用量	粗车	精车	切槽
背吃刀量 a_p（mm）	视加工要求而定	0.2~0.5	刀宽
进给量 f（mm/r）	0.2~0.3	0.1~0.15	手动
转速 n（r/min）	360~560	560~800	105~210

3. 刀具刃磨

该零件需使用 90°外圆粗车刀、90°外圆精车刀、45°外圆车刀、切槽刀等刀具，具体刃磨方法见培训模块一培训项目 1 中车刀的刃磨。

4. 毛坯、刀具安装

（1）毛坯安装：粗车采用一夹一顶装夹，精车采用两顶尖装夹。

（2）刀具安装：精车刀必须严格对准工件旋转中心，不然加工出来的锥面会产生双曲线误差。

5. 加工

锥度心轴的车削加工步骤见表 3-2-8。

表 3-2-8 锥度心轴的车削加工步骤

步骤	图示	操作说明
1. 车平端面，钻中心孔	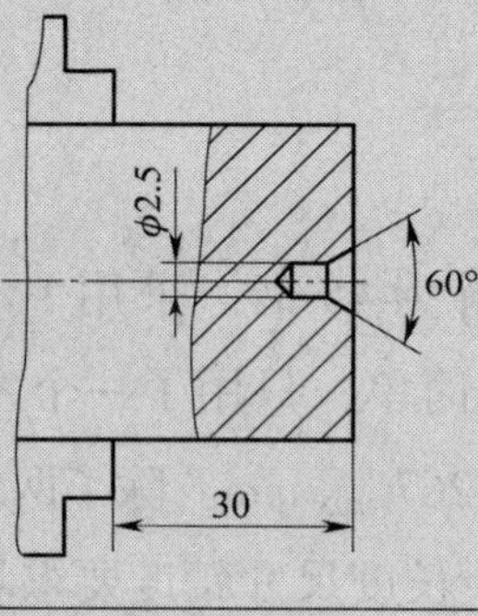	夹住毛坯外圆一端，伸出长度 30 mm 左右，车平端面，钻中心孔
2. 粗车外圆	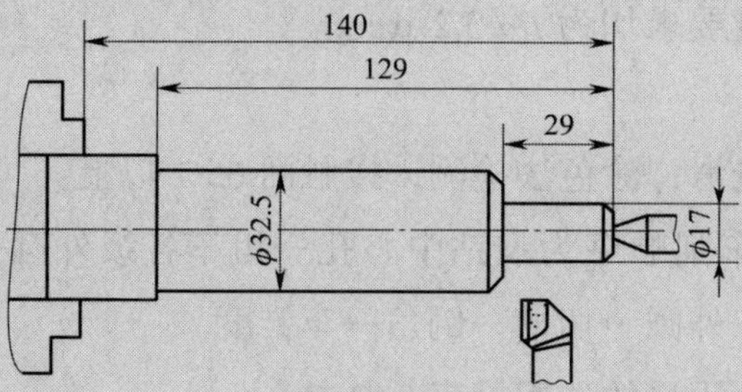	采用一夹一顶装夹工件，伸出长度约为 140 mm，粗车外圆 ϕ32.5 mm，长度为 129 mm，外圆 ϕ17 mm，长度为 29 mm

续表

步骤	图示	操作说明
3. 掉头装夹，控制总长，钻中心孔	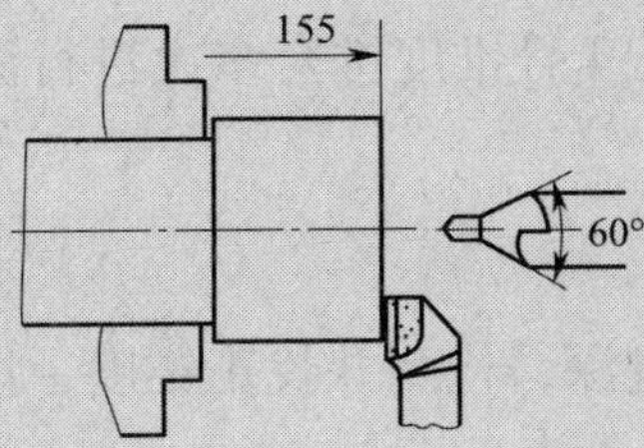	车端面，控制总长为155 mm，钻中心孔
4. 精车外圆	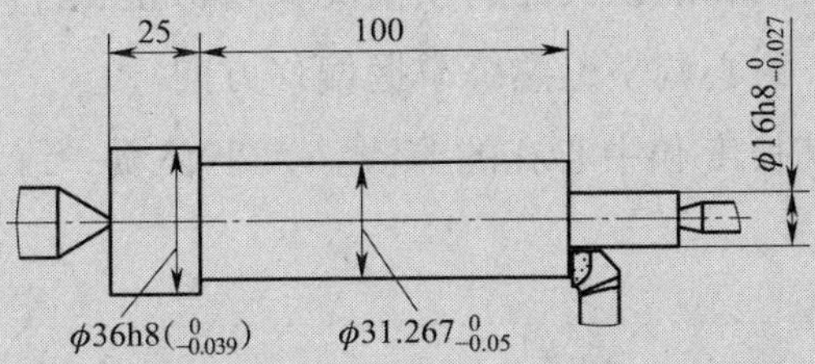	采用两顶尖装夹工件，精车外圆 $\phi 36h8(^{\ 0}_{-0.039})$，长度为25 mm，精车外圆 $\phi 31.267^{\ 0}_{-0.05}$ mm，长度为100 mm，精车外圆 $\phi 16h8(^{\ 0}_{-0.027})$ 至尺寸要求
5. 切槽	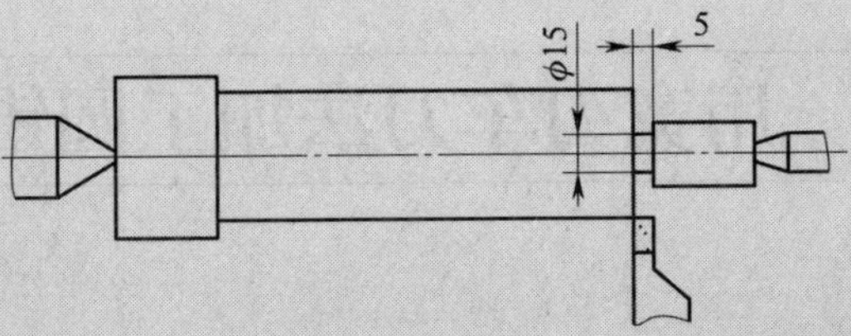	切槽 $\phi 15$ mm，宽度为5 mm
6. 倒角	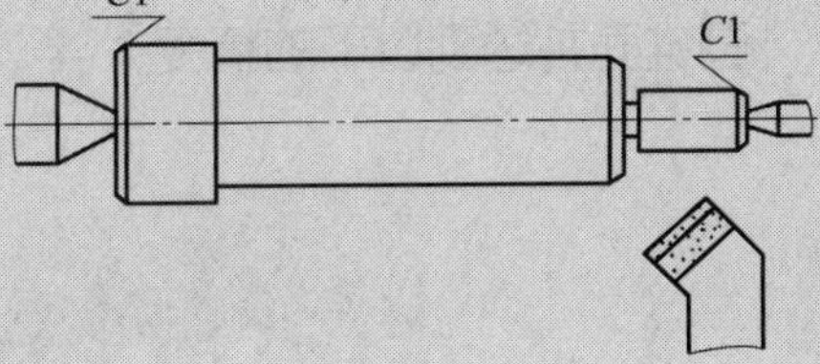	两端面倒角 $C1$ mm
7. 车锥度	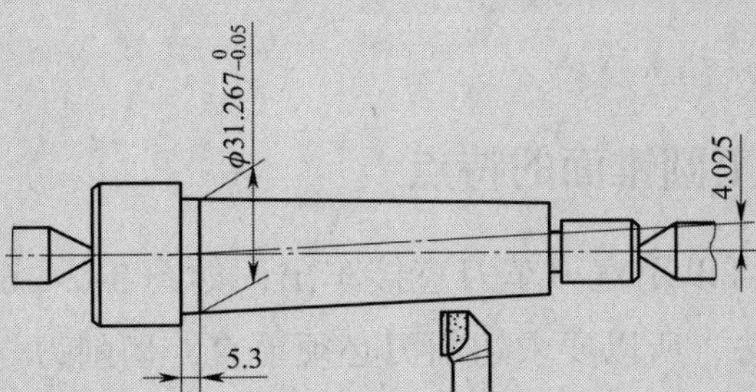	用偏移尾座法车圆锥面，用莫氏4号锥度锥套检查

6. 尺寸精度控制

为了保证 $\phi36h8\,(^{\ 0}_{-0.039})$ 和 $\phi16h8\,(^{\ 0}_{-0.027})$ 外圆尺寸精度，需要把粗车、精车分开，精车时采用试切试测法，并用外径千分尺来测量以控制外圆尺寸精度。用偏移尾座法车圆锥面，要用莫氏 4 号锥度锥套多次进行涂色检查，要求接触面 65% 以上。

三、注意事项

1. 粗车圆锥面时，进刀不宜过深，检测并找正锥度，以防止工件报废。精车圆锥面时，背吃刀量和进给量不能太大，否则影响锥面加工质量。
2. 随时注意两顶尖间松紧和前顶尖的磨损情况，以防止工件飞出伤人。
3. 偏移尾座时应仔细、耐心调整，熟练掌握偏移方向。
4. 若工件数量较多，其长度和中心孔的深浅、大小必须一致，否则会使加工出的工件锥度不一样。

培训单元 3　用宽刃车刀法加工圆锥面

能使用宽刃车刀法车削内、外圆锥面并达到以下的精度：

- 锥度公差：AT9。
- 表面粗糙度：Ra 3.2 μm。

一、用宽刃车刀加工圆锥面的特点

车削较短的圆锥时，可以用宽刃车刀直接车出，如图 3-2-16 所示。其工作原理实质上是属于成形法，所以要求切削刃必须平直，切削刃与主轴轴线的夹角应等于工件圆锥半角，同时要求车床有较好的刚度，否则容易引起振动。

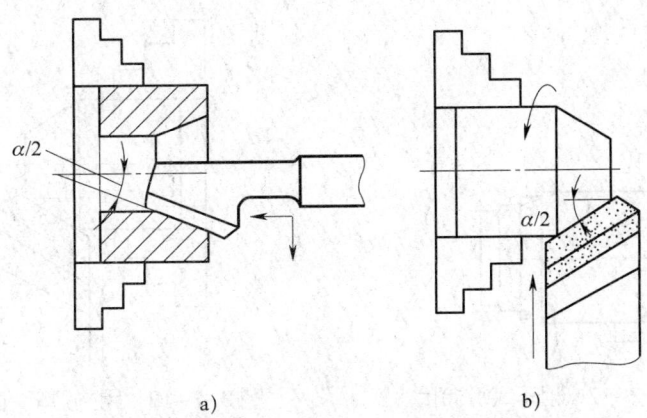

图 3-2-16 用宽刃车刀法车削圆锥面
a）内锥面 b）外锥面

二、对宽刃车刀的基本要求

（1）宽刃车刀切削刃必须平直，无崩口。

（2）刃倾角为 0°。

（3）车床及车刀必须要有很好的刚度。

（4）车削时速度不宜过高，宜低一些，以防振动。

（5）车刀主切削刃与车床主轴轴线的夹角必须等于工件的圆锥半角。宽刃车刀在装夹时，可用角度样板或游标万能角度尺校正。

（6）宽刃车刀安装时，其切削刃应与工件回转中心等高。

三、宽刃车刀车削圆锥面的方法

1. 车削外圆锥面的方法

（1）先用外圆车刀粗车外圆锥面，将被加工表面粗车成阶梯状，以去掉大部分余量，如图 3-2-17 所示。

（2）换宽刃车刀精车，移动车床中滑板，使宽刃车刀切削刃的切削长度大于圆锥面长度，采用横向进给的方法加工出外圆锥面，如图 3-2-18 所示。

（3）车削时，应充分加注切削液，可使车出的外圆锥面的表面粗糙度值达到 $Ra1.6\ \mu m$。

（4）当工件的圆锥面长度大于切削刃长度时，可以采用多次接刀法加工，如图 3-2-19 所示。注意接刀处必须平整，工件在装夹时应尽量短一些。

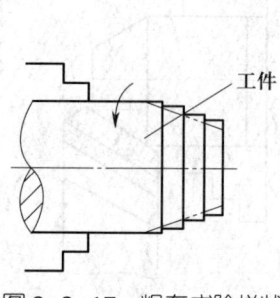

图 3-2-17 粗车成阶梯状

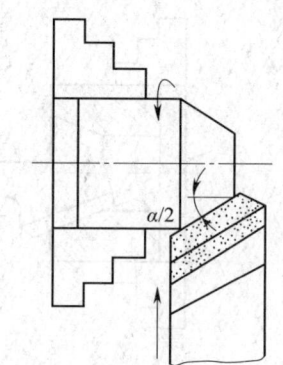

图 3-2-18 用宽刃车刀精车

2. 车削内圆锥面的方法

宽刃锥孔车刀一般选用高速钢车刀,如图 3-2-20 所示,前角取 20°~30°,后角取 8°~10°,刃倾角应为 0°。切削刃必须刃磨平直,与刀杆底面平行,且与刀杆轴线夹角为圆锥半角。

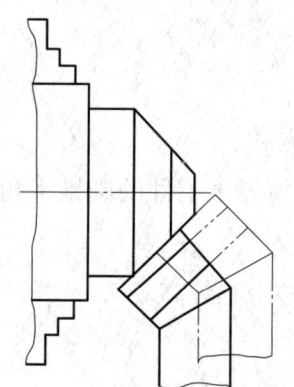

图 3-2-19 接刀法车外圆锥面

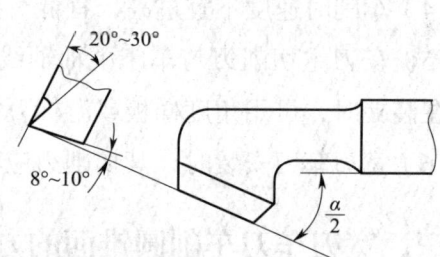

图 3-2-20 宽刃锥孔车刀

(1)先用内孔车刀粗车内圆锥面,留精车余量,如图 3-2-21 所示。

(2)换宽刃车刀精车,将宽刃车刀的切削刃伸入孔内,长度大于圆锥面长度,采用横向(或纵向)进给的方法,低速车削,加工出内圆锥面,如图 3-2-22 所示。

(3)车削时,应充分加注切削液,可使车出的内圆锥面的表面粗糙度值达到 Ra 1.6 μm。

3. 车削圆锥面的注意要点

(1)使用宽刃车刀车削圆锥面,装夹车刀时切削刃应与工件回转中心等高,把主切削刃与主轴轴线的夹角调整到与工件的圆锥半角相等。

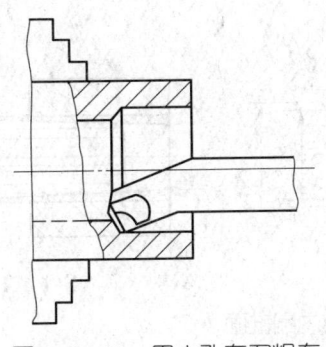
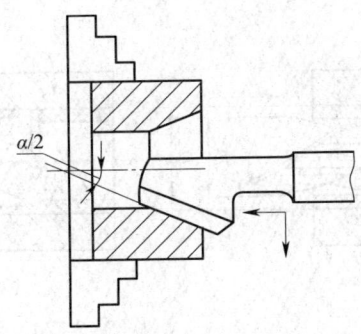

图 3-2-21　用内孔车刀粗车　　　　图 3-2-22　用宽刃车刀精车

（2）使用宽刃车刀车削圆锥面，在车到尺寸时切削刃应在圆锥面上滞留一段时间，直到切削刃切不下切屑为止，以达到修光的目的。

（3）使用宽刃车刀车削圆锥面，会产生很大的切削力，易引起振动，因而在车削前应先调整好中滑板、小滑板镶条的间隙。

四、用锥形铰刀铰内圆锥面的方法

对于直径较小、精度要求较高的内圆锥面，用车刀车削时因刀杆刚度低，难以达到要求，可选择用锥形铰刀铰削的方法。用铰削方法加工的内圆锥面，精度比车削加工的高，表面粗糙度值可达到 $Ra\ 1.6 \sim 0.8\ \mu m$。锥形铰刀如图 3-2-23 所示。

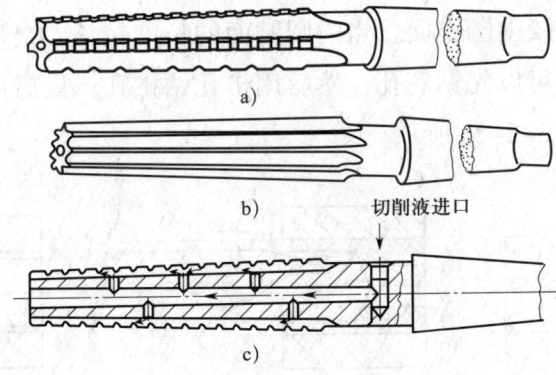

图 3-2-23　锥形铰刀
a）粗铰刀　b）精铰刀　c）内冷却铰刀

1. 铰削方法

（1）钻→车→铰内圆锥面。如图 3-2-24 所示，当内圆锥面的直径和锥度较大，有一定的位置精度要求时，可以先钻底孔，然后粗车成锥孔，并在直径上留 0.1～0.2 mm 的余量，最后用粗铰刀、精铰刀铰内圆锥面。

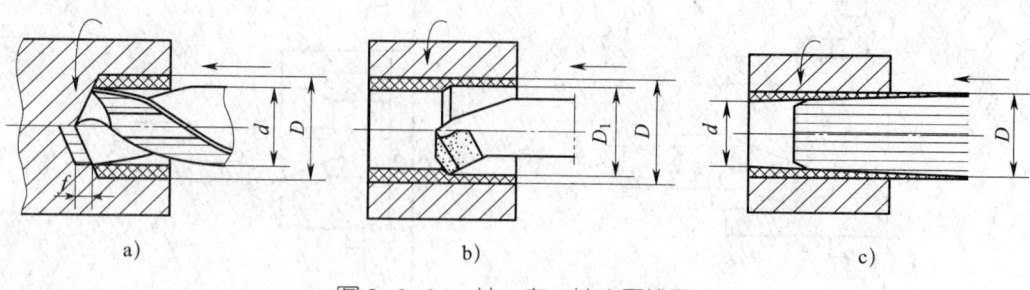

图 3-2-24 钻→车→铰内圆锥面
a) 钻孔 b) 车圆锥孔 c) 铰内圆锥面

（2）钻→铰内圆锥面。当内圆锥面的直径较小时，可先钻底孔，然后用锥形粗铰刀铰内圆锥面，最后用精铰刀铰内圆锥面，如图 3-2-25 所示。

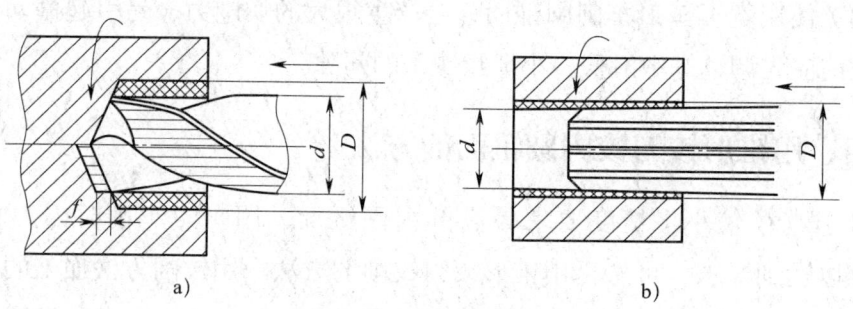

图 3-2-25 钻→铰内圆锥面
a) 钻孔 b) 铰内圆锥面

（3）钻→扩→铰内圆锥面。当内圆锥面的长度较长，余量较大，有一定的位置精度要求时，可以先钻底孔，然后用扩孔钻扩孔，最后用粗铰刀、精铰刀铰内圆锥面，如图 3-2-26 所示。

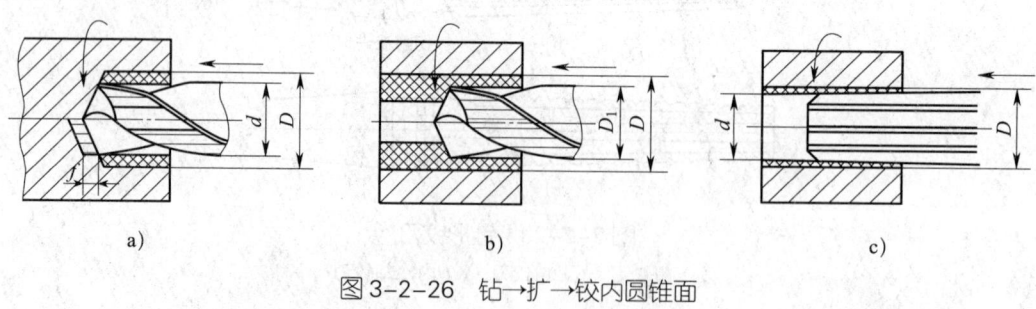

图 3-2-26 钻→扩→铰内圆锥面
a) 钻孔 b) 用钻头扩孔 c) 铰内圆锥面

2. 铰内圆锥面时的注意事项

（1）铰内圆锥面时，铰刀轴线必须与主轴轴线重合，最好将铰刀装在浮动套筒上采用浮动铰削，以免因轴线偏斜而使工件孔径扩大。

（2）内圆锥面的精度和表面质量是由铰刀的切削刃来保证的，因而铰刀切削刃必须很好地保护，不准碰伤，使用前要先检查铰刀切削刃是否完好。当铰刀磨损后，应在工具磨床上修磨（不要用油石修磨刃带）。铰刀使用后要擦干净，涂上防锈油，并妥善保管。

（3）铰内圆锥面时，要求孔内清洁、无切屑。在铰孔过程中应经常退出铰刀，清除切屑，并加注充足的切削液冲刷孔内切屑，以防由于切屑过多而使铰刀在铰孔过程中被卡住，造成工件报废。

（4）铰内圆锥面时，车床主轴只能正转，不能反转。否则会损坏铰刀切削刃。

（5）铰内圆锥面时，若碰到铰刀锥柄在尾座套筒内打滑旋转，必须立即停车，绝不能用手抓，以免划伤手。铰削完毕，应先退铰刀后停车。

（6）铰内圆锥面时，手动进给应缓慢而均匀。

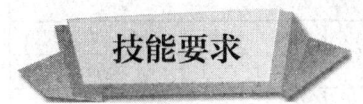

技能要求

操作技能　用宽刃车刀车莫氏变径套

一、工作准备

1. 零件图样与加工要求

试加工如图 3-2-27 所示莫氏变径套，要求用宽刃车刀（圆锥铰刀）对内圆锥面进行加工，锥度准确，尺寸合格。

2. 工具、设备、材料准备

（1）工具：垫片、刀架钥匙、卡盘钥匙、钻夹头、前顶尖、后顶尖、鸡心夹头、心轴、划针、磁性表座、铜皮、油枪、棉纱等。

（2）量具：游标卡尺、外径千分尺、钢直尺、百分表、莫氏圆锥量规、游标深度卡尺、游标万能角度尺等。

（3）刀具：麻花钻、圆锥铰刀、90°外圆粗车刀、90°外圆精车刀、45°外圆车刀、内孔车刀等。

（4）设备：CA6140A 车床。

（5）毛坯材料：45 钢，$\phi 50$ mm × 105 mm 毛坯若干。

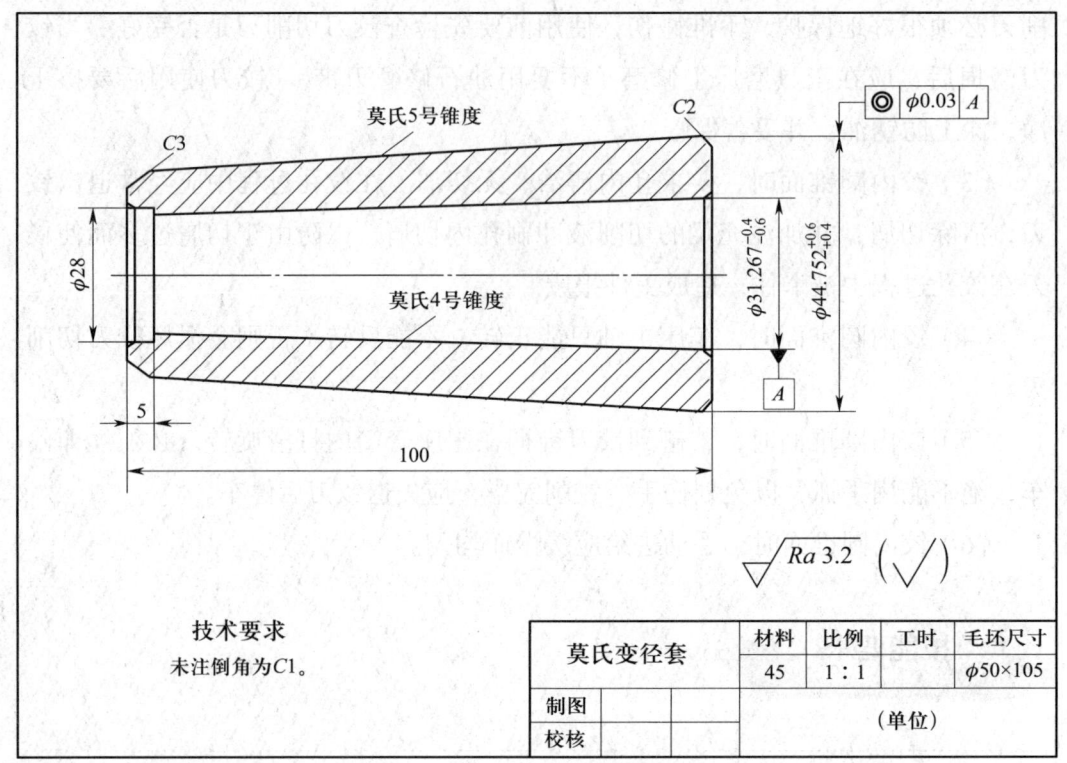

图 3-2-27 莫氏变径套

二、操作程序

1. 图样阅读与分析

该零件名称为莫氏变径套,材料为45钢,采用1:1比例,毛坯尺寸为 $\phi50$ mm×105 mm。图样比较简单,只用了一个主视图表达。主要尺寸有 $\phi44.752_{+0.4}^{+0.6}$ mm、$\phi31.267_{-0.6}^{-0.4}$ mm、$\phi28$ mm、100 mm、5 mm、2处倒角 $C1$ mm、1处倒角 $C2$ mm、1处倒角 $C3$ mm。$\phi44.752_{+0.4}^{+0.6}$ 圆锥面轴线相对于基准 $\phi31.267_{-0.6}^{-0.4}$ 圆锥面轴线的同轴度公差为 $\phi0.03$ mm。各表面粗糙度要求均为 Ra 3.2 μm。

2. 工艺分析

(1) 为保证内圆锥面和外圆锥面的同轴度要求,应在加工内圆锥面后,将工件用心轴装夹后车外圆锥面。

(2) 加工莫氏变径套的车削顺序为:车平端面→钻中心孔→粗车外圆→钻孔→车孔→掉头找正,控制总长→粗车内圆锥面→精铰内圆锥面→用心轴装夹,粗、精车外圆锥面→倒角。

（3）加工莫氏变径套切削用量的选用见表 3-2-9。

表 3-2-9 加工莫氏变径套切削用量的选用

切削用量	粗车	精车	钻孔	铰孔
背吃刀量 a_p（mm）	视加工要求而定	0.4~0.8	视加工要求而定	0.08~0.12
进给量 f（mm/r）	外圆：0.2~0.3 内孔：0.1~0.15	外圆：0.1~0.15 内孔：0.05~0.10	手动	手动
转速 n（r/min）	360~560	560~800	260~360	50~105

3. 刀具刃磨

该零件需使用90°外圆粗车刀、90°外圆精车刀、45°外圆车刀、麻花钻、内孔车刀等刀具，具体刃磨方法见培训模块一培训项目1中车刀的刃磨和模块二培训项目1中麻花钻及内孔车刀的刃磨。

4. 毛坯、刀具安装

（1）毛坯安装：先用自定心卡盘或单动卡盘装夹，精车采用心轴装夹。

（2）刀具安装：精车刀必须严格对准工件旋转中心，不然加工出来的锥面会产生双曲线误差。

5. 加工

莫氏变径套的车削加工步骤见表 3-2-10。

表 3-2-10 莫氏变径套的车削加工步骤

步骤	图示	操作说明
1. 车平端面，钻中心孔	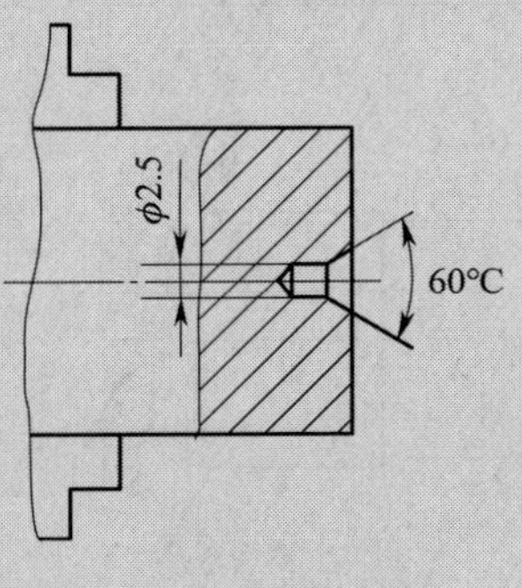	用自定心卡盘夹住毛坯外圆一端，伸出长度为 65 mm 左右，车平端面，钻中心孔

续表

步骤	图示	操作说明
2. 粗车外圆	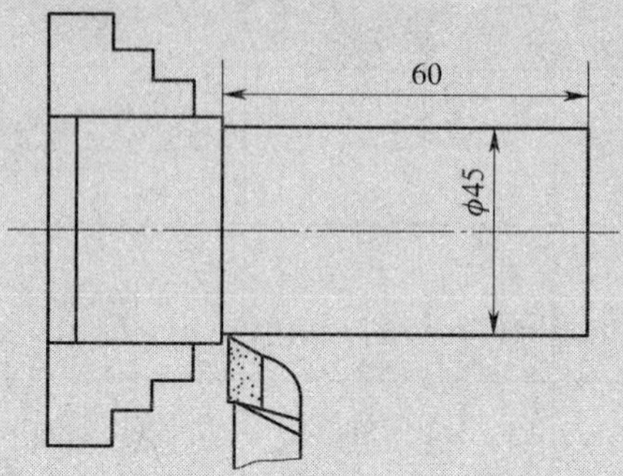	粗车外圆 ϕ45 mm，长度为 60 mm
3. 钻孔	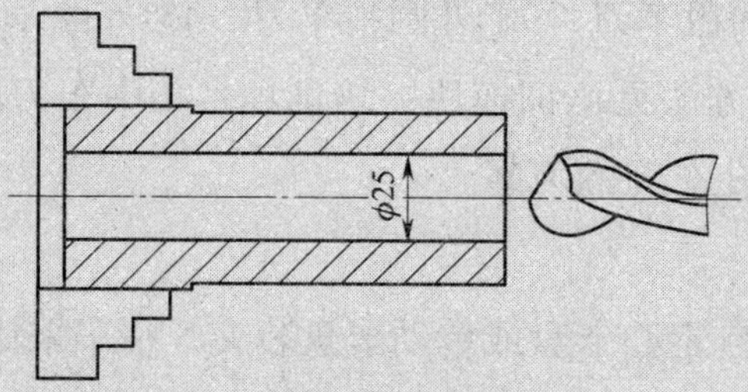	用 ϕ25 mm 麻花钻钻通孔
4. 车内孔	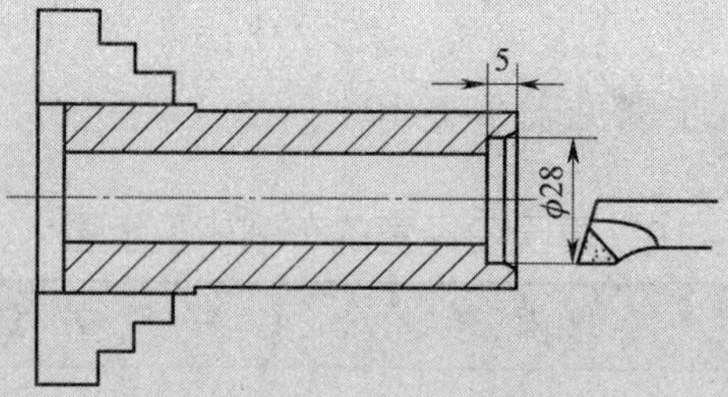	粗、精车内孔 ϕ28 mm，长度为 5 mm，并倒角 C1 mm
5. 掉头找正，控制总长	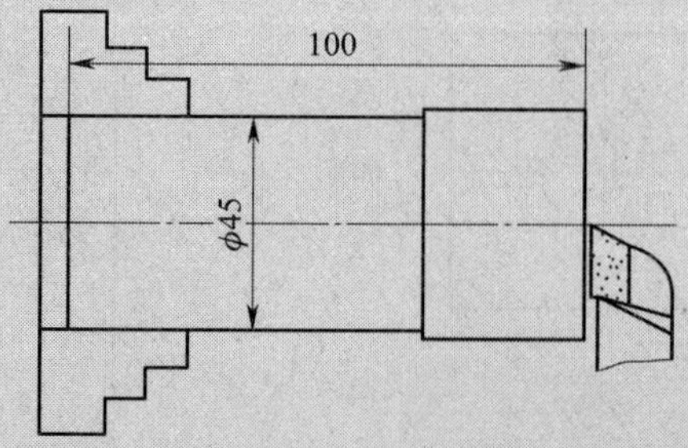	掉头，夹住 ϕ45 mm 外圆并找正，车平端面，控制总长为 100 mm

续表

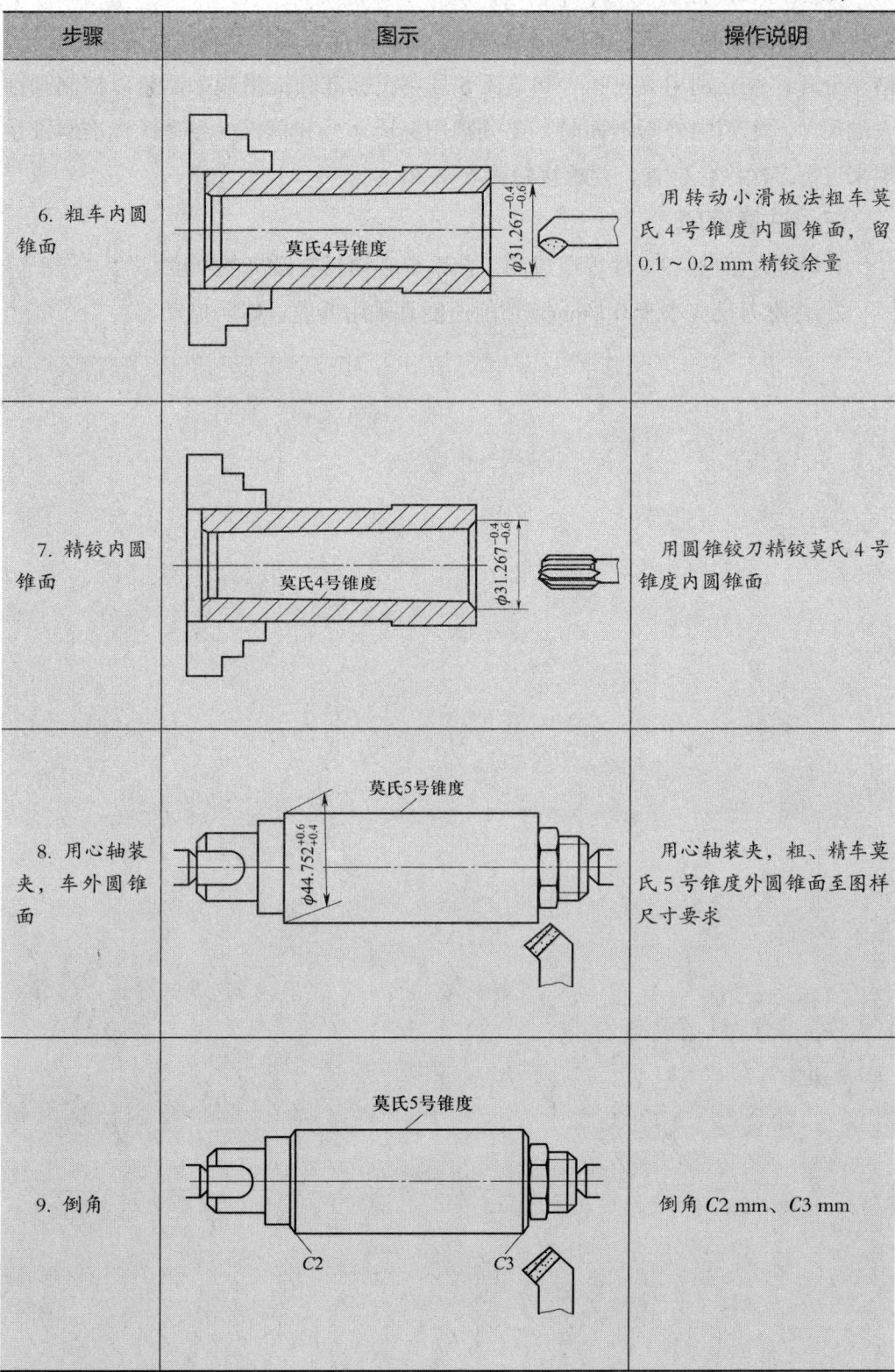

步骤	图示	操作说明
6. 粗车内圆锥面		用转动小滑板法粗车莫氏4号锥度内圆锥面，留0.1~0.2 mm精铰余量
7. 精铰内圆锥面		用圆锥铰刀精铰莫氏4号锥度内圆锥面
8. 用心轴装夹，车外圆锥面		用心轴装夹，粗、精车莫氏5号锥度外圆锥面至图样尺寸要求
9. 倒角		倒角 $C2$ mm、$C3$ mm

6. 尺寸精度控制

为了保证 $\phi 44.752^{+0.6}_{+0.4}$ mm 和 $\phi 31.267^{-0.4}_{-0.6}$ mm 圆锥大端尺寸精度，需要把粗车、精车分开，并分别用莫氏 4 号和莫氏 5 号莫氏标准圆锥量规来测量以控制圆锥大端尺寸。车销内外圆锥面时，要分别用莫氏 4 号和莫氏 5 号莫氏标准圆锥量规来进行多次涂色检查，要求接触面 65% 以上。

三、注意事项

1. 车床、刀具和工件等组成的工艺系统必须具有较高的刚度。
2. 背吃刀量应小于 0.1 mm，切削速度宜采用低速，以防振动。

培训项目 3 精度检验与误差分析

培训单元 1 圆锥面的精度检验

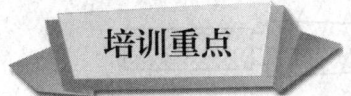

→ 能使用常用量具对圆锥面进行测量。
→ 能对圆锥面进行精度检验。

一、角度样板的使用

成批和大量生产时,以及车削圆锥半角较大或精度要求低的锥面工件时,可使用专用的角度样板测量工件。角度样板是根据被测角度的两个极限尺寸制成的,如图 3-3-1 所示为采用专用的角度样板测量圆锥齿轮坯角度。

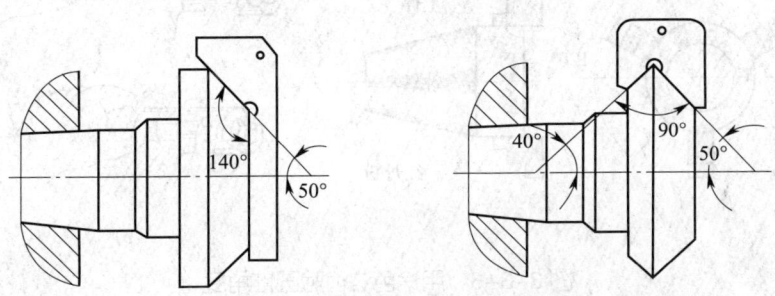

图 3-3-1 用角度样板测量圆锥角度

二、圆锥量规的使用

车削标准锥度或配合精度要求较高的圆锥工件时，可用圆锥量规检验。

1. 圆锥量规的种类

圆锥量规分为圆锥环规和圆锥塞规两种，如图 3-3-2 所示。

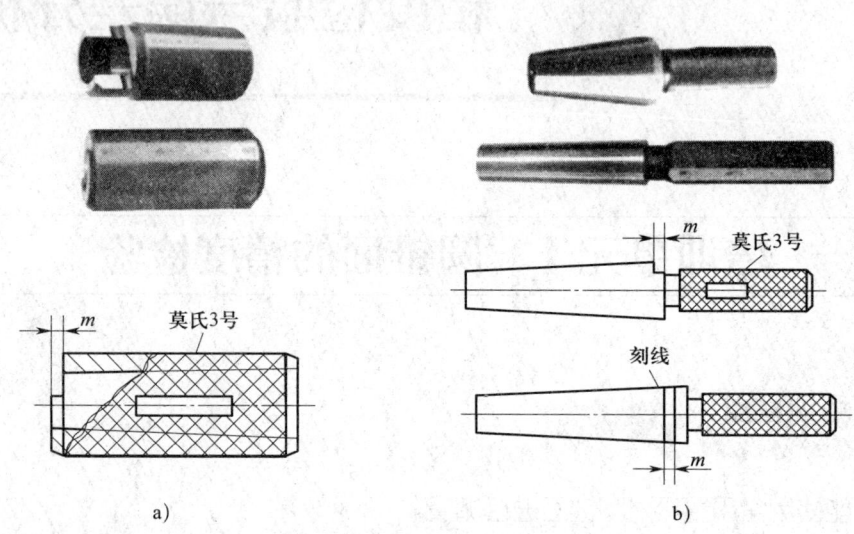

图 3-3-2 圆锥量规
a）圆锥环规 b）圆锥塞规

2. 涂色法检测（接触面）

（1）用圆锥环规检验圆锥体时，用显示剂（印油、红丹粉）在工件表面顺着圆锥素线均匀地涂上两条线或三条线，涂色要求薄而均匀，如图 3-3-3a 所示。检验时，手握圆锥环规轻轻套在工件圆锥上（见图 3-3-3b），稍加轴向推力并将圆锥环规对称转动约半周。

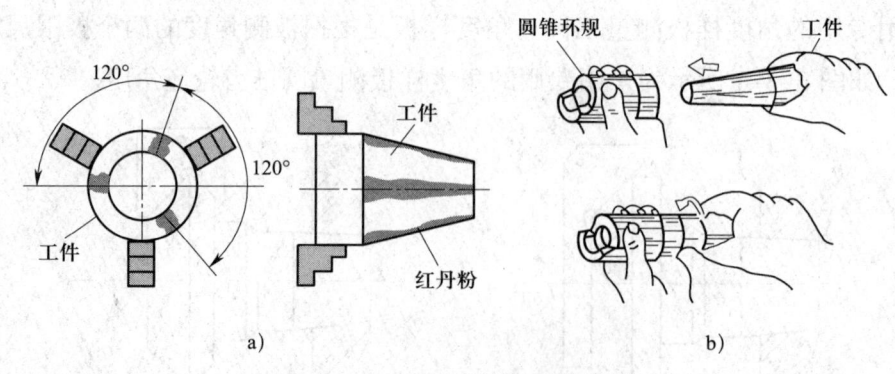

图 3-3-3 用涂色法检验圆锥角度
a）均匀涂三条线 b）对称转动约半周

取下圆锥环规后，观察显示剂擦去情况，若两条或三条显示剂在全长上被均匀擦去，说明圆锥面接触良好，锥度正确，如图3-3-4所示。

如果显示剂被局部擦去，说明圆锥的角度不正确或圆锥素线不直，如图3-3-5所示。具体如下：如果大端接触（见图3-3-5a），即大端的显示剂被擦去，小端的显示剂没被擦去，说明圆锥角大了；如果小端接触（见图3-3-5b），即小端的显示剂被擦去，大端的显示剂没被擦去，说明圆锥角小了；如果两端接触（见图3-3-5c），即锥体两端的显示剂被擦去，中间的显示剂没有被擦去的痕迹，是由于刀尖没有对准工件轴线，使车出的圆锥母线不直，形成了双曲线误差。

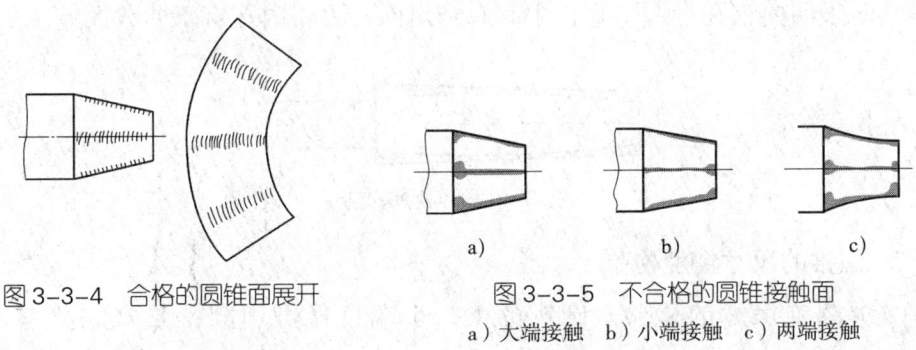

图3-3-4 合格的圆锥面展开

图3-3-5 不合格的圆锥接触面
a）大端接触 b）小端接触 c）两端接触

（2）检验内圆锥面使用圆锥塞规，其检验方法与检验外圆锥面基本相同，只是此时要将显示剂涂在圆锥塞规上，具体如下：

将圆锥塞规沿母线对称抹两道显示剂（见图3-3-6），水平塞进圆锥孔内，使力量尽量集中在中心，正反旋转圆锥塞规不超过90°，拔出圆锥塞规进行显示剂擦去痕迹检查。

当圆锥塞规小端痕迹擦去较多时，如图3-3-7a所示，或由于力量稍有歪斜，一边痕迹擦去较多时，如图3-3-7b所示，这时表明内锥孔角度大了。

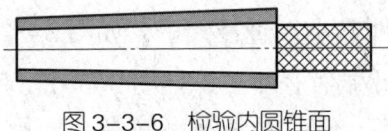

图3-3-6 检验内圆锥面

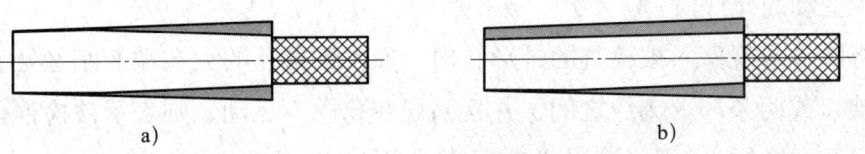

图3-3-7 小端接触
a）小头痕迹擦去较多 b）一边痕迹擦去较多

当圆锥塞规大端痕迹擦去较多时，如图 3-3-8a 所示，或由于力量稍有歪斜，一边痕迹擦去较多时，如图 3-3-8b 所示，这时表明内锥孔角度小了。

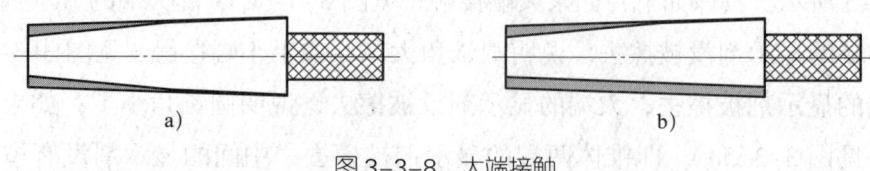

图 3-3-8 大端接触

a) 大头痕迹擦去较多　b) 一边痕迹擦去较多

当圆锥塞规大、小端痕迹擦去较少，中间痕迹擦去较多时，如图 3-3-9 所示，这时表明内锥孔母线不直，中间有凸出面，表明内孔有双曲线误差。

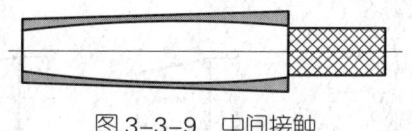

图 3-3-9 中间接触

3. 圆锥的尺寸精度检验

（1）圆锥尺寸的检验。圆锥的大、小端直径可用圆锥量规来检验，如图 3-3-10 所示。

在圆锥环规测量面孔径较小的一端，有一个台阶形的缺口，缺口的长度为 m（见图 3-3-2a），m 值就是工件因加工误差所引起的基面距（用于确定相互配合的内、外圆锥轴向的相互距离）变动的允许值。测量外圆锥时，将圆锥环规套入被检查的外圆锥上，如果锥体的小端平面在缺口内，说明其小端直径尺寸合格，如图 3-3-10b 和图 3-3-11b 所示；如锥体的小端平面未能进入缺口，说明其小端直径大了，如图 3-3-11a 所示；如锥体小端平面超过了缺口，说明其小端直径小了，如图 3-3-11c 所示。

在圆锥塞规测量面的较粗端，有一个台阶形的缺口或两条环形刻线，缺口的间距为 m（见图 3-3-2b 和图 3-3-10a），m 值就是工件因加工误差所引起的基面距变动的允许值。

将圆锥塞规塞入被检查的锥形孔内，如果锥形孔的大端端面刚好处于圆锥塞规缺口或两条环形刻线之间，并且塞规在孔内不晃动，则表示被检锥孔的大端直径是合格的，否则说明大端直径大或者小，如图 3-3-12 所示。

（2）圆锥尺寸的控制，用圆锥量规控制圆锥尺寸的方法见表 3-3-1。

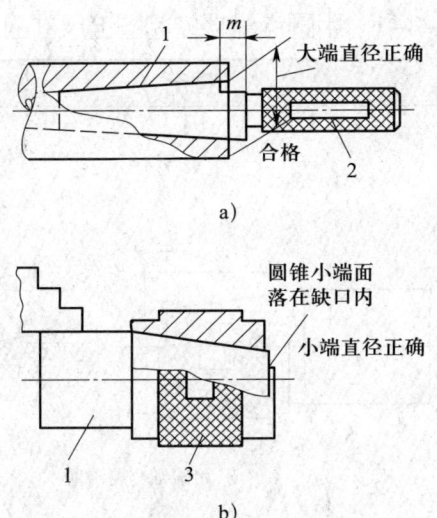

图 3-3-10 用圆锥量规检验圆锥大、小端直径
a）圆锥塞规检验工件内圆锥尺寸——大端直径 b）圆锥环规检验工件外圆锥尺寸——小端直径
1—工件 2—圆锥塞规 3—圆锥环规

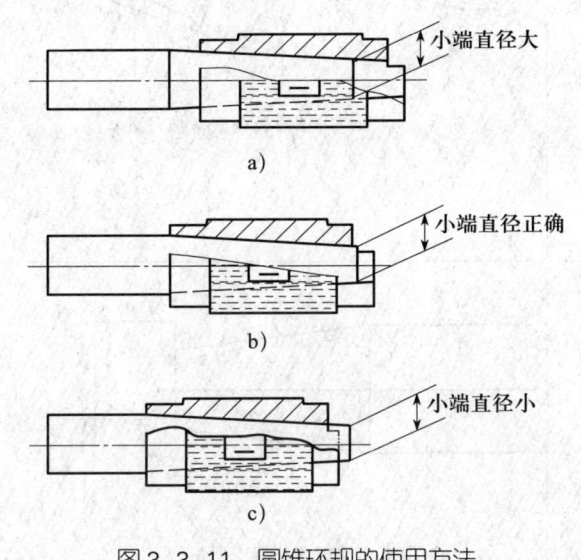

图 3-3-11 圆锥环规的使用方法

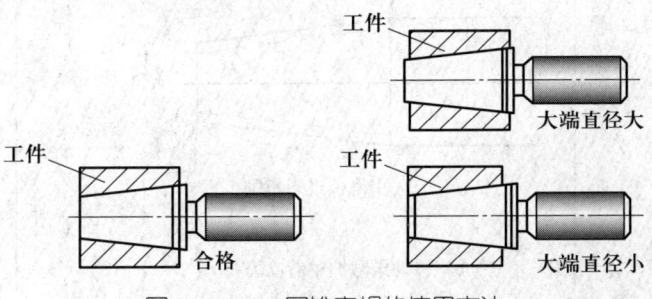

图 3-3-12 圆锥塞规的使用方法

表 3-3-1 用圆锥量规控制圆锥尺寸的方法

内容	图示	说明
车圆锥时尺寸测量与背吃刀量的控制 — 用中滑板调整背吃刀量	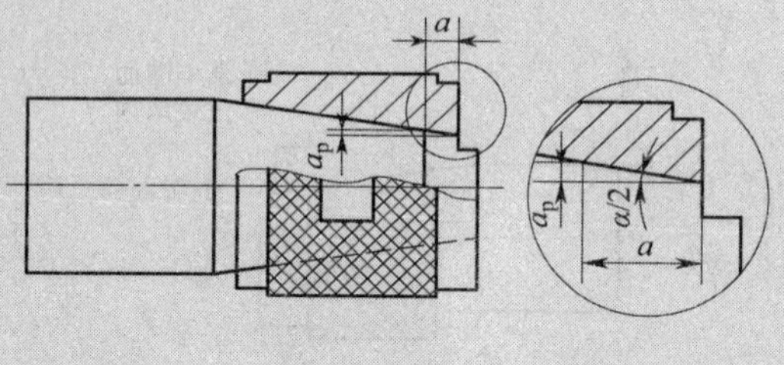 a) 用圆锥套规测量 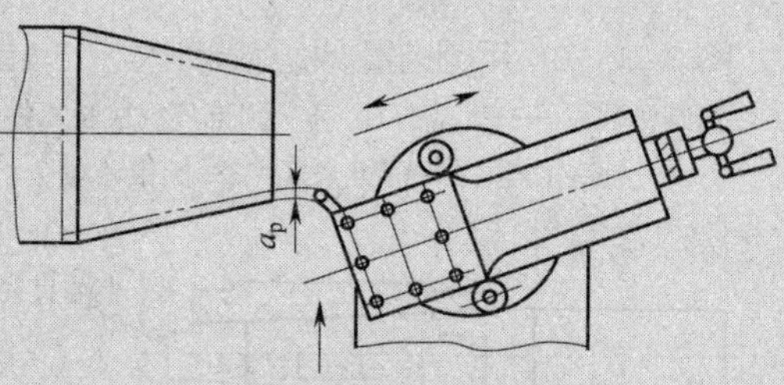 b) 用中滑板调整背吃刀量 a_p	1. 测出圆锥量规台阶（刻线）到工件小端面的距离为 a（见图 a），用下式计算背吃刀量：$a_p = a \tan \dfrac{\alpha}{2}$ 或 $a_p = a \times \dfrac{C}{2}$ 2. 移动中、小滑板，使刀尖轻触工件圆锥小端外圆表面后，移动床鞍退出 3. 中滑板按 a_p 值进刀，移动床鞍使车刀轻触工件端面 4. 小滑板手动进给精车圆锥面至尺寸（见图 b）
用移动床鞍法调整背吃刀量	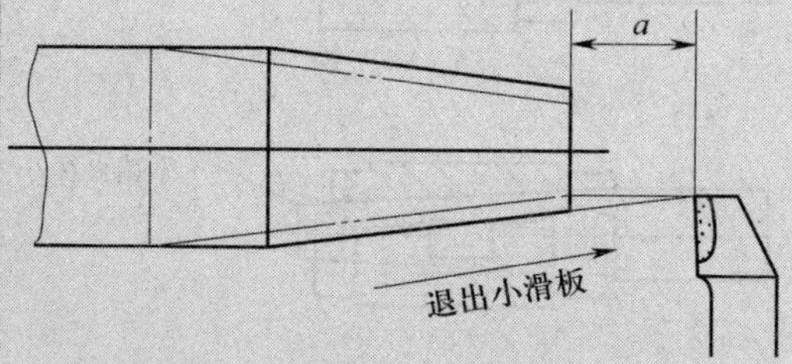 a) 退出小滑板调整背吃刀量 a_p 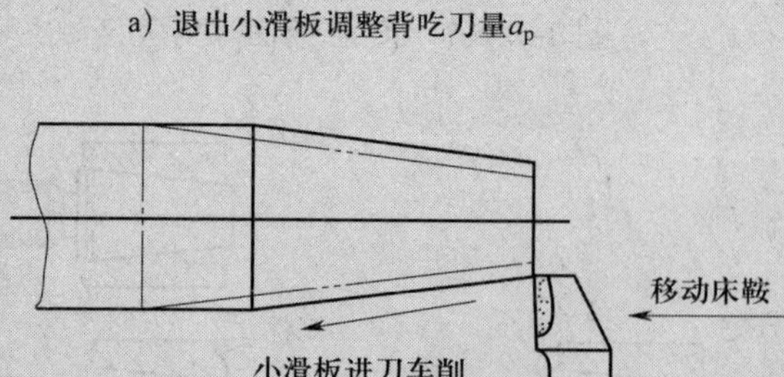 b) 移动床鞍调整背吃刀量 a_p	根据测出的长度 a，使车刀轻触工件小端处外圆表面，然后移动小滑板，使车刀离开工件端面一个距离 a（见图 a），再移动床鞍使车刀与工件端面轻触，此时车刀已切入一个需要的背吃刀量 a_p。小滑板手动进给精车圆锥面至尺寸（见图 b）

三、游标万能角度尺的使用

游标万能角度尺用来测量工件和样板内、外角度及角度划线。

1. 游标万能角度尺的结构

游标万能角度尺的结构如图 3-3-13 所示,它由尺身、直角尺、游标、锁紧装置、基尺、直尺、卡块、扇形板等组成。基尺可带着尺身沿着游标转动,转到所需角度时,可用锁紧装置锁紧。卡块可将直角尺和直尺固定在所需的位置上。

测量时,可转动背面的捏手,通过小齿轮转动扇形齿轮,使基尺改变角度。

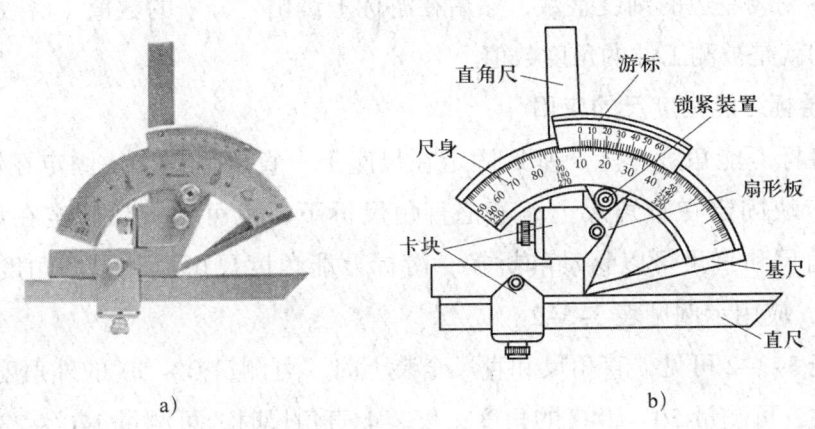

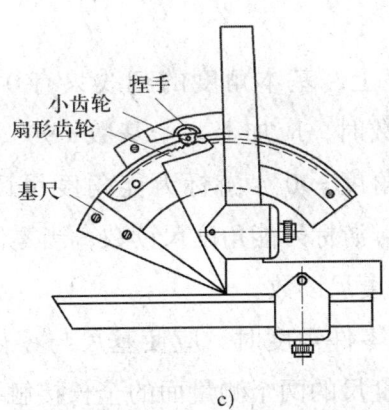

图 3-3-13 游标万能角度尺的结构
a)实物图 b)主视图 c)后视图

2. 游标万能角度尺的读数方法

游标万能角度尺的读数机构如图 3-3-13 所示,它是由刻有基本角度刻线的尺身和固定在尺座上的游标组成。尺身可在尺座上回转移动（有制动器），形成了和游标卡尺相似的游标读数机构。

游标万能角度尺的测量精度有 5′ 和 2′ 两种，通常使用中以 2′ 的测量精度应用较多。

精度为 2′ 的游标万能角度尺的刻线原理是：尺身刻线每格为 1°，游标刻线是将尺身上 29° 所占的弧长等分为 30 格，每格所对应的角度为 29°/30，因此，游标 1 格与尺身 1 格相差：

1°−29°/30=1°/30=2′，即游标万能角度尺的测量精度为 2′。

游标万能角度尺的读数方法与游标卡尺的读数方法相似，即先从尺身上读出游标零刻线左边的刻度整数，然后在游标上读出"分"的数值（格数 ×2′），两者相加就是被测工件的角度数值。

3. 游标万能角度尺的应用

在游标万能角度尺上，基尺固定在尺座上，直角尺用卡块固定在尺身上，直尺用卡块固定在直角尺上。若把直角尺拆下，也可把直尺固定在尺身上。由于直角尺和直尺可以移动和拆换，游标万能角度尺可以测量的角度范围为 0°~320°，应用示例见表 3-3-2。

由表 3-3-2 可见，直角尺和直尺全装上时，可测量 0°~50° 的外角度；仅装上直尺时，可测量 50°~140° 的角度；仅装上直角尺时，可测量 140°~230° 的角度；把直角尺和直尺全拆下时，可测量 230°~320° 的角度（可测量 40°~130° 的内角度）。

游标万能角度尺的尺座上，基本角度的刻线只有 0°~90°，如果测量的零件角度大于 90°，则在读数时，应加上一个基数（90°，180°，270°）。当零件角度为 90°~180°，被测角度 =90°+ 游标万能角度尺读数；当零件角度为 180°~270°，被测角度 =180°+ 游标万能角度尺读数；当零件角度为 270°~320°，被测角度 =270°+ 游标万能角度尺读数。

用游标万能角度尺测量零件角度时，应使基尺与零件角度的母线方向一致，且零件应与游标万能角度尺的两个测量面的全长接触良好，以免产生测量误差。

表 3-3-2 游标万能角度尺的应用示例

测量方法	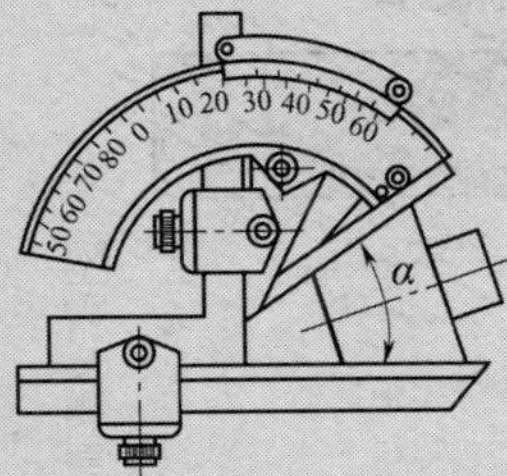	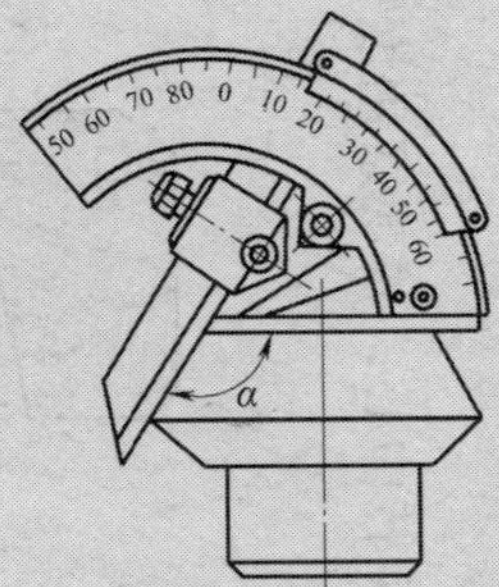	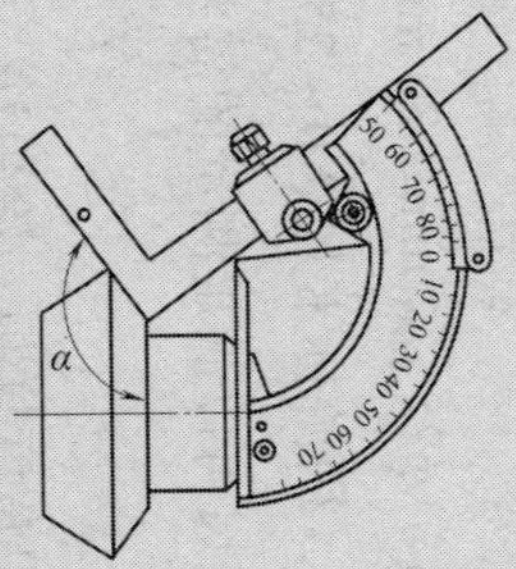	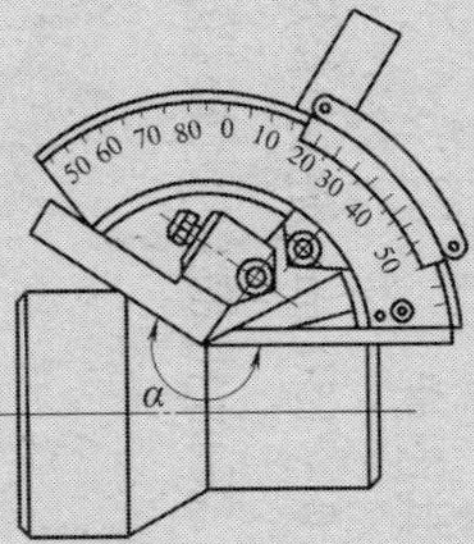	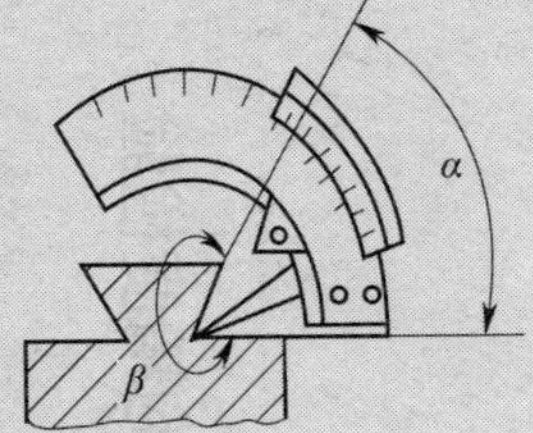
角度	0°~50°	50°~140°	140°~230°	230°~320°	
结构变化	将被测工件放在基尺和直尺的测量面之间	卸下直角尺,用直尺代替	卸下直尺,装上直角尺	卸下直角尺,直尺和卡块,由基尺和尺身上的扇形板组成测量面	

操作技能1 圆锥轴的精度检验

一、工作准备

本模块培训项目2所加工圆锥轴零件及其图样。

该零件精度检验所需的工具、量具：0~150 mm 游标卡尺、25~50 mm 外径千分尺、游标万能角度尺、钢直尺、表面粗糙度比较样块、角度样板等。

二、精度检验

1. 尺寸精度检验

该圆锥轴零件主要尺寸有 $\phi 38_{-0.039}^{0}$ mm、$\phi 25_{-0.033}^{0}$ mm、30 mm、$70_{-0.15}^{0}$ mm、$25_{-0.10}^{0}$ mm、锥度 $C=1:5$、两处 $C1$ mm 倒角，用游标卡尺、0~25 mm 外径千分尺、25~50 mm 外径千分尺和游标万能角度尺可以满足测量的需要。

2. 几何精度检验

为了保证圆锥面的锥度正确，通常采用角度样板、涂色法、游标万能角度尺等进行检查。

（1）用角度样板检查时应对准工件的旋转中心，并观察角度样板与工件之间的间隙透光情况，如图 3-3-14 所示。

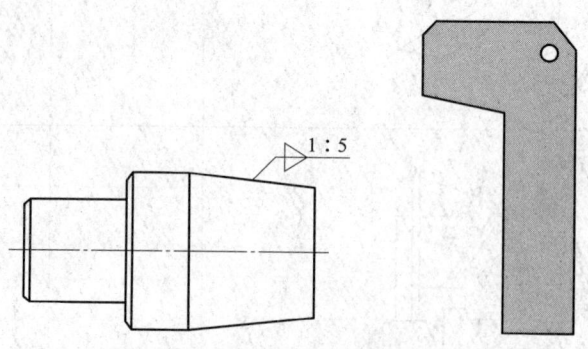

图 3-3-14 用角度样板测量示意图

（2）用游标万能角度尺检查圆锥面时应通过工件旋转中心，并多次变换测量方向，如图 3-3-15 所示。

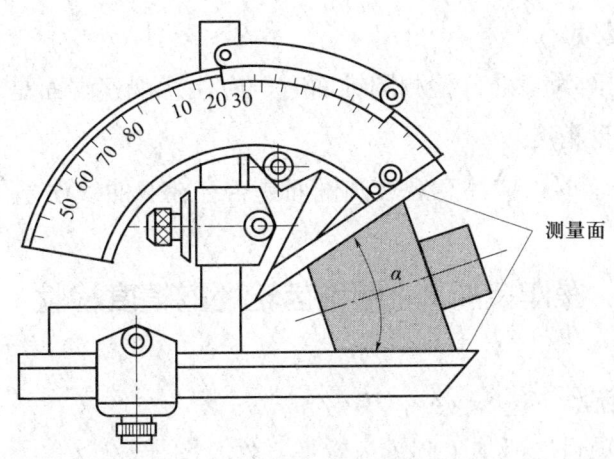

图 3-3-15　用游标万能角度尺测量圆锥面示意图

3. 表面粗糙度检测

工件的表面粗糙度在工作现场的测量方法为目测法，即用表面粗糙度比较样块与被测表面进行比较来判断。检测时把样块靠近工件表面，用肉眼观察比较。

4. 填写检验报告书

对圆锥轴零件进行精度检验，并将检验结果填入表 3-3-3 中。

表 3-3-3　圆锥轴零件精度检验表

零件名称		圆锥轴	检验人		
检验项目	序号	检验内容及要求	所用量具/辅具	检验结果	是否符合图样要求
尺寸精度	1	$\phi25_{-0.033}^{0}$ mm	外径千分尺		
	2	$\phi38_{-0.039}^{0}$ mm	外径千分尺		
	3	$70_{-0.15}^{0}$ mm	游标卡尺		
	4	$25_{-0.10}^{0}$ mm	游标卡尺		
外圆锥面锥度	5	锥度 1:5	游标万能角度尺或角度样板		
表面结构要求	6	Ra 3.2 μm	表面粗糙度比较样块		
其他项目	7	$C1$ mm 倒角，2 处	目测、游标卡尺		
	8	其他未注项目	自定		

三、注意事项

1. 以工件端面为基准,检测圆锥面时,应注意观察端面是否有小凸头或毛刺,以免影响测量精度。

2. 检测圆锥面时,应注意观察圆锥面是否存在双曲线误差。

操作技能 2　圆锥齿轮坯的精度检验

一、工作准备

本模块培训项目 2 所加工圆锥齿轮坯零件及图样。

该零件精度检验所需的工具、量具:0~125 mm 游标卡尺、50~75 mm 外径千分尺、钢直尺、百分表、内径百分表或 ϕ22H8 塞规、游标万能角度尺、表面粗糙度比较样块、磁性表座、0~125 mm 游标深度尺、角度样板等。

二、精度检验

1. 尺寸精度检验

该圆锥齿轮坯零件主要尺寸有 $\phi 53.536_{-0.046}^{0}$ mm、ϕ34 mm、ϕ22H8、(40±0.2) mm、31.8 mm、$22_{-0.2}^{0}$ mm、圆锥齿轮坯长 $12_{-0.2}^{0}$ mm、圆锥面角 94°4′(半角 47°2′±3′26″)、3 处倒角 C1 mm。各表面粗糙度要求均为 Ra 3.2 μm,用游标卡尺、外径千分尺、内径百分表或 ϕ22H8 塞规和游标万能角度尺可以满足测量的需要。

2. 几何精度检验

(1) 圆锥面的测量和检查。为了保证圆锥面的锥度正确,此处采用游标卡尺、外径千分尺、游标万能角度尺、角度样板等进行检查。

(2) 圆锥齿轮坯斜面相对于基准 ϕ22H8 轴线的圆跳动公差为 0.018 mm,左端面与基准 ϕ22H8 轴线垂直度误差为 0.025 mm,此处采用百分表、磁性表座等进行检查。

3. 表面粗糙度检测

工件的表面粗糙度在工作现场的测量方法为目测法,即用表面粗糙度比较样块与被测表面进行比较来判断。检测时把表面粗糙度比较样块靠近工件表面,用肉眼观察比较。

4. 填写检验报告书

对圆锥齿轮坯零件进行精度检验,并将检验结果填入表 3-3-4 中。

表 3-3-4 圆锥齿轮坯零件精度检验表

零件名称		圆锥齿轮坯	检验人		
检验项目	序号	检验内容及要求	所用量具/辅具	检验结果	是否符合图样要求
尺寸精度	1	$\phi 53.536_{-0.046}^{0}$ mm	外径千分尺		
	2	$\phi 34$ mm	游标卡尺		
	3	$\phi 22$H8	内径百分表或 $\phi 20$H8 塞规		
	4	(40 ± 0.2) mm	游标卡尺		
	5	31.8 mm	游标卡尺		
	6	$22_{-0.2}^{0}$ mm	游标卡尺		
	7	$12_{-0.2}^{0}$ mm	游标卡尺		
	8	4 mm	游标深度卡尺		
	9	47° 2′ ± 3′ 26″	游标万能角度尺		
几何精度	10	⌓ 0.018 A	百分表、磁性表座		
	11	⊥ 0.025 A	百分表、磁性表座		
表面结构要求	12	Ra 3.2 μm	表面粗糙度比较样块		
其他项目	13	C1 mm 倒角,3 处	目测、游标卡尺		
	14	其他未注项目	自定		

三、注意事项

1. 用游标万能角度尺测量锥度时,测量边应通过工件中心。

2. 由于圆锥面的角度标注方法不同,所标注的角度必须经过换算。

3. 圆锥齿轮用于两相交轴的变速或变向传动,内孔与基准平面有较高的垂直度要求,内孔轴线的圆跳动公差要在较小的范围之内。

操作技能 3 锥度心轴的精度检验

一、工作准备

本模块培训项目 2 所加工锥度心轴零件及图样。

该零件精度检验所需的工具、量具:0 ~ 125 mm 游标卡尺、0 ~ 25 mm 外径千分尺、25～50 mm 外径千分尺、钢直尺、莫氏 4 号圆锥环规、表面粗糙度比较样块等。

二、精度检验

1. 尺寸精度检验

该锥度心轴零件的圆锥面为莫氏 4 号锥度，圆锥大端直径为 $\phi 31.267_{-0.05}^{0}$ mm。除了两端外圆 $\phi 36h8$ ($_{-0.039}^{0}$) 和 $\phi 16h8$ ($_{-0.027}^{0}$) 尺寸精度较高外，其余尺寸精度要求均不高，两侧端面分别倒角 C1 mm，各表面粗糙度要求均为 Ra 3.2 μm，用游标卡尺、外径千分尺等可以满足测量的需要。

2. 几何精度检验

用莫氏 4 号圆锥环规对圆锥面进行综合测量，圆锥锥度采用涂色法检验。圆锥大端直径可根据莫氏 4 号圆锥环规上的台阶形缺口来判断。

3. 表面粗糙度检测

工件的表面粗糙度在工作现场的测量方法为目测法，即用表面粗糙度比较样块与被测表面进行比较来判断。检测时把表面粗糙度比较样块靠近工件表面，用肉眼观察比较。

4. 填写检验报告书

对锥度心轴零件进行精度检验，并将检验结果填入表 3-3-5 中。

表 3-3-5 锥度心轴零件精度检验表

零件名称		锥度心轴	检验人		
检验项目	序号	检验内容及要求	所用量具/辅具	检验结果	是否符合图样要求
尺寸精度	1	$\phi 36h8$ ($_{-0.039}^{0}$) mm	外径千分尺		
	2	$\phi 16h8$ ($_{-0.027}^{0}$) mm	外径千分尺		
	3	槽 $\phi 15$ mm×5 mm	游标卡尺		
	4	5.3 mm	游标卡尺		
	5	155 mm	游标卡尺		
	6	25 mm	游标卡尺		
	7	100 mm	游标卡尺		
圆锥面锥度	8	莫氏 4 号锥度	莫氏 4 号圆锥环规		
	9	圆锥大端 $\phi 31.267_{-0.05}^{0}$ mm	外径千分尺		

续表

检验项目	序号	检验内容及要求	所用量具/辅具	检验结果	是否符合图样要求
表面结构要求	10	Ra 3.2 μm	表面粗糙度比较样块		
其他项目	11	C1 mm 倒角，2 处	目测、游标卡尺		
	12	其他未注项目	自定		

三、注意事项

1. 检测圆锥面时，应注意观察端面是否有毛刺，以免影响测量精度。
2. 检测圆锥面时，应注意观察圆锥面是否存在双曲线误差。
3. 用莫氏 4 号圆锥环规对圆锥面进行涂色法检验时，要求接触面 65% 以上。

操作技能 4　莫氏变径套的精度检验

一、工作准备

本模块培训项目 2 所加工莫氏变径套零件及图样。

该零件精度检验所需的工具、量具：0～125 mm 游标卡尺、内径千分尺、钢直尺、百分表、磁性表座、莫氏 5 号圆锥环规、莫氏 4 号圆锥塞规、游标万能角度尺、表面粗糙度比较样块、游标深度卡尺等。

二、精度检验

1. 尺寸精度检验

该零件主要尺寸有 $\phi 44.752_{+0.4}^{+0.6}$ mm、$\phi 31.267_{-0.6}^{-0.4}$ mm、$\phi 28$ mm、100 mm、5 mm、2 处倒角 C1 mm、1 处倒角 C2 mm、1 处倒角 C3 mm。各表面粗糙度要求均为 Ra 3.2 μm，用游标卡尺、莫氏 4 号圆锥塞规、莫氏 5 号圆锥环规可以满足测量的需要。

2. 几何精度检验

（1）圆锥面的测量和检查。分别用莫氏 4 号圆锥塞规和莫氏 5 号圆锥环规对内、外圆锥面进行综合测量，圆锥锥度采用涂色法检验。圆锥大端直径可根据莫氏圆锥量规上的台阶形缺口来判断。

（2）$\phi 44.752_{+0.4}^{+0.6}$ mm 圆锥轴线相对于基准 $\phi 31.267_{-0.6}^{-0.4}$ mm 圆锥轴线的同轴度公差为 $\phi 0.03$ mm，此处采用百分表、磁性表座等进行检查。

3. 表面粗糙度检测

工件的表面粗糙度在工作现场的测量方法为目测法，即用表面粗糙度比较样块与被测表面进行比较来判断。检测时把表面粗糙度比较样块靠近工件表面，用肉眼观察比较。

4. 填写检验报告书

对莫氏变径套零件进行精度检验，并将检验结果填入表 3-3-6 中。

表 3-3-6　莫氏变径套零件精度检验表

零件名称		莫氏变径套	检验人		
检验项目	序号	检验内容及要求	所用量具/辅具	检验结果	是否符合图纸要求
尺寸精度	1	$\phi 44.752^{+0.6}_{+0.4}$ mm	莫氏 5 号圆锥环规、游标卡尺		
	2	$\phi 31.267^{-0.4}_{-0.6}$ mm	莫氏 4 号圆锥塞规、游标卡尺		
	3	$\phi 28$ mm	游标卡尺		
	4	100 mm	游标卡尺		
	5	5 mm	游标深度卡尺		
圆锥面锥度	6	莫氏 4 号锥度	莫氏 4 号锥度塞规		
	7	莫氏 5 号锥度	莫氏 5 号锥度环规		
几何精度	8	◎ $\phi 0.03$ A	百分表、磁性表座		
表面结构要求	9	Ra 3.2 μm	表面粗糙度比较样块		
其他项目	10	$C1$ mm 倒角，2 处	目测、游标卡尺		
	11	$C2$ mm、$C3$ mm 倒角	目测、游标卡尺		
	12	其他未注项目	自定		

三、注意事项

1. 检测圆锥面时，应注意观察端面是否有毛刺，以免影响测量精度。
2. 检测圆锥面时，应注意观察圆锥面是否存在双曲线误差。
3. 用莫氏圆锥量规检测时，圆锥量规和工件表面必须擦干净。
4. 用莫氏圆锥量规对圆锥面进行涂色法检验时，要求接触面 65% 以上。

培训单元 2　圆锥面的加工误差分析

培训指导

→ 能对内、外圆锥面进行加工误差分析。
→ 能预防内、外圆锥面加工过程中产生的误差。

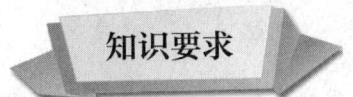
知识要求

车削内、外圆锥面产生误差的原因与预防方法见表 3-3-7。

表 3-3-7　车削内、外圆锥面产生误差的原因与预防方法

误差种类	序号	产生原因	预防措施
锥度（角度）不正确	1	用转动小滑板法车削时： （1）小滑板转动角度计算错误 （2）小滑板移动时松紧不均匀	（1）仔细计算小滑板应转的角度和方向，并反复试车找正 （2）调整镶条使小滑板移动均匀
	2	用偏移尾座法车削时： （1）工件长度不一致 （2）尾座偏移位置不正确	（1）如工件数量较多时，各件的长度必须一致 （2）重新计算和调整尾座偏移量
	3	用宽刃车刀法车削时： （1）装刀不正确 （2）切削刃不直	（1）调整切削刃的角度并对准工件旋转中心 （2）修磨切削刃的直线度
	4	铰圆锥孔时： （1）铰刀锥度不正确 （2）铰刀的轴线与工件旋转轴线不同轴	（1）修磨铰刀 （2）用百分表和圆锥量规调整尾座套筒轴线
圆锥大、小端尺寸不正确	5	没有经常测量圆锥大、小端直径	经常测量圆锥大、小端直径，并按计算尺寸控制背吃刀量
双曲线误差	6	车刀刀尖没有对准工件轴线	装刀时，车刀刀尖必须严格对准工件轴线

培训模块 四
特形面加工

培训项目 1 工艺准备

培训单元 成形车刀刃磨与装夹

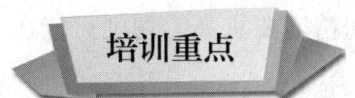

- 了解成形车刀的种类。
- 能根据成形车刀的刃磨方法独立刃磨出圆头车刀。
- 能正确装夹成形车刀。

一、特形面的概念

在零件加工中,经常会遇到有些回转体零件表面的素线不是直线,而是一种曲线,如圆球手柄、橄榄手柄等,具有这些带有曲线成形特征的表面称为特形面。特形面工件在加工时应根据工件的特点、精度的高低及批量的大小等情况来选择刀具和加工方法。

二、成形车刀的特点与类型

1. 成形车刀的特点

成形车刀是用在各种车床上加工内、外回转体成形表面的专用刀具,其刃形是根据零件的轮廓形状设计的。成形车刀具有以下特点:

（1）生产率高。利用成形车刀进行加工，一次进给便可完成零件各表面的加工，具有很高的生产率，故在零件的大批量生产中，得到广泛的使用。

（2）加工质量稳定。使用成形车刀进行切削加工，由于零件的特形面主要取决于刀具切削刃的形状和制造精度，所以它可以保证被加工工件表面形状和尺寸精度的一致性和互换性。一般加工后零件的公差等级可达 IT9～IT7，表面粗糙度值可达 Ra 10～Ra 2.5 μm。

（3）刀具使用寿命长。成形车刀用钝后，一般重磨车刀前面，可重磨次数多，尤其是圆体成形车刀。

（4）刀具制造比较困难，成本高，故单件、小批量生产不宜使用成形车刀。

2. 成形车刀的类型

（1）普通成形车刀。它的形状与普通车刀相似，只是切削刃磨成和特形面表面相同的曲线状，如图 4-1-1 所示。它的材料有高速钢、硬质合金等。若对车削精度要求不高，切削刃可用手工刃磨；若对车削精度要求高，切削刃应在工具磨床上进行刃磨。

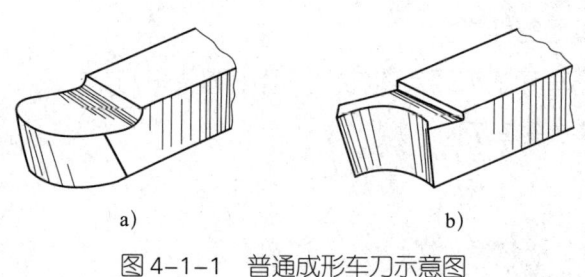

图 4-1-1　普通成形车刀示意图
a）凸圆弧车刀　b）凹圆弧车刀

另外有一种主切削刃为圆头的圆头车刀，其切削刃切削范围大，且同时具备切削和修光功能。圆头车刀可自由地在 180° 范围内从高点向两半球切削，可以在不换刀的情况下一次完成圆球全部切削。

（2）棱形成形车刀。棱形成形车刀由刀头和刀杆两部分组成，使用时为减小振动，通常将刀头安装在弹性刀杆上。刀头的切削刃按工件形状在工具磨床用成形砂轮进行刃磨，其外形是棱柱体，可以制造得很精确，后部的燕尾块装夹在弹性刀杆的燕尾槽内，并用螺栓紧固，如图 4-1-2 所示。

弹性刀杆上的燕尾槽是倾斜的，使成形车刀产生一定的后角。切削刃磨损后，只需刃磨刀头的前面，切削刃磨低后，可把刀头向上移动，直至刀头上移无法夹持为止。棱形成形车刀调整方便，精度较高，寿命又长，但制造比较复

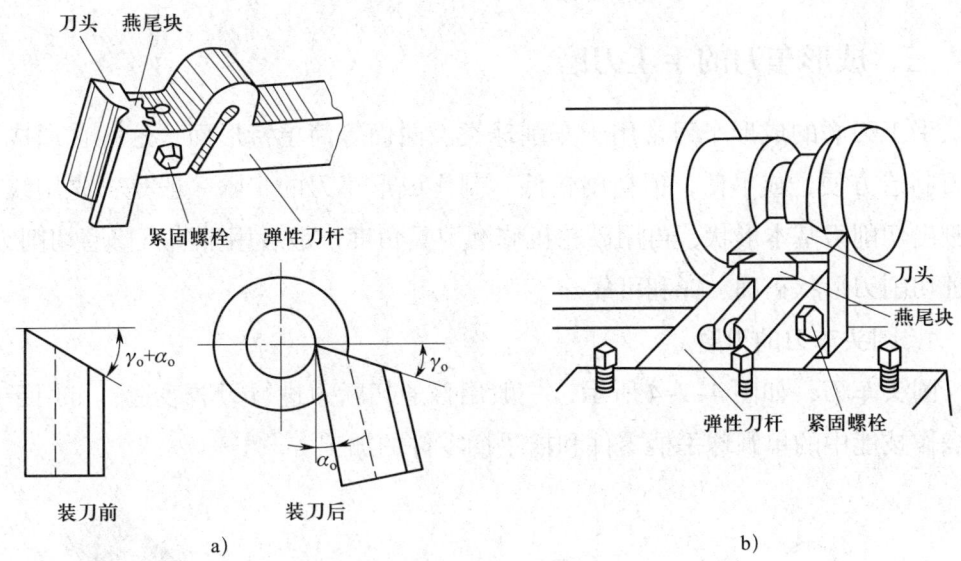

图 4-1-2　棱形成形车刀
a）装刀前、后　b）加工过程中

杂，适用于数量较多、直径较大、精度要求较高的特形面车削，但只能用来加工外特形面。

（3）圆体成形车刀。圆体成形车刀的刀头为圆轮形，在圆轮上开有缺口，以形成车刀的前面和主切削刃。使用时，为减小振动，通常将刀头安装在弹性刀杆上。为防止圆形刀头转动，在侧面做出端面齿，使之与刀杆侧面的端面齿相啮合，如图 4-1-3 所示。

圆体成形车刀的外形是回转体，切削刃在圆周表面上分布，主切削刃磨损后可重磨刀头前面，与以上两种成形车刀相比，制造方便，允许重磨次数多。该成形车刀可用来加工外特形面，又可用来加工内特形面，使用比较普遍，但加工精度与刚度低于棱形成形车刀，主要用于车削小尺寸的内、外特形面。

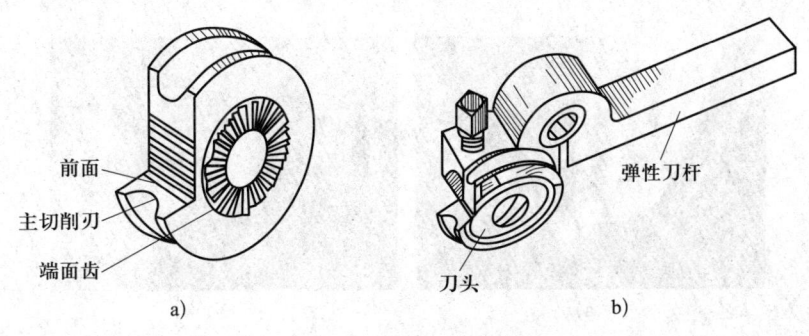

图 4-1-3　圆体成形车刀
a）刀头形状　b）外形

三、成形车刀的手工刃磨

手工刃磨的成形车刀常用于车削球类、曲面等简单特形面，这种普通成形车刀制造方便，成本低，但精度较低。制作成形车刀的步骤一般是：先用线切割割出切削刃基本形状，再用砂轮机修磨刀具角度，最后用小油石修磨切削刃，保证切削刃形状正确、锋利可靠。

1. 圆头车刀的刃磨

圆头车刀，如图4-1-4所示，一般用普通切断刀进行刃磨改造，可用于后续操作技能中的单圆球手柄零件和摇手柄零件的加工。

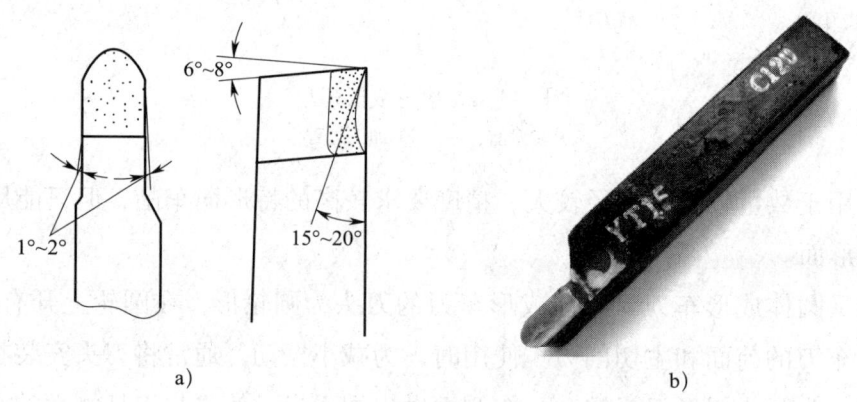

图4-1-4 圆头车刀的几何角度及外形
a）几何角度 b）外形

（1）刃磨圆头车刀后角，如图4-1-5所示。先刃磨圆头车刀正面的后角为6°~8°，然后刃磨左右两侧的后角为6°~8°，同时保证左右两侧副切削刃为1°~2°。

（2）粗磨圆头车刀刀头，如图4-1-6所示。

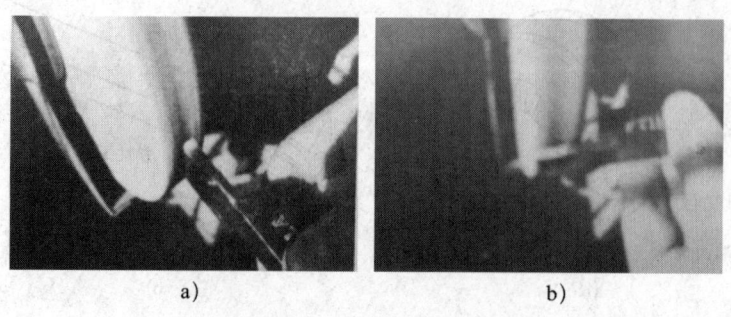

图4-1-5 刃磨圆头车刀后角
a）刃磨圆头车刀正面的后角 b）刃磨圆头车刀两侧的后角

 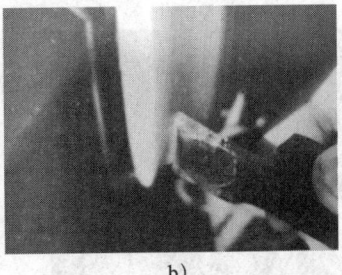

图 4-1-6 粗磨圆头车刀刀头
a）粗磨圆头车刀左边圆弧　b）粗磨圆头车刀右边圆弧

（3）刃磨圆头车刀前面，如图 4-1-7 所示。保证前角为 15°~20°，使主切削刃锋利，但角度不宜过大。

（4）精磨圆头车刀刀头，如图 4-1-8 所示。

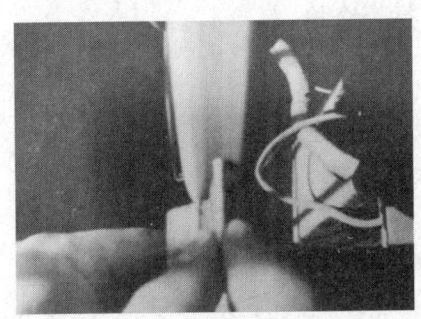 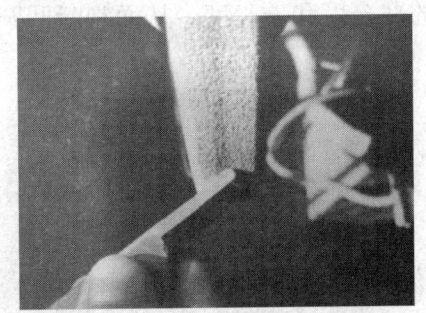

图 4-1-7　刃磨圆头车刀前面　　　　图 4-1-8　精磨圆头车刀刀头

2. R8 mm 凸圆弧车刀的刃磨

该 R8 mm 凸圆弧车刀将用于后续操作技能中的机床捏手零件的加工。手工刃磨 R8 mm 凸圆弧车刀，选用的车刀宽度应大于槽宽 0.5~1 mm，刃磨方法与刃磨一般圆头车刀基本相似。要求圆弧的形状和尺寸正确，必须用半径样板不时进行检验。

（1）粗磨刀头。去除刀头两侧多余部分，如图 4-1-9 所示。

（2）刃磨 R 圆弧。手握高速钢车刀做均匀的圆弧形摆动，刃磨凸圆弧，保证后角为 6°~8°，如图 4-1-10 所示。

（3）用半径样板检查。使用半径样板（R 规）或曲线样板来检查凸圆弧车刀的贴合度和透光度，从而判断凸圆弧车刀是否合格，如图 4-1-11 所示。

3. R2 mm 凹圆弧车刀的刃磨

该 R2 mm 凹圆弧车刀将用于后续操作技能中的机床捏手零件的加工。手工刃磨 R2 mm 凹圆弧车刀，选用的车刀宽度应大于 4 mm。

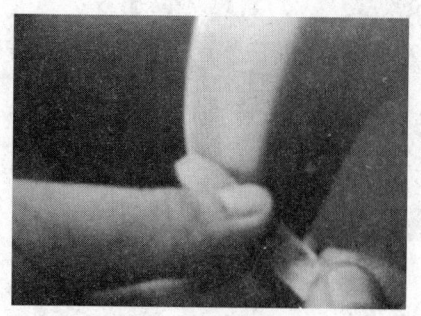 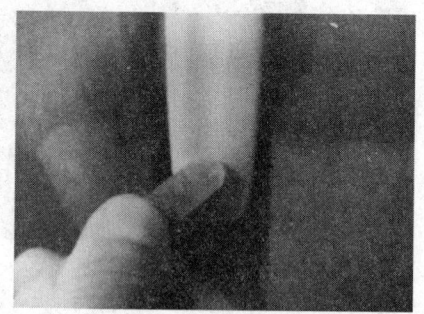

图 4-1-9　粗磨　　　　　　图 4-1-10　刃磨 R 圆弧

刃磨方法：将车刀刀头对准砂轮的尖角处，刀柄向下倾斜 6°～8°，同时刃磨出后角。刃磨时稍加压力，同时刀杆做弧形摆动，如图 4-1-12 所示。刃磨时要求圆弧的形状和尺寸正确，必须用半径样板不时进行检验，检查凹圆弧车刀的贴合度和透光度，从而判断凹圆弧车刀是否合格。

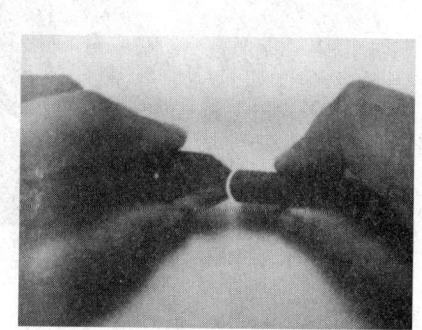 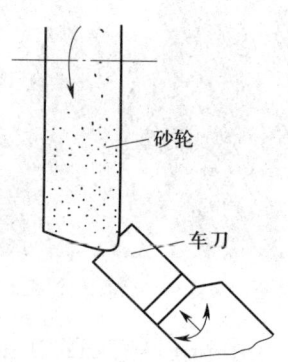

图 4-1-11　半径样板检查　　　　　图 4-1-12　刃磨 R 圆弧

> 提示：
> 　　刃磨高速钢车刀时，要注意做好刃磨过程中及时蘸水的降温工作，以防止刃磨过程中过热出现退火现象，使切削刃硬度降低而失去切削功能。

四、成形车刀的安装

成形车刀安装步骤和要点如下：

1. 主切削刃安装

成形车刀主切削刃必须装得与工件回转中心等高，装高了容易扎刀，装低了容易引起振动。

2. 刀杆安装

（1）为了保证刀头几何角度安装时正确，应使用曲线样板对齐来安装刀具，如图 4-1-13 所示，车刀刀杆应与车床主轴轴线垂直。

（2）车刀刀头伸出不宜过长，一般伸出刀架部分的长度不超过刀杆厚度的 2 倍，否则易使刀杆刚度减弱，切削时产生振动。

（3）刀杆下面的垫片应放置平整，不要过宽或过长，并与刀架对齐。尽可能用厚垫片以提高工艺系统的刚度，一般垫片不超过 3 片。

图 4-1-13　成形车刀安装

（4）刀杆应尽量靠左，即靠近卡盘，以提高工艺系统的刚度。

3. 紧固、检查

（1）车刀安装要牢固，夹持车刀的螺钉至少要拧紧两个，一般用两个螺钉交替拧紧。拧紧后扳手必须及时取下，以防发生安全事故。

（2）装好刀具后，应检查当车刀在工件的加工极限位置时，车床上有无相互干涉或碰撞的可能。

培训项目 2　工件加工

培训单元 1　用双手控制法加工特形面

能使用双手控制法车削球面、曲面等简单特形面,并达到以下要求:
➜ 样板透光均匀。
➜ 表面粗糙度:Ra 3.2 μm。

知识要求

一、常见特形面工件

1. 橄榄球状特形面
橄榄球状特形面一般用在日常的锉刀柄、小型刀柄等场合,如图 4-2-1 所示。

2. 椭圆状特形面
椭圆状特形面一般用于汽车换挡手柄、车床操作手柄等各种机械设备操作杆,如图 4-2-2 所示。

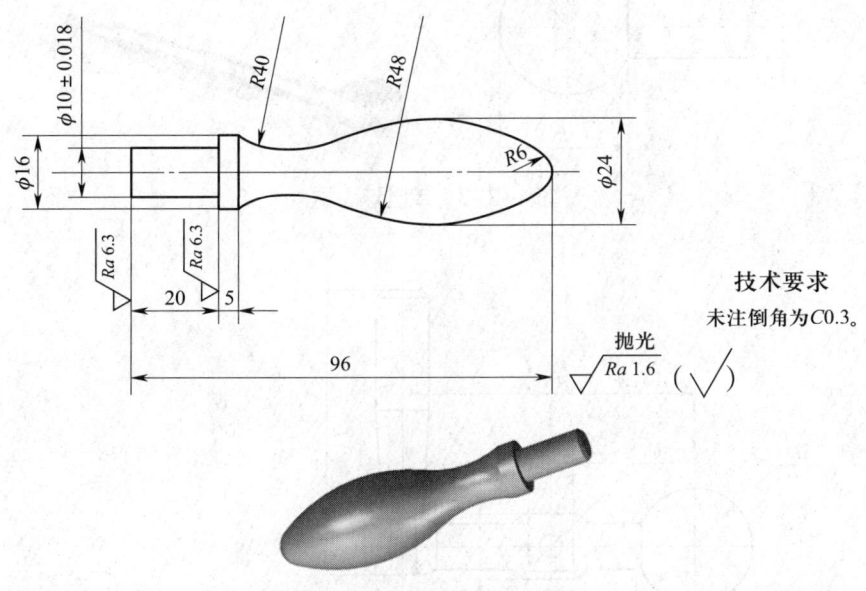

图 4-2-1 橄榄球状特形面

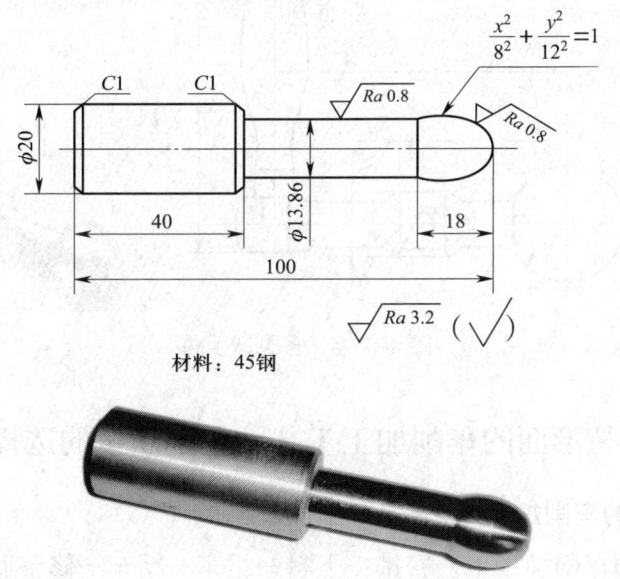

图 4-2-2 椭圆状特形面

3. 球状特形面

（1）单圆球手柄。常用于大型设备操作杆，如图 4-2-3 所示。单圆球手柄与椭圆状手柄形状差不多，使用率比椭圆状手柄少。

（2）多圆球手柄。最常见的是中、小滑板手柄，如图 4-2-4 所示。

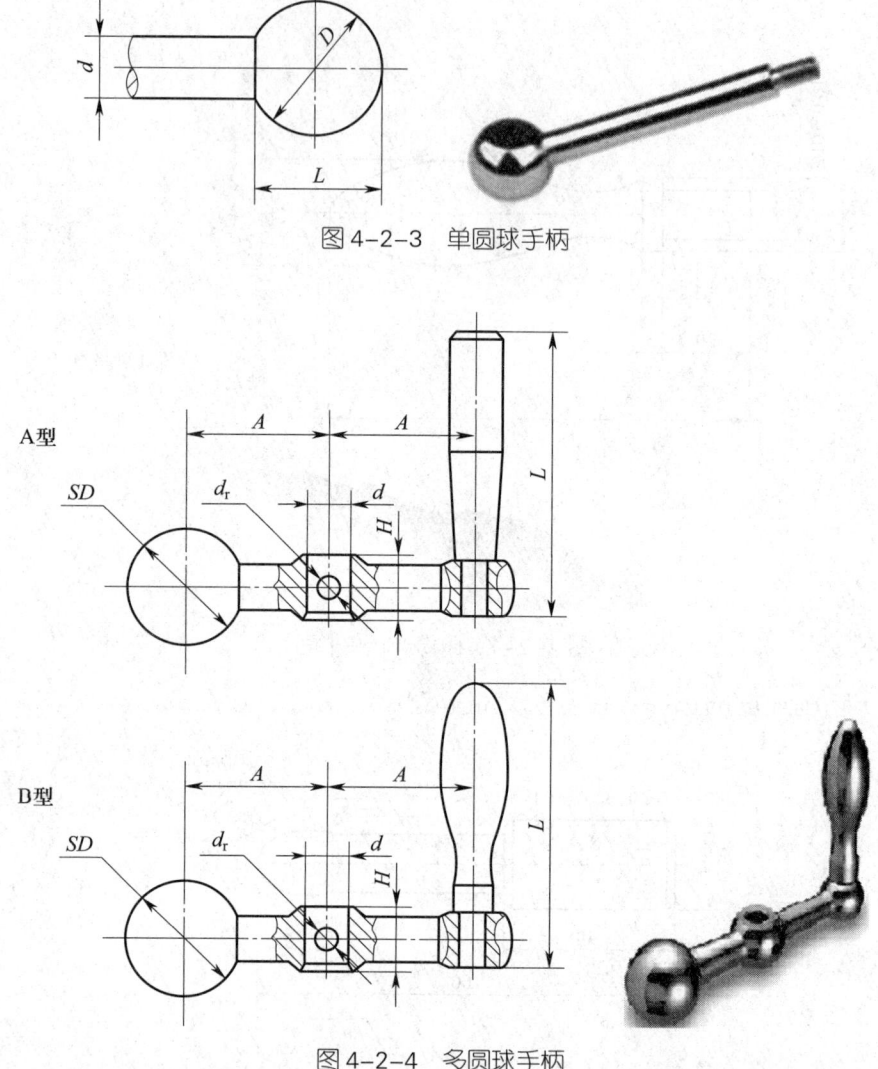

图 4-2-3 单圆球手柄

图 4-2-4 多圆球手柄

二、简单特形面的车削加工工艺、车削用量的选择

1. 特形面的车削加工工艺

简单特形面车削加工工艺安排：下料→粗车→精车→修整抛光→表面处理，工艺过程时间长。

由于是在普通车床上加工，可用多种加工方法，故在形状、尺寸精度、表面质量等方面很难完全一致。

2. 简单特形面车削用量的选择方法

车削用量的合理选取对加工精度、加工费用和生产效率有很大的影响。由于刀具材料、被加工材料、刀具几何角度等都会影响车削用量的选择，因此应合理选取车削用量，充分发挥车刀的切削性能和车床的功能，在保证加工质量的前提下，获得高的生产率和低的加工成本。车削用量三要素中影响刀具寿命最大的是切削速度，其次是进给量，最小的是背吃刀量。

（1）以粗、精车为依据进行选取

1）在粗加工时应优先考虑用大的背吃刀量，最后选用合理的切削速度。

2）半精加工时和精加工时首先要保证加工精度和表面质量，同时要兼顾必要的刀具寿命和生产效率，因此，多选用较小的背吃刀量和进给量，在保证合理刀具寿命前提下确定合理的切削速度。

（2）以车削用量单项为依据进行选取

1）背吃刀量的选择：按照零件的加工余量确定，分为粗加工、半精加工和精加工。

2）进给量的选择：在刀杆的强度和刚度、刀片强度、机床功率和转矩许可的情况下，选取较大的值。

3）切削速度的选择：在背吃刀量和进给量确定的情况下，查找手册，选择的一定的刀具寿命下的切削速度，最后根据工件的直径求出车床主轴转速。

三、双手控制法

1. 双手控制法的定义

用双手同时摇动小滑板及中滑板（或床鞍和中滑板）手柄，并通过双手协调的动作，使成形车刀走过的轨迹与所要求的特形面曲线相仿，如图4-2-5所示，从而车出所要求的特形面的方法，称双手控制法。

图4-2-5　车成形面

双手控制法车削特形面一般选用的是圆头车刀,通过双手协调操作加工出特形面来,这种方法强调眼、手的反应,一面观察工件的曲面,一面运用双手操作,时而左手快、时而右手快,以达到随心所欲巧妙操作的目的。

2. 双手控制法的特点与适用场合

(1) 双手控制法车削特形面的特点。操作灵活、方便,不需要其他辅助工具,但难度较大,需要较熟练的技术水平,生产效率低,精度低,所以只适用于精度要求不高的单件、小批量生产。

(2) 双手控制法车削特形面的适用场合。双手控制法通常有两种方法:第一种方法是同时摇动中滑板和小滑板手柄,第二种方法是同时摇动床鞍和中滑板手柄。第一种方法劳动强度大,还不易连续转动,移动步距小,一般适用于圆球面最后的精加工。在实际生产中多采用第二种方法来完成特形面的加工任务,其缺点是移动步距大,加工出来的表面较粗糙。

四、车削圆球面加工工艺

1. 用双手控制法车削单圆球手柄的计算

如图 4-2-6 所示为单圆球手柄工件,球冠长度与球直径之间的关系如下:

$$L=\frac{1}{2}(D+\sqrt{D^2-d^2})$$

式中　L——圆球部分长度,mm;
　　　D——圆球直径,mm;
　　　d——柄部直径,mm。

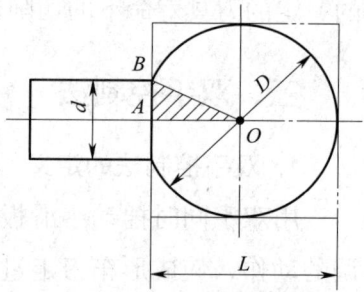

图 4-2-6　单圆球手柄工件

2. 车刀轨迹分析

用双手控制法车圆球面时,首先要分析曲面各点的斜率,然后根据斜率确定纵向、横向进给速度的快慢,如图 4-2-7 所示为圆球面的车削速度分析。车削 A 点时,横向进给速度要慢,纵向退刀速度要快。车到 B 点时,横向进给速度和纵向退刀速度基本相同。车到 C 点时,横向进给速度要快,纵向退刀速度慢,即可车出圆球面。车削时,关键是双手摇动手柄的速度配合要恰当。

3. 车削单圆球手柄的加工要点

(1) 按圆球部分的直径和长度车出外圆直径,留加工余量为 0.2~0.3 mm,如图 4-2-8 所示。

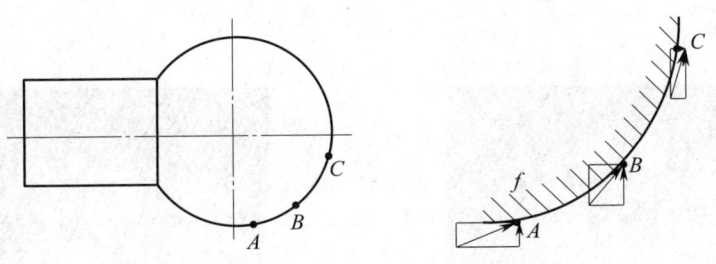

图 4-2-7　圆球面的车削速度分析示意图

（2）确定圆球的中心位置。车圆球前，用钢直尺量出圆球中心，并用车刀刻线痕，如图 4-2-9 所示。

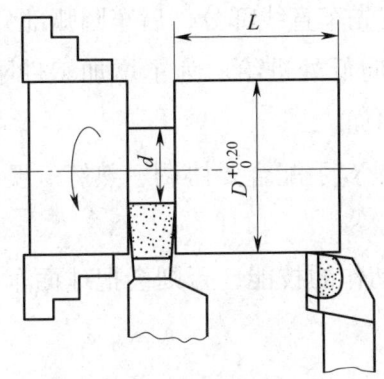

图 4-2-8　外圆切槽处示意图

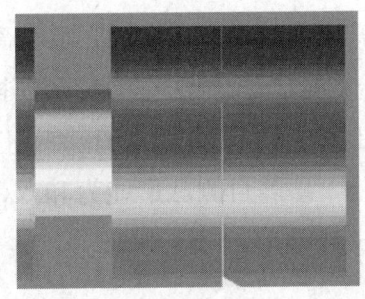

图 4-2-9　刻线痕

（3）圆球部位倒角。用 45°车刀先在圆球的两侧倒角，以减少加工余量，如图 4-2-10 所示。

（4）粗车右半球，如图 4-2-11 所示。车刀进至离右半球面中心线 4~5 mm 处接触外圆后，用双手同时摇动中、小滑板手柄，中滑板开始时的进给速度要慢，以后逐渐加快，小滑板恰好相反，开始时的进给速度快，以后逐渐减慢，双手动作要协调一致。最后一刀离球面中心位置为 1~1.5 mm，以保证有足够的精加工余量。

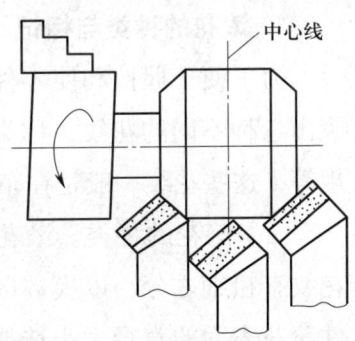

图 4-2-10　倒角去余量示意图

（5）粗车左半球。车削方法与粗车右半球相似，不同之处是球柄部与球面连接处要用切断刀清根，清根时注意不要碰伤球面，如图 4-2-12 所示。

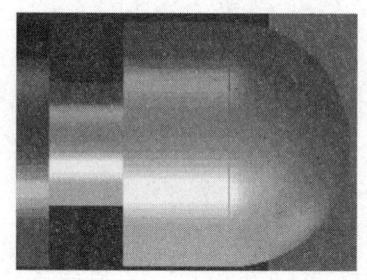
图 4-2-11 粗车右半球

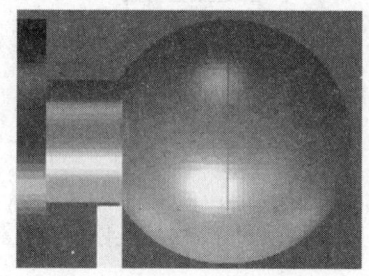
图 4-2-12 粗车左半球

4. 车削时的注意事项

（1）对于既有直线又有圆弧的成形面，应先车直线部分，后车圆弧部分。

（2）车削曲面时，车刀最好从曲面高处向低处进给。为了增加工件刚度，先车离卡盘远的那段曲面，后车离卡盘近的曲面。

（3）双手控制法车削特形面操作的关键是双手配合要协调、熟练。要求准确控制车刀切入深度，防止将工件局部车小。

（4）培养目测球形能力和双手控制进给动作的技能，否则会把球面车成橄榄形或腰鼓形。

五、滚花

1. 滚花的种类与标记

为了便于握持和使零件表面美观，常常在各种工具和机器零件的手握部分滚出各种不同的花纹，称为滚花。如外径千分尺的旋钮、铰杠扳手以及螺纹量规等，这些花纹一般是在车床上用滚花刀滚压而形成的。

（1）滚花的种类。滚花的花纹一般有直纹和网纹两种，如图 4-2-13 所示。花纹有粗细之分，以模数区分，模数越大，花纹越粗。花纹的粗细通常根据工件滚花表面的直径大小选择，直径大，选用大模数花纹；直径小，则选用小模数花纹。

（2）滚花的参数

1）滚花的花纹形状尺寸，如图 4-2-14 所示，$h=0.785\,m-0.414r$。

2）花纹的粗细由节距的大小决定，其部分尺寸见表 4-2-1。

（3）滚花的标记。根据国家标准 GB/T 6403.3—2008 的规定，滚花的标记方法如下。

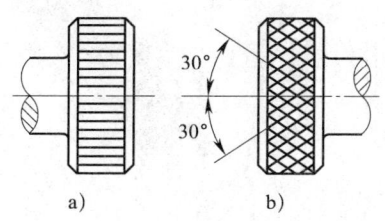 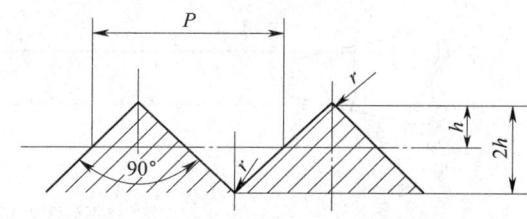

图 4-2-13　滚花的花纹　　　　　　　　图 4-2-14　滚花的花纹形状

a) 直纹滚花花纹　b) 网纹滚花花纹

表 4-2-1　滚花各部分尺寸（GB/T 6403.3—2008）　　mm

模数 m	h	r	节距 P
0.2	0.132	0.06	0.628
0.3	0.198	0.09	0.942
0.4	0.264	0.12	1.257
0.5	0.326	0.16	1.571

标记模数 m=0.3 mm 的直纹滚花：

直纹　m0.3　GB/T 6403.3—2008

标记模数 m=0.4 mm 的网纹滚花：

网纹　m0.4　GB/T 6403.3—2008

2. 滚花所用刀具

常用的滚花刀具有单轮、双轮和六轮三种。

（1）单轮滚花刀，滚直纹，如图 4-2-15 所示。

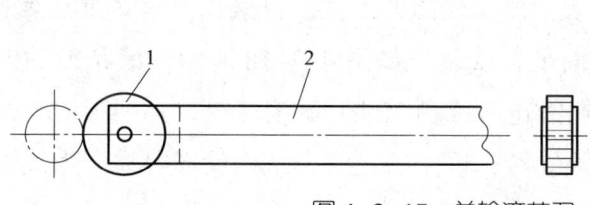

图 4-2-15　单轮滚花刀

1—滚轮　2—刀杆

（2）双轮滚花刀，由一个左旋和一个右旋滚花刀组成，用于滚网纹，如图 4-2-16 所示。

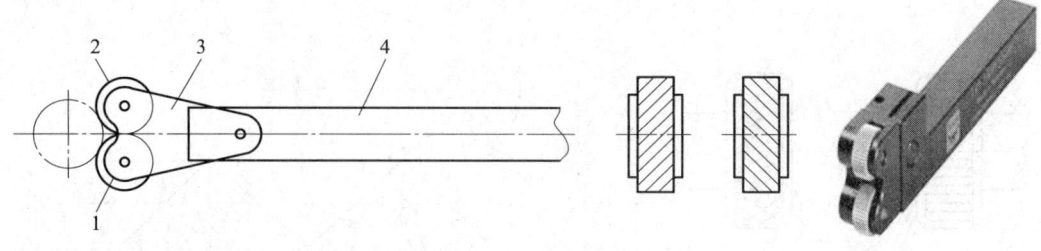

图 4-2-16 双轮滚花刀
1、2—滚轮 3—刀头 4—刀杆

（3）六轮滚花刀，也用于滚网纹，它是将三组不同节距的双轮滚花刀装在同一特制的刀杆上。使用时，可根据需要选用粗、中、细不同的节距，如图 4-2-17 所示。

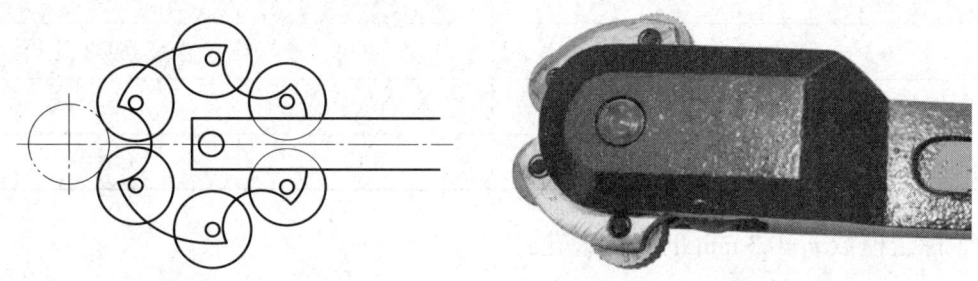

图 4-2-17 六轮滚花刀

3. 滚花的加工

（1）滚花前的外径尺寸。由于滚花过程是用带有纹路的滚轮来滚压被加工表面的金属层，使其工件表面产生一定的塑性变形而形成直纹或网纹，所以在车削滚花外圆时，应根据工件材料的性质和滚花节距的大小，将滚花部位的外圆车小 $(0.8 \sim 1.6)\,m$。

（2）滚花的方法

1）滚压有色金属或滚花表面要求较高的工件。将滚花刀紧固在刀架上，将滚花刀的滚轮表面与工件表面平行安装，如图 4-2-18 所示，滚花刀的刀杆中心应与工件旋转中心等高。在滚花刀接触工件开始滚压时，必须用较大的挤压力进刀，使工件圆周上一开始就形成较深的花纹，这样就不容易产生乱纹。如此滚压 1~2 次，直到花纹凸出为止。

2）滚压碳素钢或滚花表面要求一般的工件。为了减少开始时的径向压力，可先把滚花刀表面宽度的 1/2 或 1/3 与工件表面相接触，或把滚花刀装得略向左倾斜 3°~5°，如图 4-2-19 所示，使滚花刀与工件表面产生一个很小的夹角，这样比较容易切入工件表面，不易产生乱纹。当停车检查花纹符合要求后，即可纵向自动进给，这样滚压1~2次就可完成。

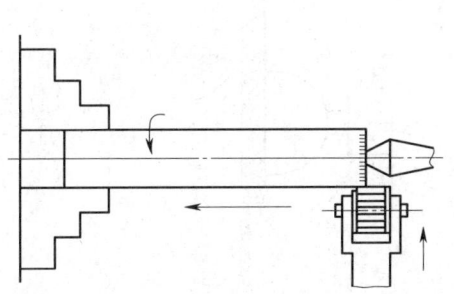

图 4-2-18　滚花刀平行安装示意图

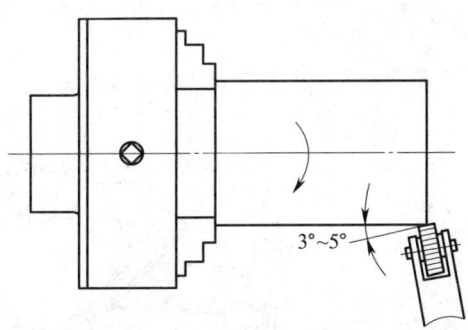

图 4-2-19　滚花刀倾斜安装示意图

（3）滚花的切削用量选择。滚花的径向挤压力很大，因此加工时工件应取较慢的转速（25~50 r/min），以防止滚轮发热损坏，并要充分浇注切削液，及时清除切屑，以防止切屑滞塞在滚花刀内而产生乱纹。进给量根据模数的大小来选择，一般为0.3~0.6 mm/r，模数越大进给量越大。

4. 滚花的注意事项

（1）滚直纹时，滚花刀的齿纹必须与工件轴线平行，否则挤压的花纹不直。

（2）在滚花过程中不能用手和棉纱去接触工件滚花表面，以防伤人。

（3）滚花时应注意选择较低的切削速度，要经常加切削液及清除切屑，以免损坏滚花刀和防止滚花刀被切屑滞塞而影响花纹的清晰程度。

（4）滚花时的背向力很大，工件必须装夹牢靠。

六、抛光

用双手控制法车削特形面时，由于手动进给不均匀，工件表面往往会留下高低不平的痕迹。为了满足规定的表面粗糙度要求，工件车好以后，还要用粗锉刀仔细修整并用细锉刀修光，最后用砂布进行表面抛光，如图4-2-20所示。

1. 用锉刀修光

锉刀修光时的锉削余量一般为0.1 mm

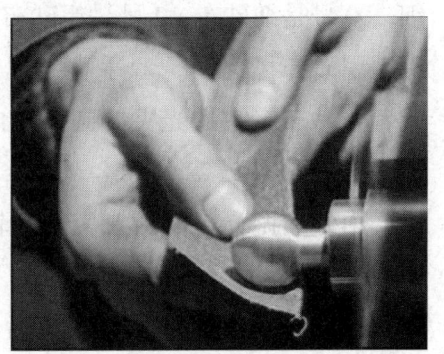

图 4-2-20　车单圆球手柄后抛光

左右。握锉刀方法如图4-2-21所示，在车床上用锉刀修光时，为保证安全，最好用左手握住锉柄，右手扶锉刀前端进行锉削。

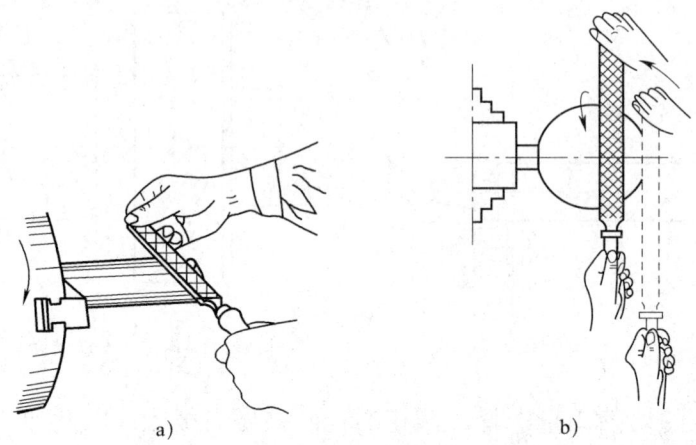

图4-2-21 锉刀修光法示意图
a) 锉外圆　b) 锉圆球面

在车床上锉削时，要注意做到：推锉的力量和压力要均匀，不可过大或过猛，以免把工件表面锉出沟纹或锉成节状等；推锉速度要缓慢（一般为40次/min左右），并尽量利用锉刀的有效长度。应合理选择锉削速度，锉削速度不宜过高，否则容易造成锉齿磨钝，锉削速度过低则容易把工件锉扁。进行精细修光时，除选用油光锉外，还可在锉刀的锉齿面上涂一层粉笔末，并经常用铜丝刷清理齿缝，以防锉屑嵌入齿缝而划伤工件表面。

2. 用砂布抛光

工件表面经过精车或锉刀修光后，工件表面仍会有细微条痕，这些细微条痕可以用砂布抛光的方法去掉。在车床上使用的砂布，一般是用刚玉砂粒制成的。根据砂粒的粗细，常用的砂布有00号、01号、1号、1.5号和2号。号数越小颗粒越细，00号是细砂布，2号是粗砂布。砂布越细抛光后获得的表面粗糙度值就越小。

用砂布抛光时，双手直接捏住砂布两端，右手在前、左手在后进行抛光。或者将砂布夹在抛光夹的圆弧槽内，套在工件上，手握抛光夹纵向移动来抛光工件，如图4-2-22所示。

用砂布抛光工件时，应选择较高的转速，并使砂布在工件表面上来回缓慢而均匀地移动。用砂布抛光时，不允许把砂布缠在工件和手指上进行抛光，转速较高应注意安全操作。在最后精抛光时，可在砂布上加些机油或金刚砂粉，这样可以获得更好的表面质量。

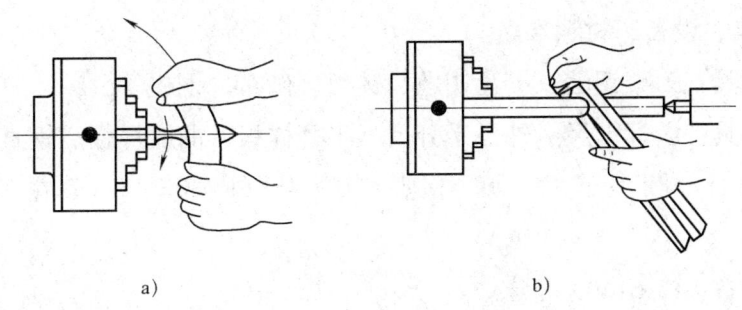

图 4-2-22 纱布修光法示意图
a）砂布抛光 b）抛光夹抛光

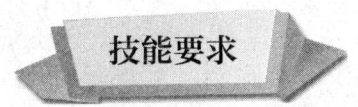

操作技能1　用双手控制法加工单圆球手柄

一、工作准备

1. 零件图样与加工要求

加工如图 4-2-23 所示单圆球手柄，要求用双手控制法进行加工，保证圆球面尺寸精度，表面光整、圆滑。滚花表面要求纹路清晰，网纹模数正确。

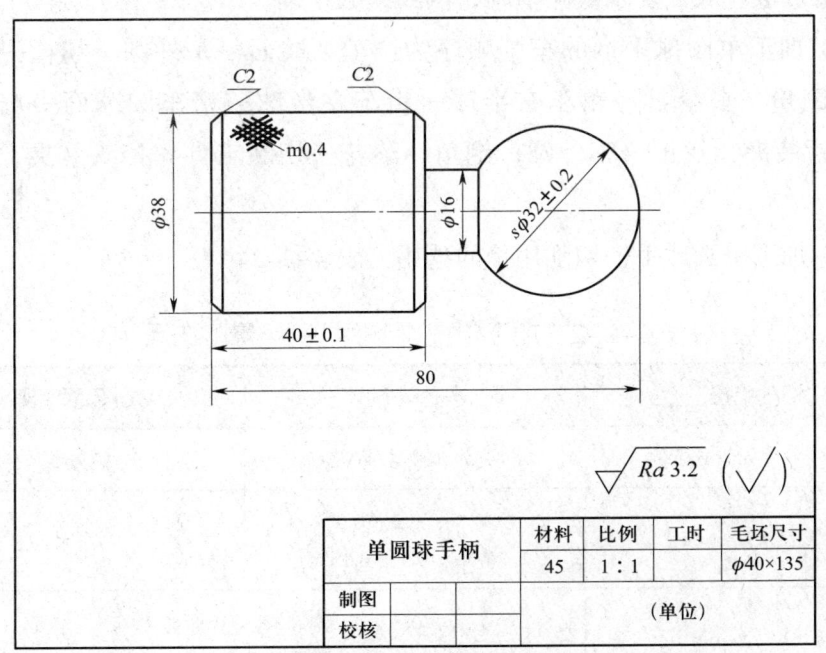

图 4-2-23 单圆球手柄

2. 工具、设备、材料准备

（1）工具：刀架钥匙、卡盘钥匙、锉刀、砂布、铜皮等。

（2）量具：游标卡尺、外径千分尺、半径样板、曲线样板、钢直尺等。

（3）刀具：圆头车刀、90°外圆车刀、45°外圆车刀、滚花刀、切断刀等。

（4）设备：CA6140A 车床。

（5）毛坯材料：45 钢，$\phi 40$ mm × 135 mm 毛坯若干。

二、操作程序

1. 图样阅读与分析

该零件名称为单圆球手柄，材料为45钢，采用1:1比例，毛坯尺寸为 $\phi 40$ mm × 135 mm。图样比较简单，只用了一个主视图表达。主要尺寸有 $\phi 38$ mm、$\phi 16$ mm、$(40±0.1)$ mm、80 mm、$S\phi(32±0.2)$ mm，两处 $C2$ mm 倒角，除 $(40±0.1)$ mm 和 $S\phi(32±0.2)$ mm 尺寸精度较高外，其余各部尺寸精度要求均不高。$\phi 38$ mm 外圆需进行滚花，网纹模数 m 为 0.4 mm。各表面粗糙度要求均为 $Ra\ 3.2\ \mu m$。

2. 工艺分析

（1）$S\phi(32±0.2)$ mm 是圆球面，要求在保证尺寸精度的同时，表面要光整、圆滑。滚花表面要求纹路清晰，网纹模数正确。

（2）加工单圆球手柄的车削顺序为：车平端面→车外圆→切槽→刻中心线痕→倒角，去余量→粗车右半球→粗车左半球→精车圆球面→修整、抛光→重新装夹，找正→车外圆，倒角→滚花→切断工件→掉头装夹，控制总长。

（3）加工单圆球手柄切削用量的选用见表 4-2-2。

表 4-2-2 加工单圆球手柄切削用量的选用

切削用量	外圆车削	圆弧面车削
背吃刀量 a_p（mm）	视加工要求而定	手动
进给量 f（mm/r）	粗车：0.2～0.3 精车：0.1～0.15	手动
转速 n（r/min）	粗车：360～560 精车：560～800	

（4）此单圆球手柄圆球长度的计算。

$$L = \frac{1}{2} \times (D + \sqrt{D^2 - d^2})$$

$$= 29.857 \text{ mm}$$

（5）滚花前工件直径的计算。

38 mm − （0.8 ~ 1.6）× 0.4 mm = 37.36 ~ 37.68 mm

3. 刀具刃磨

圆头车刀的具体刃磨方法，详见本模块培训项目 1 的培训单元中成形车刀的刃磨。

4. 毛坯、刀具安装

（1）毛坯安装：在自定心卡盘或单动卡盘上装夹。

（2）刀具安装：圆头车刀的装夹要求和装夹方法与普通车刀基本一致。需要注意主切削刃必须装得与工件回转中心等高，装高了容易扎刀，装低了容易引起振动。为了保证刀头几何角度安装时的正确，应使用曲线样板对齐来安装刀具。

5. 加工

单圆球手柄的车削加工步骤见表 4-2-3。

表 4-2-3 单圆球手柄的车削加工步骤

步骤	图示	操作说明
1. 车平端面	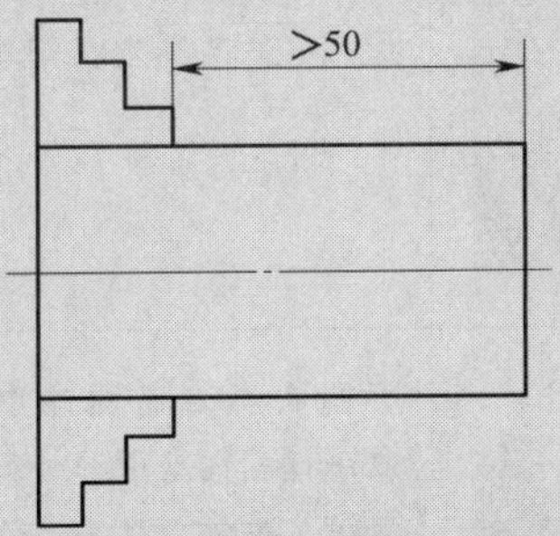	用自定心卡盘或单动卡盘装夹工件，保证伸出长度大于 50 mm，然后车平端面
2. 车外圆	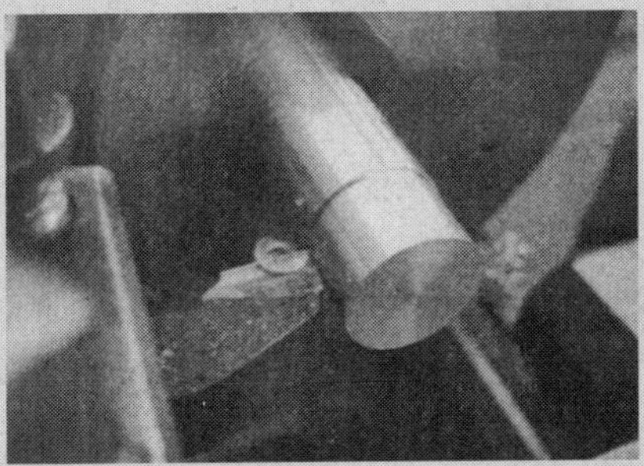	按圆球尺寸车出外圆 $s\phi 32$ mm × 40 mm，并留 0.3 ~ 0.5 mm 余量

续表

步骤	图示	操作说明
3. 切槽		切 $\phi16$ mm 槽至尺寸，注意控制圆球部分 L 的长度尺寸为 29.857 mm
4. 刻圆球中心线痕	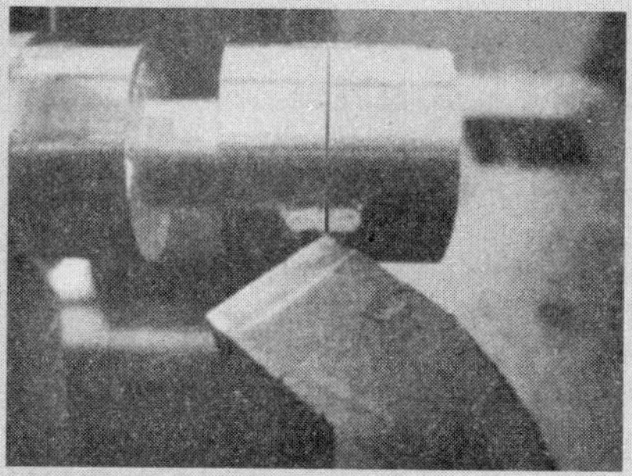	车圆球前要用钢直尺量出圆球的中心，并用车刀刻中心线痕，以保证车圆球时左、右半球面对称
5. 倒角去余量	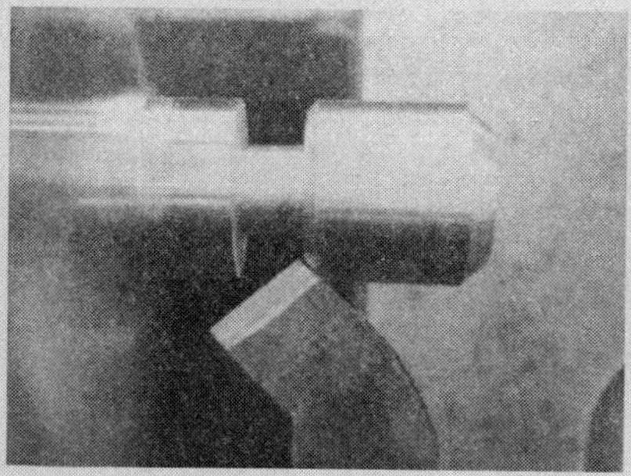	为了减少车圆球时的加工余量，一般用 45° 车刀先在圆球外圆的两端倒角
6. 粗车右半球		圆头车刀离圆球中心线痕 5~6 mm，双手控制摇动中滑板和床鞍（或者中、小滑板）手柄，双手动作必须配合协调才能将球面的形状车正确。粗车圆球进刀的起始位置应一次比一次靠近中心线痕，最后一刀在离中心线痕 1~2 mm 处进刀，以保证精车有一定余量。每车一刀须用半径样板或曲线样板来目测检查，边车边修整，若半球面检查出凸出部位，可用粉笔涂色做记号，在下一次车削时用圆头车刀先对准涂色处将凸出部分车去

续表

步骤	图示	操作说明
7. 粗车左半球	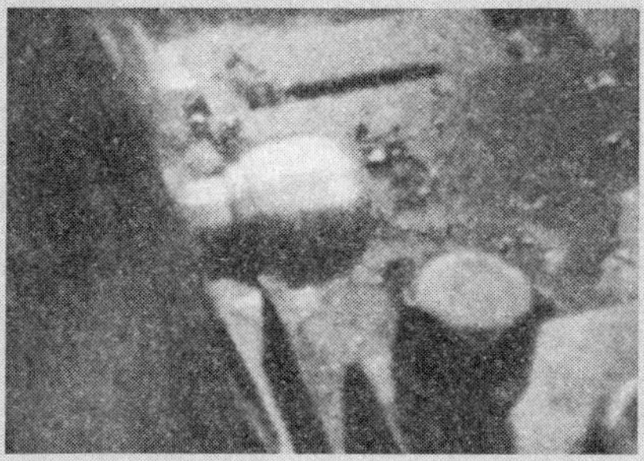	车削方法与车右半球基本相同，区别是柄部与球面连接处要求轮廓清晰，一般要用切断刀或切槽刀来清角
8. 精车圆球面		为使表面光洁，应适当提高主轴转速并减慢手动进给速度，一般用中滑板和小滑板移动步距会更小一些。车削时，不断使用半径样板和曲线样板测量，使零件符合图样要求
9. 修整、抛光	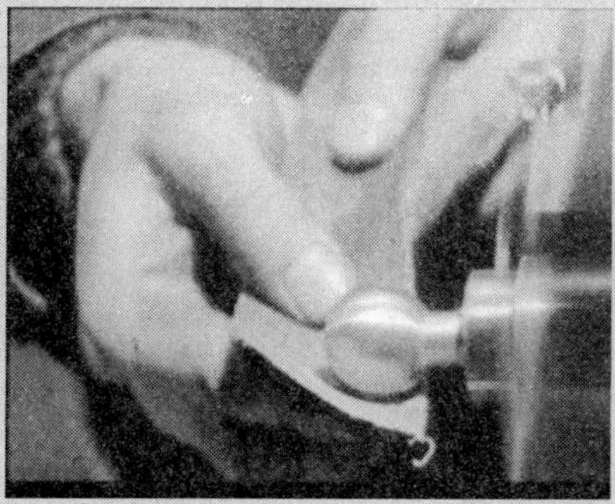	用锉刀、砂布修整、抛光圆球面，用半径样板和曲线样板检查
10. 车外圆、倒角		重新装夹、找正，保证伸出长度大于90 mm，车削ϕ38 mm滚花外圆至尺寸（ϕ37.36～ϕ37.68 mm）并倒角

步骤	图示	操作说明
11. 滚花		开始滚压时,挤压力要大,使工件圆周上一开始就形成较深的花纹,这样就不容易产生乱纹
12. 切断工件		将工件切断,总长留 0.5～1 mm 余量
13. 掉头装夹,控制总长		掉头垫铜皮,夹 $\phi38$ mm 的滚花外圆,找正、夹紧,车平端面控制好总长,倒角去毛刺

6. 尺寸精度控制

（1）为了保证 $S\phi(32\pm0.2)$ mm 圆球面尺寸精度,需要把粗车、精车分开,采用半径样板或曲线样板来边车边检验圆弧面,精车时用外径千分尺来测量 $S\phi(32\pm0.2)$ mm 圆球面尺寸精度。

（2）为了保证 (40 ± 0.1) mm 长度尺寸精度,掉头装夹须找正后试车一刀端面，然后用游标卡尺直接测量两个以上位置的长度值，如不同位置之间的误差过大，则需要重新装夹、找正，再采用试切试测法来保证（40±0.1）mm 长度尺寸精度。

三、注意事项

1. 双手控制法车削特形面操作的关键是双手配合要协调、熟练，要求准确控制车刀背吃刀量，防止将工件局部车小。

2. 锉削修整时，为了防止锉屑散落至床面，影响床身导轨精度，应垫防护板或硬纸皮。锉削时用力不能过猛，宜用左手握锉刀柄进行锉削，不准用无柄锉刀，且应注意操作安全。

3. 滚花时应注意选择较低的切削速度。要经常加切削液和清除切屑，以免损坏滚花刀和防止滚花刀被切屑滞塞而影响花纹的清晰程度。

操作技能 2　用双手控制法加工摇手柄

一、工作准备

1. 零件图样与加工要求

加工如图 4-2-24 所示机床摇手柄，要求用双手控制法进行加工，圆弧之间连接光滑。

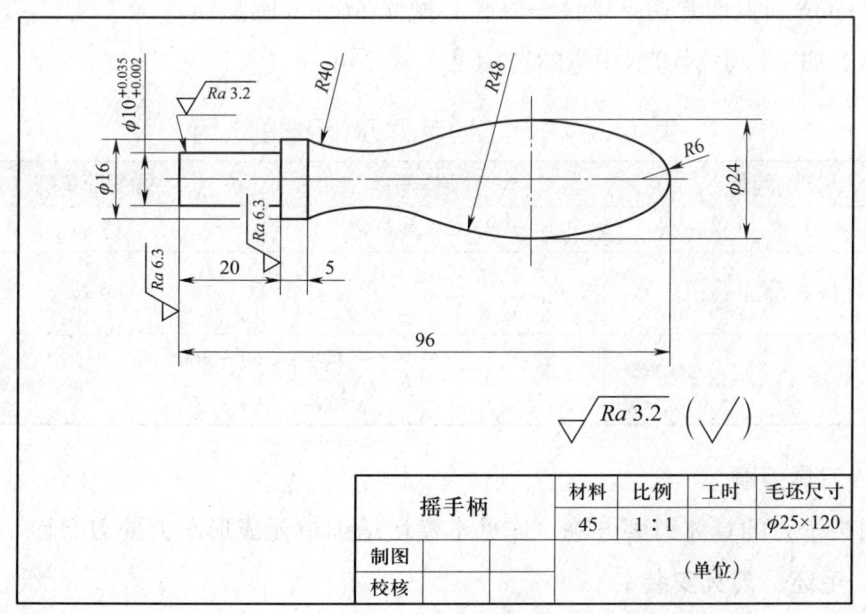

图 4-2-24　摇手柄图样

2. 工具、设备、材料准备

（1）工具：刀架钥匙、卡盘钥匙、钻夹头、锉刀、砂布、铜皮等。

（2）量具：游标卡尺、外径千分尺、半径样板、摇手柄曲线样板、钢直尺等。

（3）刀具：中心钻、圆头车刀、90°外圆车刀、45°外圆车刀等。

（4）设备：CA6140A车床。

（5）毛坯材料：45钢，$\phi 25$ mm×120 mm毛坯若干。

二、操作程序

1. 图样阅读与分析

该零件名称为摇手柄，材料为45钢，采用1∶1比例，毛坯尺寸为$\phi 25$ mm×120 mm。图样比较简单，只用了一个主视图表达。主要尺寸有$\phi 16$ mm、$\phi 10^{+0.035}_{+0.002}$ mm、$\phi 12.37$ mm、$\phi 24$ mm、96 mm、48.37 mm、20 mm、5 mm、$R40$ mm、$R48$ mm、$R6$ mm，除$\phi 10^{+0.035}_{+0.002}$ mm外圆尺寸精度较高外，其余各部尺寸精度要求均不高。摇手柄柄部表面粗糙度为Ra 3.2 μm，两端表面粗糙度为Ra 6.3 μm，其余圆弧表面粗糙度为Ra 3.2 μm。

2. 工艺分析

（1）圆弧$R40$ mm、$R48$ mm、$R6$ mm过渡连接，要求光整、圆滑。

（2）加工摇手柄的车削顺序为：车平端面，钻中心孔→粗车各级外圆→切定位槽→车削$R40$ mm圆弧面→车削$R48$ mm圆弧面→精车外圆→修整、抛光→粗车$R6$ mm圆弧面并切下工件→修整、抛光$R6$ mm圆弧面。

（3）加工摇手柄切削用量的选用见表4-2-4。

表4-2-4 加工摇手柄切削用量的选用

切削用量	外圆车削	圆弧面车削
背吃刀量a_p（mm）	视加工要求而定	手动
进给量f（mm/r）	粗车：0.2~0.3 精车：0.1~0.15	手动
转速n（r/min）	粗车：360~560 精车：560~800	

3. 刀具刃磨

圆头车刀的具体刃磨方法，详见本模块培训单元成形车刀的刃磨。

4. 毛坯、刀具安装

（1）毛坯安装：在自定心卡盘上装夹，为保证工件刚性，采用一夹一顶的装夹方式。

（2）刀具安装：圆头车刀的装夹要求和装夹方法与普通车刀基本一致。需要注意主切削刃必须装得与工件回转中心等高，装高了容易扎刀，装低了容易引起振动。为了保证刀头几何角度安装时的正确，应使用曲线样板对齐来安装刀具。

5. 加工

摇手柄的车削加工步骤见表 4-2-5。

表 4-2-5 摇手柄的车削加工步骤

步骤	图示	操作说明
1. 车平端面，钻中心孔	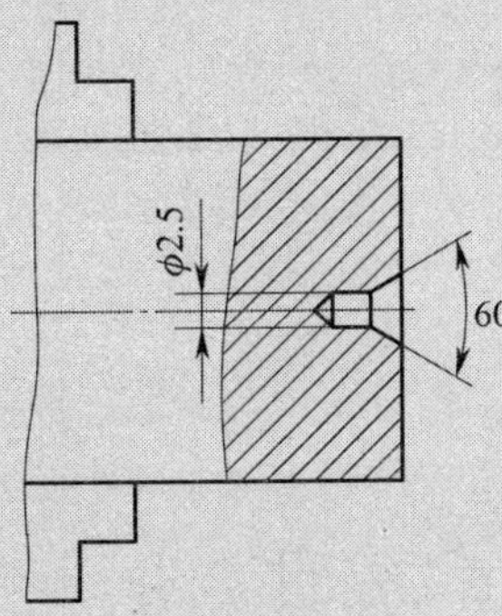	夹住毛坯外圆一端，伸出长度 30 mm 左右，车平端面，钻中心孔
2. 粗车外圆	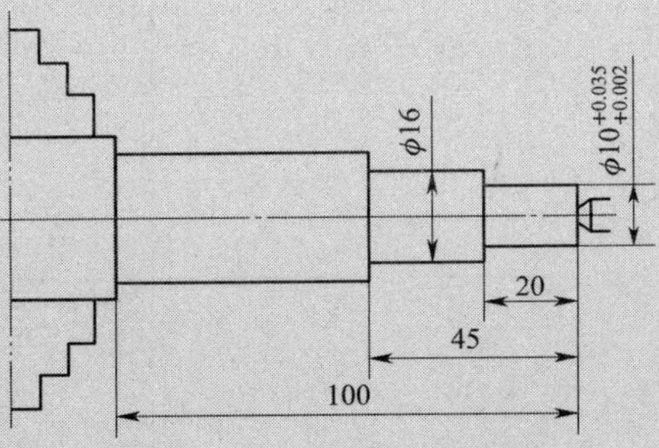	采用一夹一顶装夹工件，伸出长度 110 mm 左右，粗车外圆 $\phi 24$ mm × 100 mm、$\phi 16$ mm × 45 mm、$\phi 10$ mm × 20 mm，各处均留精车余量约 0.1 mm
3. 切定位槽	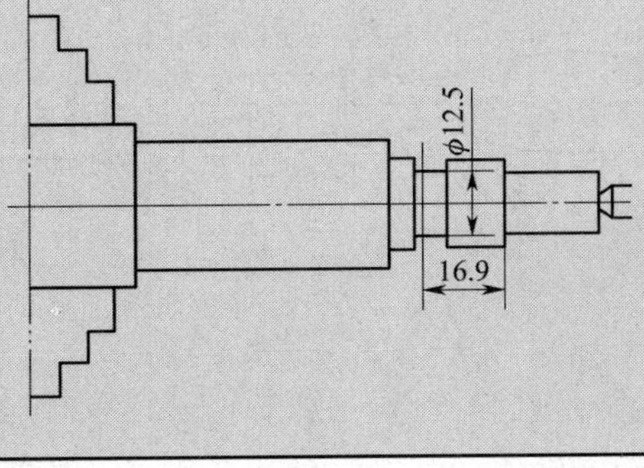	从 $\phi 16$ mm 外圆的端面量起，以长 16.9 mm 处为中心线，用小圆头车刀车出 $\phi 12.5$ mm 的定位槽

续表

步骤	图示	操作说明
4. 车削 $R40$ mm 圆弧面		从 $\phi16$ mm 外圆的端面量起，长度大于 5 mm 处开始切削，向 $\phi12.5$ mm 的定位槽处移动车削 $R40$ mm 圆弧面
5. 车削 $R48$ mm 圆弧面		从 $\phi16$ mm 外圆的端面量起，长 49 mm 处为中心线，在 $\phi24$ mm 的外圆上向左、右两边方向车削 $R48$ mm 圆弧面
6. 精车外圆		精车 $\phi10^{+0.035}_{+0.002}$ mm 外圆，长度 20 mm 至尺寸要求，精车 $\phi16$ mm 外圆

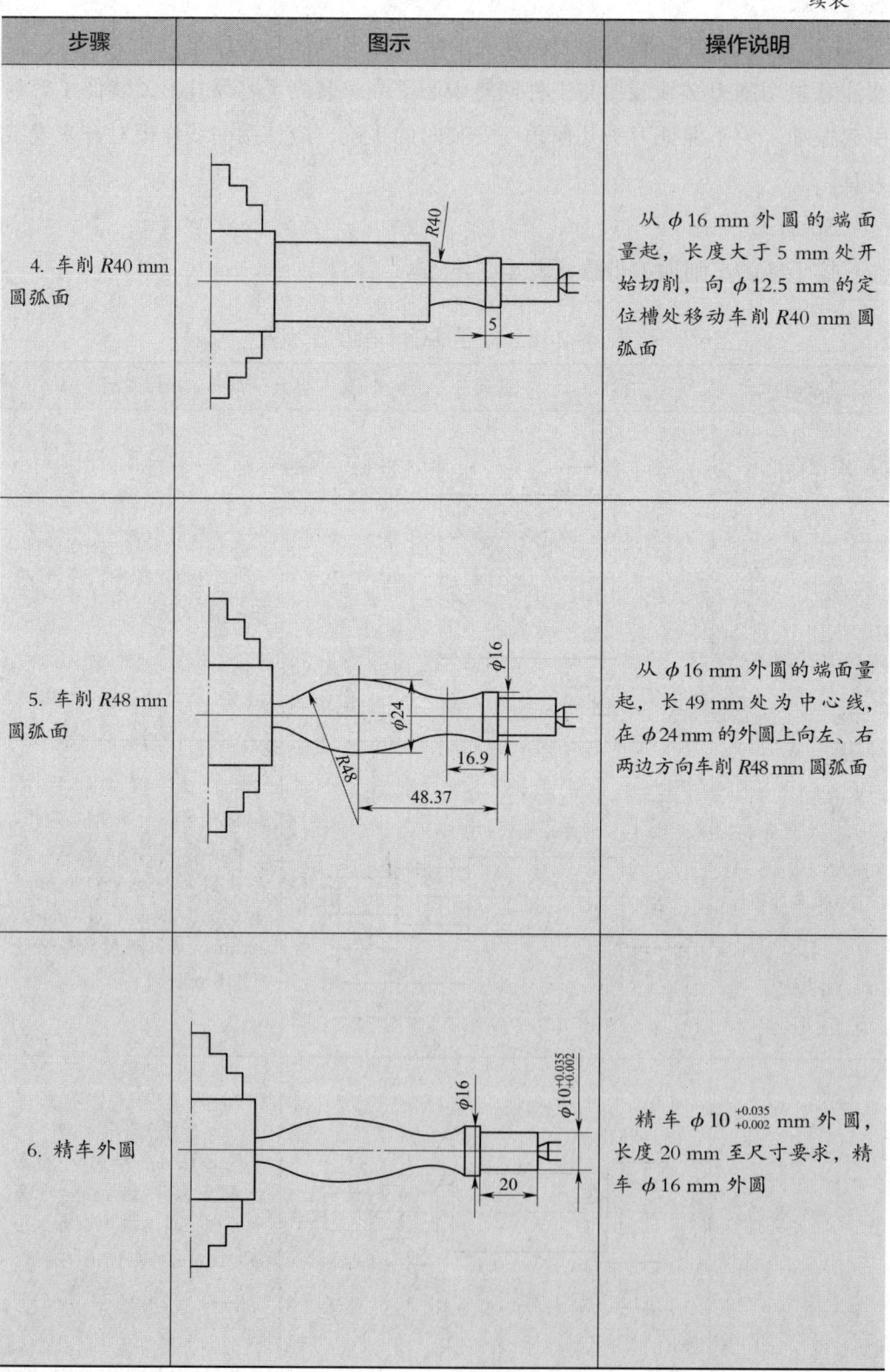

续表

步骤	图示	操作说明
7. 修整，抛光	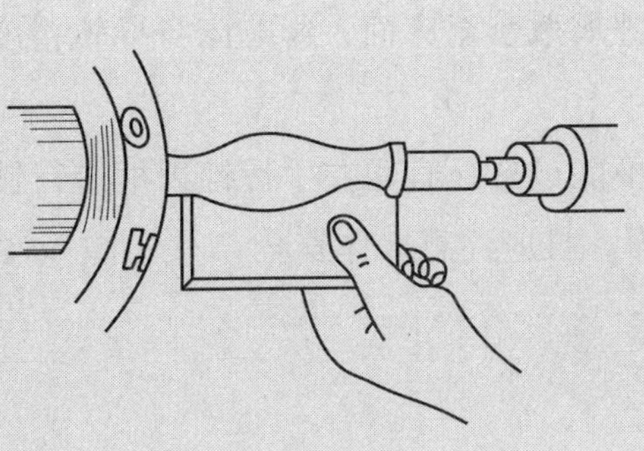	用锉刀、砂布修整、抛光圆弧曲面，用曲线样板检查
8. 粗车 R6 mm 圆弧面并切下工件	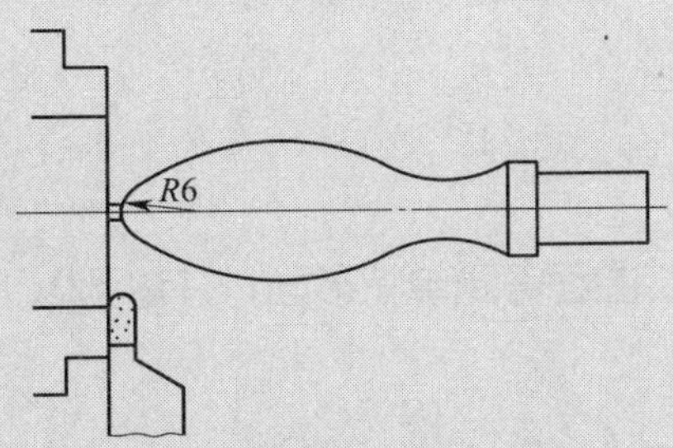	松开顶尖，用圆头车刀粗车 R6 mm 圆弧面，并切下工件
9. 修整、抛光 R6 mm 圆弧面	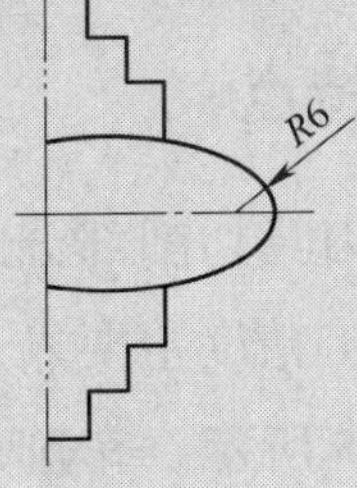	掉头，垫铜皮，夹 φ24 mm 的外圆，找正、夹紧，修整、抛光 R6 mm 圆弧面，用曲线样板和半径样板检查

6. 尺寸精度控制

为了保证 $\phi 10_{+0.002}^{+0.035}$ mm 外圆尺寸精度，需要把粗车、精车分开，精车时采用试切试测法，并用外径千分尺来测量。

三、注意事项

1. 双手控制法车削特形面操作的关键是双手配合要协调、熟练。要求准确控制车刀背吃刀量，防止将工件局部车小。

2. 锉削时，为了防止锉屑散落至床面，影响床身导轨精度，应垫防护板或硬纸皮。

3. 锉削修整时，用力不能过猛，宜用左手握锉刀柄进行锉削，这样比较安全。锉削时不准用无柄锉刀，且应注意操作安全。

培训单元 2　用成形车刀加工特形面

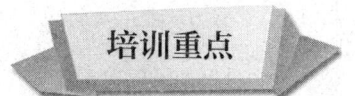

能使用成形车刀车削球面、曲面等简单特形面，并达到以下的精度：

➔ 样板透光均匀。

➔ 表面粗糙度：Ra 3.2 μm。

一、成形车刀车削法的加工特点

用成形车刀车削特形面，是指将刀具切削部分的形状刃磨得和工件加工部分的形状相似，也称样板车刀，其加工精度主要靠刀具保证。成形车刀可一次加工零件上的成形表面，如图 4-2-25 所示。车削较大的圆弧槽或数量较多、精度要求不高的特形面工件时，常采用成形车刀车削法。

这种方法的优点是生产效率高，操作方便，缺点是刀具刃磨较困难，车削时容易振动，表面粗糙度不易控制。故只用于车削刚度好、长度较短且较简单的特形面，通常生产批量较大。

加工时，要求成形车刀夹持牢固可靠，工艺系统有足够的刚度，进刀均匀，刃口光整锋利，切削液充足，才能使切削顺利。为了降低成形车刀切削刃的磨损，减小切削力，最好先用双手控制法把特形面粗车成形，然后再用成形车刀进行精车，如图4-2-26所示。

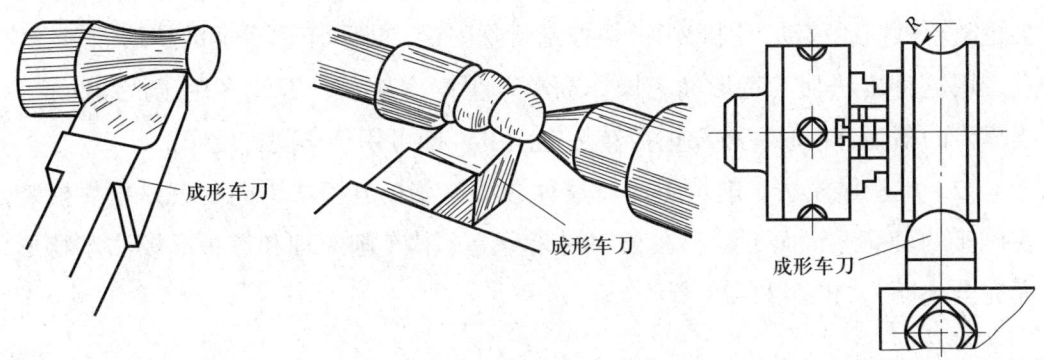

图4-2-25 成形车刀车削法示意图

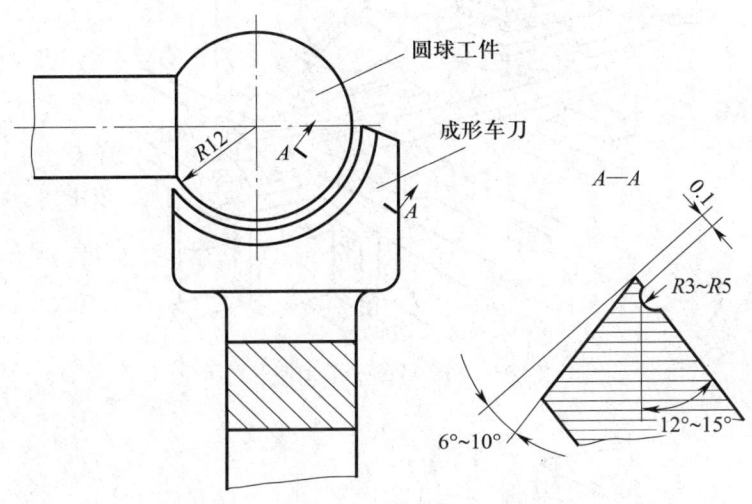

图4-2-26 用成形车刀车削圆球面

二、仿形法的加工特点

1. 仿形法的加工特点

仿形法切削只需要事先做一个与工件形状相同的曲面仿形即可。

用仿形法车削特形面，劳动强度小，生产效率高，质量又好，是一种比较先进的车削方法。这种方法操作简单，生产率较高，但需制造专用靠模，故适用于数量大、质量高的成批量生产。

2. 仿形法的分类

（1）靠板靠模法车削特形面。用靠模车特形面，如图 4-2-27 所示是用靠模加工手柄的特形面。此时刀架的横向滑板已经与丝杠脱开，其前端的连接板上装有滚柱。当床鞍纵向进给时，滚柱即在靠模的曲线槽内移动，从而使车刀刀尖也随着做曲线移动，同时用刀架控制背吃刀量，即可车出手柄的特形面。

用这种方法加工特形面，操作简单，生产率较高，因此多用于成批生产。当靠模的槽为直槽时，将靠模扳转一定角度，即可用于车削锥度了。

（2）尾座靠模法车削特形面。这种方法与靠板靠模法不同的就是把靠模装在尾座的套筒上，而不是装在车床的床身上，其车削原理和靠板靠模法车特形面完全一样，如图 4-2-28 所示。

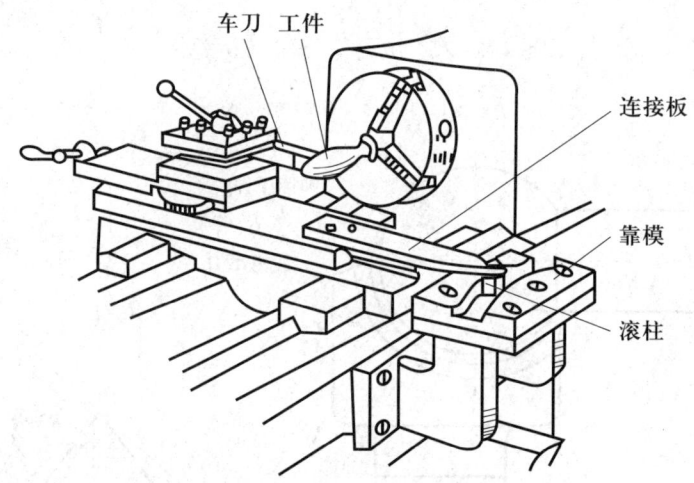

图 4-2-27　靠板靠模法车削特形面示意图

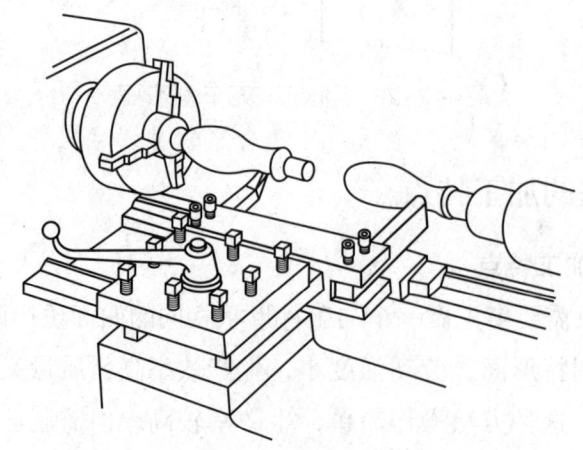

图 4-2-28　尾座靠模法车削特形面示意图

三、用专用工具车削特形面

1. 圆筒形刀具车削法

圆筒形刀具的切削部分是一个圆筒,其前端磨斜 15°,形成一个圆的切削刃口。其刀头的尾部和特殊刀杆应保持 0.5 mm 的配合间隙,并用销轴浮动连接,以自动对准圆球面中心,如图 4-2-29 所示。

用圆筒形刀具车削圆球面工件时,一般应先用圆头车刀大致粗车成形,再将圆筒形刀具的径向表面中心调整到与车床主轴轴线成一夹角,最后用圆筒形刀具把圆球面车削成形。

该方法简单方便、易于操作、加工精度较高,适用于车削青铜、铸铝等脆性金属材料的带柄圆球面工件。

2. 铰链推杆车削法

较大的球面内孔可用此方法车削。将有球面内孔的工件装夹在卡盘中,在两顶尖间装夹刀柄,将圆头车刀反装,车床主轴仍然正转,在刀架上安装推杆,推杆两端用铰链连接。当刀架纵向进给时,圆头车刀在刀柄中转动,即可车出球面内孔,如图 4-2-30 所示。

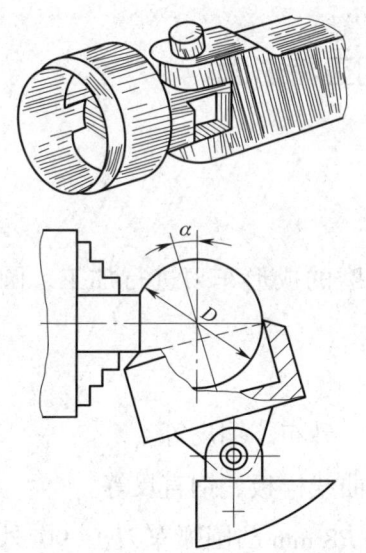

图 4-2-29 圆筒形刀具车削法示意图

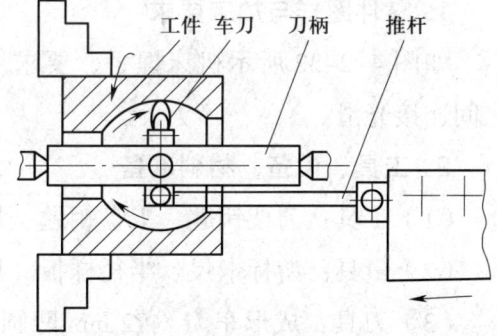

图 4-2-30 铰链推杆车削法示意图

3. 蜗杆副车削法

车内、外圆弧特形面时,先把车床小滑板卸下,装上特形面工件。将刀架装在圆盘上,圆盘下面装有蜗杆副。当转动手柄时,圆盘内的蜗杆就带动蜗轮使车刀绕着圆盘的中心旋转，刀尖做圆周运动，即可车出特形面，如图 4-2-31 所示。

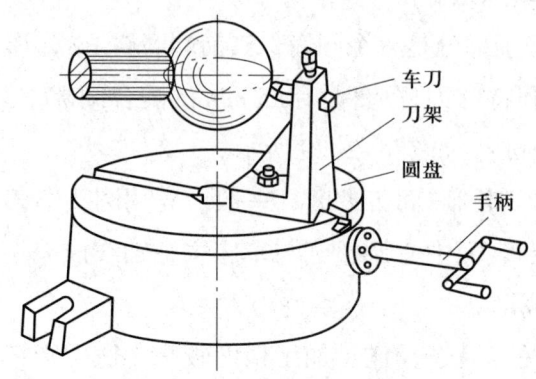

图 4-2-31　蜗杆副车削法示意图

为了调整特形面半径，在圆盘上制出 T 形槽，以使刀架在圆盘上移动。当刀尖调整得超过中心时，就可以车削内特形面。

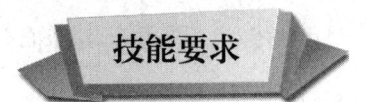

操作技能　用成形车刀加工特形面

一、工作准备

1. 零件图样与加工要求

如图 4-2-32 所示机床捏手，要求用手工刃磨的成形车刀进行加工，圆弧之间连接光滑。

2. 工具、设备、材料准备

（1）工具：刀架钥匙、卡盘钥匙、加力套筒、砂布、铜皮等。

（2）量具：游标卡尺、半径样板、机床捏手曲线样板、钢直尺等。

（3）刀具：成形车刀（$R2$ mm 凹圆弧车刀、$R8$ mm 凸圆弧车刀）、90°外圆车刀、切槽刀、45°外圆车刀等。

（4）设备：CA6140A 车床。要求把中、小滑板镶条与导轨之间的间隙适当调小一些，以减少车削时的振动。

（5）毛坯材料：45 钢，$\phi 30$ mm×85 mm 毛坯若干。

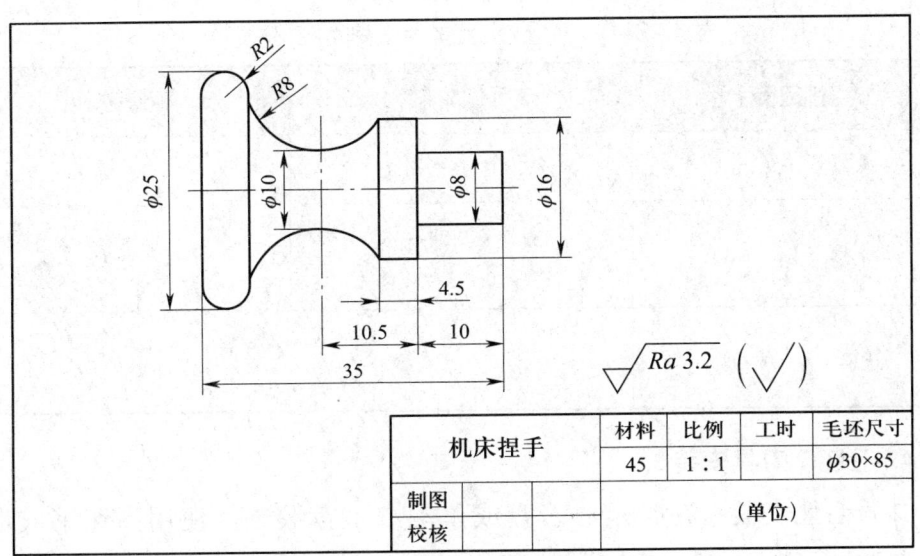

图 4-2-32　机床捏手零件图

二、操作程序

1. 图样阅读与分析

该零件名称为机床捏手，材料为 45 钢，采用 1∶1 比例，毛坯尺寸为 $\phi 30$ mm × 85 mm。该工件图样比较简单，只用了一个主视图表达。主要尺寸有 $\phi 25$ mm、$\phi 10$ mm、$\phi 16$ mm、$\phi 8$ mm、35 mm、10.5 mm、4.5 mm、10 mm、$R2$ mm、$R8$ mm，尺寸精度要求均不高。10.5 mm 为凹圆弧 $R8$ mm 的定位尺寸。该零件的表面粗糙度要求均为 Ra 3.2 μm。

2. 工艺分析

（1）圆弧 $R8$ mm、$R2$ mm 过渡连接，要求光整、圆滑。

（2）加工机床捏手的车削顺序为：工件装夹，车平端面→车各级外圆及长度至尺寸→刻 $R8$ mm、$R2$ mm 中心线痕→车削 $R8$ mm 凹圆弧面→切工艺槽→车削 $R2$ mm 凸圆弧面→样板检查、砂布抛光→切断工件→掉头装夹，控制总长。

（3）加工机床捏手切削用量的选用见表 4-2-6。

3. 刀具刃磨

用成形车刀加工特形面成败的第一关键在成形车刀主切削刃的形状，成形车刀主切削刃的精度直接影响所加工出来特形面的几何精度和表面粗糙度。成形车刀的具体刃磨方法，详见本模块培训项目 1 的培训单元中成形车刀的刃磨。

表4-2-6 加工机床捏手切削用量的选用

切削用量	外圆车削	圆弧面车削
背吃刀量 a_p（mm）	视加工要求而定	手动
进给量 f（mm/r）	粗车：0.2～0.3 精车：0.1～0.15	手动
转速 n（r/mm）	粗车：360～560 精车：560～800	

4. 毛坯、刀具安装

（1）毛坯安装：在自定心卡盘或单动卡上盘装夹。使用高速钢成形车刀加工特形面时，要注意切削时因切削刃较长、接触面较大、切削抗力也大，很容易出现振动，为防止切削过程中工件移位，工件必须使用加力套筒夹紧。

（2）刀具安装：用成形车刀加工特形面成败的第二关键在成形车刀装夹是否正确、牢固可靠，是否保证在加工过程中刀具不会因移位而产生形状和尺寸误差。

成形车刀主切削刃应对准工件的旋转轴线，并要求圆弧中心与工件轴线垂直。装刀时可将曲线样板紧靠在工件外圆上，然后再将成形车刀主切削刃靠在曲线样板上，主切削刃与曲线样板圆弧紧密无间隙后，将成形车刀锁紧。

5. 加工

机床捏手的车削加工步骤见表4-2-7。

表4-2-7 机床捏手的车削加工步骤

步骤	图示	操作说明
1. 工件装夹，车平端面	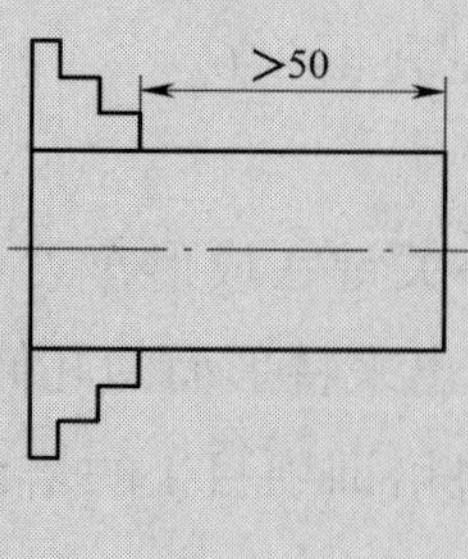	用自定心卡盘或单动卡盘装夹工件，保证伸出长度大于50 mm，然后车平端面

续表

步骤	图示	操作说明
2. 车外圆	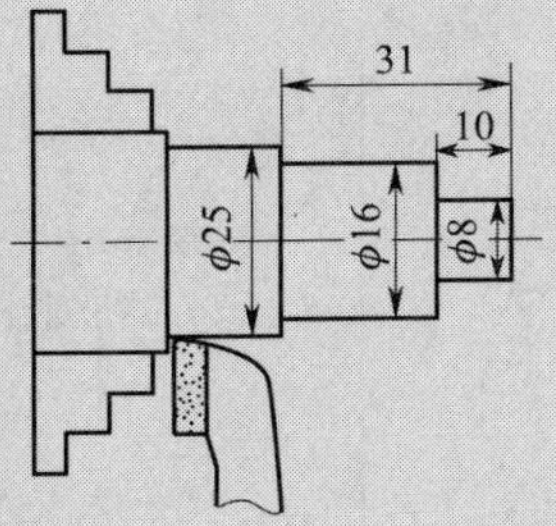	按图样要求,将工件外圆及长度车到尺寸要求
3. 刻中心线痕	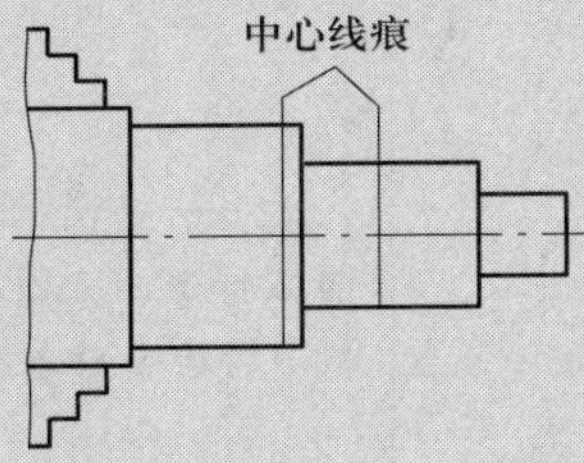	将外圆及长度车至尺寸,并分别刻 $R8$ mm、$R2$ mm 中心线痕
4. 车削 $R8$ mm 凹圆弧面	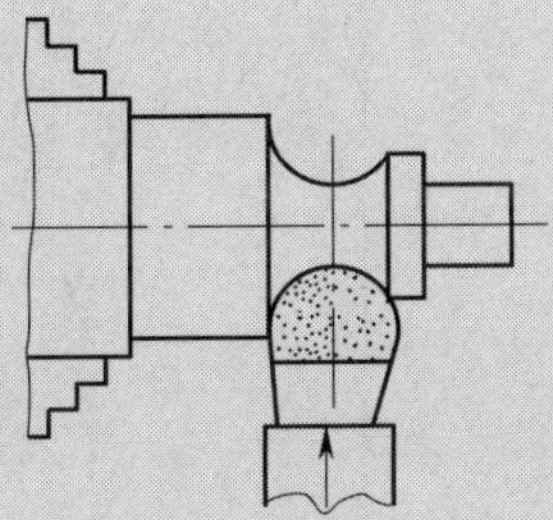	目测将 $R8$ mm 成形车刀圆弧中心与工件圆弧中心对准,开动机床主轴低速正转,移动中滑板车削 $R8$ mm 凹圆弧特形面
5. 切工艺槽	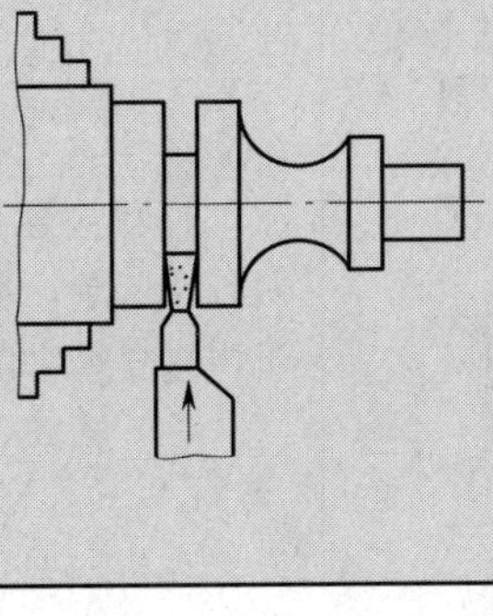	车工艺槽,避让 $R2$ mm 成形车刀

步骤	图示	操作说明
6. 车削 R2 mm 凸圆弧面	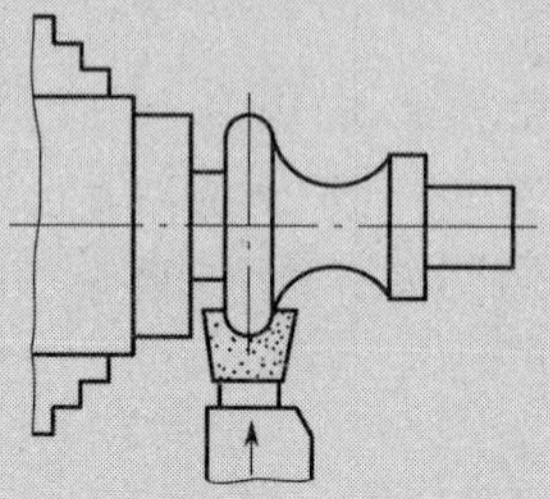	用 R2 mm 成形车刀，按上述同样的方法加工凸圆弧特形面
7. 样板检查、砂布抛光	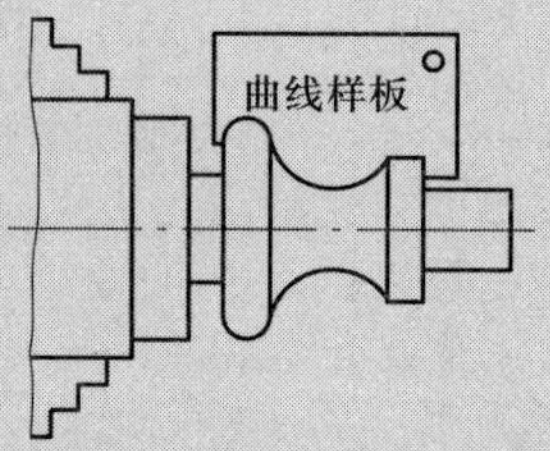	R2 mm 凸圆弧特形面应与 R8 mm 凹圆弧特形面光滑连接，应使用曲线样板不时检查贴合度
8. 切断工件	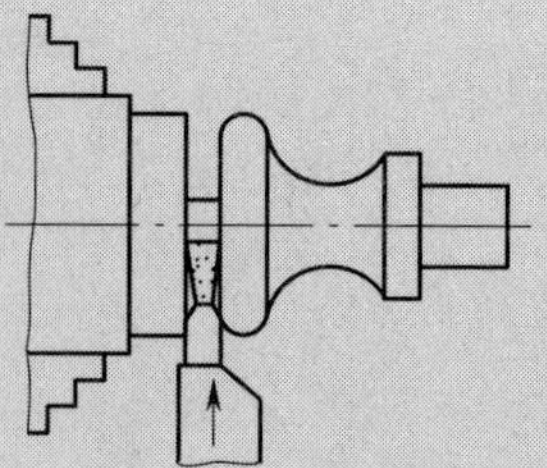	将工件切断，总长留 0.5~1 mm 余量
9. 掉头装夹，控制总长	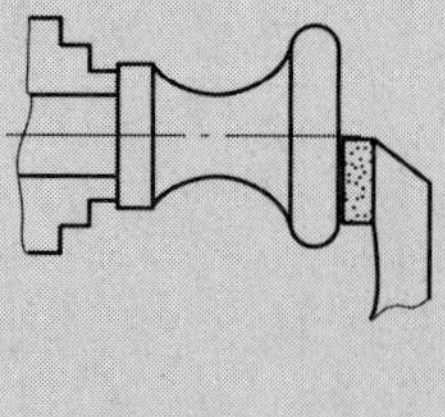	工件掉头包铜皮，装夹并找正，控制好总长后，用砂布抛光圆弧特形面，用曲线样板检查

6. 尺寸精度控制

该零件尺寸精度要求不高，按图样要求用游标卡尺、半径样板、曲线样板进行精度控制即可。

三、注意事项

1. 使用高速钢成形车刀加工特形面时，要注意切削时因切削刃较长，接触面较大，切削抗力也大，很容易出现振动，所以车削时一定要选择低速，进给速度也要慢一点，同时要加注切削油或切削液润滑冷却。

2. 粗加工时，随着背吃刀量的增加，特形面的接触面积也随之增大，当车削产生振动时，可适当降低主轴转速，并采用纵、横向交错进给的方法来减少振动。精加工时，为保证特形面形状、尺寸正确，可采用直进法少量进给车削，并利用主轴惯性将表面修光。车削时应充分加注切削液冷却润滑。

培训项目 3 精度检验与误差分析

培训单元 1　特形面的精度检验

→ 能使用常用量具对简单特形面进行测量。
→ 能对简单特形面进行精度检验。

一、轮廓度

1. 轮廓度的概念

所谓轮廓度，是指被测实际轮廓相对于理想轮廓的变动情况。这一概念用于描述曲面或曲线形状的准确度，可以带基准或不带基准，如图4-3-1所示。

2. 轮廓度的分类

轮廓度包括线轮廓度与面轮廓度。

（1）线轮廓度。线轮廓度是限制实际曲线对理想曲线变动量的一项指标，它是对非圆曲线的形状精度要求。线轮廓度公差是实际被测要素（轮廓线要素）对理想轮廓线的允许变动量。

（2）面轮廓度。面轮廓度是限制实际曲面对理想曲面变动量的一项指标，它是对曲面的形状精度要求。面轮廓度公差是实际被测要素（轮廓面要素）对理想轮廓面的允许变动量。

轮廓度无基准要求时是形状公差，有基准要求时是位置公差。其理想形状由理论正确尺寸也就是它的形状、方向和尺寸决定。例如，工件上的一条曲线，在加工的时候规定这条曲线在所选的理论正确尺寸公差范围内才算合格，线轮廓度公差带就是包络一系列直径为公差值 t 的圆的两包络线之间的区域，而这些圆的圆心位于理想线轮廓上，如图 4-3-2 所示。

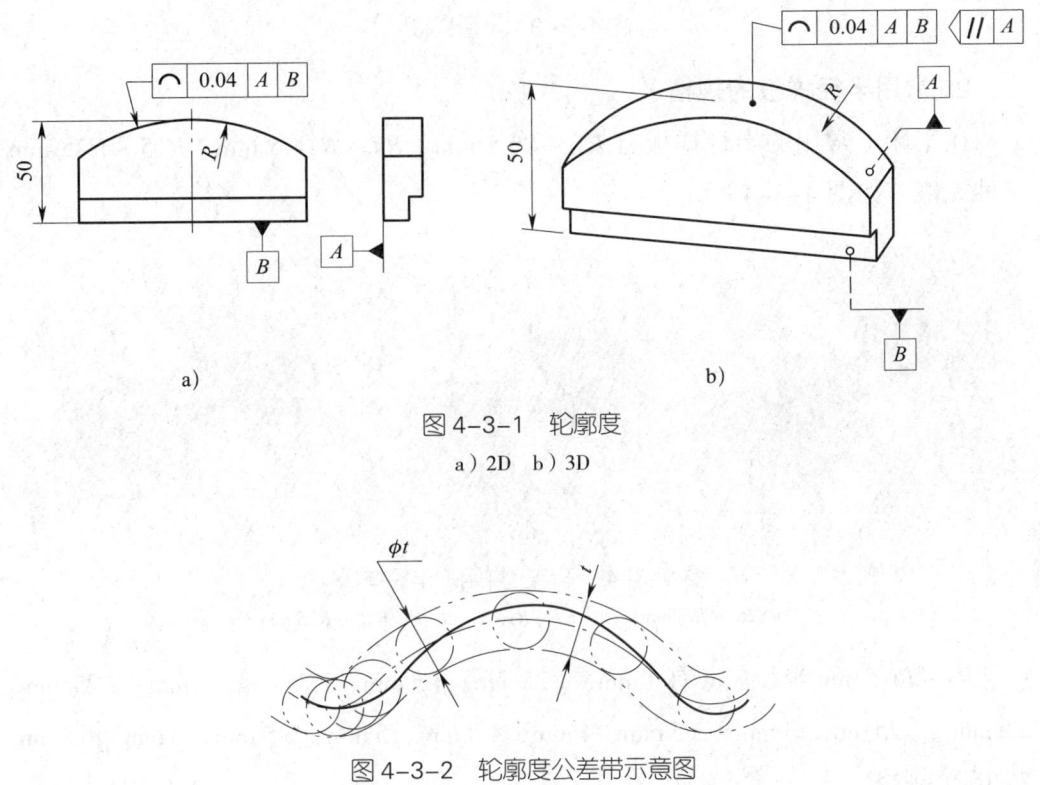

图 4-3-1 轮廓度
a）2D b）3D

图 4-3-2 轮廓度公差带示意图

二、半径样板的使用

1. 认识半径样板

半径样板又称 R 规，是带有一组准确内、外圆弧半径尺寸的薄板，用于检验圆弧半径。它常用于检验工件上凹、凸表面的曲线半径，也可以作为极限量规使用，是常用量具。半径样板的结构如图 4-3-3 所示，两端的凸形样板和凹形样板各有 16 片薄钢片，分别用于测量工件的凹圆弧和凸圆弧，每一片薄钢片上都标有半径尺寸的数字。

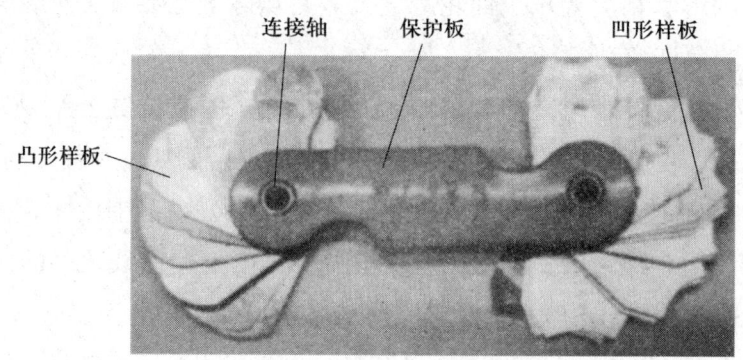

图 4-3-3 半径样板

2. 常用半径样板的规格

在车床上常用的半径样板有 $R1 \sim R6.5$ mm、$R7 \sim R14.5$ mm、$R15 \sim R25$ mm 三种规格，如图 4-3-4 所示。

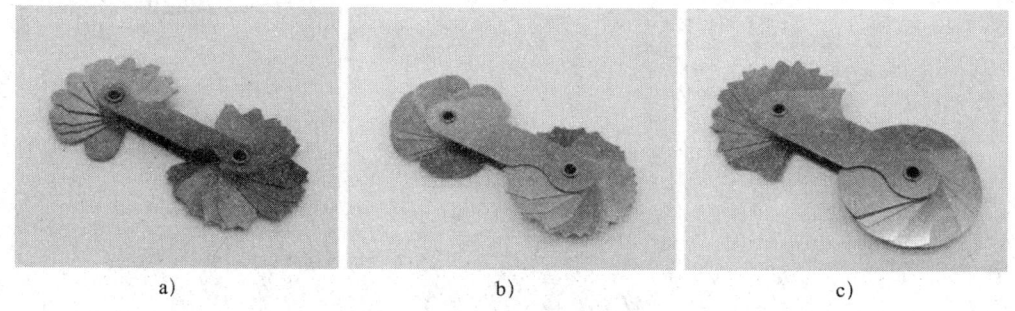

图 4-3-4 车床上常用的半径样板
a) $R1 \sim R6.5$ mm b) $R7 \sim R14.5$ mm c) $R15 \sim R25$ mm

$R1 \sim R6.5$ mm 半径尺寸有 1 mm、1.25 mm、1.5 mm、1.75 mm、2 mm、2.25 mm、2.5 mm、2.75 mm、3 mm、3.5 mm、4 mm、4.5 mm、5 mm、5.5 mm、6 mm、6.5 mm 共 16 个规格。

$R7 \sim R14.5$ mm 半径尺寸有 7 mm、7.5 mm、8 mm、8.5 mm、9 mm、9.5 mm、10 mm、10.5 mm、11 mm、11.5 mm、12 mm、12.5 mm、13 mm、13.5 mm、14 mm、14.5 mm 共 16 个规格。

$R15 \sim R25$ mm 半径尺寸有 15 mm、15.5 mm、16 mm、16.5 mm、17 mm、17.5 mm、18 mm、18.5 mm、19 mm、19.5 mm、20 mm、21 mm、22 mm、23 mm、24 mm、25 mm 共 16 个规格。

3. 半径样板的使用方法

使用半径样板检验零件的圆弧半径尺寸，有以下两种情况：

（1）若已知被测零件的半径尺寸，则选用相应尺寸的半径样板去检测。测量时必须使半径样板的测量面与工件的圆弧完全、紧密地接触。

（2）若不知道被测零件的圆弧半径尺寸，则需要采用试测法进行检测。

1）先目测或用钢直尺预估计被测零件的圆弧半径尺寸，然后再依次选择相应半径样板的薄钢片去比对。

2）测量时，如果半径样板与被测零件之间的光隙位于圆弧的中间段，如图 4-3-5 所示，说明工件的圆弧半径尺寸大于半径样板的圆弧半径尺寸，应该再换一片半径尺寸大一些的半径样板进行重新检测。

3）测量时，如果半径样板与被测零件之间的光隙位于圆弧的两端，如图 4-3-6 所示，说明工件的圆弧半径尺寸小于半径样板的圆弧半径尺寸，应该再换一片半径尺寸小一些的半径样板进行重新检测。

4）当测量面与工件的圆弧中间没有光隙时，两者吻合（$r=R$），如图 4-3-7 所示，则此半径样板的半径尺寸就是被测工件的圆弧半径尺寸。

图 4-3-5　光隙在中间示意图

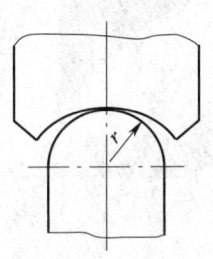 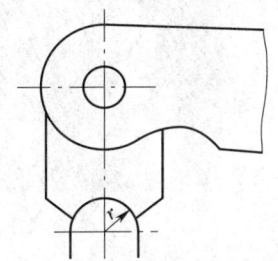

图 4-3-6　光隙在两端示意图　　图 4-3-7　两者吻合（$r=R$）示意图

4. 用半径样板检测凹、凸圆弧实例

（1）凹圆弧的测量步骤

1）用钢直尺测得凹圆弧的大致尺寸为 5 mm，如图 4-3-8 所示。

2）选择测量范围为 $R1 \sim R6.5$ mm 的半径样板，并选出 $R4 \sim R6$ mm 的测量片，依次比对，如图 4-3-9 所示。

3）比对时发现，$R4$ mm 和 $R4.5$ mm 测量片圆弧两端有光线，$R5.5$ mm 和 $R6$ mm 测量片圆弧中间有光线，$R5$ mm 测量片与被测凹圆弧最吻合，如图 4-3-10 所示。

图 4-3-8 用钢直尺测得凹圆弧的大致尺寸

 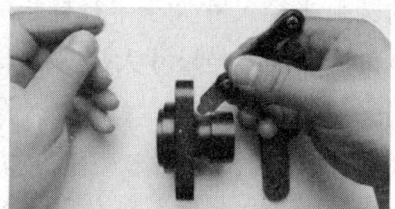

图 4-3-9 比对测量片

图 4-3-10 测出凹圆弧的尺寸

（2）凸圆弧的测量步骤

1）用钢直尺测得凸圆弧的大致尺寸为 12 mm，如图 4-3-11 所示。

图 4-3-11 用钢直尺测得凸圆弧的大致尺寸

2）选择测量范围为 $R7\sim R14.5$ mm 的半径样板，并选出 $R11.5\sim R12.5$ mm 的测量片，依次比对，如图 4-3-12 所示。

3）比对时发现，$R11$ mm 和 $R11.5$ mm 测量片圆弧两端有光线，$R12.5$ mm 和 $R13$ mm 测量片圆弧中间有光线，$R12$ mm 测量片与被测凸圆弧最吻合，如图 4-3-13 所示。

图 4-3-12　比对测量片

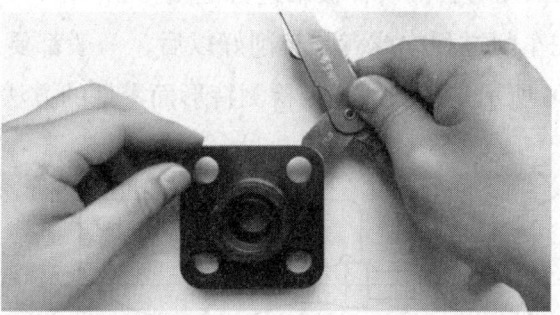

图 4-3-13　测出凸圆弧的尺寸

三、曲线样板的使用

1. 曲线样板的分类

曲线样板是量规的一种形式，有对合曲线样板和叠合曲线样板之分。

（1）对合曲线样板的轮廓形状与被测零件的形状相反，检验时根据曲线样板与被测轮廓之间存在的间隙大小来评定轮廓误差，如图 4-3-14 所示。

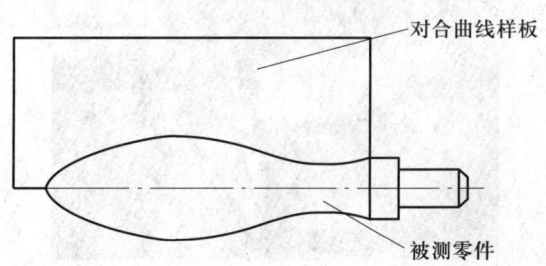

图 4-3-14　对合曲线样板测量示意图

（2）叠合曲线样板具有被测要素的理想形状，检验时被测零件与曲线样板正确定位后重叠在一起，然后用特制的小阶梯刀口尺进行检验，如图4-3-15所示。

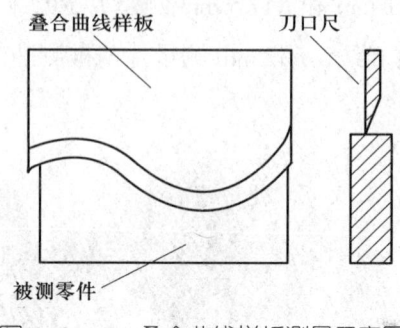

图4-3-15　叠合曲线样板测量示意图

2. 曲线样板的检测方法

在车床上一般采用对合曲线样板来进行检测。

特形面零件在车削过程中或者是车削好以后，一般都要用曲线样板来进行检测，如图4-3-16所示是用曲线样板检测特形面零件的方法。

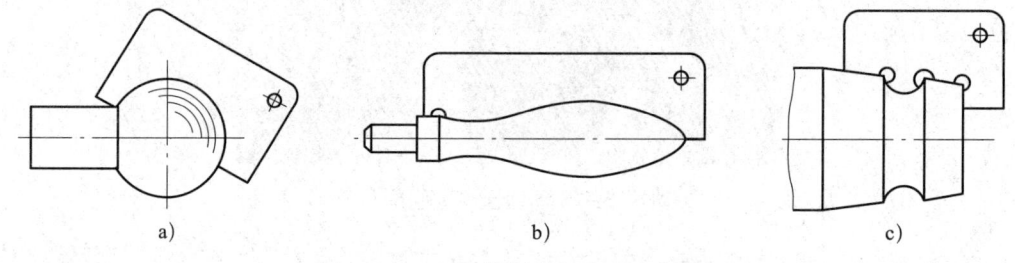

图4-3-16　曲线样板的使用示意图
a）检测圆球　b）检测摇手把　c）检测斜面圆弧

检测时，必须使曲线样板的方向与工件轴心线一致，如图4-3-17所示。特形面是否正确，可以由曲线样板与工件之间缝隙大小来判断。

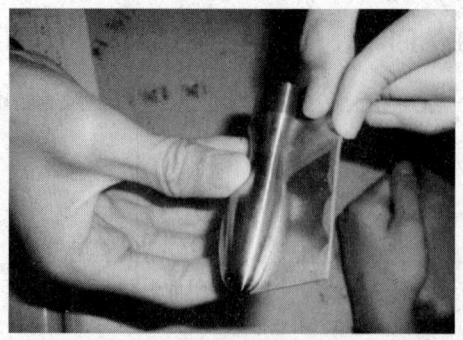

图4-3-17　曲线样板的方向与工件轴心线一致

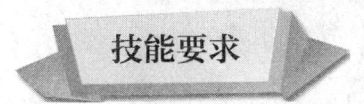

操作技能1　单圆球手柄的精度检验

一、工作准备

本模块培训项目2所加工单圆球手柄零件及图样。

该零件精度检验所需的工具、量具：0~125 mm游标卡尺、25~50 mm外径千分尺、$R15$~$R25$ mm半径样板、曲线样板、钢直尺、表面粗糙度比较样块等。

二、精度检验

1. 尺寸精度检验

该单圆球手柄零件主要尺寸有 $\phi 38$ mm、$\phi 16$ mm、40 mm、80 mm、$S\phi 32$ mm，两处 $C2$ mm 倒角，除（40 ± 0.1）mm 和 $S\phi$（32 ± 0.2）mm 尺寸精度较高外，其余各部尺寸精度要求均不高，用游标卡尺可以满足测量的需要。

2. 几何精度检验

（1）圆球面的测量和检查。为了保证圆球面的外形正确，通常采用半径样板、曲线样板、外径千分尺等进行检查。

1）用曲线样板检查时应对准工件的中心，并观察曲线样板与工件之间的间隙透光情况，如图4-3-18所示。

2）用外径千分尺检查圆球面时应通过工件中心，并多次变换测量方向，如图4-3-19所示。

图4-3-18　用曲线样板测量

3. 表面粗糙度检测

工件的表面粗糙度在工作现场的测量方法为目测法，即用表面粗糙度比较样块与被测表面进行比较来判断。检测时把表面粗糙度比较样块靠近工件表面，用肉眼观察比较。

4. 滚花检测

工件的表面滚花在工作现场的测量方法也为目测法，用肉眼直接观察有无出现乱纹现象。也可用样件与被测表面进行比较来判断，检测时把样件靠近工件表面，用肉眼观察比较。还可以用游标卡尺测量节距，检查模数是否正确。

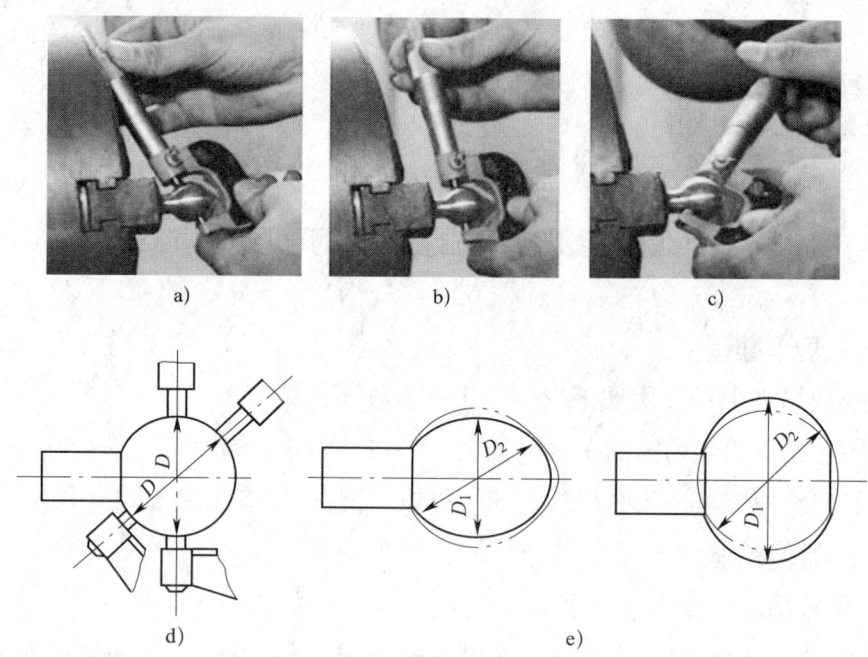

图 4-3-19 用外径千分尺测量

a)、b)、c) 测量时变换方向　d) 合格品　e) 不合格品

5. 填写检验报告书

对单圆球手柄零件进行精度检验，并将检验结果填入表 4-3-1 中。

表 4-3-1　单圆球手柄零件精度检验表

零件名称		单圆球手柄	检验人		
检验项目	序号	检验内容及要求	所用量具/辅具	检验结果	是否符合图样要求
尺寸精度	1	$\phi 16$ mm	游标卡尺		
	2	80 mm	游标卡尺		
	3	（40±0.1）mm	游标卡尺		
几何精度（特形面）	4	$S\phi$（32±0.2）mm	游标卡尺		
	5	圆度	半径样板、曲线样板、外径千分尺		
滚花	6	$\phi 38$ mm 外径	游标卡尺		
	7	模数 m（0.4 mm）	目测、游标卡尺		
表面结构要求	8	Ra 3.2 μm	表面粗糙度比较样块		
其他项目	9	倒角 2 处	目测、游标卡尺		
	10	其他未注项目	自定		

三、注意事项

1. 用曲线样板和半径样板比对测量圆球面时，必须通过工件中心。

2. 用 25～50 mm 外径千分尺测量前，先用校对量杆或量块校对零位，测量圆球面时多变换几个方向测量。测量圆球时，测量面是圆弧，容易打滑移位，测量时应保证通过工件圆心，测到各个方向最高点的位置才是实际尺寸。

操作技能 2　摇手柄的精度检验

一、工作准备

本模块培训项目 2 所加工摇手柄零件及图样。

该零件精度检验所需的工具、量具：0～125 mm 游标卡尺、0～25 mm 外径千分尺、$R1～R6$ mm 半径样板、$R15～R25$ mm 半径样板、曲线样板、钢直尺、表面粗糙度比较样块等。

二、精度检验

1. 尺寸精度检验

该零件名称为摇手柄，主要尺寸有 $\phi 16$ mm、$\phi 10^{+0.035}_{+0.002}$ mm、$\phi 12.37$ mm、$\phi 24$ mm、96 mm、48.37 mm、20 mm、5 mm、$R40$ mm、$R48$ mm、$R6$ mm，除 $\phi 10^{+0.035}_{+0.002}$ mm 外圆尺寸精度较高需要使用外径千分尺测量外，其余各部尺寸精度要求均不高，用游标卡尺可以满足测量的需要。

2. 几何精度检验

为了保证特形面的外形正确，通常采用半径样板、曲线样板、游标卡尺等进行检查。

3. 表面粗糙度检测

工件的表面粗糙度在工作现场的测量方法为目测法，即用表面粗糙度比较样块与被测表面进行比较来判断。检测时把表面粗糙度比较样块靠近工件表面，用肉眼观察比较。

4. 填写检验报告书

对摇手柄零件进行精度检验，并将检验结果填入表 4-3-2 中。

三、注意事项

1. 用曲线样板和半径样板比对测量特形面时，必须通过工件中心。

2. 用 0～25 mm 外径千分尺测量前，先用校对量杆或量块校对零位，测量时多变换几个方向测量。

表 4-3-2 摇手柄零件精度检验表

零件名称		摇手柄	检验人		
检验项目	序号	检验内容及要求	所用量具/辅具	检验结果	是否符合图样要求
尺寸精度	1	$\phi 10^{+0.035}_{+0.002}$ mm	外径千分尺		
	2	ϕ 24 mm	游标卡尺		
	3	ϕ 16 mm	游标卡尺		
	4	ϕ 12.37 mm	游标卡尺		
	5	96 mm	游标卡尺		
	6	20 mm	游标卡尺		
	7	5 mm	游标卡尺		
几何精度（特形面）	8	R48 mm、48.37 mm	半径样板、曲线样板		
	9	R40 mm	半径样板、曲线样板		
	10	R6 mm	半径样板、曲线样板		
表面结构要求	11	Ra 3.2 μm	表面粗糙度比较样块		
	12	Ra 6.3 μm	表面粗糙度比较样块		
其他项目	13	倒角去毛刺	目测法		
	14	其他未注项目	自定		

操作技能 3　机床捏手的精度检验

一、工作准备

本模块培训项目 2 所加工机床捏手零件及图样。

该零件精度检验所需的工具、量具：0～125 mm 游标卡尺、R1～R6.5 mm 半径样板、R7～R14.5 mm 半径样板、曲线样板、钢直尺、表面粗糙度比较样块等。

二、精度检验

1. 尺寸精度检验

该零件名称为机床捏手，主要尺寸有 ϕ25 mm、ϕ10 mm、ϕ16 mm、ϕ8 mm、35 mm、10.5 mm、4.5 mm、10 mm、R2 mm、R8 mm，各部尺寸精度要求均不高，用游标卡尺可以满足测量的需要。

2. 几何精度检验

为了保证圆弧面的外形正确,通常采用半径样板、曲线样板、游标卡尺等进行检查。

3. 表面粗糙度检测

工件的表面粗糙度在工作现场的测量方法为目测法,即用表面粗糙度比较样块与被测表面进行比较来判断。检测时把表面粗糙度比较样块靠近工件表面,用肉眼观察比较。

4. 填写检验报告书

对机床捏手零件进行精度检验,并将检验结果填入表4-3-3中。

表4-3-3 机床捏手零件精度检验表

零件名称		机床捏手	检验人		
检验项目	序号	检验内容及要求	所用量具/辅具	检验结果	是否符合图样要求
尺寸精度	1	ϕ25 mm	游标卡尺		
	2	ϕ16 mm	游标卡尺		
	3	ϕ10 mm	游标卡尺		
	4	ϕ8 mm	游标卡尺		
	5	35 mm	游标卡尺		
	6	10.5 mm	游标卡尺		
	7	4.5 mm	游标卡尺		
	8	10 mm	游标卡尺		
几何精度(特形面)	9	R2 mm	半径样板、曲线样板		
	10	R8 mm	半径样板、曲线样板		
表面结构要求	11	Ra 3.2 μm	表面粗糙度比较样块		
其他项目	12	倒角、去毛刺	目测法		
	13	其他未注项目	自定		

三、注意事项

1. 用曲线样板和半径样板比对测量特形面时,必须通过工件中心。

2. 测量面是圆弧,容易打滑移位,测量时应保证通过工件圆心,测到各个方向最高点的位置才是实际尺寸。

培训单元2　特形面的加工误差分析

→ 能对特形面进行加工误差分析。
→ 能预防车削特形面时产生的误差。

车削特形面时产生误差的原因与预防措施见表4-3-4。

表4-3-4　车削特形面时产生误差的原因与预防措施

误差项目	产生原因	预防措施
1. 工件轮廓不正确	（1）用成形车刀车削时，车刀形状刃磨得不正确，没有按主轴中心高度安装车刀，工件受切削力产生变形造成误差	（1）仔细刃磨成形车刀，车刀高度安装准确，适当减小进给量
	（2）用双手控制进给车削时，纵、横向进给不协调	（2）加强车削练习，使纵、横向进给协调
	（3）用靠模加工时，靠模形状不准确，安装得不正确或靠模传动机构中存在间隙	（3）使靠模形状准确，安装正确，调整靠模传动机构中的间隙
2. 工件表面粗糙	（1）车削复杂零件时，进给量过大	（1）减小进给量
	（2）工件刚度差或刀头伸出过长，车削时产生振动	（2）增加工件安装刚度及刀具安装刚度
	（3）刀具几何角度不合理	（3）合理选择刀具几何角度
	（4）材料切削性能差，未经过预备热处理，难于加工；如产生积屑瘤，表面更粗糙	（4）对材料进行预备热处理，改善切削性能；合理选择切削用量，避免产生积屑瘤
	（5）切削液选择不当	（5）合理选择切削液

培训模块 五
螺纹加工

培训项目 1 工艺准备

培训单元1　普通螺纹的标注与计算

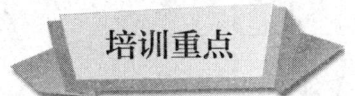

→ 了解普通螺纹的分类及相关参数。
→ 能识读普通螺纹标注。
→ 能对普通螺纹基本尺寸进行计算。

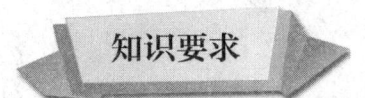

在圆柱或圆锥表面上,沿着螺旋线所形成的具有相同剖面的连续凸起和沟槽称为螺纹。在机械制造业中,许多零件都具有螺纹。由于螺纹既可用于连接、紧固及调节,又可用来传递动力或改变运动形式,因此应用十分广泛。螺纹的加工方法有多种,在专业生产中多采用滚压螺纹、轧螺纹及搓螺纹等系列加工工艺,而在一般的机械加工中,通常采用车削的方法来进行加工。

螺纹的种类很多,有三角形螺纹、梯形螺纹、锯齿形螺纹及矩形螺纹等,它们各有特点。在车削螺纹时要根据螺纹的特点,掌握螺纹车削的要领,车出符合质量要求的螺纹。本书主要讲述普通三角形螺纹的车削加工。

一、普通螺纹的种类及用途

普通螺纹是应用最广泛的一种三角形螺纹,牙型角为60°,主要用于连接、紧固及调节。它分为粗牙普通螺纹和细牙普通螺纹两种。公称直径相同时，细牙螺纹的螺距比粗牙螺纹的螺距小。

二、普通螺纹的主要参数

1. 螺纹的术语

沿向右上升的螺旋线形成的螺纹（即顺时针旋入的螺纹）称为右旋螺纹，简称右螺纹；沿向左上升的螺旋线形成的螺纹（即逆时针旋入的螺纹）称为左旋螺纹，简称左螺纹。

2. 螺纹的各部分名称

普通三角形螺纹的基本牙型如图 5-1-1 所示。

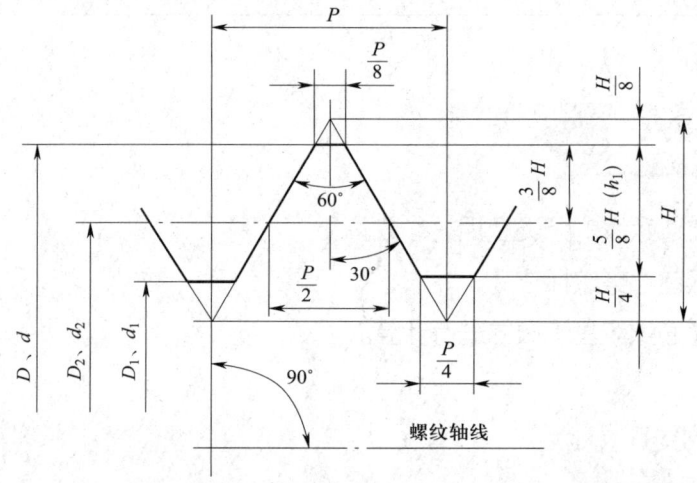

图 5-1-1 普通三角形螺纹的基本牙型

（1）螺纹牙型、牙型角和牙型高度

1）螺纹牙型：在通过螺纹轴线剖面上的螺纹轮廓形状。

2）牙型角（α）：在螺纹牙型上，两相邻牙侧间的夹角。

3）牙型高度（h_1）：在螺纹牙型上，牙顶到牙底在垂直于螺纹轴线方向上的距离。

（2）螺纹直径

1）公称直径：代表螺纹尺寸的直径，除管螺纹外，公称直径是指螺纹大径的基本尺寸。

2）外螺纹大径（d）：也称外螺纹顶径；外螺纹小径（d_1），也称外螺纹底径。

3）内螺纹大径（D）：也称内螺纹底径；内螺纹小径（D_1），也称内螺纹顶径。

4)中径（d_2、D_2）：是一个假想的圆柱或圆锥直径，为该圆柱或圆锥的素线通过牙型上沟槽和凸起宽度相等的地方。同规格的外螺纹中径和内螺纹中径公称尺寸相等。

（3）螺距（P）。相邻两牙在中径线上对应两点间的轴向距离称为螺距。

（4）导程（P_h）。导程是指圆柱或圆锥面上的同一条螺旋线上的相邻两牙在中径线上对应两点间的距离，用公式 $P_h=nP$（n 为螺纹线数）计算。单线螺纹的导程等于螺距。

（5）螺纹升角（φ）。螺纹升角是指在中径圆柱或中径圆锥上，螺旋线的切线与垂直于螺纹轴线的平面之间的夹角，如图 5-1-2 所示。

$$\tan\varphi = \frac{nP}{\pi d_2}$$

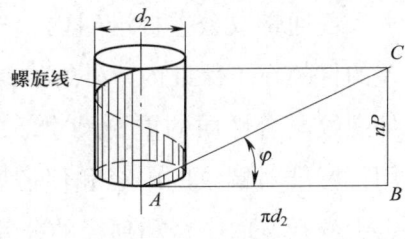

图 5-1-2　螺纹升角

三、普通螺纹的公差带和公差精度

1. 普通螺纹的公差带

普通螺纹的公差带由公差带位置和公差带的大小两个要素组成。

（1）公差带的位置。公差带的位置是指公差带起始点离开基本牙型的距离，该距离被称之为基本偏差。普通螺纹的基本偏差主要用于容纳涂镀层和螺纹件的装配间隙，是选择公差带位置的主要依据，并应按下列规定选取内、外螺纹的公差带位置。

1）外螺纹公差带位置

① a、b、c、d、e、f、g：基本偏差（es）为负值，如图 5-1-3a 所示。

② h：基本偏差（es）为零，如图 5-1-3b 所示。

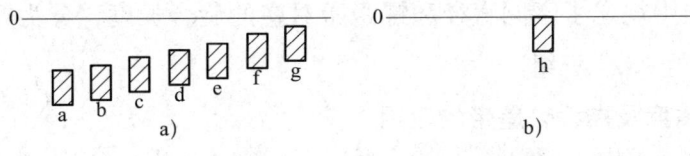

图 5-1-3　外螺纹公差带位置

a）公差带位置为 a~g　b）公差带位置为 h

2）内螺纹公差带位置

① G：基本偏差（EI）为正值，如图 5-1-4a 所示。

② H：基本偏差（EI）为零，如图 5-1-4b 所示。

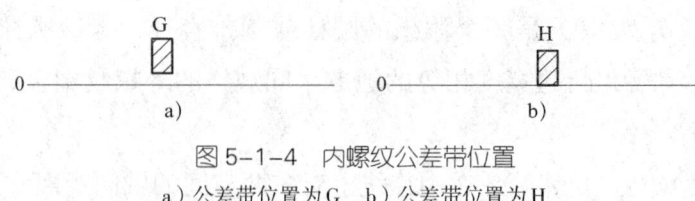

图 5-1-4 内螺纹公差带位置
a）公差带位置为 G　b）公差带位置为 H

（2）普通螺纹的公差等级。公差等级是以公差值的多少来区分的，它代表公差带的大小。

普通螺纹公差标准对内、外螺纹的顶径和中径均规定有公差。规定顶径公差的目的在于保证内、外螺纹旋合后能有足够的接触高度。中径公差是决定内、外螺纹配合性质的重要尺寸，是螺纹质量的关键所在。根据不同直径的不同作用，标准对螺纹的中径和顶径规定有数量不等的公差等级。设计者应在下列规定中分别选取中径和顶径的公差等级。标准中没有规定内、外螺纹的底径公差，底径的尺寸是由工艺来保证的。

普通螺纹公差等级见表 5-1-1。

表 5-1-1　普通螺纹公差等级（摘自 GB/T 197—2018）

种别	螺纹直径		公差等级
内螺纹	中径	D_2	4、5、6、7、8
	小径（顶径）	D_1	
外螺纹	中径	d_2	3、4、5、6、7、8、9
	大径（顶径）	d	4、6、8

2. 旋合长度及其分组

旋合长度影响螺纹的公差精度，螺纹越长加工越困难，需给予更大的公差值。国家标准中规定了不同直径和螺距所对应的旋合长度，分为短组（S）、中组（N）和长组（L）三组。

3. 公差精度及推荐公差带的应用

（1）公差精度分级

螺纹的公差精度是衡量螺纹质量的综合指标，在国际标准中将其称为公差质量。它不仅取决于螺纹的公差等级，还与螺纹的旋合长度密切相关，其重要程度可以在内、外螺纹的推荐公差带表中得到体现。普通螺纹公差标准根据使用场合将螺纹的公差精度分为下面三级。

1）精密：用于精密螺纹。
2）中等：用于一般用途螺纹。
3）粗糙：用于制造螺纹有困难场合，如在热扎棒料上和深盲孔内加工螺纹。

（2）推荐公差带及其选用原则

1）为减少量刃具数量，应优先按表 5-1-2 和表 5-1-3 选取螺纹公差带。

表 5-1-2　内螺纹的推荐公差带

公差精度	公差带位置 G			公差带位置 H		
	S	N	L	S	N	L
精密	—	—	—	4H	5H	6H
中等	(5G)	6G	(7G)	5H	6H	7H
粗糙	—	(7G)	(8G)	—	7H	8H

表 5-1-3　外螺纹的推荐公差带

公差精度	公差带位置 e			公差带位置 f			公差带位置 g			公差带位置 h		
	S	N	L	S	N	L	S	N	L	S	N	L
精密	—	—	—	—	—	—	—	(4g)	(5g4g)	(3h4h)	4h	(5h4h)
中等	—	6e	(7e6e)	—	6f	—	(5g6g)	6g	(7g6g)	(5h6h)	6h	(7h6h)
粗糙	—	(8e)	(9e8e)	—	—	—	—	8g	(9g8g)	—	—	—

2）依据螺纹公差精度（精密、中等、粗糙）等级和旋合长度组别（S、N、L）确定螺纹公差带。

3）如果不知道螺纹旋合长度的实际值，推荐按中等旋合长度（N）选取螺纹公差带。

4）推荐公差带的优先选择顺序为：粗字体公差带、一般字体公差带、括号内公差带。带方框的粗字体公差带用于大量生产的紧固件螺纹。

（3）内、外螺纹公差带的组合。表 5-1-2 的内螺纹公差带能与表 5-1-3 的外螺纹公差带任意组合，但是，为了保证内、外螺纹间有足够的接触高度，推荐完工后的螺纹件优先组成 H/g、H/h 或 G/h 配合。对于公称直径小于 1.4 mm 的螺纹，应选用 5H/6h、4H/6h 或更精密的配合。

（4）涂镀螺纹的公差带。如无特殊说明，推荐公差带适用于涂镀前的螺纹；涂镀后，螺纹实际轮廓上的任何点均不应超越由公差位置 H、h 所确定的最大实体牙型。

4. 多线螺纹公差

多线螺纹的顶径公差与具有相同螺距单线螺纹的顶径公差相同。

多线螺纹的中径公差等于具有相同螺距单线螺纹的中径公差（参见标准 GB/T 197—2018）乘以修正系数。修正系数参见标准 GB/T 197—2018。

四、普通螺纹的标注

普通螺纹的标注见表 5-1-4。

表 5-1-4 普通螺纹的标注

普通螺纹	特征代号	代号标记示例及注释	标注示例

粗牙	M	M10—5g
		M 10 — 6H
		           └ 内螺纹公差带代号
		    └ 公称直径
		└ 普通螺纹代号（粗牙不标螺距）
			M10—5g M10—6H

细牙		中径公差带代号 顶径公差带代号
		M 24 × 1.5 5g6g—LH
		                  └ 左旋
		          └ 公差带代号
		      └ 螺距
		    └ 公称直径
		└ 普通螺纹代号
			M24×1.5—6H—LH $\sqrt{Ra\,1.6}$
			M24×1.5—5g6g—LH $\sqrt{Ra\,1.6}$

说明：

（1）粗牙普通螺纹不标螺距。

（2）左旋标注 LH，右旋不标旋向代号。

（3）旋合长度有长旋合长度 L、中等旋合长度 N 和短旋合长度 S，中等旋合长度不标注。

（4）螺纹公差带代号中，前者为中径公差带代号，后者为顶径公差带代号，表示螺纹连接时的松紧程度，用数字和字母表示。数字代表公差等级，数字越小、精度越高，制造越难。字母代表尺寸与标准尺寸偏离的程度（即公差带位置），外螺纹用小写字母表示，有 a、b、c、d、e、f、g、h 八个字母，离 h 字母越近，间隙越小；内螺纹用大写字母表示，只有 G、H 两个字母。如果中径和顶径的公差代号相同，标一组代号就可以了。

（5）普通螺纹标记中不标注中等公差精度（公称直径≤1.4 mm 时的 5H、6h 和公称直径≥1.6 mm 时的 6H、6g）的公差带代号。

五、普通螺纹的尺寸计算

三角形螺纹各部分名称、代号和计算公式见表 5-1-5。

表 5-1-5 三角形螺纹各部分名称、代号和计算公式

名称		代号	计算公式
外螺纹	牙型角	α	$60°$
	原始三角形高度	H	$H=0.866P$
	牙型高度	h_1	$h_1=\dfrac{5}{8}H=\dfrac{5}{8}\times 0.866P=0.5413P$
	中径	d_2	$d_2=d-2\times\dfrac{3}{8}H=d-0.6495P$
	小径	d_1	$d_1=d-2h_1=d-1.0825P$
内螺纹	中径	D_2	$D_2=d_2$
	小径	D_1	$D_1=d_1$
	大径	D	$D=d=$ 公称直径
	螺纹升角	φ	$\tan\varphi=\dfrac{nP}{\pi d_2}$

[例 5-1] 计算螺纹 M20×2 的各部分尺寸。

解：已知 $d=20$ mm，$P=2$ mm，依据表 5-1-2 可计算如下：

$d_2=D_2=d-0.6495P=20$ mm-0.6495×2 mm$=18.701$ mm

$d_1=D_1=d-1.0825P=20$ mm-1.0825×2 mm$=17.835$ mm

$H=0.866P=0.866\times 2$ mm$=1.732$ mm

$h_1=0.5413P=0.5413\times 2$ mm$=1.083$ mm

$H/4=1.732$ mm$/4=0.433$ mm

$H/8=1.732$ mm$/8=0.217$ mm

培训单元 2　普通螺纹车刀的刃磨

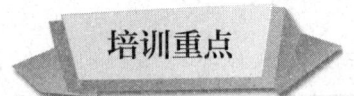

- 能刃磨高速钢普通螺纹车刀。
- 能刃磨硬质合金普通螺纹车刀。

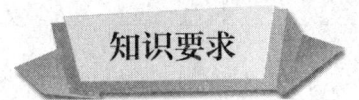

一、普通螺纹车刀的特点

车削普通螺纹的方法有低速车削和高速车削两种。低速车削使用高速钢螺纹车刀，高速车削使用硬质合金螺纹车刀。

1. 高速钢螺纹车刀的特点

高速钢螺纹车刀容易刃磨，而且韧性较好，刀尖不易崩裂，切削刃比较锋利，容易得到较高的表面结构质量，但高速钢的耐热性较差。因此，高速钢螺纹车刀适用于低速车削精度较高的螺纹和大螺距螺纹。

2. 硬质合金螺纹车刀的特点

硬质合金螺纹车刀的硬度高，耐热性较高，但抗冲击能力差，多用于高速车削螺纹时使用。

二、普通螺纹车刀的几何角度

1. 普通螺纹车刀的基本几何角度

螺纹车刀按加工性质分属于成形刀具，其切削部分的形状应当和螺纹牙型的轴向截面形状相符合，即车刀的刀尖角应该等于牙型角。

（1）刀尖角应等于牙型角。车削普通螺纹时刀尖角为60°。

（2）前角一般为0°~15°。因为螺纹车刀的背前角对牙型角有很大影响，所以精车或车削精度要求高的螺纹时，背前角取得小些，一般为0°~5°。

（3）后角一般为5°~10°。因受螺纹升角的影响，进给方向一侧的后角应磨得稍大些，但对大直径、小螺距的三角形螺纹，这种影响可忽略不计。

2. 高速钢螺纹车刀的几何角度

为了车削顺利，粗车刀应选用较大的背前角（$\gamma_p=15°$）；为了获得较正确的牙型，精车刀应选用较小的背前角（$\gamma_p=6°\sim10°$）。

（1）高速钢普通外螺纹车刀的几何形状和几何角度如图 5-1-5 所示。

（2）高速钢普通内螺纹车刀的几何形状和几何角度如图 5-1-6 所示。

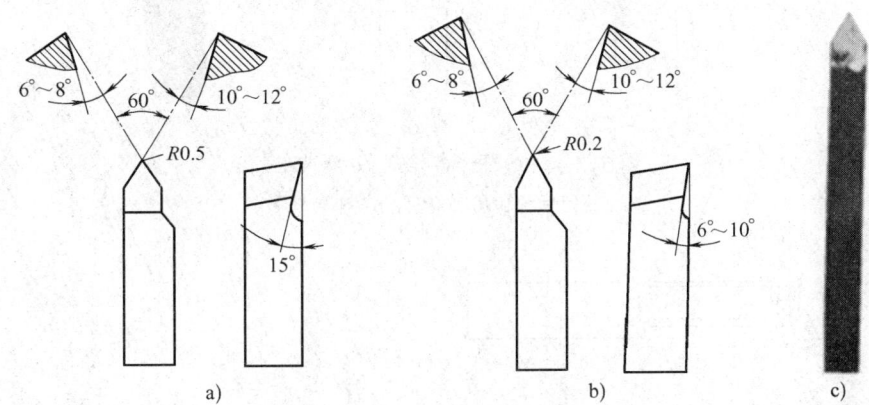

图 5-1-5　高速钢普通外螺纹车刀
a）粗车刀　b）精车刀　c）车刀外形

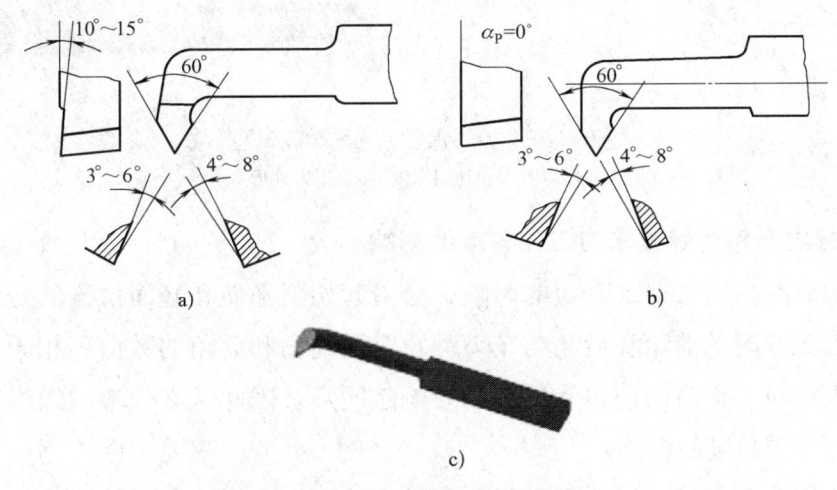

图 5-1-6　高速钢普通内螺纹车刀
a）粗车刀　b）精车刀　c）车刀外形

3. 硬质合金螺纹车刀的几何角度

（1）硬质合金外螺纹车刀几何形状和几何角度如图 5-1-7 所示。

（2）硬质合金内螺纹车刀几何形状和几何角度如图 5-1-8 所示。

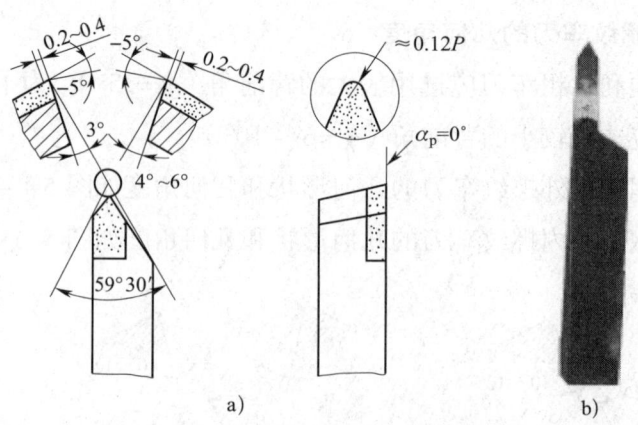

图 5-1-7　硬质合金普通外螺纹车刀
a）几何形状和几何角度　b）车刀外形

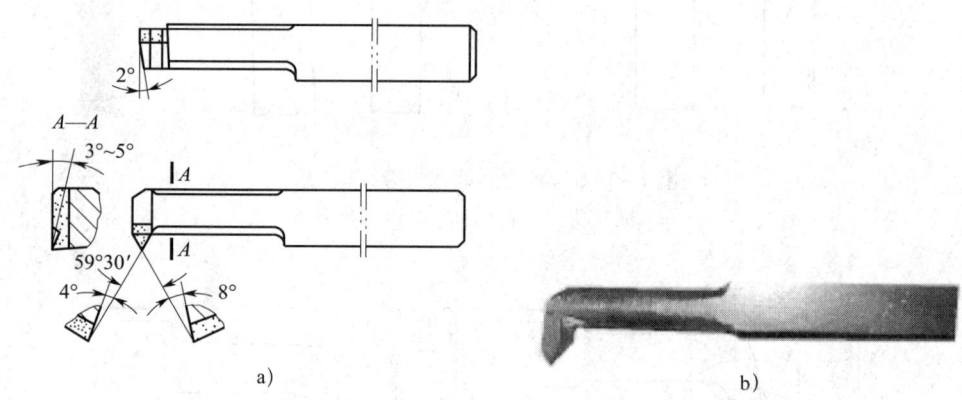

图 5-1-8　硬质合金普通内螺纹车刀
a）几何形状和几何角度　b）车刀外形

4. 螺纹升角对螺纹车刀工作角度的影响

车螺纹时，由于螺纹升角的影响，会引起切削平面和基面位置的变化，从而使车刀工作时的前角和后角与车刀静止时的前角和后角的数值不相同。螺纹升角越大，对工作时的前角和后角的影响越明显。因此，必须考虑螺纹升角对螺纹车刀工作角度的影响。

（1）螺纹升角对螺纹车刀工作前角的影响。由于螺旋运动的影响，切削时车刀的工作前角也发生了变化，如图 5-1-9a 所示。

如果静止时车刀前角 $\gamma_{oe}=0°$，切削右螺纹时，左切削刃上的工作前角为 $0°+\varphi$，右切削刃上的工作前角为 $0°-\varphi$。这时右切削刃上的工作前角为负值，对切削很不利，排屑困难。为了改善切削条件，可将车刀法向（垂直于螺旋线）安装，这时两侧切削刃工作前角都为 $0°$，如图 5-1-9b 所示，或在车刀两切削刃上磨出较大前角的卷屑槽，如图 5-1-9c 所示。这样可使切削顺利，并有利于排屑。法向装刀时，在前面上也可磨出有较大前角的卷屑槽，如图 5-1-9d 所示，这样切削更顺利。

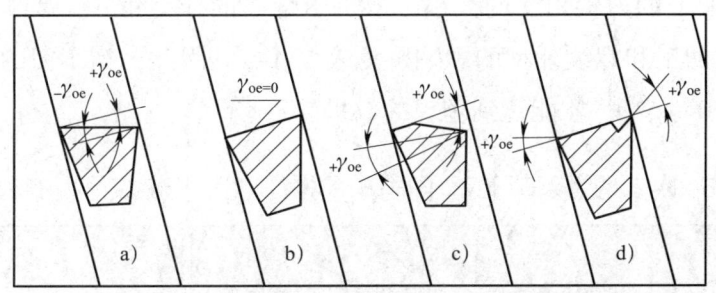

图 5-1-9　螺纹升角对螺纹车刀工作前角的影响
a）水平装刀　b）法向装刀　c）水平装刀且磨出较大前角的卷屑槽
d）法向装刀且磨有较大前角的卷屑槽

（2）螺纹升角对螺纹车刀工作后角的影响。螺纹车刀的工作后角一般为 $3°\sim5°$。当不存在螺纹升角时（如横向进给车槽），车刀左、右切削刃的工作后角与刃磨后角相同。但在车削螺纹时，由于螺纹升角的影响，车刀左、右切削刃的工作后角与刃磨后角不相同，如图 5-1-10 所示。螺纹车刀左、右切削刃刃磨后角可根据表 5-1-6 来确定。

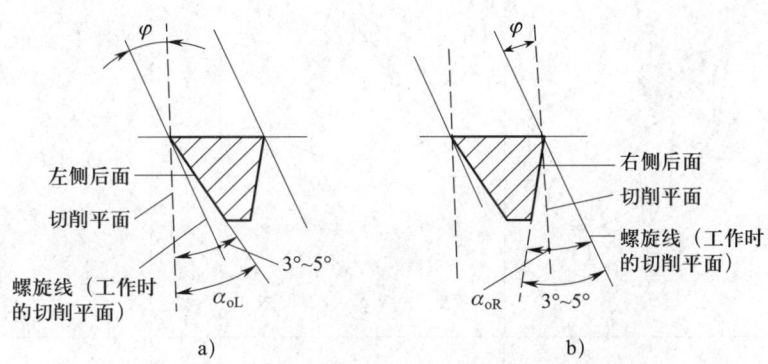

图 5-1-10　车右旋螺纹时螺纹升角对螺纹车刀工作后角的影响
a）左侧切削刃　b）右侧切削刃

表 5-1-6　螺纹车刀左、右切削刃刃磨后角的计算公式

螺纹车刀的刃磨后角	左侧切削刃的刃磨后角 α_{oL}	右侧切削刃的刃磨后角 α_{oR}
车右旋螺纹	$\alpha_{oL}=(3°\sim5°)+\varphi$	$\alpha_{oR}=(3°\sim5°)-\varphi$
车左旋螺纹	$\alpha_{oL}=(3°\sim5°)-\varphi$	$\alpha_{oR}=(3°\sim5°)+\varphi$

5. 螺纹车刀背前角对螺纹牙型的影响

螺纹车刀的刀尖角 ε_r 是指车刀两刀刃在基面上的投影之间的夹角。径向前角又称背前角 γ_p。当 $\gamma_p=0°$ 时，$\varepsilon_r'=\varepsilon_r$；当 $\gamma_p>0°$ 时，$\varepsilon_r'<\varepsilon_r$。螺纹车刀两刃夹角 ε_r'（又称前面上的刀尖角）的大小，取决于螺纹的牙型角 α。螺纹车刀的背前角 γ_p 对螺纹加工和螺纹牙型的影响，见表 5-1-7。因此，精车刀的背前角应取得较小（$\gamma_p=0°\sim5°$），才能达到理想的效果。

表 5-1-7 螺纹车刀的背前角 γ_p 对螺纹加工和螺纹牙型的影响

背前角 γ_p	螺纹车刀的两刃夹角 ε_r' 和螺纹牙型角 α 的关系	车出的螺纹牙型角 α 与螺纹车刀的两刃夹角 ε_r' 的关系	螺纹牙侧	应用
0°	$\varepsilon_r'=\alpha=60°$	$\alpha=\varepsilon_r'=60°$	直线	适用于车削精度要求较高的螺纹，同时可增大螺纹车刀两侧切削刃的后角来提高切削刃的锋利程度，减小螺纹牙型两侧表面粗糙度值
>0°	$\varepsilon_r'=\alpha=60°$	$\alpha>\varepsilon_r'$，即 $\alpha>60°$，背前角 γ_p 越大，牙型角的误差也越大	曲线	不允许，必须对车刀两切削刃夹角 ε_r' 进行修正
5°~15°	$\varepsilon_r'<\alpha$，$\varepsilon_r'=58°18'\sim59°49'$	$\alpha=\varepsilon_r'=60°$	曲线	车削精度要求不高的螺纹或粗车螺纹

三、普通螺纹车刀的刃磨

1. 普通螺纹车刀的刃磨要求

(1) 刀尖角应等于牙型角。

(2) 螺纹车刀的两个切削刃必须刃磨平直,且不能出现崩刃。

(3) 螺纹车刀切削部分不能歪斜,刀尖半角应对称。

(4) 螺纹车刀的前面比两个后面的表面粗糙度值要小。

(5) 内螺纹车刀的后角应适当增大,通常磨成双重后角。

(6) 刃磨时,人的站立姿势要正确。在刃磨整体式内螺纹车刀内侧时,注意不能将刀尖磨歪斜。

(7) 刃磨螺纹车刀的切削刃时,要稍带做左右、上下移动,这样容易使刀刃平直。

2. 高速钢普通螺纹车刀的刃磨步骤

(1) 高速钢普通外螺纹车刀的刃磨步骤见表5-1-8。

表5-1-8 外螺纹车刀的刃磨步骤

步骤	图示	操作说明
1. 粗磨左侧后面	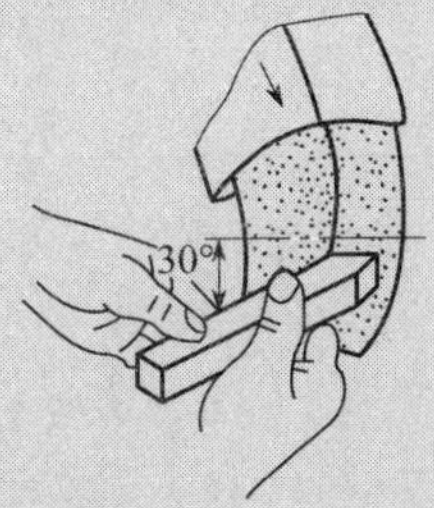	双手握刀,使刀杆与砂轮外圆水平方向为30°夹角,垂直方向倾斜8°~10°。车刀与砂轮接触后稍加压力,并均匀慢慢地移动,磨出后面,即磨出牙型半角及左侧后角
2. 粗磨右侧后面	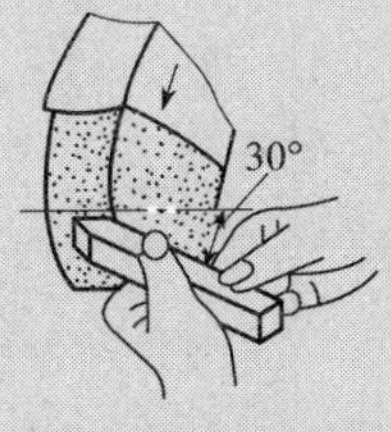	粗磨右侧后面,控制刀尖角及后角,方法同粗磨左侧后面
3. 比对刀尖角	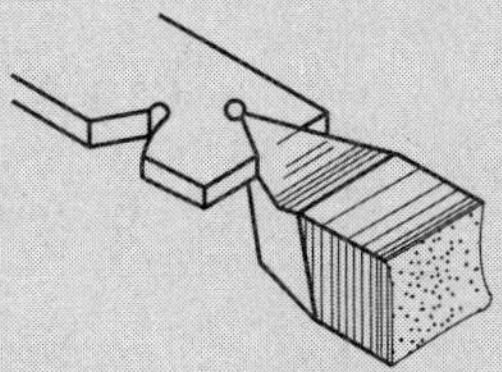	用三角形螺纹样板(或游标万能角度尺)检查刃磨角度

续表

步骤	图示	操作说明
4. 精磨左侧后面	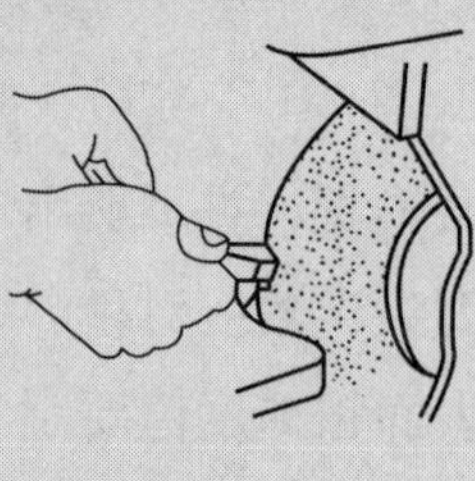	两手握刀，根据检测结果，调整刃磨位置，按粗磨左侧后面的方法精修左侧后面
5. 精磨右侧后面	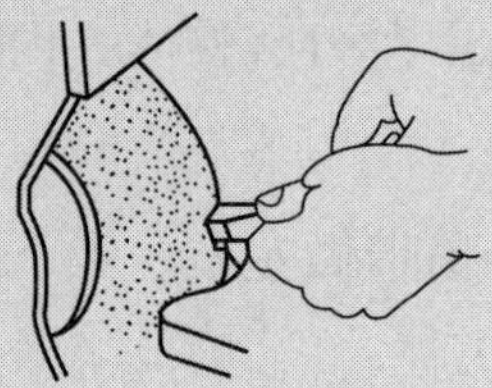	两手握刀，按粗磨右侧后面的方法精修右侧后面
6. 刃磨前面	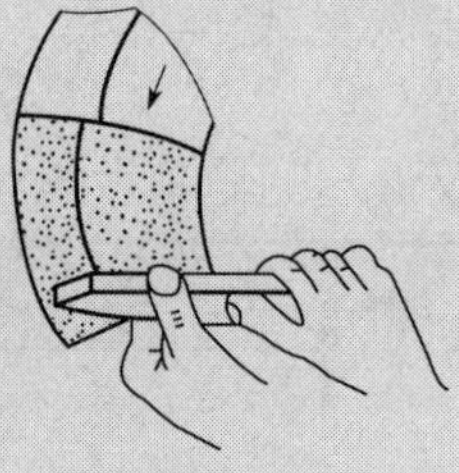	将车刀前面与砂轮水平面方向做10°~15°倾斜，同时垂直方向做微量倾斜，使左侧切削刃略低于右侧切削刃。前面与砂轮接触后稍加压力刃磨，逐渐磨至近刀尖处
7. 刃磨刀尖	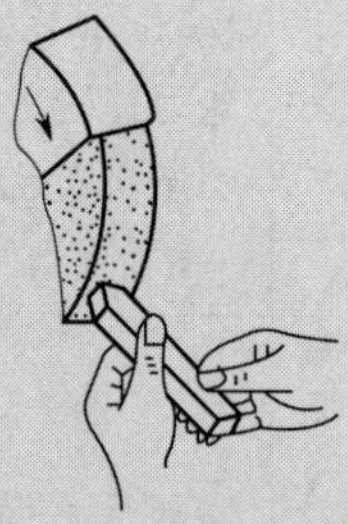	车刀刀尖对准砂轮外圆，按要求磨出刀尖（刀尖倒棱或磨成圆弧，宽度约为0.1P）
8. 研磨	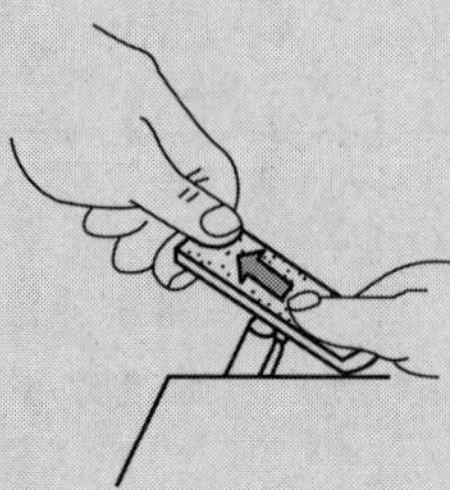	用油石研磨，注意保持刃口锋利

提示：

　　刃磨车削窄槽、高台阶的螺纹车刀时，应将螺纹车刀进给方向一侧的切削刃磨短些，否则车削时不利于退刀，易擦伤轴肩，如图 5-1-11 所示。

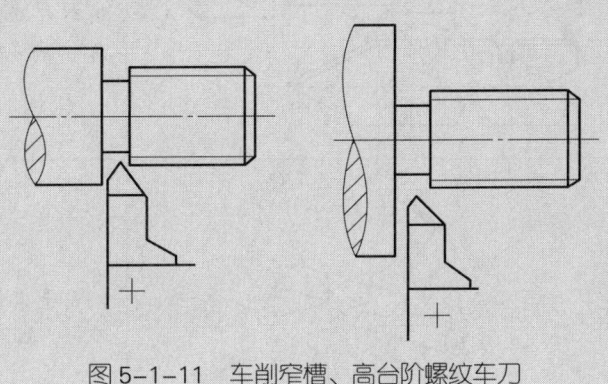

图 5-1-11　车削窄槽、高台阶螺纹车刀

（2）高速钢普通内螺纹车刀的刃磨步骤见表 5-1-9。

表 5-1-9　内螺纹车刀的刃磨步骤

步骤	图示	操作说明
1. 线切割割出基本形状		在线切割机上割出内螺纹车刀刀头和刀杆的基本形状
2. 精磨左侧后面		刀杆与砂轮外圆形成的夹角约为60°，精磨左侧切削刃，控制刀尖半角及左侧后角
3. 精磨右侧后面		刀杆与砂轮右平面形成的夹角约为60°，精磨右侧切削刃，控制刀尖半角及右侧后角

续表

步骤	图示	操作说明
4. 比对刀尖角	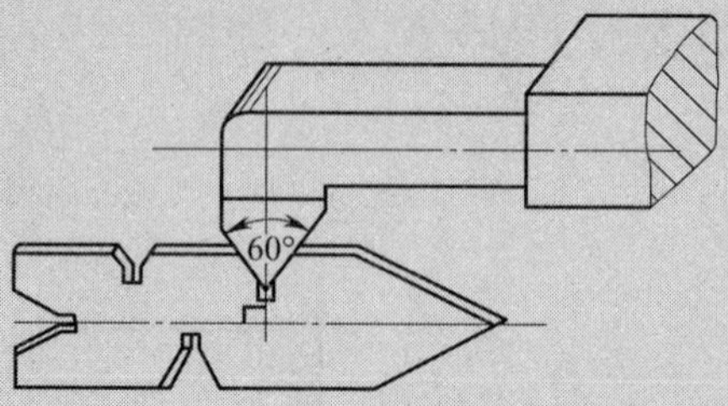	用三角形螺纹样板透光检测车刀刀尖角，并要求刀尖角中心线与刀杆垂直
5. 刃磨前面	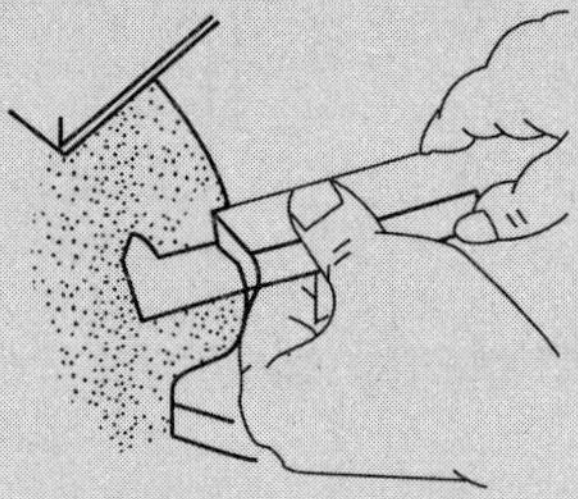	左手握住刀头，右手握住刀杆，粗、精磨前面
6. 刃磨刀尖	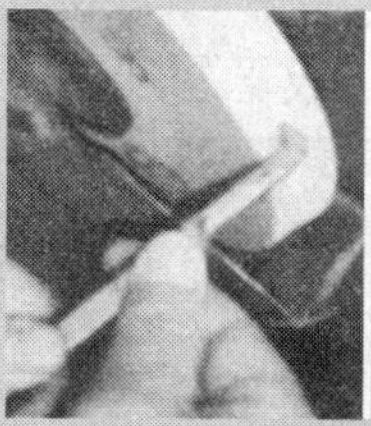	车刀刀尖对准砂轮外圆，按要求磨出刀尖（刀尖倒棱或磨成圆弧，宽度约为0.1P）
7. 刀头下部磨出圆弧	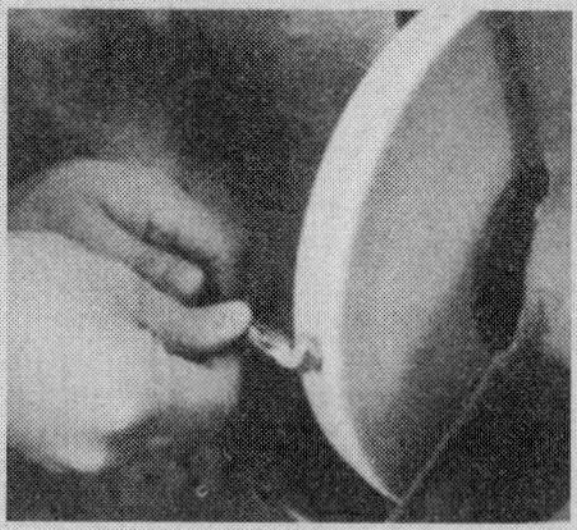	为防止与螺纹顶径相碰，刀头下部磨出圆弧，以形成两个后角
8. 研磨	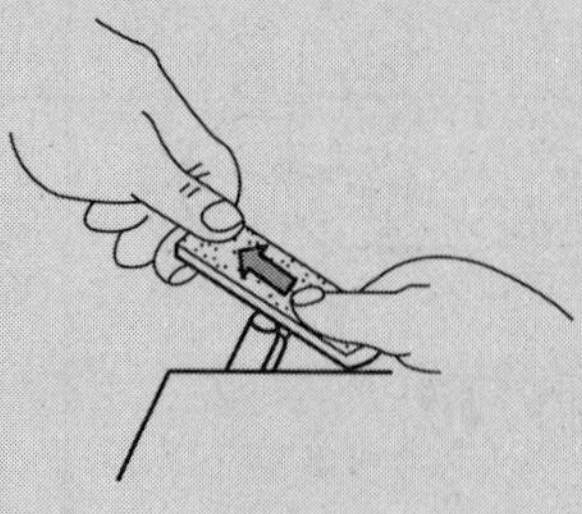	用油石研磨，注意保持刃口锋利

提示：

在刃磨盲孔内螺纹车刀时，应控制刀尖至刀杆同左侧面的距离，一般要小于1/2退刀槽宽度，左侧切削刃要磨得短些，可使切削刃两侧在退刀槽中留有一定的空当，如图5-1-12所示。

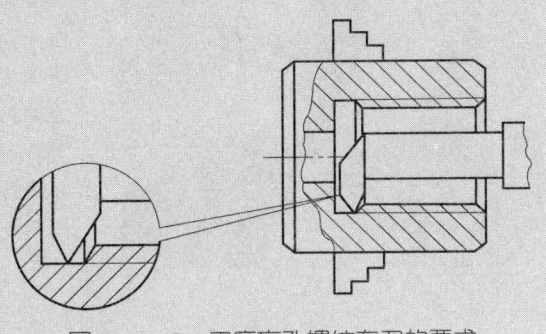

图5-1-12 刃磨盲孔螺纹车刀的要求

3. 硬质合金普通螺纹车刀的刃磨步骤

（1）硬质合金普通外螺纹车刀的刃磨步骤见表5-1-10。

（2）硬质合金普通内螺纹车刀的刃磨步骤见表5-1-11。

表5-1-10 硬质合金普通外螺纹车刀的刃磨步骤

步骤	图示	操作说明
1. 粗磨左侧后面		选用碳化硅砂轮。双手握住车刀，使刀杆与砂轮外圆水平方向为30°夹角，垂直方向倾斜8°～10°，稍加压力，均匀缓慢地移动，磨出左侧后面
2. 粗磨右侧后面		粗磨右侧后面，控制刀尖角及后角，方法同粗磨左侧后面。两侧切削刃初步形成60°刀尖角

续表

步骤	图示	操作说明
3. 粗磨前面	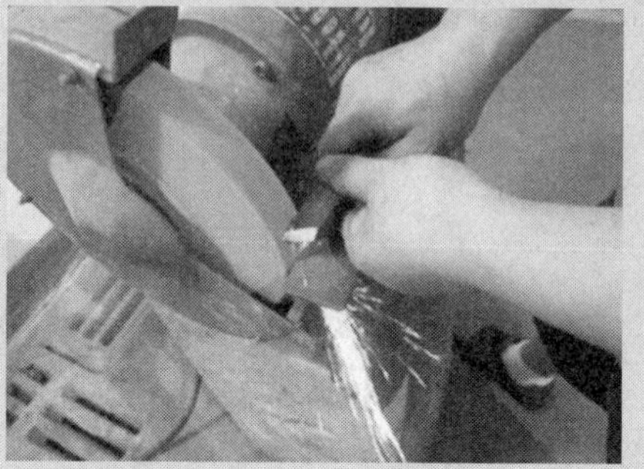	将车刀前面与砂轮水平面方向做10°~15°倾斜，同时垂直方向做微量倾斜，使左侧切削刃略低于右侧切削刃。前面与砂轮接触后稍加压力刃磨，逐渐磨至近刀尖处
4. 精磨三个刀面	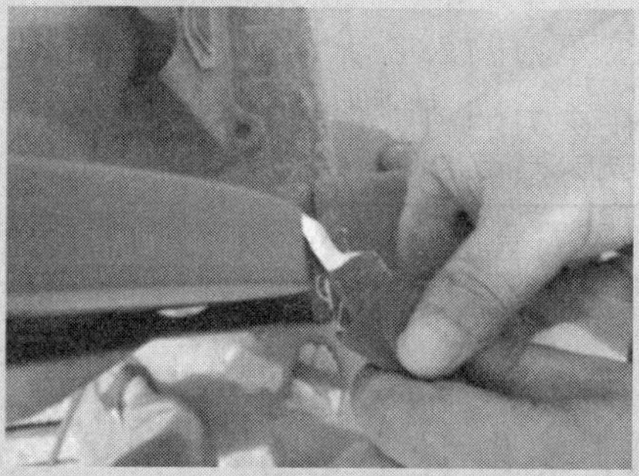	分别精磨三个刀面
5. 比对刀尖角		因车刀有背前角，所以三角形螺纹样板应水平放置，做透光检查，发现角度不正确及时修复至合格为止

续表

步骤	图示	操作说明
6. 刃磨刀尖	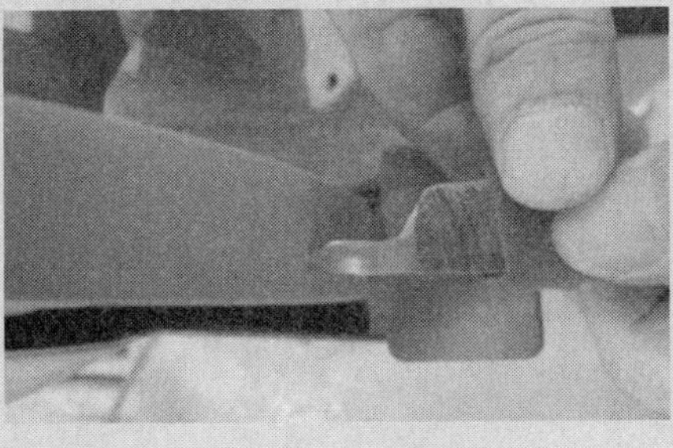	车刀刀尖对准砂轮外圆,按要求磨出刀尖(刀尖倒棱或磨成圆弧,宽度约为 0.1P)
7. 研磨		用油石研磨车刀前面、后面,刃磨完成

表 5-1-11 硬质合金普通内螺纹车刀的刃磨步骤

步骤	图示	操作说明
1. 粗磨左侧后面	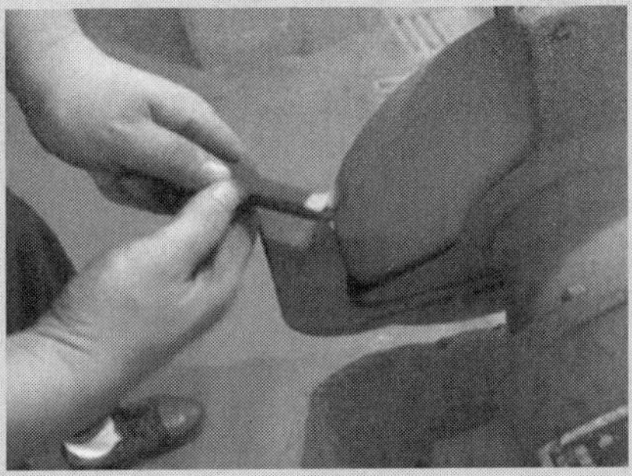	选用碳化硅砂轮。双手握住车刀,使刀杆与砂轮外圆水平方向为 30°夹角,垂直方向倾斜 8°~10°,稍加压力,均匀缓慢地移动,磨出左侧后面
2. 粗磨右侧后面		粗磨右侧后面,控制刀尖角及后角,方法同粗磨左侧后面。两侧切削刃初步形成 60°刀尖角

续表

步骤	图示	操作说明
3. 粗磨背前角	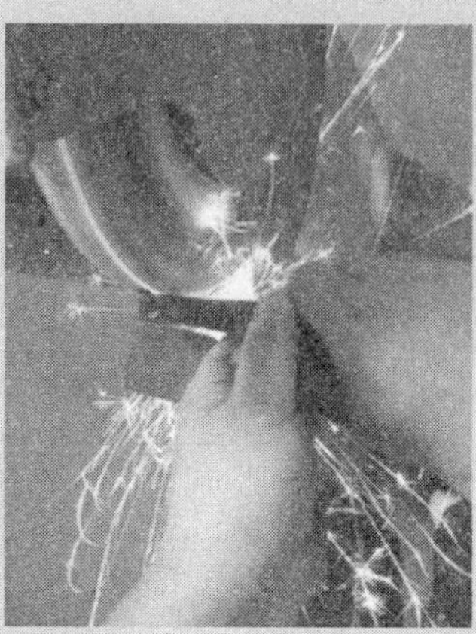	将车刀前面与砂轮水平面方向做10°~15°倾斜，同时垂直方向做微量倾斜，使左侧切削刃略低于右侧切削刃。前面与砂轮接触后稍加压力刃磨，逐渐磨至近刀尖处
4. 精磨三个刀面	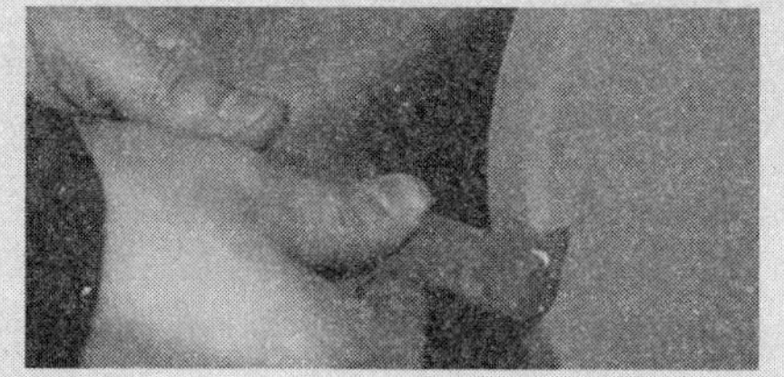	分别精磨三个刀面
5. 比对刀尖角	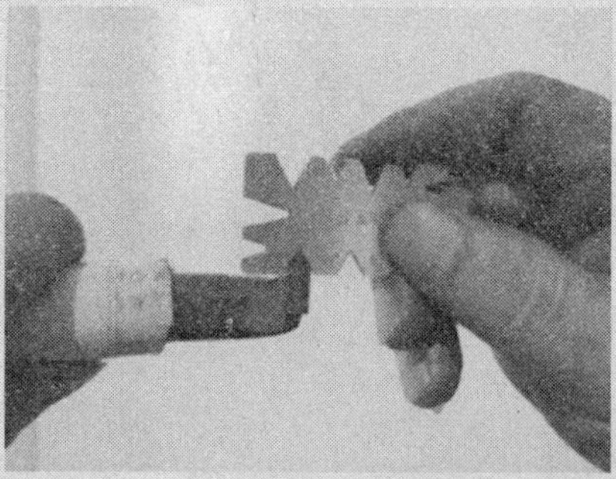	因车刀有背前角，所以三角形螺纹样板应水平放置，做透光检查，发现角度不正确及时修复至合格为止
6. 刃磨刀尖	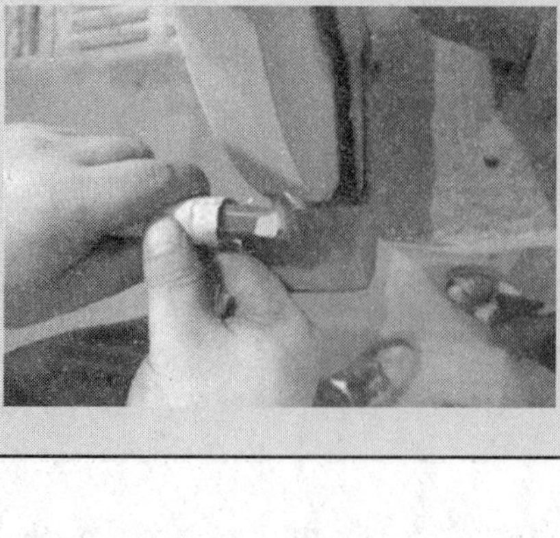	车刀刀尖对准砂轮外圆，按要求磨出刀尖（刀尖倒棱或磨成圆弧，宽度约为0.1P）

续表

步骤	图示	操作说明
7. 刀头下部磨出圆弧	 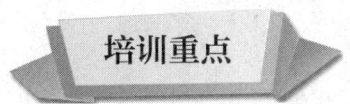	为防止与螺纹顶径相碰，刀头下部磨出圆弧，以形成两个后角
8. 研磨	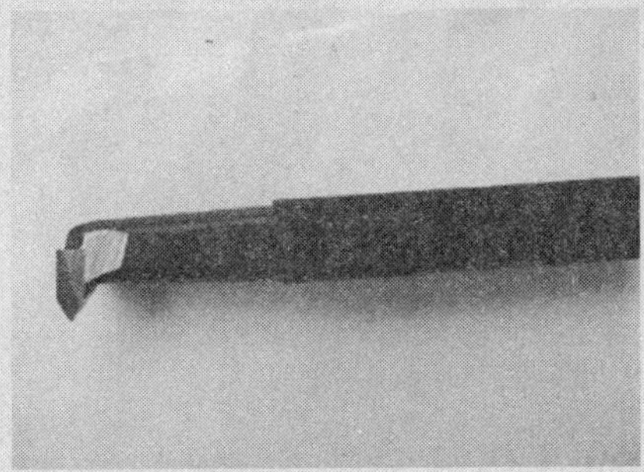 	用油石研磨车刀前面、后面，刃磨完成

培训单元3　板牙和丝锥的使用

培训重点

→ 了解板牙和丝锥的结构。
→ 能正确选择板牙和丝锥及其配套的工具。

知识要求

一、板牙的使用

1. 板牙的结构

板牙是加工外螺纹的标准刀具之一，大多用合金钢制成，是一种标准的多刃螺纹加工工具。板牙按外形和用途分为圆板牙、方板牙、六角板牙、管形板牙等。其中以圆板牙应用最广，其结构如图 5-1-13 所示。它像一个圆螺母，板牙上有 4~6 个排屑孔，排屑孔与圆板牙内螺纹相交处为切削刃，两端的锥角都是切削部分，因此正反都可使用。圆板牙中间一段为校准部分。

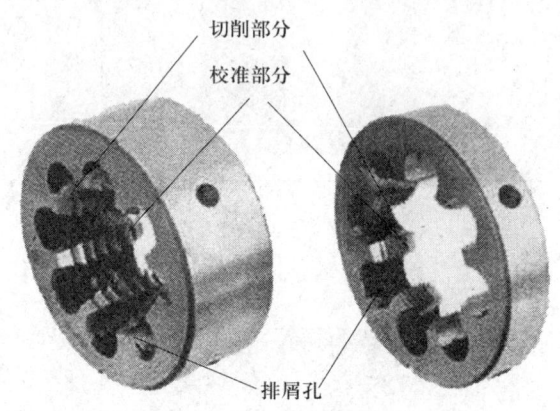

图 5-1-13　圆板牙

一般直径不大于 16 mm 或螺距小于 2 mm 的外螺纹，可用板牙在车床上直接切制出来；直径大于 16 mm 的螺纹，可粗车螺纹后，再套螺纹。

2. 套螺纹前工件外径的确定

套螺纹时，工件外圆比螺纹的公称直径略小（按工件螺距大小确定）。一般圆杆直径可按下式计算：

$$d_0 = d - (0.13 \sim 0.15)P$$

式中　d_0——圆杆直径，mm；

　　　d——螺纹大径，mm；

　　　P——螺距，mm。

3. 套螺纹工具

（1）板牙架。板牙架是手工套螺纹时用来夹持板牙的工具，如图 5-1-14 所示。

板牙架的外圆有紧定螺钉和调整螺钉，使用时，紧定螺钉将板牙紧固在板牙中，并传递套螺纹时的转矩。当使用的圆板牙带有 V 形调整槽时，通过调节紧定螺钉和调整螺钉，可使板牙螺纹直径在一定范围内变动。

（2）板牙套。板牙套是在机床上套螺纹时板牙的放置工具。使用时，板牙套套在尾座套筒上，如图 5-1-15 所示。

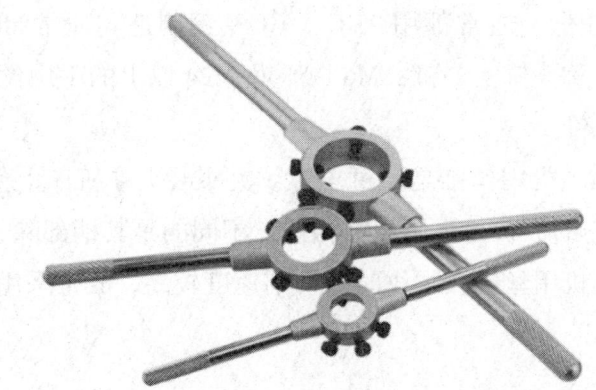

图 5-1-14 板牙架

图 5-1-15 板牙套

二、丝锥的使用

攻螺纹是用丝锥切削内螺纹的一种加工方法。丝锥一般是用高速钢或工具钢制成的一种成形多刃刀具，可以加工车刀无法车削的小直径内螺纹，操作方便，工件互换性也好。

1. 丝锥的结构

丝锥是一种成形多刃刀具，其形状如图 5-1-16 所示。丝锥本质上为一螺钉，上面开有四条容屑槽，这些容屑槽形成了切削刃，同时也起到了排屑和通入切削液的作用。在丝锥前端的锥形部分起切削作用，后部圆柱部分有完整刀齿，对工件牙型起校准、修光作用，同时也为主要切削部分导向。

2. 丝锥的种类

丝锥的种类较多，按使用方法不同可分为手用丝锥和机用丝锥两大类。

（1）手用丝锥。手用丝锥是手工攻螺纹时用的一种丝锥（见图 5-1-17），常用于单件小批生产及各种修配工作中。制造手用丝锥时一般都不经磨削，工作时的切削速度较低,通常都用 9SiCr、GCr9 钢制造。通常 M6～M24 的手用丝锥每套为两支,称头锥、二锥;M6 以下及 M24 以上的手用丝锥每套有三支,即头锥、二锥、三锥。

(2)机用丝锥。机用丝锥是通过攻螺纹夹头装夹在机床上使用的一种丝锥(见图 5-1-18)。它的形状与手用丝锥相仿,不同的是其柄部除铣有方榫外,还割有一条环槽。因机用丝锥攻螺纹时的切削速度较高,故常采用 W18Cr4V 高速钢制造。

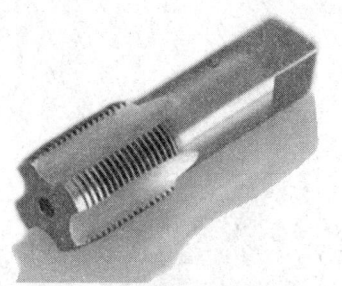

图 5-1-16 丝锥的形状

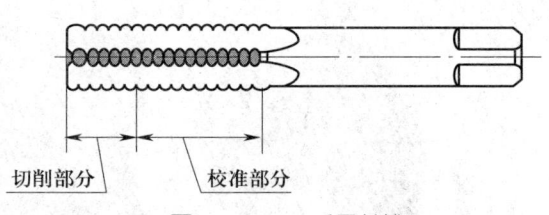

图 5-1-17 手用丝锥

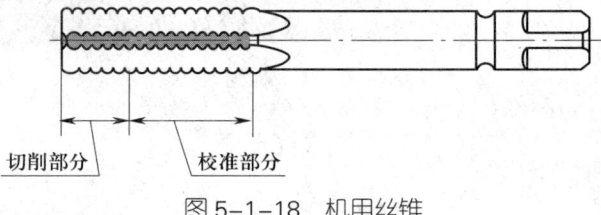

图 5-1-18 机用丝锥

3. 攻螺纹前工件有关尺寸的确定

(1)攻螺纹前的孔径 D。为了减小切削抗力和防止丝锥折断,攻螺纹前的孔径必须比螺纹小径稍大些,普通螺纹攻螺纹前的孔径可根据下列公式计算:

加工钢件和其他塑性较大的材料:

$$D_{孔} \approx D-P$$

加工铸件和其他塑性较小的材料:

$$D_{孔} \approx D-1.05P$$

式中 $D_{孔}$——攻螺纹前的孔径,mm;

D——螺纹大径,mm;

P——螺距,mm。

（2）孔口倒角。攻螺纹前应用60°锪孔钻或用车刀在孔口倒角，其直径要大于螺纹大径尺寸，如图5-1-19所示。

（3）盲孔螺纹底孔深度。攻制盲孔螺纹时，由于丝锥前端的切削刃不能攻制出完整的螺纹牙型，所以钻孔深度要大于螺纹的有效长度。通常钻孔深度约等于螺纹的有效长度加上螺纹公称直径的7/10。

4. 攻螺纹工具

（1）铰杠。铰杠是手工攻螺纹时用的一种辅助工具。铰杠分普通铰杠和丁字形铰杠两类，如图5-1-20所示。

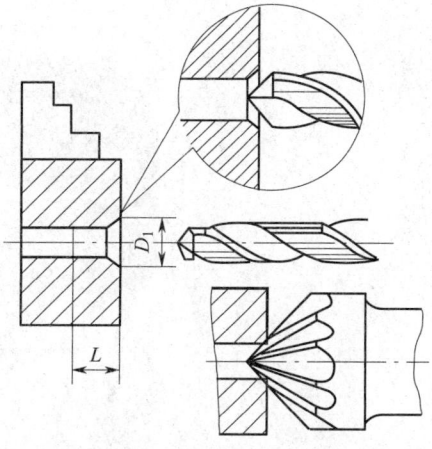

图5-1-19　钻螺纹底孔和孔口倒角

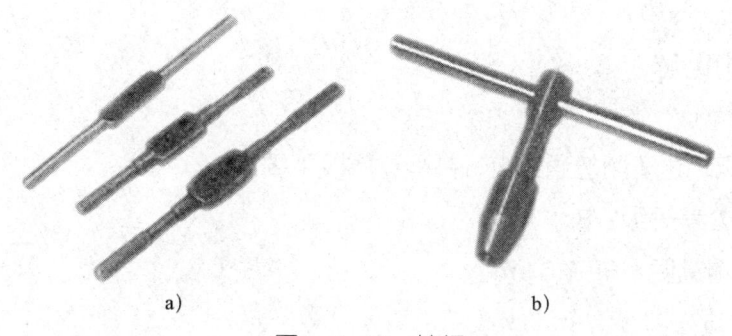

图5-1-20　铰杠
a）普通铰杠　b）丁字形铰杠

（2）滑动套筒。使用机用丝锥攻螺纹时，需采用如图5-1-21所示的攻螺纹工具。先将攻螺纹工具插入尾座套筒内，再将丝锥装入滑动套筒内，开动车床并摇动尾座手轮，才可攻螺纹。

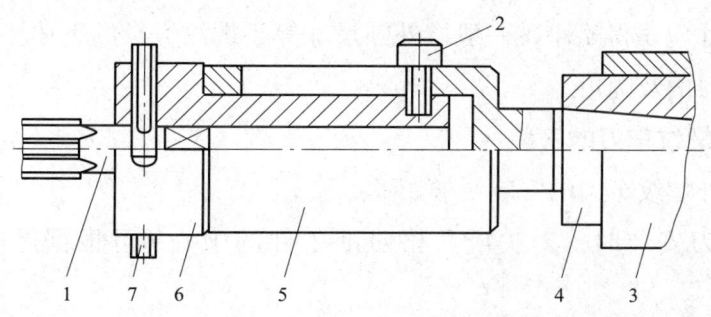

图5-1-21　车床攻螺纹工具及装夹
1—丝锥　2—销钉　3—尾座　4—尾座套筒　5—工具体　6—滑动套筒　7—螺钉

培训项目 2 工件加工

培训单元 1　普通螺纹的车削

能低速或高速车削普通螺纹，并能达到以下要求：
- 螺纹公差等级：8。
- 表面粗糙度：Ra 1.6 μm。

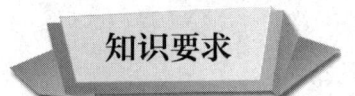

一、车螺纹前的工艺准备

1. 车削外圆、切退刀槽并倒角

外圆尺寸应车得略小，一般取外圆尺寸等于螺纹大径的下偏差。采用手动进给切出退刀槽及倒角。

2. 普通螺纹车刀的安装

三角形外螺纹车刀的安装要求如下：

（1）车刀安装时，刀尖应严格对准工件的中心（可根据尾座顶尖高度检查）。

（2）车刀刀尖角的角平分线应垂直于工件轴心线，可借助对刀样板或游标万能角度尺完成对刀，对刀操作如图 5-2-1 所示。

图 5-2-1 普通外螺纹车刀的对刀
a）用对刀样板对刀　b）用游标万能角度尺对刀

（3）车刀刀头伸出刀架不宜过长，一般为刀体厚度的 1~1.5 倍。

（4）当采用弹性刀杆（见图 5-2-2）时刀尖可略高于工件中心 0.1~0.2 mm。使用弹性刀杆可避免出现"扎刀"现象。

图 5-2-2 弹性刀杆

3. 车床的调整

为了车削出合格的螺纹，车削前应对车床局部进行必要的调整，如调整中、小滑板镶条间隙及丝杠与螺母的间隙等。

（1）中滑板的调整

1）丝杠与螺母的间隙调整。车床中滑板丝杠经过长时间使用后，由于磨损会造成丝杠与螺母的间隙，使得中滑板手柄与刻度盘正、反转时因反转间隙的影响空行程量加大，同时也会使得中滑板在螺纹车削时前后往复窜动，因而在螺纹车削前应进行适当的调整。具体调整方法见培训模块一培训项目 1。

2）刻度盘松紧的调整。中滑板刻度盘松紧不适当时，刻度盘不能跟随圆盘一起同步转动，造成未进刀的假象，因而极易发生事故。

如图 5-2-3 所示，调整时，先将锁紧螺母和调节螺母松开，抽出圆盘和圆盘中的

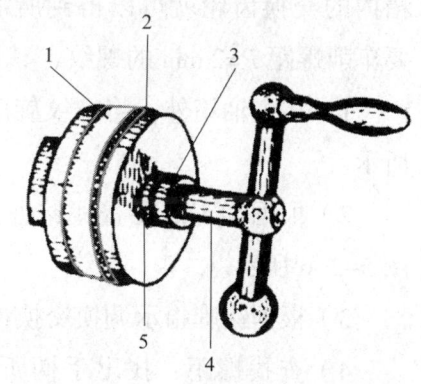

图 5-2-3 中滑板刻度盘的调整
1—刻度盘　2—圆盘　3—锁紧螺母
4—轴　5—调节螺母

弹簧片。如果刻度盘与圆盘连接太松，则适当增加弹簧的弯曲程度。如果刻度盘与圆盘连接太紧，则减小弹簧的弯曲程度，使其弹力减小一些。然后安装，并拧紧调节螺母，待刻度盘在圆盘上转动的松紧程度适宜时再将锁紧螺母锁紧。

（2）车床长丝杠轴向间隙的调整。车床长丝杠轴向间隙是导致长丝杠轴向窜动的主要原因，如果不加以适当的调整，车螺母时就会产生"窜刀""啃刀""扎刀"等不良现象，从而影响螺纹的加工精度。如图5-2-4所示，调整时，可适当拧紧圆螺母，测量丝杠轴向窜动值应在0.01 mm范围内，然后再将两个圆螺母拧紧。

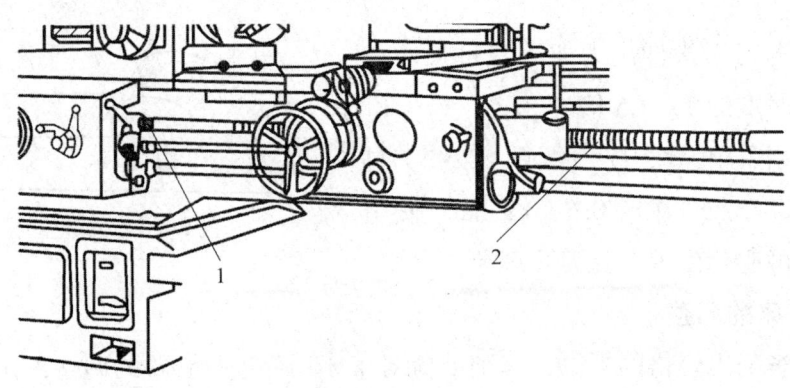

图 5-2-4　车床长丝杠轴向间隙的调整
1—圆螺母　2—长丝杠

（3）进给箱手柄与交换齿轮的调整。进给箱手柄与交换齿轮的调整一般只要按车床进给箱铭牌上标注的数据变换进给箱外手柄的位置，并配合交换齿轮箱内的交换齿轮就可以得到所需要的螺距（或导程）。以CA6140A车床为例，要车削螺距$P=2$ mm的螺纹，其调整步骤如下：

1）在主轴箱外，将螺纹旋向变换手柄放在"右旋螺纹"位置，如图5-2-5所示。

2）根据加工需要查找铭牌。普通螺纹车削加工时铭牌对应"t"区域，如图5-2-6所示。

3）根据铭牌指示调换交换齿轮。

4）查找螺距，找出手柄所需调整的位置。从图5-2-7中可看出，螺距P为2 mm时，进给箱外对应手柄调整至"B""3""Ⅱ"处。

5）根据位置将各手柄调整到位，如图5-2-7所示。

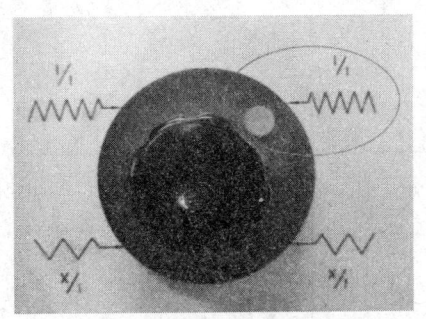
图 5-2-5 调整螺纹旋向变换手柄

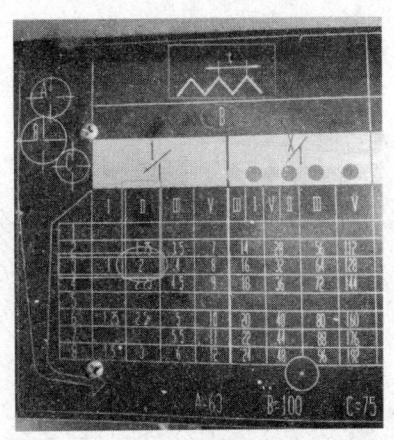
图 5-2-6 车削普通螺纹时铭牌的查找区域

图 5-2-7 调整进给箱各手柄

二、低速车削普通外螺纹

1. 低速车削普通外螺纹时的进刀方法

使用高速钢螺纹车刀低速车削的三角形螺纹精度高，表面粗糙度值小，但效率低。低速车削三角形螺纹的进刀方法有直进法、斜进法和左右切削法三种，见表 5-2-1。

2. 车削普通外螺纹的操作方法

车螺纹时，需要若干次走刀才能成形螺纹牙型，每次走刀都要有"进刀—切削—快速退出—快速返回"这四个动作组成的循环，如图 5-2-9 所示。

表 5-2-1 低速车削三角形螺纹的进刀方法

进刀方法	直进法	斜进法	左右切削法
图示	(横向进给)	(斜向进给)	(左右进给)
方法	车削时只用中滑板横向进给	在每次往复形成后，除中滑板横向进给外，小滑板只向一个方向做微量进给	除中滑板做横向进给外，同时用小滑板将车刀向左或向右做微量进给
加工性质	双面切削	单面切削	
加工特点	容易出现"扎刀"现象，但是能够获得正确的牙型角	不易出现"扎刀"现象，用斜进法粗车螺纹后，必须用左右切削法精车	不易出现"扎刀"现象，但小滑板的左右移动量不宜太大
使用场合	车削螺距较小（$P<2.5$ mm）的三角形螺纹	车削螺距较大（$P>2.5$ mm）的三角形螺纹	车削螺距较大（$P>2.5$ mm）的三角形螺纹

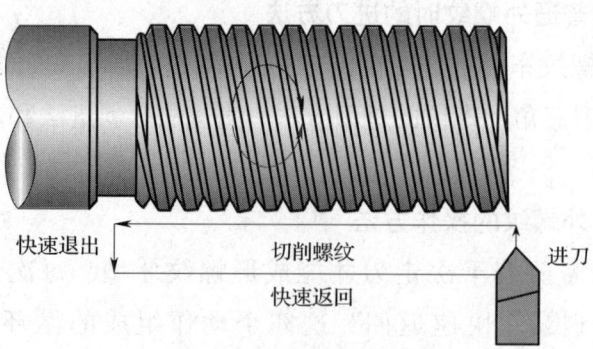

图 5-2-9 车螺纹的走刀循环

实现这种循环有两种操作方法，即闭合与断开开合螺母法和倒顺车法。前者适用于初学者，后者使用广泛。

（1）闭合与断开开合螺母法。这种方法是在每次走刀之前先闭合开合螺母，走刀结束后立即手动断开开合螺母，再手动横向退出和手动纵向快速返回车螺纹的起点。这种方法操作容易，适用于初学者，但手动操作多，费力费时，车削某些螺距的螺纹还会产生乱牙。闭合与断开开合螺母法车普通外螺纹的步骤见表 5-2-2。

表 5-2-2　闭合与断开开合螺母法车普通外螺纹的步骤

步骤	图示	操作说明
1. 调整车床	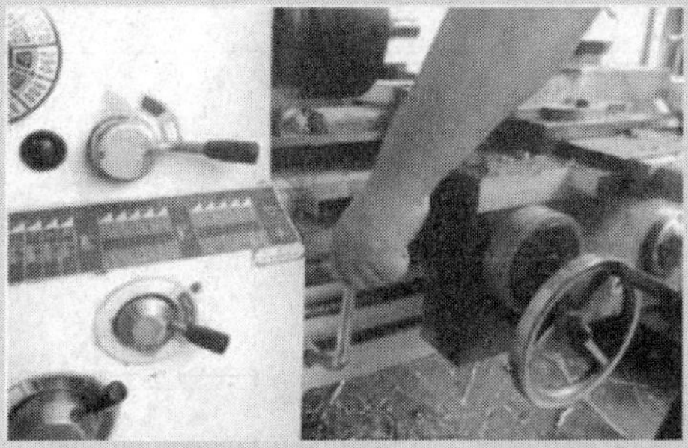	根据螺纹螺距调整各手柄位置，主轴正转
2. 对刀		刀尖轻触工件外圆表面，将中滑板刻度盘上的刻度调整成零位
3. 床鞍退刀		摇动床鞍手轮将车刀退至工件端面

续表

步骤	图示	操作说明
4. 中滑板进刀		根据螺纹进刀分配次数操纵中滑板手柄进刀至所需进刀量
5. 闭合开合螺母车削螺纹		闭合开合螺母，使床鞍带动车刀进给车削螺纹
6. 中滑板退刀		车至螺纹终点，操纵中滑板手柄退刀，同时断开开合螺母

续表

步骤	图示	操作说明
7. 重复以上操作		摇动床鞍手轮退刀后，操纵中滑板手柄进刀，闭合开合螺母使车刀进给，反复多次直至车削到进给量

（2）倒顺车法。这种方法是一直闭合开合螺母，走刀结束后立即在手动横向快速退出的同时，另一只手迅速操纵车床正、反转手柄使主轴反转，这时螺纹车刀自动快速纵向返回起点。这种操作方法在操作熟练后能提高生产效率，而且还不会出现"乱牙"现象，因此被广泛使用。倒顺车法车普通外螺纹的步骤见表5-2-3。

表5-2-3 倒顺车法车普通外螺纹的步骤

步骤	图示	操作说明
1. 调整车床		根据螺纹螺距调整各手柄位置，主轴正转
2. 对刀		刀尖轻触工件外圆表面，中滑板刻度盘上的刻度调整成零位

续表

步骤	图示	操作说明
3. 床鞍退刀		摇动床鞍手轮将车刀退至工件端面
4. 中滑板进刀		根据螺纹进刀分配次数操纵中滑板手柄进刀至所需进刀量
5. 闭合开合螺母车削螺纹		稍微移动一下床鞍使开合螺母顺利闭合
6. 退中滑板并同时打反车退刀		车至螺纹终点,退中滑板并同时打反车退刀

续表

步骤	图示	操作说明
7. 中滑板进刀		根据螺纹进刀分配次数操纵中滑板手柄进刀至所需进刀量
8. 反复多次操作		操纵手柄正转进给,反复多次直至车削到进给量

用倒顺车法车普通外螺纹时应注意以下几点:

1)换向。倒顺车换向不能太快,否则车床传动机构将受到瞬时冲击,容易损坏车床零部件。

2)终止位置。在切削前,应注意螺纹终止位置与卡爪、滑板与尾座之间的间隔不能太小,以避免由于惯性造成车刀与卡爪、滑板与尾座相碰。

3. 螺纹牙型深度与进刀格数计算

实际生产中普通螺纹总的背吃刀量可用常数 0.65 乘以螺距来计算:

$$a_p=0.65P$$

[例 5-2] 试计算 M24×2 螺纹总的背吃刀量 a_p。

解:$a_p=0.65P=0.65\times 2$ mm$=1.3$ mm

表 5-2-4 为低速车削三角形螺纹时的最少进给次数,供参考。

4. 切削用量的选择

(1)车削普通螺纹时切削用量的推荐值,见表 5-2-5。

表 5-2-4 低速车削三角形螺纹时的最少进给次数

进给次数	M16（P=2 mm） 中滑板进刀格数	M16 小滑板进刀格数 左	M16 小滑板进刀格数 右	M20（P=2.5 mm） 中滑板进刀格数	M20 小滑板进刀格数 左	M20 小滑板进刀格数 右	M24（P=3 mm） 中滑板进刀格数	M24 小滑板进刀格数 左	M24 小滑板进刀格数 右
1	10	0		11	0		11	0	
2	6	3		7	3		7	3	
3	4	2		5	3		5	3	
4	2	2		3	2		4	2	
5	1	0.5		2	1		3	2	
6	1	0.5		1	1		3	1	
7	0.25	0.5		1	0		2	1	
8	0.25		2.5	0.5	0.5		1	0.5	
9	0.5		0.5	0.25	0.5		0.5	1	
10	0.5		0.5	0.25		3	0.5	0	
11	0.25		0.5	0.5		0	0.25	0.5	
12	0.25		0	0.5		0.5	0.25	0.5	
13				0.25		0.5	0.5		3
14				0.25		0	0.5		0
15	螺纹牙型深度 =1.3 mm，n=26 格			螺纹牙型深度 =1.625 mm，n=32.5 格			0.25		0.5
16							0.25		0
							螺纹牙型深度 =1.95 mm，n=39 格		

表 5-2-5 车削普通螺纹时的切削用量的推荐值

工件材料	刀具材料	螺距（mm）	切削速度 v_c（m/min）	背吃刀量 a_p（mm）
45 钢	P10	2	60～90	余量分 2～3 次完成
45 钢	W18Cr4V	2.5	粗车：15～30 精车：5～7	粗车：0.15～0.30 精车：0.05～0.08
铸铁	K20	2	粗车：15～30 精车：15～25	粗车：0.20～0.40 精车：0.05～0.10

（2）车削普通螺纹时切削用量的选择原则

1）根据工件材料选择。加工塑性金属时，切削用量应相应增大；加工脆性金属时，切削用量应相应减小。

2）根据加工性质选择。粗车螺纹时切削用量可选得较大，精车螺纹时切削用量宜选小些。

3）根据螺纹车刀的刚度选择。车外螺纹时，切削用量可选得较大；车内螺纹时，由于刀杆刚度较低，切削用量宜选小些。

4）根据进刀方式选择。直进法车削时切削用量可取小些，斜进法和左右切削法车削时切削用量可选大些。

5. 外螺纹车刀中途对刀的方法

不管车削哪一类螺纹，在车削过程中都会出现刀尖磨损或者刀头主切削刃被碰缺或损坏的现象，导致车刀不能再加工或者加工达不到要求，此时，车刀要拆下重新修磨并中途换刀。一旦中途换刀，必须重复螺纹车刀的安装步骤，而且车刀刀尖还必须对准已经加工过的螺旋槽。中途对刀步骤见表5-2-6。

表5-2-6　中途对刀步骤

步骤	图示	说明
1. 正转进刀	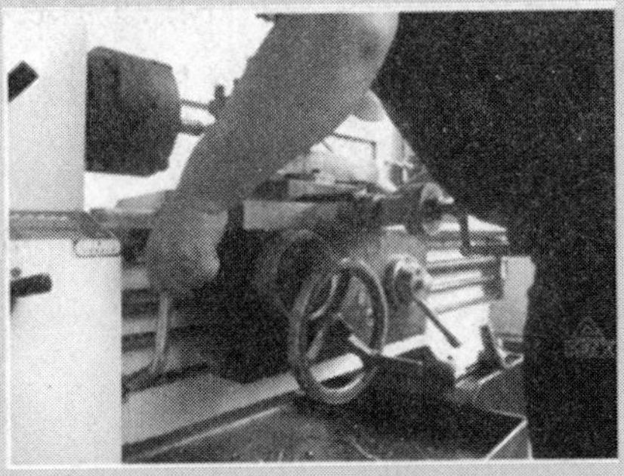	新车刀安装好后，开动车床，正转进刀，刀尖不要碰螺纹
2. 手动调节		移动小滑板，使刀尖对准没车好的螺纹

步骤	图示	说明
3. 刀尖对准螺旋槽	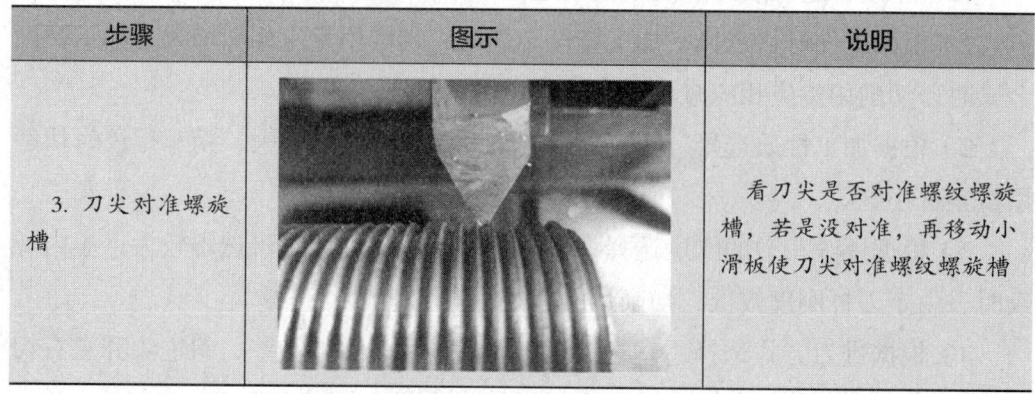	看刀尖是否对准螺纹螺旋槽，若是没对准，再移动小滑板使刀尖对准螺纹螺旋槽

6. 乱牙及其避免方法

车削螺纹时，一般都要经过数次行程才能完成。当一次工作行程结束后，快速把车刀退出，迅速断开开合螺母，使之脱离丝杠，并将床鞍退回到起始位置，进刀后闭合开合螺母进行第二次工作行程。若在车削时车刀未能切入原来的螺旋槽内，把螺旋槽车乱，称为乱牙。

（1）产生乱牙的原因。一般是当丝杠转过一转时，工件未转过整数转而造成的。车削螺纹时，工件和丝杠都在旋转，车刀沿工件轴线方向进给，当开合螺母断开后，车刀停止自动进给。若要再次进给，至少要等丝杠转过一转后才能重新闭合开合螺母。当丝杠转过一转时，工件转过整数转，车刀刀尖刚好在原来切削过的螺旋槽内，即不会产生乱牙。如丝杠转过一转，而工件未转过整数转，车刀刀尖不在切削过的螺旋槽内，就会产生乱牙。

[例 5-3] 车床丝杠螺距为 6 mm，车削螺距为 3 mm 和 8 mm 两种螺纹，试分别判断是否会乱牙。

解： 当车削 $P_工 = 3$ mm 的螺纹时

$$i = \frac{P_工}{P_丝} = \frac{n_丝}{n_工} = \frac{3}{6} = \frac{1}{2}$$

即丝杠转过 1 转时，工件转了 2 转，不会产生乱牙。

当车削 $P_工 = 8$ mm 的螺纹时

$$i = \frac{P_工}{P_丝} = \frac{n_丝}{n_工} = \frac{8}{6} = \frac{4}{3} = \frac{1}{1\frac{3}{4}}$$

即丝杠转过 1 转时，工件转了 3/4 转，所以车刀在二次进刀切削时，它的刀尖切在 3/4 牙处，就会产生乱牙。

（2）预防车螺纹时乱牙的方法。一般采用倒顺车法，即在一次行程结束时不断开开合螺母，把车刀沿径向退出后，将主轴反转，使螺纹车刀沿纵向退回，再进行第二次车削。这样反复来回车削螺纹的过程中，因主轴、丝杠和刀架之间的传动没有分离，车刀刀尖始终在原来的螺旋槽中，所以不会产生乱牙。如果车削时开合螺母手柄因受力过大而自动弹起时，可在开合螺母手柄上挂置重物，如图 5-2-10 所示。其缺点是在车削螺纹的过程中螺母与丝杆一直在啮合传动，对丝杆与螺母的磨损较大，影响车床的传动精度。而且退刀是打反转退刀，不如用手摇动床鞍手轮退刀快，故在一定程度上会影响生产效率。

图 5-2-10　在开合螺母手柄上挂置重物

7. 车削普通外螺纹的安全注意事项

（1）车削螺纹前

1）检查各手柄位置。要检查交换齿轮箱、交换齿轮和进给箱各手柄位置是否正确，开合螺母是否闭合到位，然后检查螺距是否正确。加工首件零件时的第一刀背吃刀量要很小（有刀痕即可），确认螺距是否正确。

2）调整间隙。检查并调整刻度盘、滑板镶条部分及滑板丝杠与螺母之间的间隙，以防"扎刀"。

（2）车螺纹操作

1）车削进给时要记住刻度盘上的读数，并且要注意刻度盘不要多摇 1 圈。

2）车削螺纹时应防止出现螺纹小径不清、牙底变宽的现象。

3）螺纹粗车后，要留适当的精车余量。

4）车削铸铁螺纹时背吃刀量不应过大，以防螺纹牙尖崩碎而造成废品。

5）车削无退刀槽的螺纹时，螺纹收尾长度要符合零件技术要求（一般为 1/2 螺距），每次退刀要均匀一致，否则易使刀尖崩碎。

6）加工中及时冷却。高速钢低速切削螺纹，要根据工件材料选择合适的切削液。

三、低速车普通内螺纹

1. 普通内螺纹的形式和车削特点

三角形内螺纹按形状结构分为通孔螺纹、台阶孔螺纹、盲孔螺纹等，如图 5-2-11 所示。其车刀分为通孔螺纹车刀与盲孔螺纹车刀，如图 5-2-12 所示。一般来说，盲孔螺纹车刀也可以加工通孔螺纹。车削内螺纹时，为了提高刀杆刚度，在保证切屑能顺利排出的同时尽量增大刀杆的横截面积，但要注意车刀退刀时不要碰伤内螺纹牙底。

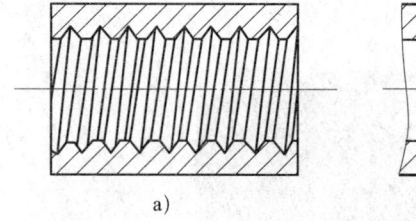 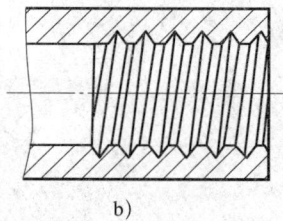 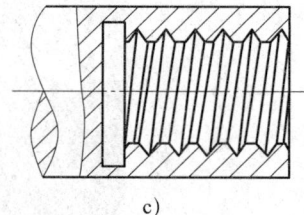

图 5-2-11　内螺纹形状
a）通孔螺纹　b）台阶孔螺纹　c）盲孔螺纹

内螺纹的车削方法与外螺纹的车削方法基本相同，但退刀方向相反。因内螺纹车刀细长，刚度差，切屑不易排出，车削时不易观察等原因，车削内螺纹比车削外螺纹要困难一些。

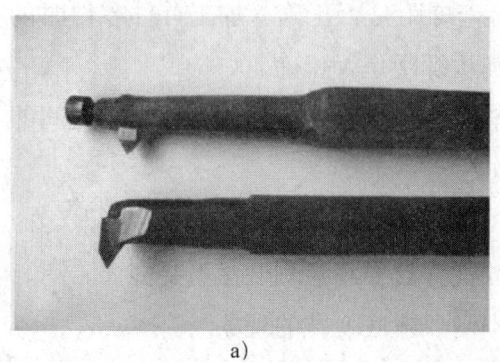 

图 5-2-12　内螺纹车刀
a）通孔螺纹车刀　b）盲孔螺纹车刀

2. 车削内螺纹前孔径计算

车削内螺纹时，一般先钻孔或扩孔。由于车削时的挤压作用使内孔直径缩小，尤其塑性金属更为明显，所以车螺纹前的孔径应略大于螺纹小径。底孔孔径可按下式计算确定：

车削塑性材料时：$D_{孔}=D-P$；车削脆性材料时：$D_{孔} \approx D-1.05P$。

3. 背吃刀量和进刀格数计算

背吃刀量可按公式 $a_p=0.65P$ 计算，进刀格数可参照车外螺纹的分配方法。对于螺距小于 1.5 mm 的内螺纹，可采用直进法车削。粗车时，背吃刀量以递减形式，逐渐将中径车至留 0.2～0.3 mm 余量，再以每次 0.03～0.05 mm 的背吃刀量精车至图样尺寸。

4. 切削用量的选择

切削用量可参照低速车削普通外三角形螺纹来选择。

5. 车削工艺安排

（1）车削螺纹方法

1）车削内螺纹前，先把工件内孔、端面和倒角等车好。车盲孔螺纹和台阶孔螺纹时，还要车退刀槽。退刀槽的直径应大于内螺纹的大径，槽宽为 2～3 mm，并与台阶端面切平，不能有小台阶。

2）选择合理的切削速度，并根据螺纹的螺距调整进给箱各手柄位置。

3）内螺纹车刀装夹好后，启动车床，对刀，并记住中滑板刻度盘上的刻度值或将中滑板刻度盘调至零刻度处。

4）用中滑板进刀，控制每次车削的背吃刀量，进刀方向与车外螺纹时的进刀方向相反，如图 5-2-13 所示。

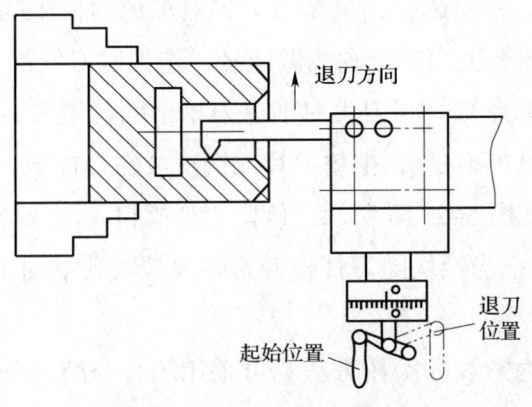

图 5-2-13　车内螺纹的退刀方向

5）闭合开合螺母车削内螺纹。当车刀移动至标记位置或溜板箱手轮刻度显示到达螺纹长度位置时，快速退刀，同时压下操纵杆使主轴反转或断开开合螺母，将车刀退至螺纹孔起始位置。

6）经多次进刀、车削后，使总背吃刀量等于螺纹牙型深度。

（2）盲孔内螺纹两端倒角与退刀位置的控制

1）螺纹孔两端倒角的方法。车内螺纹前应对螺纹孔两端倒角。倒角时，螺纹车刀刀尖与螺纹轻轻接触后，将中滑板刻度盘上的刻度调至零位，然后摇动中滑板手柄进至螺纹背吃刀量（可略深一些），移动床鞍或小滑板慢慢进给，分别车削两端倒角，如图 5-2-14 所示。

2）退刀位置的控制

①划线法。移动床鞍使螺纹车刀刀尖对准退刀槽的中间位置时，在车床导轨或刀杆上划线做记号，作为退刀位置，如图 5-2-15 所示。车螺纹时眼看着刻线退刀。

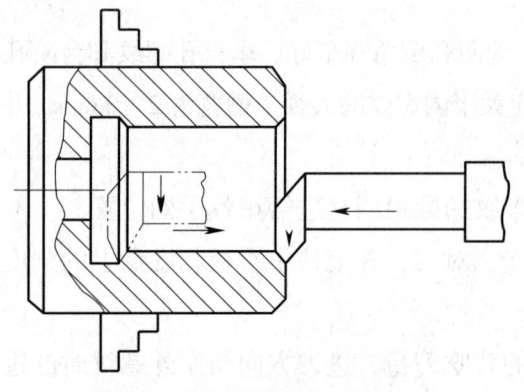
图 5-2-14　螺纹孔两端倒角

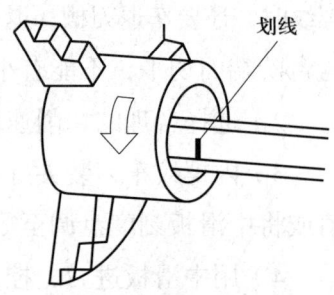
图 5-2-15　划线法控制退刀位置

②刻度控制法。移动床鞍，当车刀刀尖对准退刀槽中间位置时，将床鞍刻度盘调至零位或在床鞍上用粉笔画线做记号，作为退刀位置。

③挡块法。移动床鞍，当刀尖对准退刀槽中间位置时，将靠近工件的刀架螺钉旋松（另一螺钉可不松），把垫刀片或铜皮放在刀杆上，并使之与螺纹孔端面相距 1~2mm，如图 5-2-16 所示，旋紧刀架螺钉（注意此时车刀角度不可发生位移）。车螺纹时，当挡块随刀杆移动至距离螺纹孔端面 1~2mm 的位置时，就要将车刀退出。

（3）车削普通内螺纹的操作方法。可采用闭合与断开开合螺母法或倒顺车法。如果被车工件与车床丝杆螺距成整数倍关系，优先采用闭合与断开开合螺

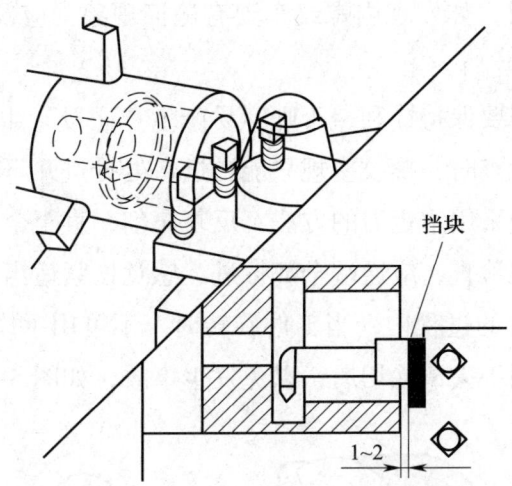

图 5-2-16 用挡块法控制退刀位置

母法。这种方法退刀方便，动作简单、快捷。操作步骤与车外螺纹步骤相似。

（4）内螺纹车刀中途对刀的方法。车削内螺纹时，中途对刀比车外螺纹中途对刀要困难，主要是因为观察困难。对刀方法大致差不多，闭合开合螺母后让车刀自动进给至离工件端面约 5 mm，停车，主轴置空挡，用手扳动卡盘（切不可反转）让车刀刀尖接近靠端面完整的螺旋槽处，向左或向右移动小滑板使刀尖完全对准螺旋槽，并用中滑板进刀，轻轻接触螺旋槽表面，记住刻度盘之刻度值，中滑板、床鞍退刀，再进刀车削螺纹至尺寸要求。

6. 车削内螺纹安全注意事项

（1）内螺纹车刀的两刃口要刃磨平直，否则会使车出的螺纹牙型侧面不直，影响螺纹精度。

（2）内螺纹车刀的刀头不能太窄，否则螺纹已车到规定深度而中径尚未达到所要求的尺寸。

（3）内螺纹车刀刃磨不正确或装刀歪斜，会使车出的内螺纹一面正好用塞规能拧进，另一面却拧不进或配合过松。

（4）内螺纹车刀刀尖要对准工件中心，如内螺纹车刀装得高，车削时引起振动，会使工件表面产生鱼鳞斑现象；如内螺纹车刀装得低，刀头下部会和工件发生摩擦，使内螺纹车刀切不进去。

（5）内螺纹车刀刀杆不能太细，否则由于切削力的作用引起振颤和变形，会出现"扎刀""啃刀""让刀"、发出不正常的声音和振纹等现象。

(6) 车内螺纹时,如发现内螺纹车刀有碰撞现象,应及时对刀,以防车刀移位而损坏牙型。

(7) 内螺纹车刀要保持锋利,否则容易产生"让刀"。因"让刀"现象产生的螺纹锥形误差(检查时,螺纹塞规只能在进口处拧进几下),不能盲目地加大背吃刀量,这时必须采用空走刀的方法,反复车削,直至全部拧进。

(8) 用螺纹塞规检查,应通端全部拧进,感觉松紧适当,止端拧不进。

(9) 车削内螺纹的过程中,当工件旋转时,不可用手摸工件,不能用棉纱去擦拭工件,不得用手去清除切屑,以免发生事故,如图 5-2-17 所示。

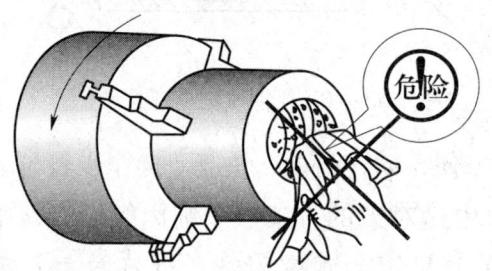

图 5-2-17 车内螺纹时不安全的操作

四、高速车削普通螺纹

1. 高速车削普通螺纹的要点

高速车削普通螺纹用硬质合金螺纹车刀,切削速度可比低速车削螺纹提高 15~20 倍,而且行程次数可以减少 2/3 以上,如低速车削螺距为 2 mm 的中碳钢材料螺纹时一般需 12 个行程左右,而高速车削螺纹仅需 3~4 个行程即可,因此,可以大大提高生产率,在工厂中已被广泛采用。

高速车削螺纹时,为了防止切屑使牙侧起毛刺,不宜采用斜进法和左右车削法,只能用直进法车削。此外,受车刀挤压后外螺纹大径尺寸会变大,因此,车削螺纹前的外圆直径应比螺纹大径小些。当螺距为 1.5~3.5 mm 时,车削螺纹前的外径一般可以减小 0.2~0.4 mm。

例如,螺距 $P=2$ mm,牙型高度 $h_1=0.6P=1.2$ mm,其背吃刀量分配情况如下:第一次背吃刀量 $a_p=0.6$ mm,第二次背吃刀量 $a_p=0.3$ mm,第三次背吃刀量 $a_p=0.2$ mm,第四次背吃刀量 $a_p=0.1$ mm。

用硬质合金车刀高速车削中碳钢或中碳合金钢螺纹时,进给次数可参考表 5-2-7 提供的数据。

表 5-2-7　高速车削中碳钢或中碳合金钢螺纹的进给次数

螺距（mm）		1.5~2	3	4	5	6
进给次数	粗车	2~3	3~4	4~5	5~6	6~7
	精车	1	2	2	2	2

2. 高速车削螺纹的反向进给法

高速车削螺纹时主轴的转速很高，并且进给速度也很快，尤其是车削大螺距螺纹和内螺纹时，往往因为来不及退刀而出现撞刀事故，在这种情况下，常采用反向走刀法。如图 5-2-18 所示是采用反向进给法高速车削外螺纹的情况。将一把类似车削内螺纹时使用的车刀装在刀架上，车刀

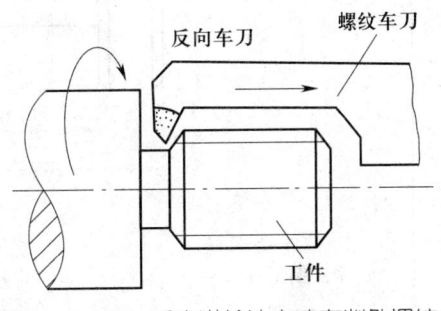

图 5-2-18　反向进给法高速车削外螺纹

刀尖对着工件的退刀槽处，调整好背吃刀量后，车床主轴反转，并在高速下由左向右进给将螺纹车出来。这样，就不存在车刀退不出来的问题了。

用硬质合金车刀高速车削螺纹，要求动作熟练、迅速，车削前先做空刀练习，先中速再高速，达到进刀、退刀、断开溜板箱上开合螺母及反车动作迅速、准确、协调后再实际车削。

高速车削螺纹最好用自定心卡盘采用一夹一顶法对工件进行装夹。为了防止切削中工件移位，最好使工件能轴向定位，或使工件上的一个台阶靠住卡盘卡爪。若在两顶尖间装夹时，鸡心夹头的刚度要好，装夹要牢靠。

技能要求

操作技能1　车机床润滑捏手

一、工作准备

1. 零件图样与加工要求

试加工如图 5-2-19 所示机床润滑捏手，要求用螺纹车刀、滚花刀等进行加工，螺纹准确，尺寸合格，网纹清晰。

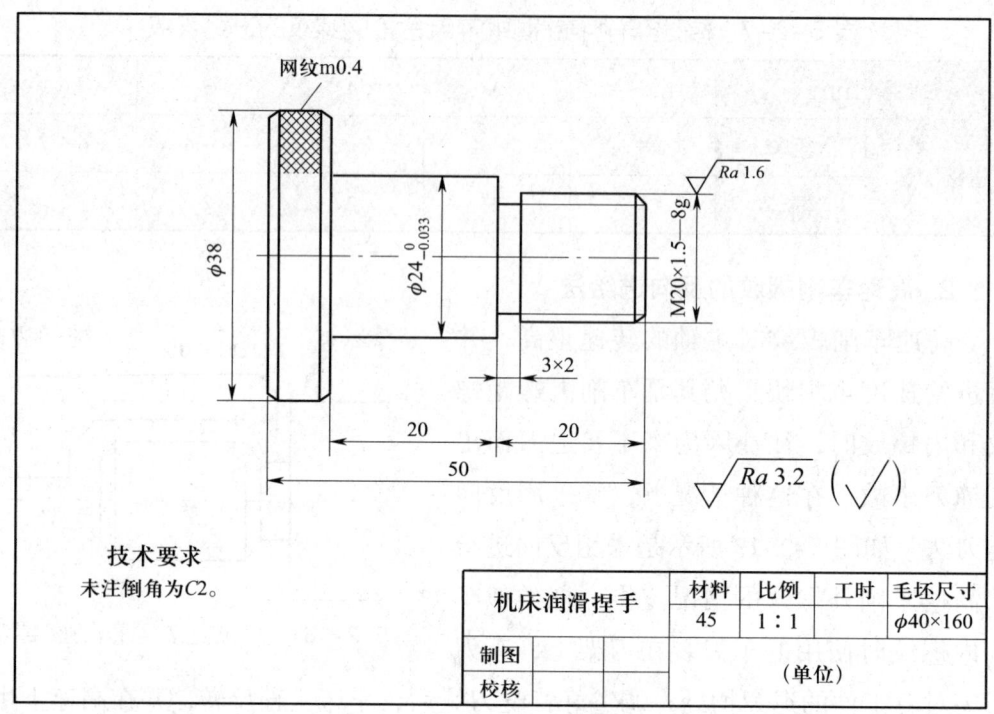

图 5-2-19 机床润滑捏手

2. 工具、设备、材料准备

（1）工具：垫片、刀架钥匙、卡盘钥匙、划针、磁性表座、铜皮、油枪、棉纱等。

（2）量具：游标卡尺、外径千分尺、钢直尺、百分表、螺纹环规、三角形螺纹对刀样板等。

（3）刀具：90°外圆粗车刀、90°外圆精车刀、45°外圆车刀、切槽（切断）刀、外螺纹车刀、滚花刀等。

（4）设备：CA6140A 车床。

（5）毛坯材料：45 钢，$\phi 40$ mm × 160 mm 毛坯若干。

二、操作程序

1. 图样阅读与分析

该零件名称为机床润滑捏手，材料为45钢，采用1∶1比例，毛坯尺寸为 $\phi 40$ mm × 160 mm。图样比较简单，只用了一个主视图表达。主要尺寸有 $\phi 38$ mm、$\phi 24_{-0.033}^{0}$ mm、50 mm、20 mm、3 mm × 2 mm，除了 $\phi 24_{-0.033}^{0}$ mm 尺寸精度较高，其他尺寸精度要求不高。$\phi 38$ mm 外圆需进行滚花，网纹模数 $m=0.4$ mm。外螺纹 M20 螺距为 1.5 mm，中径公差带和顶径公差带为 8 g，螺纹公差精度为粗糙级，螺纹右端面倒角 $C2$ mm，螺纹表面粗糙度要求为 Ra 1.6μm，其余各表面粗糙度要求均为 Ra 3.2μm。

2. 工艺分析

（1）该零件采用一次装夹完成所有形面加工、最后切断的方法进行。

（2）加工机床润滑捏手的车削顺序为：车平端面→粗、精车各级外圆→倒角→切退刀槽→车螺纹→滚花→切断工件→掉头装夹，控制总长。

（3）加工机床润滑捏手切削用量的选用见表 5-2-8。

表 5-2-8　加工机床润滑捏手切削用量的选用

切削用量	粗车	精车	切槽（断）	螺纹
背吃刀量 a_p（mm）	视加工要求而定	0.4~0.8	3	视加工要求而定
进给量 f（mm/r）	外圆：0.2~0.3 内孔：0.1~0.15	外圆：0.1~0.15 内孔：0.05~0.10	手动	1.5
转速 n（r/min）	360~560	560~800	260~360	粗车：260~360 精车：50~105

3. 刀具刃磨

该零件需使用 90°外圆粗车刀、90°外圆精车刀、45°外圆车刀、切槽（切断）刀、外螺纹车刀等刀具，具体刃磨方法见培训模块一培训项目 1 中车刀的刃磨及本模块培训项目 1 的培训单元 2 中普通螺纹车刀的刃磨。

4. 毛坯、刀具安装

（1）毛坯安装：用自定心卡盘或单动卡盘装夹。

（2）刀具安装：外螺纹车刀的刀尖必须严格对准工件旋转中心，外螺纹车刀安装时要使用三角形螺纹对刀样板。

5. 加工

机床润滑捏手的车削加工步骤见表 5-2-9。

6. 尺寸精度控制

（1）为控制外圆尺寸精度和表面粗糙度，需分粗、精车，采用试切试测法，用外径千分尺测量。

（2）螺纹螺距较小，且表面粗糙度要求不高，采用直进法车削，用螺纹环规综合测量。

（3）长度用钢直尺定位划线，精车控制尺寸时采用游标卡尺测量。

表 5-2-9 机床润滑捏手的车削加工步骤

步骤	图示	操作说明
1. 车平端面	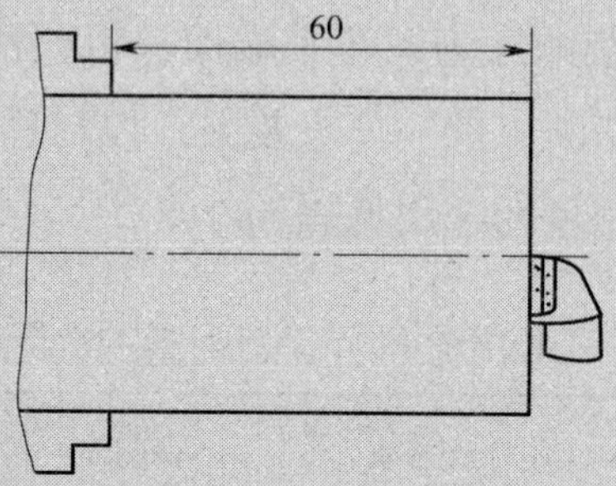	自定心卡盘夹住毛坯外圆一端，伸出长度为 60 mm 左右，车平端面
2. 粗、精车各级外圆	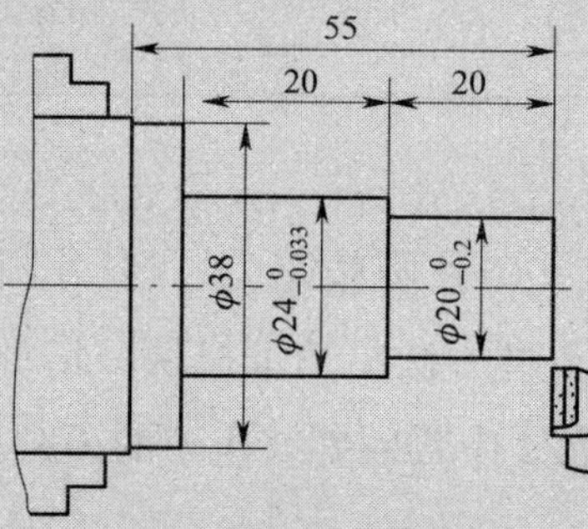	粗、精车各级外圆至图样尺寸要求
3. 倒角	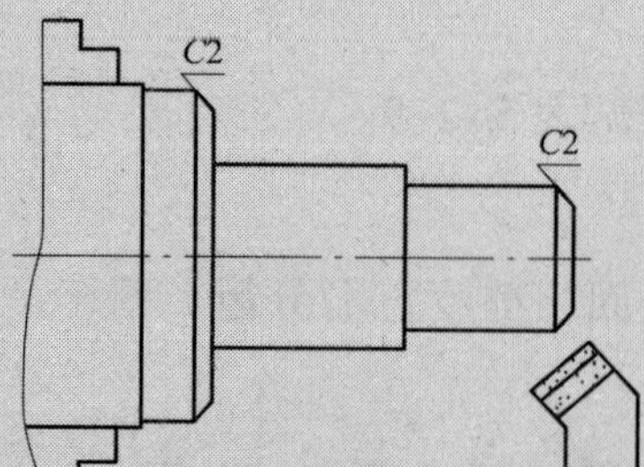	$\phi 38$ mm 外圆和螺纹外圆两处倒角 $C2$ mm

续表

步骤	图示	操作说明
4. 切退刀槽	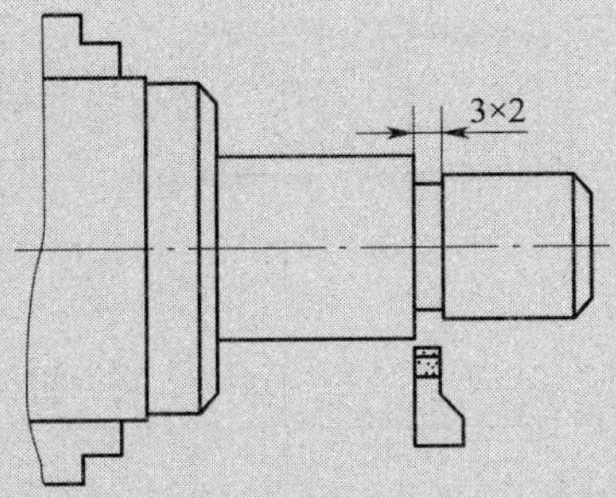	用刀宽为 3 mm 的切槽刀，切 3 mm×2 mm 的退刀槽
5. 车螺纹	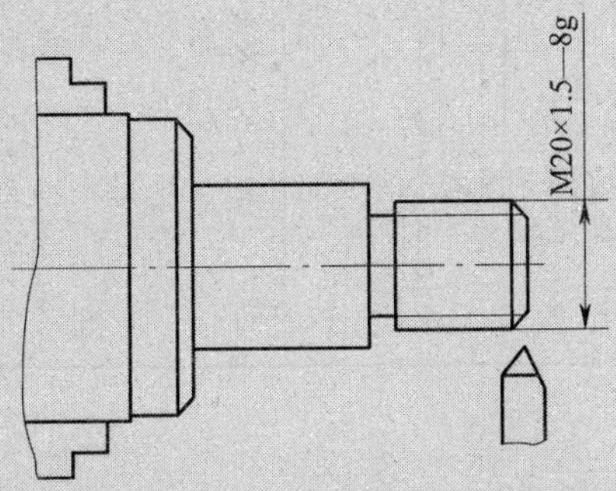	采用直进法粗、精车 M20×1.5—8g 螺纹至图样尺寸要求
6. 滚花	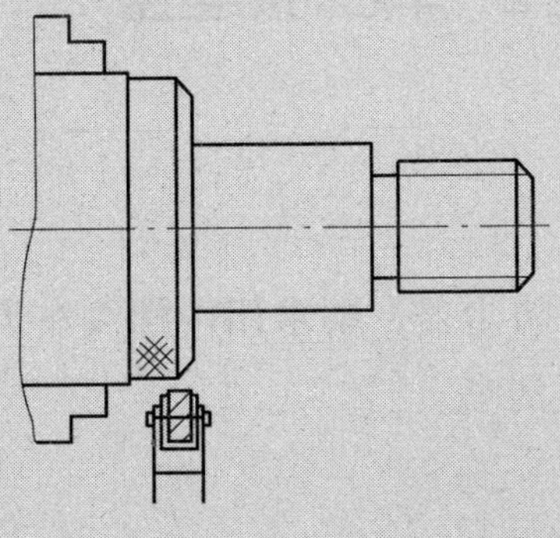	用 $m=0.4$ mm 的滚花刀滚压网纹

续表

步骤	图示	操作说明
7. 切断工件		用切断刀切断工件,取长度为 50.5 mm
8. 掉头装夹,控制总长		掉头包铜皮,外圆找正,车平端面,控制总长,并倒角

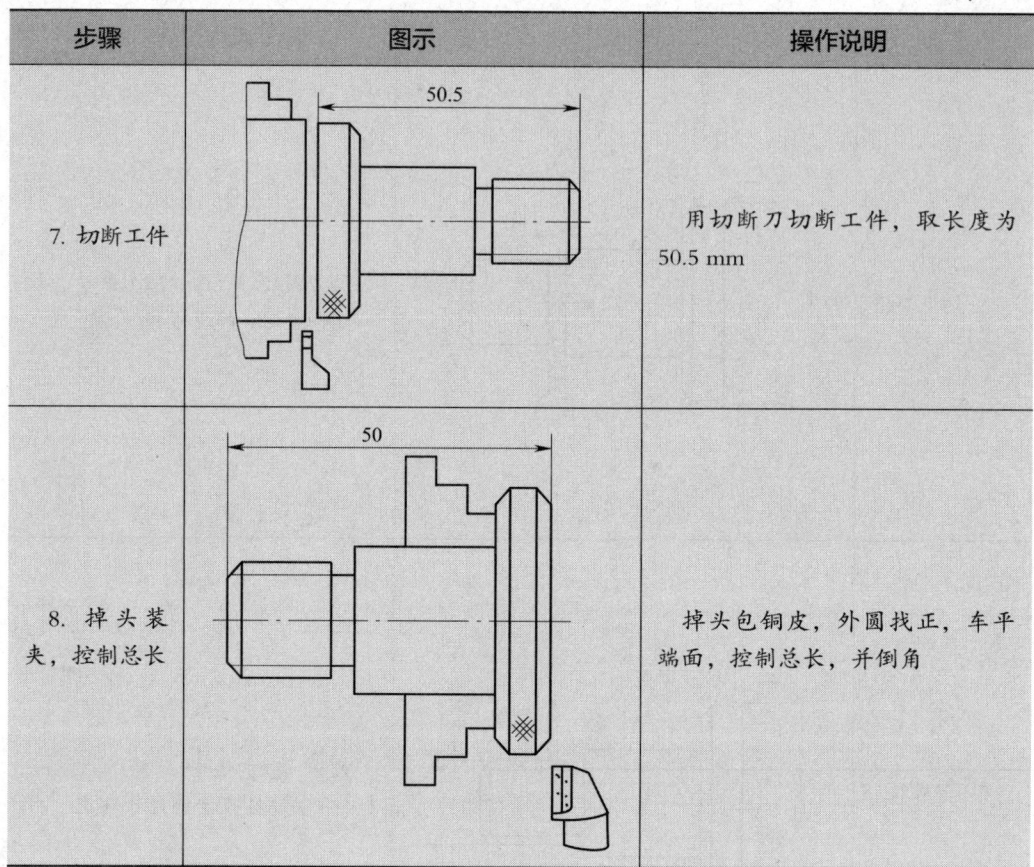

三、注意事项

1. 滚花产生的力较大,工件要夹持牢靠。
2. 车完螺纹后要记得断开开合螺母。

操作技能 2　车油孔防尘盖

一、工作准备

1. 零件图样与加工要求

试加工如图 5-2-20 所示油孔防尘盖,要求用内螺纹车刀、滚花刀等进行加工,螺纹准确,尺寸合格,网纹清晰。

2. 工具、设备、材料准备

（1）工具：垫片、刀架钥匙、卡盘钥匙、钻夹头、划针、磁性表座、铜皮、油枪、棉纱等。

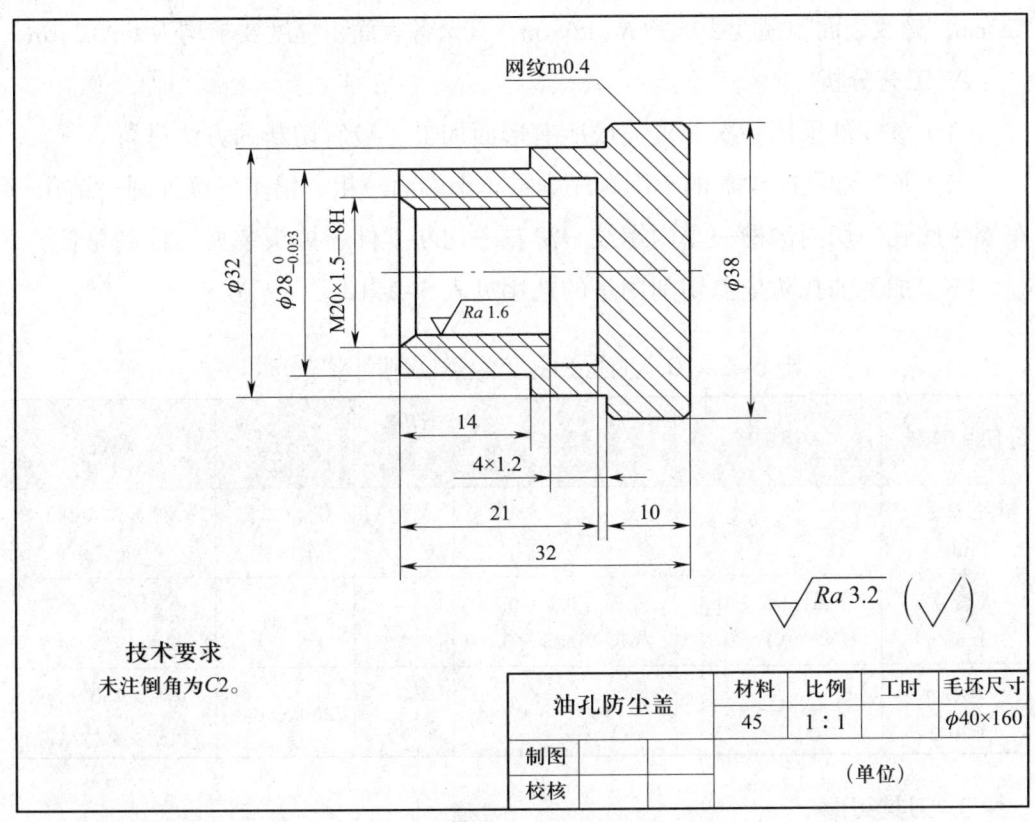

图 5-2-20 油孔防尘盖

（2）量具：游标卡尺、外径千分尺、钢直尺、百分表、螺纹塞规、三角形螺纹对刀样板等。

（3）刀具：中心钻、麻花钻、90°外圆粗车刀、90°外圆精车刀、45°外圆车刀、切断刀、内孔车刀、内沟槽刀、内螺纹车刀、滚花刀等。

（4）设备：CA6140A 车床。

（5）毛坯材料：45 钢，$\phi 40$ mm × 160 mm 毛坯若干。

二、操作程序

1. 图样阅读与分析

该零件名称为油孔防尘盖，材料为 45 钢，采用 1∶1 比例，毛坯尺寸为 $\phi 40$ mm × 160 mm。图样比较简单，只用了一个主视图表达。主要尺寸有 $\phi 38$ mm、$\phi 32$ mm、$\phi 28_{-0.033}^{0}$ mm、32 mm、21 mm、10 mm、14 mm、内沟槽 4 mm × 1.2 mm，除了 $\phi 28_{-0.033}^{0}$ mm 尺寸精度较高外，其他尺寸精度要求不高。$\phi 38$ mm 外圆需进行滚花，网纹模数 $m=0.4$ mm。内螺纹 M20 螺距为 1.5 mm，中径公差带和顶径公差带为 8H，螺纹公差精度为粗糙级，内螺纹孔口倒角为

$C2$ mm，螺纹表面粗糙度要求为 $Ra\ 1.6\ \mu m$，其余各表面粗糙度要求均为 $Ra\ 3.2\ \mu m$。

2. 工艺分析

（1）该零件采用一次装夹完成所有形面加工、最后切断的方法进行。

（2）加工油孔防尘盖的车削顺序为：车平端面→粗、精车各级外圆→钻孔→车螺纹底孔→切内沟槽→车内螺纹→滚花→切断工件→掉头装夹，控制总长。

（3）加工油孔防尘盖切削用量的选用见表5-2-10。

表5-2-10　加工油孔防尘盖切削用量的选用

切削用量	粗车	精车	切槽（断）	钻孔	螺纹
背吃刀量 a_p（mm）	视加工要求而定	0.4～0.8	3	视加工要求而定	视加工要求而定
进给量 f（mm/r）	外圆：0.2～0.3 内孔：0.1～0.15	外圆：0.1～0.15 内孔：0.05～0.10	手动	手动	1.5
转速 n（r/min）	360～560	560～800	260～360	260～360	粗车：260～360 精车：50～105

3. 刀具刃磨

该零件需使用90°外圆粗车刀、90°外圆精车刀、45°外圆车刀、内孔车刀、内沟槽刀、内螺纹车刀等刀具，具体刃磨方法详见培训模块一培训项目1中车刀的刃磨及本模块培训项目1的培训单元2中普通螺纹车刀的刃磨。

4. 毛坯刀、具安装

（1）毛坯安装：用自定心卡盘或单动卡盘装夹。

（2）刀具安装：螺纹车刀的刀尖必须严格对准工件旋转中心，内螺纹车刀安装时要使用三角形螺纹对刀样板。

5. 加工

油孔防尘盖的车削加工步骤见表5-2-11。

6. 尺寸精度控制

（1）为控制外圆尺寸精度和表面粗糙度，需分粗、精车，采用试切试测法，用外径千分尺测量。

（2）内螺纹螺距较小，且表面粗糙度要求不高，采用直进法车削，用螺纹塞规综合测量。

（3）长度用钢直尺定位划线，精车控制尺寸时采用游标卡尺测量。

表 5-2-11 油孔防尘盖的车削加工步骤

步骤	图示	操作说明
1. 车平端面		用自定心卡盘夹住毛坯外圆一端，伸出长度 40 mm 左右，车平端面
2. 粗、精车各级外圆		粗、精车外圆 ϕ38 mm、ϕ32 mm、$\phi28_{-0.033}^{0}$ mm 至图样尺寸要求，并倒角、锐边去毛刺
3. 钻孔		用 ϕ16 mm 麻花钻钻底孔，深 20.5 mm
4. 车孔		粗、精车螺纹底孔至尺寸 ϕ18.5 mm、深 21 mm

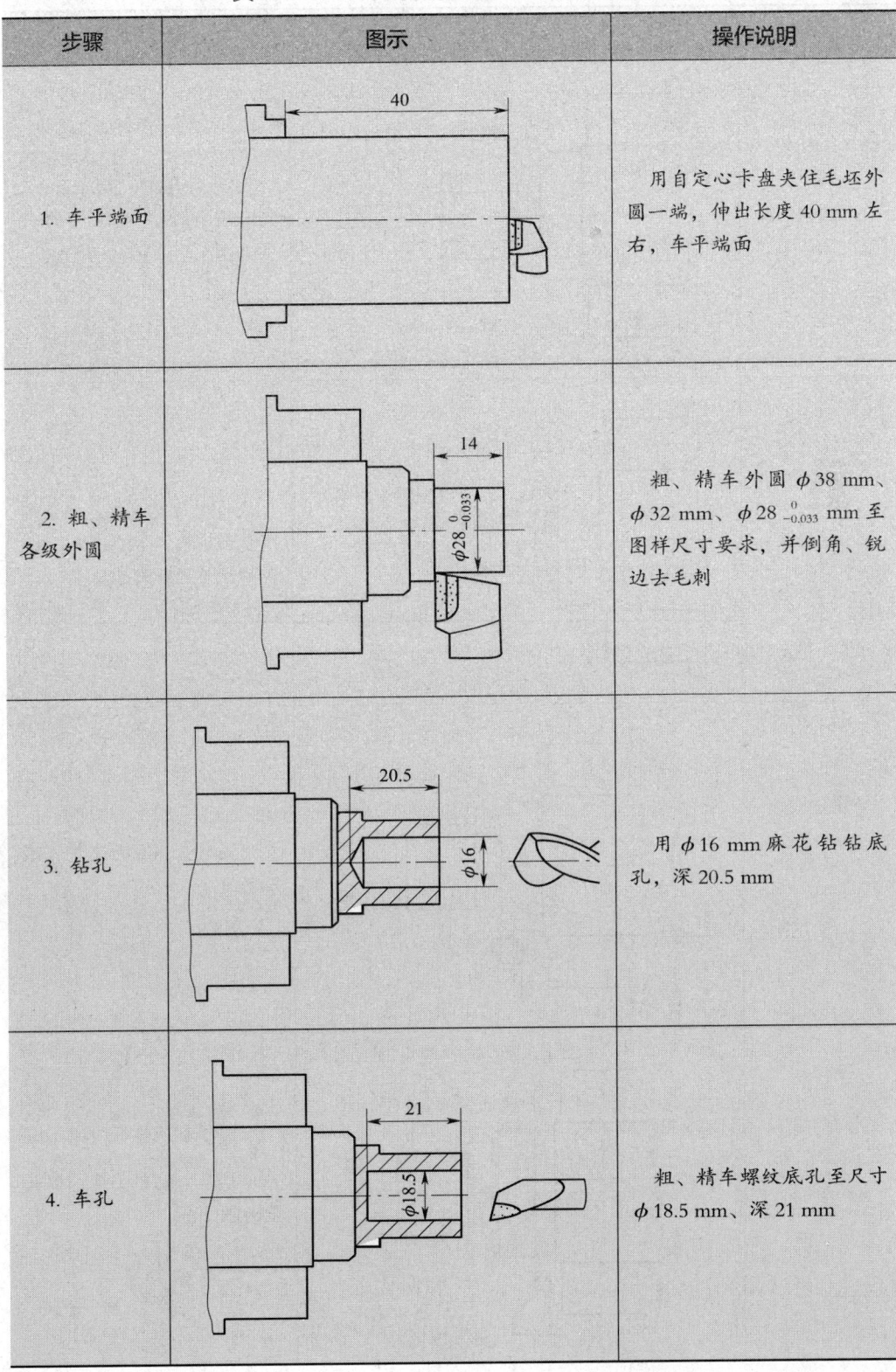

续表

步骤	图示	操作说明
5. 切内沟槽	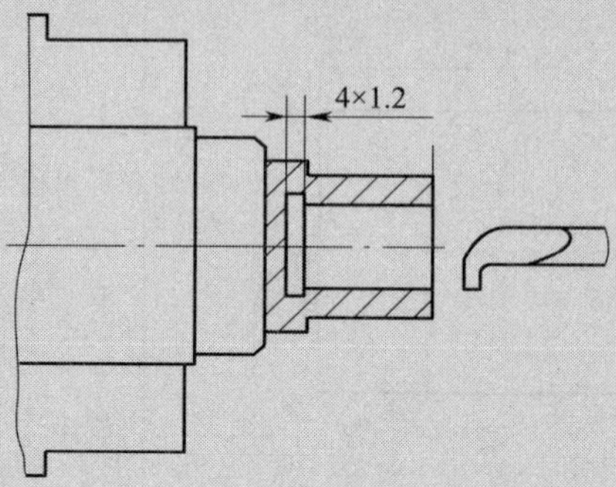 4×1.2	用内沟槽刀，切 4 mm×1.2 mm 的内沟槽至图样尺寸要求
6. 车螺纹	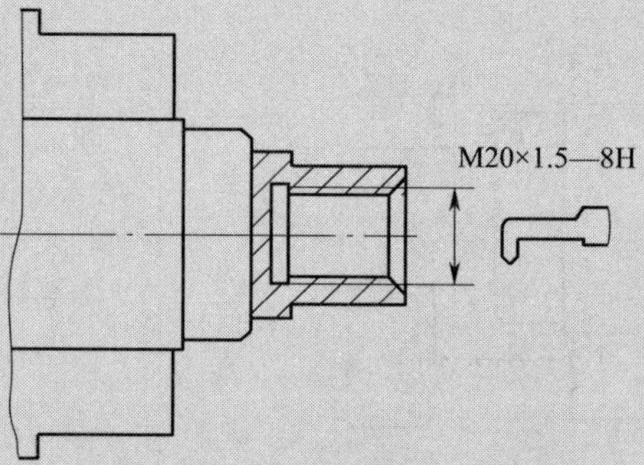 M20×1.5—8H	孔口倒角 C2 mm，采用直进法粗、精车 M20×1.5-8H 内螺纹至图样尺寸要求
7. 滚花	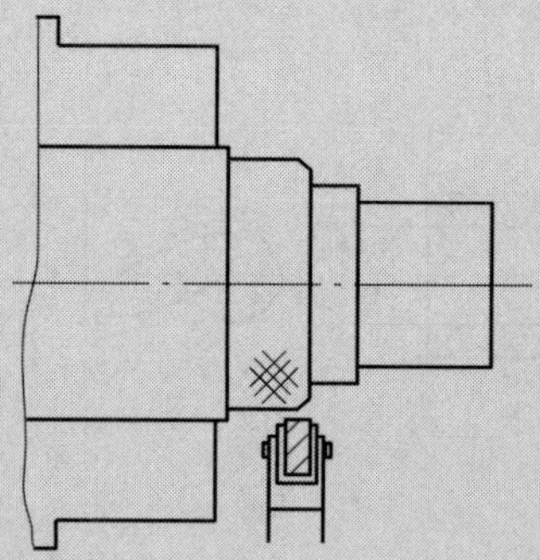	用 $m=0.4$ mm 的滚花刀滚压网纹
8. 切断工件	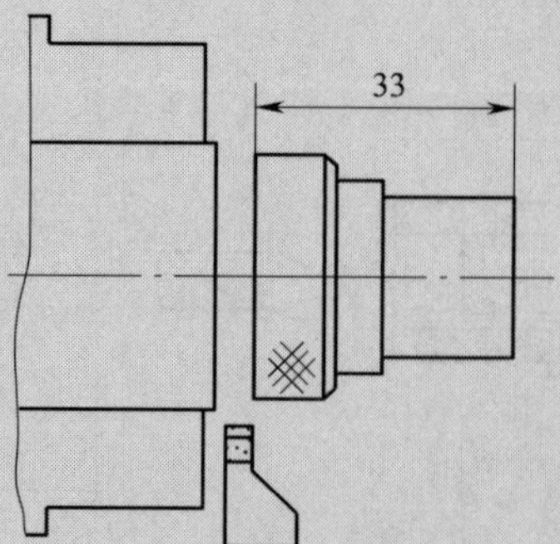 33	用切断刀切断工件，取长度为 33 mm

续表

步骤	图示	操作说明
9. 掉头装夹，控制总长	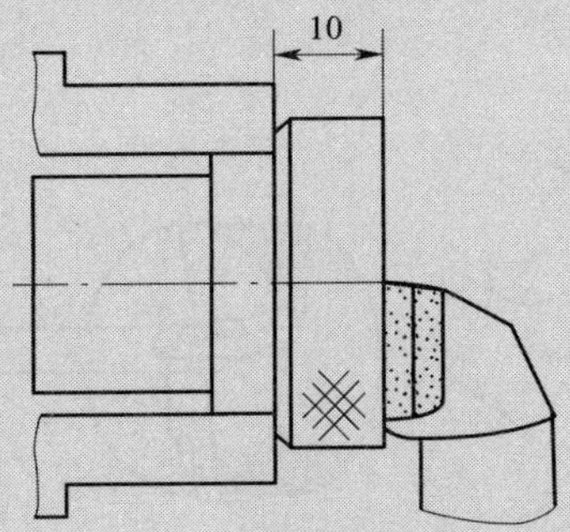	掉头，$\phi 32$ mm 外圆包铜皮，找正，车平端面，控制总长为 32 mm，保证 $\phi 38$ mm 外圆长度为 10 mm，并倒角

三、注意事项

1. 因为是盲孔加工，一定要记住床鞍刻度盘上的数值或做好记号，以免发生撞刀。

2. 车完螺纹后要记得断开开合螺母。

3. 滚花产生的力较大，工件要夹持可靠。

培训单元 2　攻螺纹和套螺纹

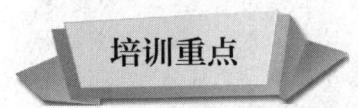

→ 能分别使用板牙和丝锥套、攻螺纹。

一、套螺纹

1. 用板牙架在车床上手工套螺纹

将板牙左端面与工件右端面平行放置，右手掌按住板牙，同时加轴向力旋转,如图 5-2-21a 所示,使板牙正确定位后,再用两手均匀交替旋转板牙架,如图 5-2-21b 所示。

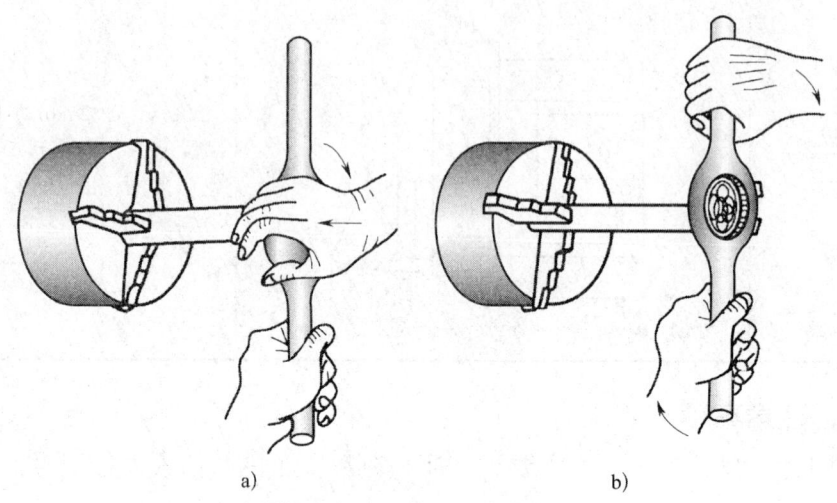

图 5-2-21 板牙手工套螺纹
a)右手掌按住板牙并旋转 b)旋转板牙架

2. 用套螺纹工具在车床上套螺纹

用套螺纹工具在车床上套螺纹的操作步骤见表 5-2-12。

表 5-2-12 用套螺纹工具在车床上套螺纹的操作步骤

步骤	图示	操作说明
1. 车外圆		工件用自定心卡盘装夹,找正、夹紧,按要求将工件外圆车至比螺纹大径(公称直径)小 0.2~0.4 mm
2. 倒角		外圆车好后,进行端面倒角(倒角≤45°),倒角后的端面直径小于螺纹小径 d_1

续表

步骤	图示	操作说明
3. 装板牙	螺钉 滑动套筒 销钉 套筒 锥柄 板牙 锥坑 尾座	将套螺纹工具插入车床尾座套筒内，再将板牙装入套螺纹工具内，待螺钉对准板牙上的锥坑后拧紧螺钉
4. 套螺纹		移动尾座，使板牙靠近工作端面，启动车床和冷却系统，再转动尾座手轮，使板牙切入工件，开始套螺纹

3. 套螺纹的注意事项

（1）检查板牙的齿形是否有损坏。

（2）将板牙装入套螺纹工具时不能装歪斜，应使板牙端面与工件轴线垂直。

（3）套螺纹工具在尾座套筒中要装紧，以防套螺纹时切削力矩过大，使套螺纹工具的锥柄在尾座内打转，从而损坏尾座锥孔表面。

（4）套螺纹时尾座不能固定，且当板牙已切入工件后就不再转动尾座手轮，仅由滑动套筒在工具体导向键槽中随板牙沿着工件轴线向前套螺纹。

（5）套螺纹前必须找正尾座，使之与车床主轴轴线重合，尾座轴线与主轴轴线水平方向的偏移量不得大于 0.05 mm，如图 5-2-22 所示。

（6）塑性材料套螺纹时，应加注充分的切削液。

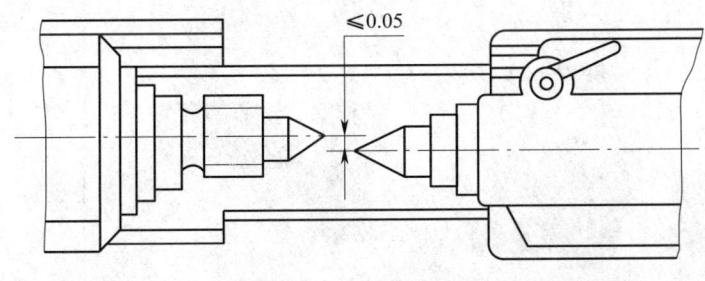

图 5-2-22　尾座轴线与车床主轴轴线水平方向重合

二、攻螺纹

1. 用手用丝锥在车床上攻内螺纹

工件钻好底孔和倒角后,在车床上手动攻螺纹的操作步骤见表 5-2-13。

表 5-2-13 在车床上手动攻螺纹的操作步骤

步骤	图示	操作说明
1. 夹持丝锥	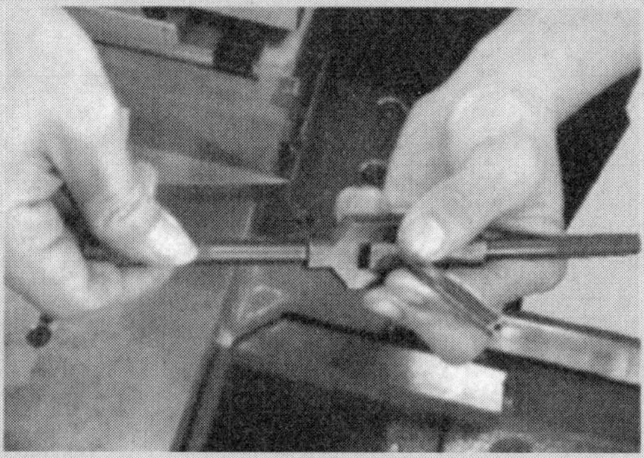	将丝锥夹持在铰杠上
2. 安装顶尖并固定尾座		将顶尖安装在尾座内,调整尾座到适当位置后固定
3. 调速	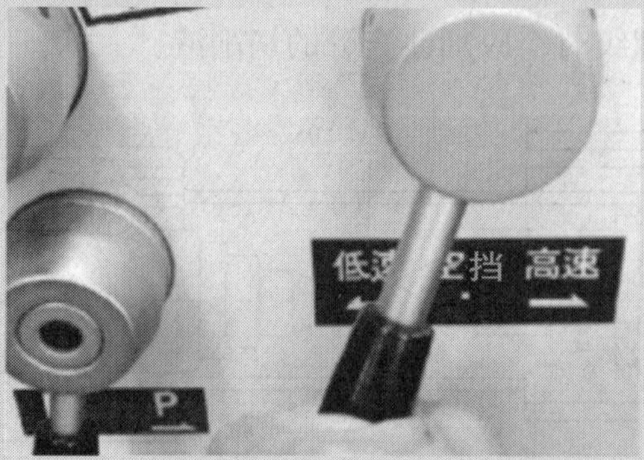	主轴调至低速挡

续表

步骤	图示	操作说明
4. 丝锥与工件接触	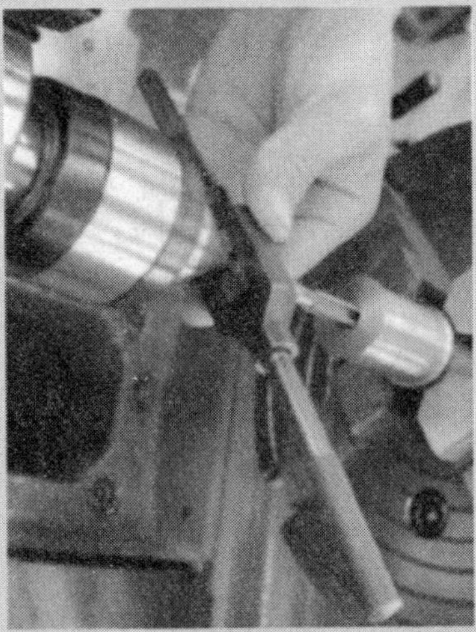	将丝锥放置工件处,中心钻顶住丝锥中心孔
5. 攻制	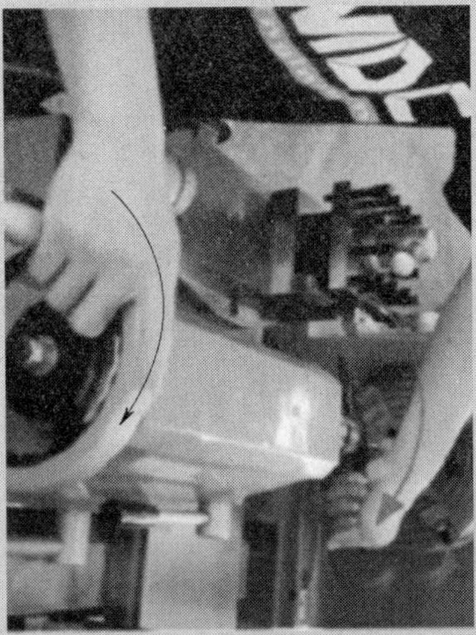	一手轻转尾座,另一手转动丝锥架
6. 继续攻制	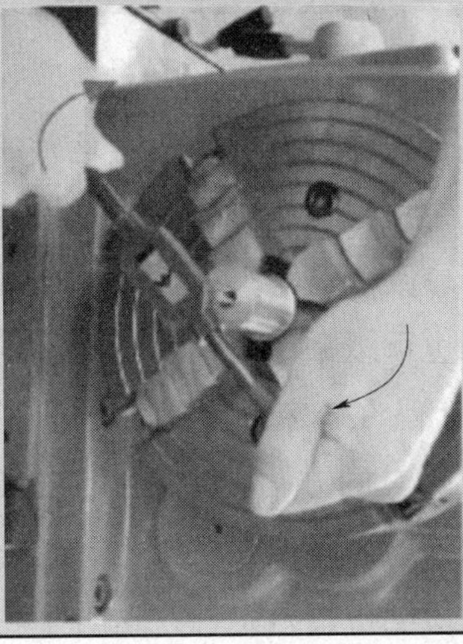	双手配合继续攻制,直至攻制到需要的尺寸

步骤	图示	操作说明
7. 再修一次倒角		将尾座换上倒角钻头,再修一次倒角
8. 结束		完成工件

2. 用机用丝锥在车床上攻内螺纹

在车床上攻螺纹,先找正,使尾座轴线与主轴轴线重合。小于 M16 的内螺纹,钻孔、倒角后直接用丝锥攻出螺纹,一次成形;直径或螺距较小的内螺纹可用丝锥直接攻出来;螺距较大的三角形内螺纹,可钻孔后先用内螺纹车刀粗车螺纹,再用丝锥攻螺纹,也可以采用分锥切削法,即先用头锥、再用二锥和三锥分三次切削。用攻螺纹工具在车床上攻螺纹的方法是把其装在尾座锥孔内,同时把机用丝锥装进攻螺纹工具的方孔中(见图 5-2-23),移动尾座使丝锥靠近工件并锁紧尾座,根据螺纹所需长度在丝锥上、攻螺纹工具上做好标记,然后启动车床,转动尾座手轮使丝锥切入工件,这时手轮可停止转动,让攻螺纹工具自动跟随丝锥前进直到所需的尺寸，即开倒车退出丝锥。

钻好底孔并倒角后，在车床上攻内螺纹，具体操作步骤见表 5-2-14。

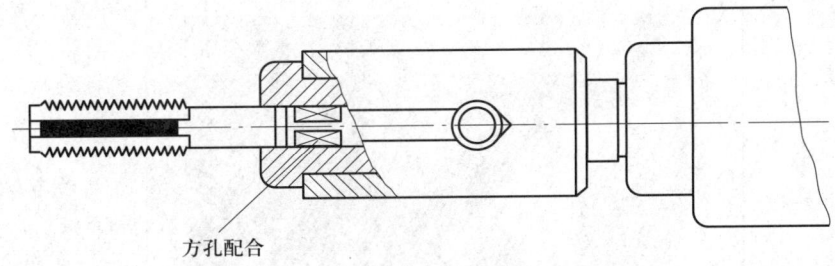

图 5-2-23 丝锥安装

表 5-2-14 在车床上攻螺纹的操作步骤

步骤	图示	操作说明
1. 装丝锥		将丝锥装在钻夹头上，并将钻夹头套入尾座
2. 丝锥靠近工件		推动尾座使丝锥靠近工件，固定尾座。根据螺纹所需长度在丝锥、攻螺纹工具上做标记
3. 调速		主轴调至低速挡

续表

步骤	图示	操作说明
4. 主轴正转		启动车床，使主轴正转
5. 自动攻入	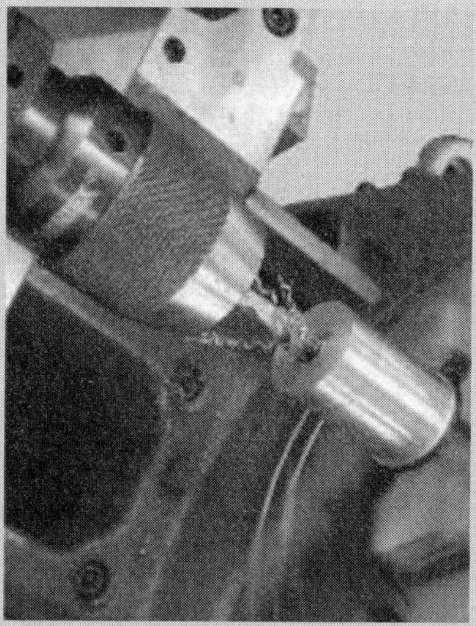	旋转尾座手轮让丝锥接近工件自动攻入
6. 攻到所需深度		继续攻制，直至所需尺寸

续表

步骤	图示	操作说明
7. 退丝锥		主轴反转让丝锥自动退出
8. 修倒角		尾座换上倒角钻头,再修一次倒角
9. 结束		完成工件

3. 丝锥折断原因及取出方法

（1）丝锥折断的原因

1）攻螺纹前的底孔直径太小，切削余量太大。

2）丝锥轴线与工件轴线不重合，造成切削力不均匀，单边受力过大。

3）切削速度过高。

4）工件材料硬而黏性大，且攻制过程中没有进行很好的润滑。

5）在攻盲孔螺纹时，丝锥顶到孔底。

（2）预防措施

1）按内螺纹小径上极限尺寸扩孔。

2）攻螺纹前一定要使尾座中心与工件旋转中心重合。

3）分多次进刀，要经常退出丝锥时，清除切屑，并注意加切削液。

4）选用摩擦杆攻螺纹工具时，其摩擦力调整要适当。

5）降低切削速度。

（3）丝锥取出方法

1）当孔外有折断丝锥的露出部分，可用尖嘴钳夹住伸出部分反拧出来，或用冲子反方向冲出来。

2）当丝锥折断部分在孔内时，可用三根钢丝插入丝锥槽中反向旋转取出。

技能要求

操作技能1　车千斤顶螺杆

一、工作准备

1. 零件图样与加工要求

试加工如图 5-2-24 所示千斤顶螺杆，要求用板牙、滚花刀等进行加工，螺纹准确，尺寸合格，网纹清晰。

2. 工具、设备、材料准备

（1）工具：垫片、刀架钥匙、卡盘钥匙、钻夹头、划针、铜皮、油枪、棉纱等。

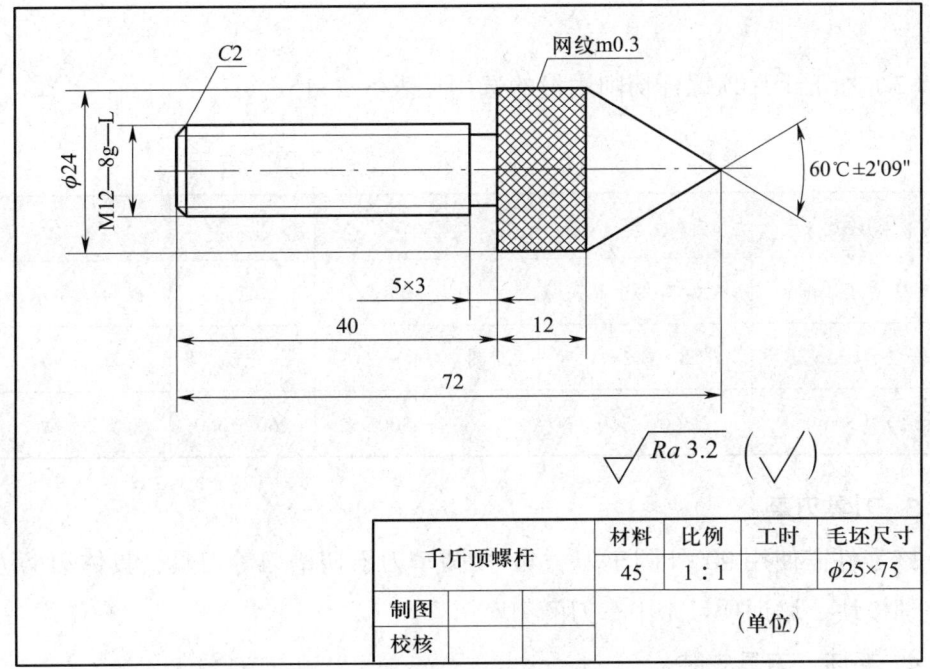

图 5-2-24 千斤顶螺杆图样

（2）量具：游标卡尺、钢直尺、螺距规、螺纹环规等。

（3）刀具：中心钻、90°外圆车刀、45°外圆车刀、切槽刀、滚花刀、板牙等。

（4）设备：CA6140A 车床。

（5）毛坯材料：45 钢，$\phi 25\,mm \times 75\,mm$ 毛坯若干。

二、操作程序

1. 图样阅读与分析

该零件名称为千斤顶螺杆，材料为 45 钢，采用 1∶1 比例，毛坯尺寸为 $\phi 25\,mm \times 75\,mm$。图样比较简单，只用了一个主视图表达。主要尺寸有 $\phi 24\,mm$、72 mm、40 mm、12 mm、内沟槽 5 mm×3 mm，各尺寸精度要求均不高。$\phi 24\,mm$ 外圆需进行滚花，网纹模数 $m = 0.3\,mm$。螺纹 M12 螺距为 1.75 mm，中径公差带和顶径公差带为 8 g，螺纹公差精度为粗糙级，旋合长度为 L，螺纹左端面倒角 C2 mm，螺纹表面粗糙度要求为 $Ra\,1.6\,\mu m$，其余各表面粗糙度要求均为 $Ra\,3.2\,\mu m$。

2. 工艺分析

（1）该零件加工需多次掉头，注意找正工件。

（2）加工千斤顶螺杆的车削顺序为：车平端面→粗、精车各级外圆→切退刀槽并倒角→滚花→切断工件→掉头装夹，控制总长→车圆锥面→板牙套螺纹。

（3）加工千斤顶螺杆切削用量的选用见表 5-2-15。

表 5-2-15　加工千斤顶螺杆切削用量的选用

切削用量	粗车	精车	切槽	板牙
背吃刀量 a_p（mm）	视加工要求而定	0.4～0.8	3	视加工要求而定
进给量 f（mm/r）	外圆：0.2～0.3	外圆：0.1～0.15	手动	手动
转速 n（r/min）	360～560	560～800	260～360	手动

3. 刀具刃磨

该零件需使用 90°外圆车刀、45°外圆车刀、切槽刀等刀具，具体刃磨方法见培训模块一培训项目 1 中车刀的刃磨。

4. 毛坯、刀具安装

（1）毛坯安装：先用自定心卡盘装夹工件，再用一夹一顶装夹工件。

（2）刀具安装：车刀必须严格对准工件旋转中心。

5. 加工

千斤顶螺杆的车削加工步骤见表 5-2-16。

6. 尺寸精度控制

用转动小滑板法车圆锥面，保证角度正确，表面光滑。

表 5-2-16　千斤顶螺杆的车削加工步骤

步骤	图示	操作说明
1. 车平端面，钻中心孔	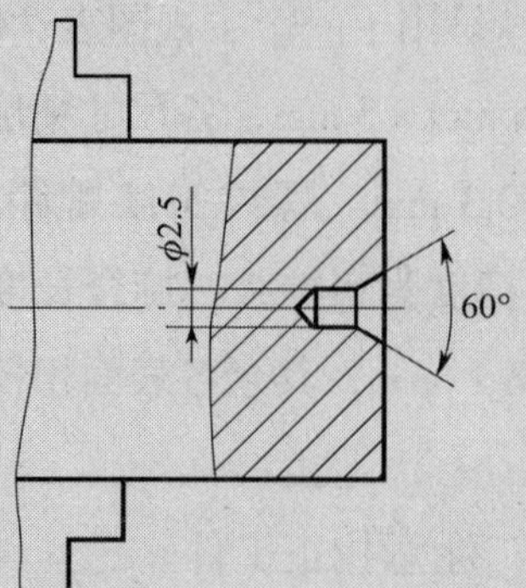	用自定心卡盘夹住毛坯外圆一端，伸出长度为 40 mm 左右，车平端面，钻中心孔

续表

步骤	图示	操作说明
2. 粗、精车各级外圆		采用一夹一顶装夹，伸出长度约为 55 mm，粗、精车 ϕ24 mm 滚花外圆、ϕ12 mm 外圆至图样尺寸要求
3. 切退刀槽		切 5 mm×3 mm 退刀槽，并倒角、锐边去毛刺
4. 滚花		用 m=0.3 mm 的滚花刀滚压网纹

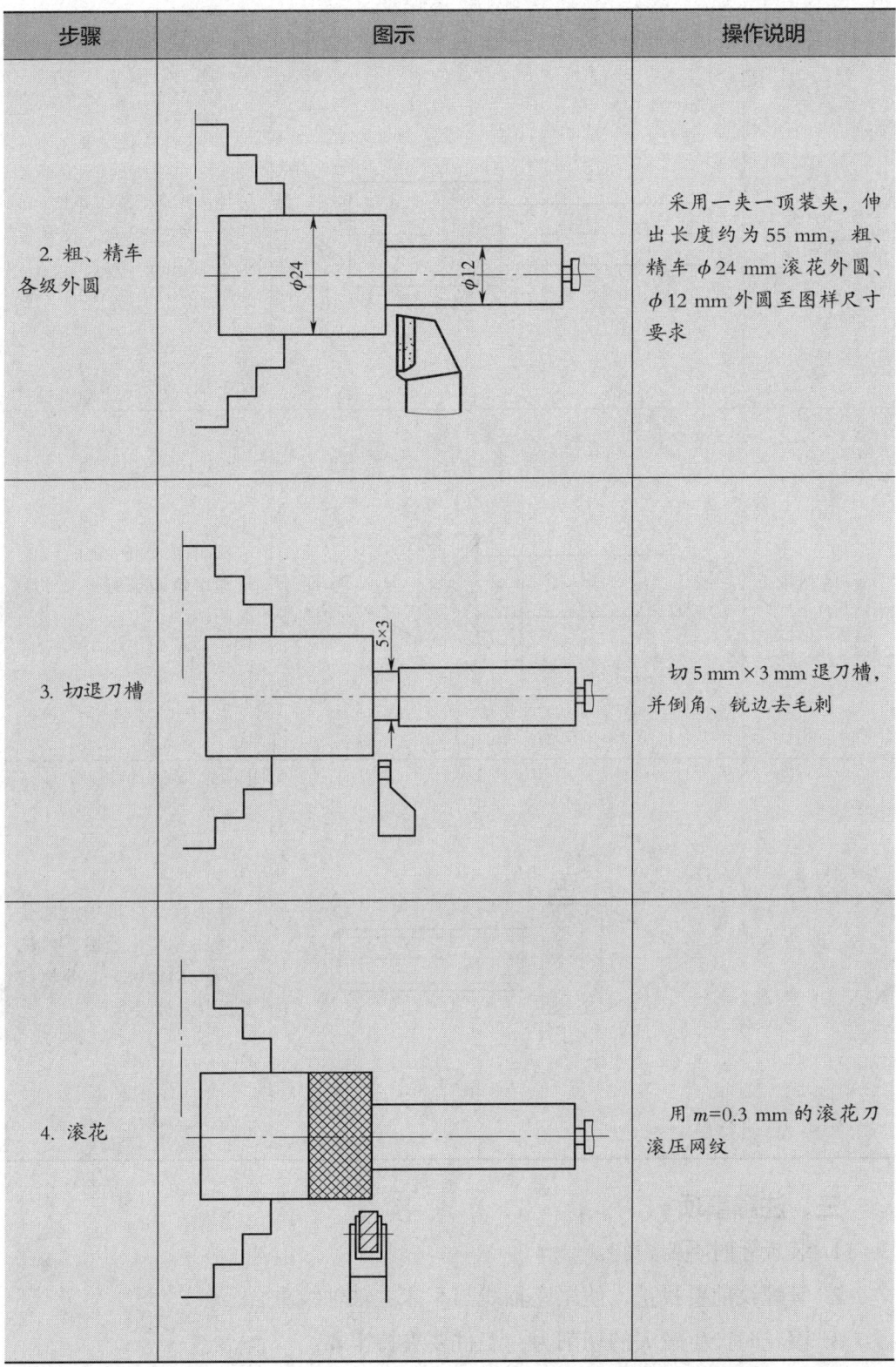

续表

步骤	图示	操作说明
5. 掉头找正，控制总长	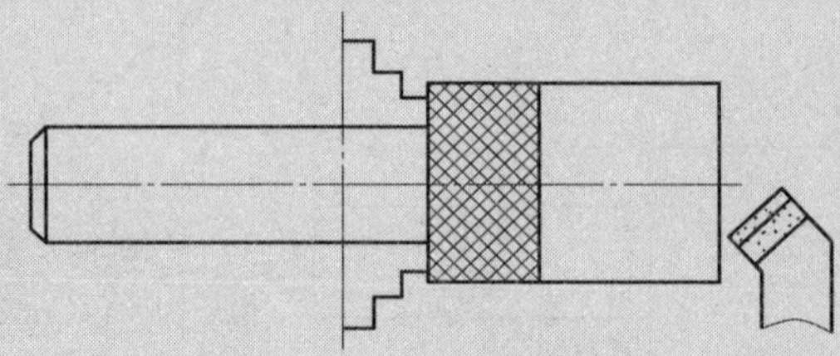	掉头找正，夹住 $\phi 12$ mm 外圆，车平端面，控制总长为 72 mm
6. 车圆锥面	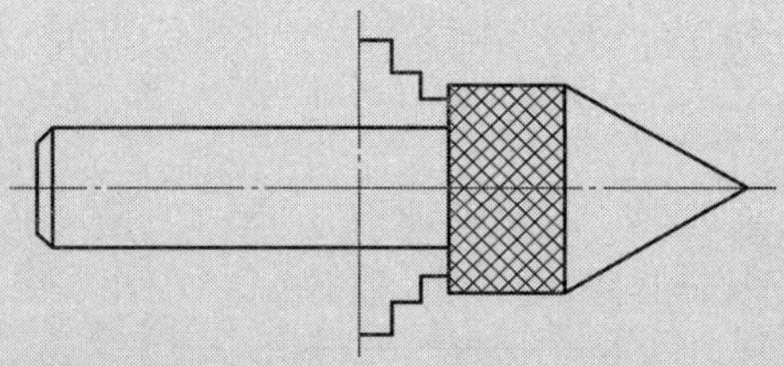	用转动小滑板法，粗、精车圆锥面至图样尺寸要求
7. 掉头找正，套螺纹	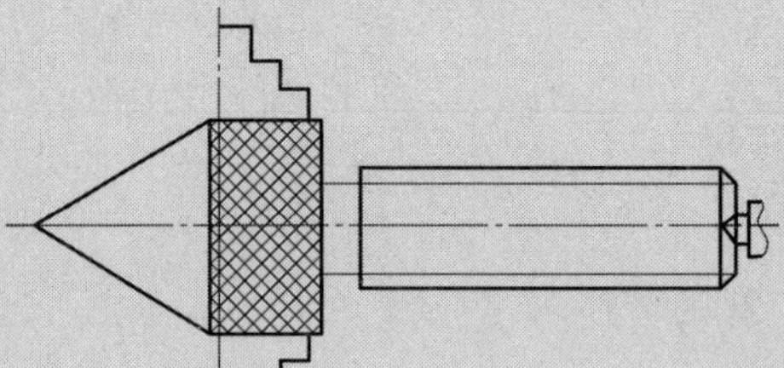	掉头找正，用铜皮包住 $\phi 38$ mm 滚花外圆，用板牙加工 M12-8g-L 外螺纹至图样尺寸要求

三、注意事项

1. 装板牙时不要歪斜。

2. 套螺纹前要找正，使尾座轴线与车床主轴轴线重合。

3. 滚花时产生较大的切削力，工件要夹持牢靠。

操作技能 2　车千斤顶底座

一、工作准备

1. 零件图与加工要求

试加工如图 5-2-25 所示千斤顶底座，要求用麻花钻、丝锥等进行加工，螺纹准确，尺寸合格，圆锥面表面光滑。

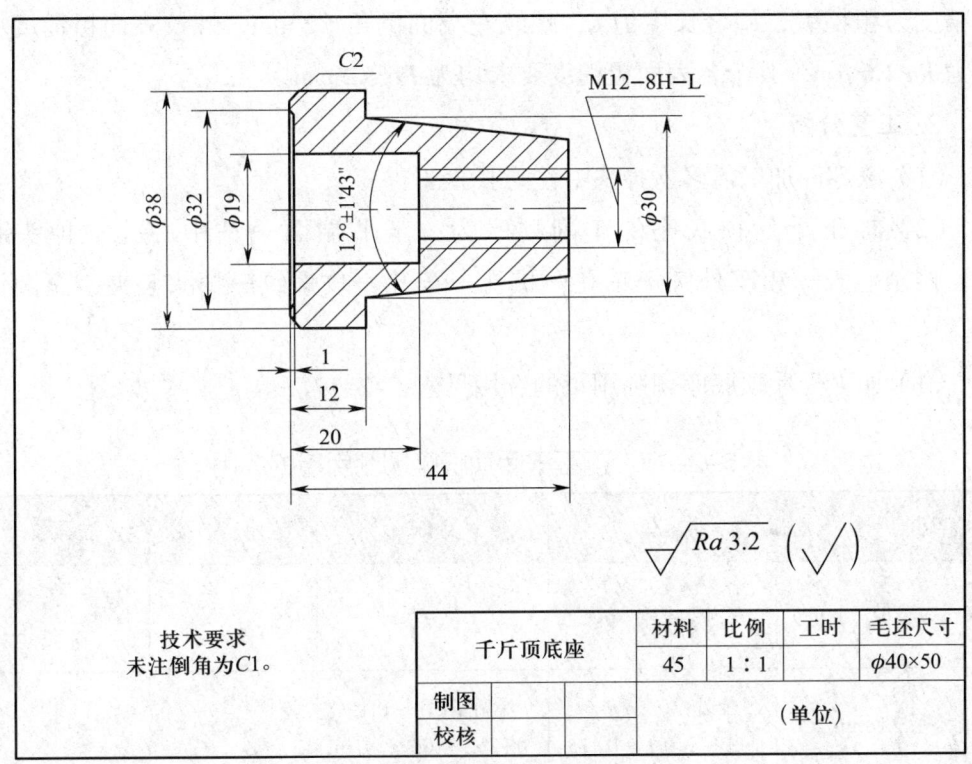

图 5-2-25　千斤顶底座图样

2. 工具、设备、材料准备

（1）工具：垫片、刀架钥匙、卡盘钥匙、钻夹头、铰杠、划针、磁性表座、铜皮、油枪、棉纱等。

（2）量具：游标卡尺、钢直尺、百分表、螺纹塞规、游标万能角度尺等。

（3）刀具：中心钻、麻花钻、90°外圆粗车刀、90°外圆精车刀、45°外圆车刀、切断刀、丝锥等。

（4）设备：CA6140A 车床。

(5)毛坯材料：45钢，ϕ40 mm×50 mm毛坯若干。

二、操作程序

1. 图样阅读与分析

该零件名称为千斤顶底座，材料为45钢，采用1:1比例，毛坯尺寸为ϕ40 mm×50 mm。图样比较简单，只用了一个主视图表达。主要尺寸有ϕ38 mm、ϕ32 mm、ϕ30 mm、ϕ19 mm、44 mm、20 mm、12 mm、1 mm，各尺寸精度要求均不高。螺纹M12螺距为1.75 mm，中径公差带和顶径公差带为8H，螺纹公差精度为粗糙级，旋合长度为L，螺纹左端面倒角C2 mm，螺纹表面粗糙度要求为Ra 1.6 μm，其余各表面粗糙度要求均为Ra 3.2 μm。

2. 工艺分析

（1）该零件加工需多次掉头，注意找正工件。

（2）加工千斤顶底座的车削顺序为：车平端面→钻中心孔→掉头装夹，控制总长→粗车外圆→钻孔→扩孔→车孔→攻螺纹→掉头装夹，车圆锥面。

（3）加工千斤顶底座切削用量的选用见表5-2-17。

表5-2-17 加工千斤顶底座切削用量的选用

切削用量	粗车	精车	钻孔、扩孔	攻螺纹
背吃刀量a_p（mm）	视加工要求而定	0.4~0.8	视加工要求而定	视加工要求而定
进给量f（mm/r）	外圆：0.2~0.3 内孔：0.1~0.15	外圆：0.1~0.15 内孔：0.05~0.10	手动	手动
转速n（r/min）	360~560	560~800	105~360	手动

3. 刀具刃磨

该零件需使用90°外圆车刀、45°外圆车刀、内孔车刀等刀具，具体刃磨方法请见培训模块一培训项目1中车刀的刃磨。

4. 毛坯、刀具安装

（1）毛坯安装：用自定心卡盘或单动卡盘装夹。

（2）刀具安装：车刀必须严格对准工件旋转中心。该内螺纹精度要求不高，将丝锥安装在铰杠中，手动攻内螺纹即可。

5. 加工

千斤顶底座的车削加工步骤见表 5-2-18。

表 5-2-18 千斤顶底座的车削加工步骤

步骤	图示	操作说明
1. 车平端面	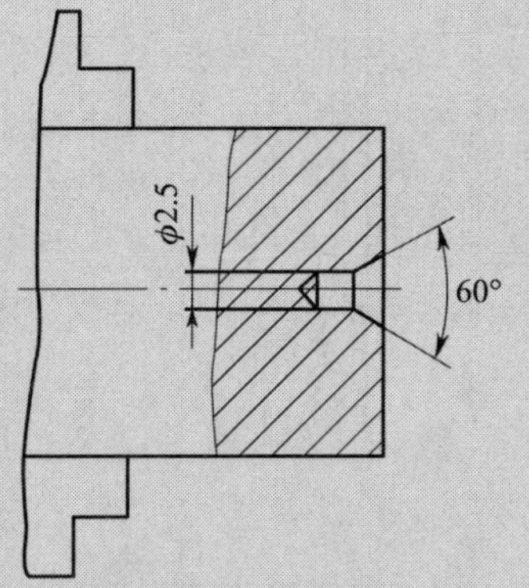	用自定心卡盘夹住毛坯外圆一端，伸出长度为 10 mm 左右，车平端面，钻中心孔
2. 掉头找正，控制总长，粗车外圆	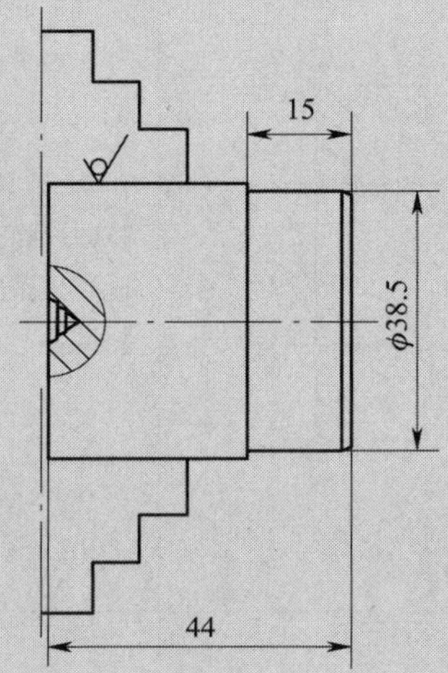	掉头找正，车平端面，控制总长为 32 mm，车外圆 ϕ38.5 mm，长度为 15 mm
3. 粗车外圆	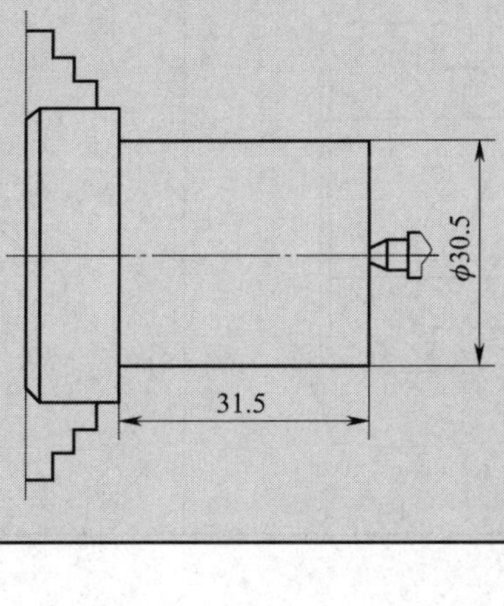	采用一夹一顶装夹，粗车外圆 ϕ30.5 mm，长度为 31.5 mm

步骤	图示	操作说明
4. 掉头找正，精车外圆	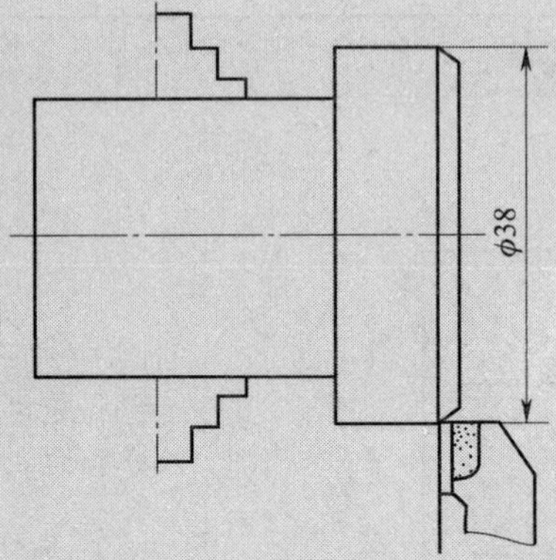	掉头找正，夹住外圆 ϕ30.5 mm，精车 ϕ38 mm 外圆
5. 钻孔、扩孔	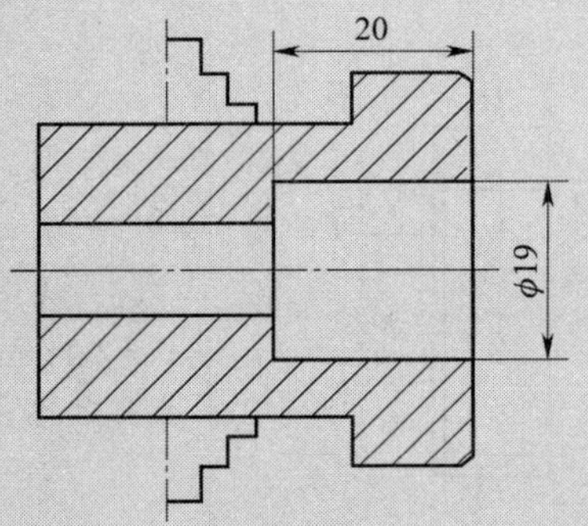	用 ϕ10 mm 麻花钻钻 M12-8H-L 螺纹底孔（钻通孔），用 ϕ19 mm 麻花钻扩孔，长度为 20 mm
6. 车孔	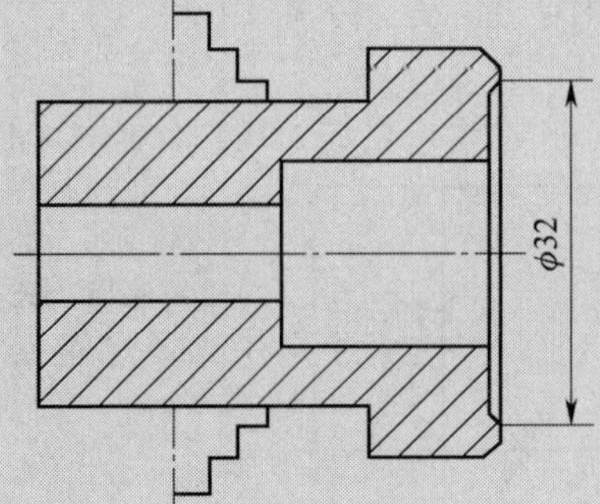	车 ϕ32 mm 孔

续表

步骤	图示	操作说明
7. 攻螺纹	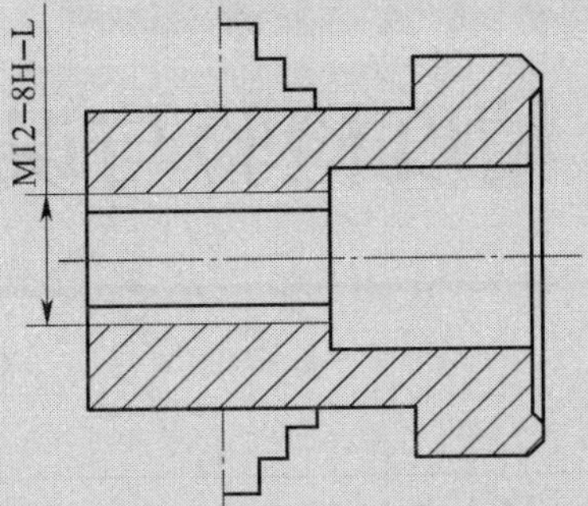	用丝锥攻 M12-8H-L 螺纹
8. 掉头找正，车圆锥面	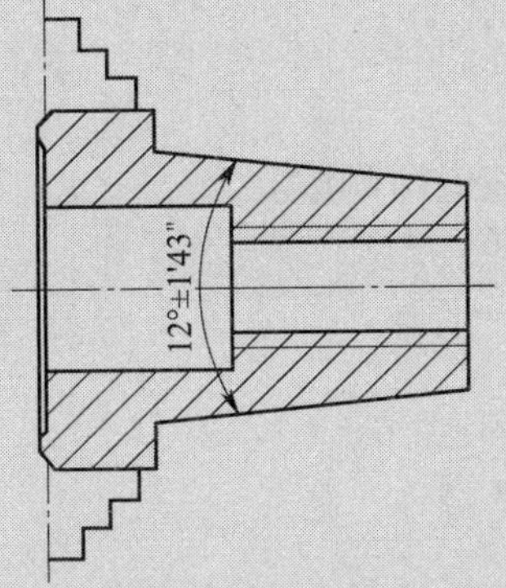	掉头，包铜皮，ϕ38 mm 外圆找正，用转动小滑板法，粗、精车圆锥面至图样尺寸要求

6. 尺寸精度控制

各外圆尺寸精度要求不高，用一把外圆车刀加工即可，用游标卡尺测量。用转动小滑板法车圆锥面，保证角度正确，表面光滑。

三、注意事项

1. 要经常退出丝锥，清除切屑，并加注充分的切削液。
2. 攻螺纹要调整尾座中心使之与工件旋转中心重合。

培训项目 3

精度检验与误差分析

培训单元 1　普通螺纹的精度检验

培训重点

→ 能使用常用的量具对普通螺纹进行测量。
→ 能对普通螺纹进行精度检验。

车削螺纹时,为了使所车削的零件符合精度要求,必须认真地进行测量。螺纹的测量方法很多,根据不同的质量要求及设备条件,可以相应地选用不同的测量方法。普通螺纹的测量方法可分为两类,即单项参数测量和综合测量。

一、螺纹单项测量

普通外螺纹参数的单项测量主要包括螺纹大径、螺距、中径等参数的测量。

1. 螺纹大径的测量

螺纹大径的公差值一般都比较大,通常采用游标卡尺或外径千分尺测量。测量方法如图 5-3-1 所示。

2. 螺距的测量

车削螺纹时,螺距的正确与否从第一刀开始就要进行检查。螺距的测量可用钢直尺或游标卡尺、螺距规进行。

图 5-3-1　用游标卡尺测量螺纹大径

（1）用钢直尺或游标卡尺测量。试车时中滑板横向进给量要小，在工件表面上车出一条浅浅的螺旋槽即可。用钢直尺或游标卡尺测量，可选择10个螺距长度或者20个螺距长度（目的是便于计算），将所测总长除以螺距的个数即为螺距。测量方法如图5-3-2所示。

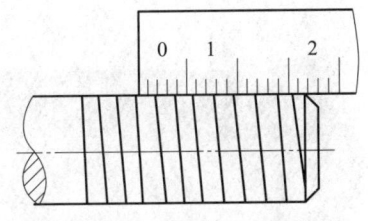

图 5-3-2　用钢直尺检查螺距

（2）用螺距规测量。螺距规是用优质钢材精磨制成的薄片，每个薄片均标有螺纹规格，能迅速地测量出内、外螺纹的尺寸，适用于快速比对式测量工件的螺纹，如图5-3-3所示。

在螺距规上找到与工件螺距相符的螺距样板，并与工件螺距进行比对，如果螺纹刻痕轴向长度与螺距样板完全一致，说明工件螺距符合要求。检测方法如图5-3-4所示。

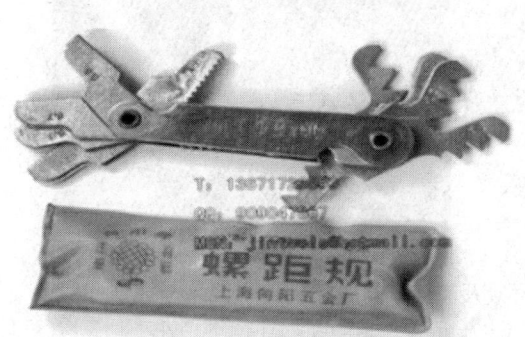

图 5-3-3　螺距规

图 5-3-4　用螺距规测量螺距

二、螺纹综合测量

综合测量即用螺纹环规和螺纹塞规测量外、内螺纹。螺纹量规通常有通端与止端之分,可以依据量规上的标识进行分辨,标记有"T"的为"通端",标记为"Z"的是"止端"。它测量的参数包括螺纹大径、中径、小径、螺距、牙型角及其半角等,适用于普通螺纹成批生产。测量时,不管是螺纹塞规还是螺纹环规,只有通端能通过而止端不能通过时螺纹才算合格。

1. 螺纹塞规的使用

螺纹塞规用来检测内螺纹,其外形与使用方法如图 5-3-5 所示。

a)

b)

图 5-3-5　螺纹塞规及其使用方法
a) 外形　b) 使用

2. 螺纹环规的使用

螺纹环规用来检测外螺纹,其外形与使用方法分别如图 5-3-6 所示。

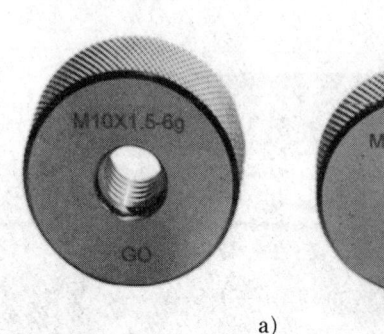
a)

b)

图 5-3-6　螺纹环规及其使用方法
a) 外形　b) 使用

操作技能1　机床润滑捏手的精度检验

一、工作准备

本模块培训项目 2 所加工机床润滑捏手零件及图样。

该零件精度检验所需的工具、量具：0~125 mm 游标卡尺、0~25 mm 外径千分尺、钢直尺、螺纹环规、表面粗糙度比较样块等。

二、精度检验

1. 尺寸精度检验

（1）用 0~25 mm 外径千分尺检测 $\phi 24_{-0.033}^{0}$ mm 外圆。

（2）其余尺寸用游标卡尺检测。

（3）用螺纹环规测量螺纹大径、螺距。

2. 几何精度检验

用螺纹环规测量螺纹牙型。

3. 表面粗糙度检测

取数值为 Ra 3.2 μm 的表面粗糙度比较样块与零件表面进行比较。

4. 滚花检测

用目测检验，花纹凸出面清晰，未产生乱纹现象即为合格。

5. 填写检验报告书

对机床润滑捏手零件进行精度检验，并将检验结果填入表 5-3-1 中。

表 5-3-1　机床润滑捏手零件精度检验表

零件名称		机床润滑捏手	检验人		
检验项目	序号	检验内容及要求	所用量具/辅具	检验结果	是否符合图样要求
尺寸精度	1	$\phi 24_{-0.033}^{0}$ mm	外径千分尺		
	2	3 mm × 2 mm	游标卡尺		
	3	20 mm	游标卡尺		
	4	20 mm	游标卡尺		
	5	50 mm	游标卡尺		

续表

检验项目	序号	检验内容及要求	所用量具/辅具	检验结果	是否符合图样要求
几何精度	6	M20×1.5-8g	螺纹环规		
滚花	7	ϕ38 mm	游标卡尺		
	8	模数 m=0.4 mm	目测、游标卡尺		
表面结构要求	9	Ra 3.2 μm	表面粗糙度比较样块		
	10	螺纹表面 Ra 1.6 μm	目测		
其他项目	11	倒角 C2 mm,3 处	目测、游标卡尺		
	12	其他未注项目	自定		

三、注意事项

1. 螺纹环规有通端 T 和止端 Z,在使用中要注意区分,不能搞错。
2. 滚花表面纹路清晰,有凹凸手感,无乱纹现象。

操作技能 2　油孔防尘盖的精度检验

一、工作准备

本模块培训项目 2 所加工油孔防尘盖零件及图样。

该零件精度检验所需的工具、量具:0~125 mm 游标卡尺、25~50 mm 外径千分尺、钢直尺、螺纹塞规、表面粗糙度比较样块。

二、精度检验

1. 尺寸精度检验

(1)除了 $\phi 28_{-0.033}^{0}$ mm 外圆尺寸用外径千分尺检测外,其余尺寸均用游标卡尺测量即可。

(2)用螺纹塞规测量螺纹大径、螺距。

2. 几何精度检验

用螺纹塞规测量螺纹牙型。

3. 表面粗糙度检测

取数值为 Ra 3.2 μm 的表面粗糙度比较样块与零件表面进行比较。

4. 滚花检测

用目测检验,花纹凸出面清晰,未产生乱纹现象即为合格。

5. 填写检验报告书

对油孔防尘盖零件进行精度检验,并将检验结果填入表 5-3-2 中。

表 5-3-2 油孔防尘盖零件精度检验表

零件名称		油孔防尘盖	检验人		
检验项目	序号	检验内容及要求	所用量具/辅具	检验结果	是否符合图样要求
尺寸精度	1	$\phi 28_{-0.033}^{0}$ mm	外径千分尺		
	2	$\phi 38$ mm	游标卡尺		
	3	$\phi 32$ mm	游标卡尺		
	4	4 mm × 1.2 mm	游标卡尺		
	5	14 mm	游标卡尺		
	6	10 mm	游标卡尺		
	7	21 mm	游标卡尺		
	8	32 mm	游标卡尺		
几何精度	9	M20×1.5-8H	螺纹环规		
滚花	10	$\phi 38$ mm	游标卡尺		
	11	模数 m=0.4 mm	目测、游标卡尺		
表面结构要求	12	Ra 3.2 μm	表面粗糙度比较样块		
	13	螺纹表面 Ra 3.2 μm	目测		
其他项目	14	倒角 C2 mm,3 处	目测、游标卡尺		
	15	其他未注项目	自定		

三、注意事项

1. 螺纹塞规有通端 T 和止端 Z,在使用中要注意区分,不能搞错。
2. 滚花表面纹路清晰,有凹凸手感,无乱纹现象。

操作技能 3 千斤顶螺杆的精度检验

一、工作准备

本模块培训项目 2 所加工千斤顶螺杆零件及图样。

该零件精度检验所需的工具、量具:0~125 mm 游标卡尺、钢直尺、表面粗糙度比较样块、游标万能角度尺、螺纹环规。

二、精度检验

1. 尺寸精度检验

（1）全部外圆尺寸和长度均用游标卡尺测量。

（2）用游标万能角度尺检测圆锥面的角度。

（3）用螺纹环规测量螺纹大径、螺距。

2. 几何精度检验

用螺纹环规测量螺纹牙型。

3. 表面粗糙度检测

取数值为 $Ra\ 3.2\ \mu m$ 的表面粗糙度比较样块与零件表面进行比较。

4. 滚花检测

用目测检验，花纹凸出面清晰，未产生乱纹现象即为合格。

5. 填写检验报告书

对千斤顶螺杆零件进行精度检验，并将检验结果填入表 5-3-3 中。

表 5-3-3 千斤顶螺杆零件精度检验表

零件名称		千斤顶螺杆	检验人		
检验项目	序号	检验内容及要求	所用量具/辅具	检验结果	是否符合图样要求
尺寸精度	1	72 mm	游标卡尺		
	2	40 mm	游标卡尺		
	3	12 mm	游标卡尺		
	4	5 mm×3 mm	游标卡尺		
圆锥	5	圆锥角 60°±2′09″	游标万能角度尺		
几何精度	6	M12-8g-L	螺纹环规		
滚花	7	ϕ24 mm	游标卡尺		
	8	网纹 $m=0.3$ mm	目测		
表面结构要求	9	$Ra\ 3.2\ \mu m$	目测、表面粗糙度样块		
其他项目	10	C2 mm	目测		
	11	其他未注项目	自定		

三、注意事项

1. 测量前要校正量具，消除误差。

2. 用游标万能角度尺测量圆锥面角度时，应使基尺与圆锥面角度的母线方向一致，且圆锥面应与游标万能角度尺的两个测量面的全长接触良好，以免产生测量误差。

3. 螺纹塞规有通端 T 和止端 Z，在使用中要注意区分，不能搞错。

操作技能 4　千斤顶底座的精度检验

一、工作准备

本模块培训项目 2 所加工千斤顶底座及零件图。

该零件精度检验所需的工具、量具：0～125 mm 游标卡尺、钢直尺、表面粗糙度比较样块、游标万能角度尺、螺纹塞规等。

二、精度检验

1. 尺寸精度检验

（1）全部外圆尺寸和长度均用游标卡尺测量。

（2）用游标万能角度尺检测圆锥面的角度。

（3）用螺纹塞规测量螺纹大径、螺距。

2. 几何精度检验

用螺纹塞规测量螺纹牙型。

3. 表面粗糙度检测

取数值为 Ra 3.2 μm 的表面粗糙度比较样块与零件表面进行比较。

4. 填写检验报告书

对千斤顶底座零件进行精度检验，并将检验结果填入表 5-3-4 中。

三、注意事项

1. 测量前要校正量具，消除误差。

2. 用游标万能角度尺测量圆锥面角度时，应使基尺与圆锥面角度的母线方向一致，且圆锥面应与游标万能角度尺的两个测量面的全长接触良好，以免产生测量误差。

3. 螺纹塞规有通端 T 和止端 Z，在使用中要注意区分，不能搞错。

表 5-3-4 千斤顶底座零件精度检验表

零件名称		千斤顶底座	检验人		
检验项目	序号	检验内容及要求	所用量具/辅具	检验结果	是否符合图样要求
尺寸精度	1	ϕ 38 mm	游标卡尺		
	2	ϕ 32 mm	游标卡尺		
	3	ϕ 30 mm	游标卡尺		
	4	ϕ 19 mm	游标卡尺		
	5	44 mm	游标卡尺		
	6	20 mm	游标卡尺		
	7	12 mm	游标卡尺		
	8	1 mm	游标卡尺		
几何精度	9	M12-8H-L	螺纹塞规		
圆锥	10	锥度 12°±1′43″	游标万能角度尺		
表面结构要求	11	Ra 3.2 μm	表面粗糙度比较样块		
	12	螺纹表面 Ra 1.6 μm	目测		
其他项目	13	C2 mm	目测		
	14	其他未注项目	自定		

培训单元 2　普通螺纹的加工误差分析

→ 能对普通螺纹加工产生的误差进行分析。

→ 能预防普通螺纹加工产生的误差。

车削普通螺纹产生误差的原因及预防措施见表 5-3-5。

表 5-3-5 车削普通螺纹产生误差的原因及预防措施

螺纹不合格项目	导致原因	预防办法
1. 中径不合格	外螺纹车过小或内螺纹车过大	切削时严格把握螺纹车刀的背吃刀量
2. 牙型不合格	（1）螺纹车刀刃磨错误	（1）正确刃磨和测量刀尖角
	（2）螺纹车刀安装错误，导致螺纹半角误差	（2）安装螺纹车刀时用螺纹样板或角度尺对刀
	（3）螺纹车刀磨损	（3）合理选择切削用量，并及时修磨车刀
3. 螺距不合格	（1）交换齿轮计算或搭配错误，进给箱或主轴箱的相关手柄位置错误	（1）先试车一条较浅的螺旋线，停机后，测量螺距是否合格
	（2）局部螺距不合格 1）床鞍齿轮转动不均匀 2）车床丝杠和主轴的轴向窜动过大 3）开合螺母间隙过大	（2）将床鞍的齿轮与传动齿条脱开，使床鞍能匀速运动；调整主轴与丝杠轴向窜动量，调整开合螺母的间隙
	（3）用倒顺车法车销螺纹时，开合螺母自行弹起	（3）调整开合螺母镶条，必要时将重物挂在开合螺母的手柄上
4. 扎刀或顶弯工件	（1）车刀背前角过大，中滑板丝杠间隙较大	（1）减小螺纹背前角，调整中滑板螺母与丝杠的间隙
	（2）工件刚度差，而切削用量选择太大	（2）据工件刚度大小来选择合理的切削用量；增加工件的装夹刚度

续表

螺纹不合格项目	导致原因	预防办法
5. 表面粗糙度值大	（1）刀杆刚度不够，切削时引起振动	（1）选择刀杆刚度大的螺纹车刀
	（2）安装时，刀杆伸出太长；切削速度过大	（2）安装时，刀柄不能伸出太长；适当降低切削速度
	（3）切削用量选择不当	（3）合理选择切削用量
	（4）产生积屑瘤	（4）用高速钢螺纹车刀车削时，降低切削速度；背吃刀量小于 0.05 mm，并及时加注切削液；用硬质合金螺纹车刀高速车削螺纹时，最后一刀背吃刀量一般要大于 0.1 mm，切屑要垂直轴心线方向排出